華 章 圖 書

一本打开的书，一扇开启的门，

通向科学殿堂的阶梯，托起一流人才的基石。

数据科学与工程技术丛书

DATA ANALYSIS FOR SCIENTISTS AND ENGINEERS

数据分析

[美] 爱德华·L. 罗宾逊（Edward L. Robinson） 著

张立成 黄淑娇 王长春 战骋 译

机械工业出版社
China Machine Press

图书在版编目（CIP）数据

数据分析 /（美）爱德华 · L. 罗宾逊（Edward L. Robinson）著；张立成等译 . —北京：机械工业出版社，2019.1（2019.11 重印）
（数据科学与工程技术丛书）
书名原文：Data Analysis for Scientists and Engineers

ISBN 978-7-111-61503-3

I. 数…　II. ① 爱…　② 张…　III. 数据处理　IV. TP274

中国版本图书馆 CIP 数据核字（2018）第 268201 号

本书版权登记号：图字　01-2017-2748

本书着重介绍各种数据分析技术背后的原理，有利于实践者将技术具体应用到各种领域，或者在此基础上发展新的技术。全书共分三部分。第一部分介绍统计学基本概念，包括蒙特卡罗方法和马尔可夫链。第二部分介绍统计学，并从频率派和贝叶斯派两种角度对比分析了各种数据建模工具。第三部分重点介绍各种数据分析方法，比如关联函数、周期图、图像重建等。附录提供了相关的数学知识，以备读者查阅。本书可作为物理、工程相关专业研究生学习数据分析技术的标准教材，也可供科学家和工程师参考阅读。

出版发行：机械工业出版社（北京市西城区百万庄大街 22 号　邮政编码：100037）

责任编辑：陈佳媛　　责任校对：殷　虹

印　　刷：北京市荣盛彩色印刷有限公司　　版　　次：2019 年 11 月第 1 版第 2 次印刷

开　　本：185mm × 260mm　1/16　　印　　张：19

书　　号：ISBN 978-7-111-61503-3　　定　　价：79.00 元

凡购本书，如有缺页、倒页、脱页，由本社发行部调换

客服热线：(010) 88378991　88361066　　投稿热线：(010) 88379604

购书热线：(010) 68326294　88379649　68995259　　读者信箱：hzjsj@hzbook.com

译 者 序

您现在拿在手里的是一本既简明实用又不乏理论依据的书，是一本适合现代研究生或者本科高年级学生的关于数据分析技巧的教科书，也是一本可以供从事数据科学应用统计的研究人员使用的参考书。它的作者是美国德州大学奥斯丁分校天文系的教授——爱德华 L. 罗宾逊。他把自己教学多年的资料配以通俗易懂的语言写成此书，此书自成体系，所以对于读者没有太多的背景要求，目的在于让不同背景的读者都能读懂并且有所收获。

近年来随着技术的进步，大数据分析得到越来越多的关注。各种现成的软件包也使得不同行业的从业者能够很容易地在自身的领域尝试各种数据分析方法，很多时候也都能取得不错的结果。然而由于缺乏对这些分析方法背后数理统计原理的理解，人们往往难以解释为何这些数据分析的结果好，又或者为何不如预期以及如何改进。本书由浅入深地介绍了很多常用的数据分析方法，还有它们背后的数理统计原理。从基础的概率分布定义到复杂的时间序列分析方法都有所涵盖。本书最大的特点是不同于传统的数学统计专业的教课书，读者只要掌握了基本的微积分原理，以及线性代数知识就足以阅读理解本书。

虽然目前国内关于大数据分析的书层出不穷，但是好书依然比较有限。当华章公司邀请我们翻译本书时，我们毫不犹豫地决定投入时间和精力来完成它，希望读者能从中受益，也让这本书能有更大的影响力。

我们都曾经是来美读研的留学生，毕业后在工作当中会涉及大量的数据处理，深知合理分析数据的不易，往往既需要扎实的理论功底，也需要大量实战经验的积累。工作一段时间，再回到书本或者课堂上，不时会有妙手偶得之的感受，也算是对理论的一次升华吧。在翻译的过程中，我们也都受益匪浅。衷心地希望读者能喜欢这本译著，并从中获取对自己工作学习有帮助的知识。

张立成　黄淑娇　王长春　战骋

2018 年 11 月 18 日，写于美国休斯敦

前　言

若推理不够，经验可以胜任。
数学是通向科学的大门和钥匙。
——罗杰・培根（约 1214—1294 年）

现代化计算机的发展深刻地改变了统计学的面貌。现在分析数据常规使用的技术在几年前都是不切实际，甚至是不可想象的。普通的笔记本电脑就能够轻松处理大数据并进行详尽的计算。曾经被认为深奥的技术现在已经成为常规工具：主成分分析、马尔可夫链蒙特卡罗抽样、非线性模型拟合、贝叶斯统计、Lomb-Scargle 周期图等。科学家和工程师比以往任何时候都需要熟练掌握更多、更尖端的方法来分析数据。

多年来，我为天文系、物理系，偶尔也为工程系的研究生讲授数据分析的课程。课程的目的是培养实验者解释数据的必要能力，并为理论家提供足够的知识来理解（甚至有时是质疑）这些解释。我无法找到一本具体的书，或者一些相关的书籍，可以作为该课程的教材。课程中的大部分材料都不是初级的，而且通常不包括在许多关于数据分析的介绍性书籍范围内。而涵盖这些材料的书籍一般都高度专业，写作风格和语言对于大多数学生来说也都晦涩难懂。用特定计算机语言所写的书籍，大多涵盖特定算法，更合适作为补充资料。

鉴于教学需要，我为自己的课程编写了讲义，并将这些讲义整理成书。本书是一本关于数据分析的有一定深度的书，而不是统计学入门书籍。诚然，人们可能会质疑是否需要对线性回归进行额外的基础性介绍。但同时，本书涵盖了必要的基本概念和工具，内容自成体系，使各种背景的读者都易于理解。虽然书中包括很多具体的例子，但它不是一本统计方法的“食谱”，也并不包含计算机代码。相反，这门课程和这本书强调的是各种技术背后的原理，使从业者能够将技术应用于自己的问题，并能在必要时开发新的技术。本书的目标读者是研究生，也适用于高年级的本科生和在职的专业人士。

本书重点关注物理科学和工程领域工作人员的需求，因而尽可能少地描述那些在其他研究领域常用而在物理学中很少发挥重要作用的统计工具。所以，本书对假设检验没有太多介绍，甚至忽略了 ANOVA 技术，尽管这些工具会在生命科学领域得到广泛应用。相反，数据的模型拟合和数据序列的分析在物理科学中是常见的，贝叶斯统计也越来越受到关注。本书将更加全面地讨论这些主题。

即使如此，这些主题也必须经过严格的筛选来满足一本书的篇幅要求，而我选择的标准是实用性。本书覆盖了物理科学家和工程师经常使用的数据分析工具，主要分为三个部分。

- 第一部分用 3 章介绍了概率的相关知识：第 1 章涵盖概率方面的基本概念，第 2 章介绍了一些实用的概率分布，最后第 3 章讨论了随机数和蒙特卡罗方法，包括马尔可夫链蒙特卡罗采样。
- 第二部分包括第 4～7 章，第 4 章介绍了统计学中的一些基本概念，第 5 章和第 6 章从频率论的角度（极大似然估计、线性和非线性的卡方最小化）介绍模型拟合，第 7 章从贝叶斯的角度介绍模型拟合。

- 最后一部分专门介绍数据序列。先复习傅里叶分析（第 8 章），然后讨论功率谱和周期图（第 9 章），之后是卷积和图像重建，最后以自相关和互相关结束（第 10 章）。

本书重点强调了误差分析。这反映了我的一个坚定信念：数据分析不应该仅仅只是产生一个结果，而是还要评估这个结果的可靠性。这可能是一个数字加一个方差，也可能是置信区间，或者当处理似然函数或贝叶斯分析时，它可以是很多一维或者二维的边际分布图。

坚定的贝叶斯学派可能会对本书只花一章来介绍贝叶斯统计而感到不悦。事实上，虽然前两章是关于概率的，却提供了贝叶斯统计的必要基础；而第 3 章中对于马尔可夫链蒙特卡罗采样的漫长讨论，几乎完全是由贝叶斯统计所引导出来的。就像通常默认的，介绍最小二乘法估计的那两章里面很全面地讲述了似然函数。本书也可以作为一门只教授贝叶斯统计课程的教科书。因为书中讨论了数据分析的贝叶斯方法和频率论方法，可以直接比较两者。我发现这种比较可以大大提高学生对贝叶斯统计学的理解。

书中几乎所有的材料都已经公开发表或出版，但本书中的表述是我自己的。我的目标是以一种让我的学生和同事都容易理解的方式来撰写本书。本书的主要作用是将数学家的优雅且精确的语言翻译成数据科学家和工程师能够掌握的更宽松的工作语言。本书并不提及异方差数据，但会讨论变量数据，还会涉及相关的测量错误！

本书尽管在表述上是数学的，但写作风格是物理科学的。我的目的是让叙述清晰和准确，而不是严格，因此读者在书中找不到证明或引理。本书假设读者已经很熟悉多变量微积分，并且熟悉复数。书中也大量使用了线性代数。经验告诉我，大部分研究生至少上过一门线性代数课程，但他们很少使用线性代数知识，特别是涉及特征值和特征向量时。因此附录 E 提供了线性代数的详细回顾。一些会打乱本书主线的专题也被归入附录。由于序列分析的重要性，我们用一整章专门介绍了傅里叶分析。

最后，如果你打算阅读或教授本书，一个亘古不变的事实就是："对于很多事情我们要先学习，才能去做，就像建筑工人在建造房子的过程中学习建筑技巧和七弦琴演奏者通过弹奏学习一样，我们要从实践中去学习"。为了学习如何分析数据，我们着手去分析数据——实际数据（如果有的话）或者人造数据（如果没有实际数据）。本书中讨论的分析技术都可以方便地找到相应的计算机程序代码，但是除非必要，最好不要在没有充分测试的情况下使用现有的程序，特别是在首次遇到某种技术时。建议最好编写自己的代码。

几乎没有人（当然也包括我）可以在没有同事、工作人员和学生的帮助下撰写一本书。感谢我所有的学生（现在的和以前的），特别是已经上过课程并给予本书早期版本反馈的学生；感谢我以前的博士后，特别是 Allen Shafter、Janet (née) Wood、Coel Heillier、William Welsh、Robert Hynes；感谢得克萨斯大学天文系的同事们，特别是 Terrence Deeming、William Jefferys、Pawan Kumar、Edward Nather 和 Donald Winget。

目　　录

第 1 章
概　　率

1.1　概率定律

图 1-1 展示了一个标准的六面骰子，每一面是不重复的 1～6 中的一个数字。考虑下面三个问题：

1. 我们投掷一次骰子，其中一面朝上。在我们看到骰子并知道结果之前，我们问"三点朝上的概率是多少?"

2. 这个骰子被多次称重，每次使用不同的称，记录每次称重结果。"这个骰子有多重？结果有多可靠?"

3. 多次投掷这个骰子，每次记录朝上一面的数字。假设所有面有相同的概率朝上，把这个假设写作 H。"H 正确的概率是多少?"

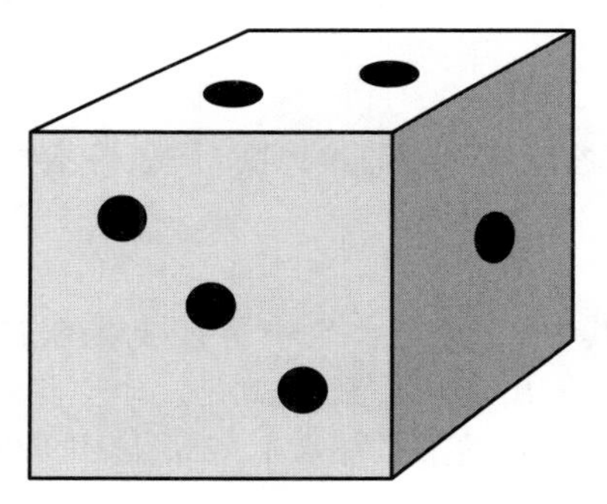

图 1-1　一个典型的六面骰子

概率是一个根据已知的信息进行归纳推导的学科。统计处理现实世界的观测值并从中做出推断。如果我们足够了解这个骰子，第一个问题是在真正投掷之前就能够回答的。这属于概率的领域。第二个和第三个问题的答案依赖于测量值。它们是统计的范畴。本书的主题是数据分析，它无疑是统计的范畴，但是统计的语言和数学推论高度依赖于概率，所以我们从概率开始讨论。

概率的经典定义是基于频率的。假设一共有 n 种相同可能性的结果，其中 k 种事件 A 会发生。那么事件 A 会发生的概率就是

$$P(A)=\frac{k}{n} \tag{1-1}$$

这个定义预先假定 k 和 n 是可以被提前计算出来的，所以有时这被称为先验概率。尽管这个定义看起来很合理，但是它有一些局限性。首先，k 和 n 都必须是有限的。假设宇宙是无穷大的，根据这个传统定义，我们并不能回答"如果从宇宙里随机抽一个星星，它是中子星的概率是多少?"这个问题。如果 k 和 n 都不是有限的，那最好把概率定义为极限

$$P(A)=\lim_{n\to\infty}\frac{k}{n} \tag{1-2}$$

其次，k 和 n 都必须是可数的。设想，一个射手想把箭头射到靶子上，"箭头击中靶心

1英尺[⊖]以内的概率是多少?"如果使用公式1-1和1-2，则无法计算这个问题的答案，因为箭头可能击中的地方是连续不可数的。如果我们把 k 和 n 替换成面积的积分，那么这个问题是可以被解决的。这时 A 发生的概率就是事件 A 可能发生的面积比例。这就导出了概率的第三种定义。当然，这三种定义都非常接近，我们需要同时使用。

关于概率的传统定义的另一问题是"相同可能性"实际上表示"相同概率"，这是一个循环定义！k 和 n 的计算，或者至少对于两个事件是否概率相等的判断，应该使用一组独立的规则。如果规则的选取足够巧妙，计算的结果会符合我们对概率的直观感觉。但是这并不能保证选取的规则是正确的，当然也就不能保证这些计算能够真正应用到我们的世界中。在实践中，一个打破循环的方法是调用外部参数或者信息。例如要求一个六面骰子是对称的，那么每一面都有相同的概率朝上。

最后，我们会看到贝叶斯统计可以计算出唯一事件的概率。例如，运用贝叶斯可以计算出一个具体的人在某一特定年份被选为美国总统的概率。频率对于唯一事件是无意义的，所以贝叶斯统计需要重新定义概率。我们把概率的非频率论解释放到第7章介绍。

对于一个复杂问题的经典概率计算方式，是把它分成几个容易计算出概率的小部分，然后运用概率定律把几个小部分的概率合并为一个复杂问题的概率。根据图1-2中的维恩图，我们能够推导出概率定律。定义 S 为一个试验中所有可能结果的集合，A 是 S 的一个子集，记为

$$A \subset S \tag{1-3}$$

(参看图1-2的维恩图)。如果结果是可数的，并且结果数量是有限的，那么

$$P(A) = \frac{n_A}{n_S} \tag{1-4}$$

其中 n_S 是集合 S 中所有结果的个数，n_A 是子集 A 中所有结果的个数。如果 A 中的结果从未出现，那么 A 就是一个空集，则 $P(A)=0/n_S=0$。如果 A 包括 S，也就是说 S 中包括所有结果，那么 $n_A=n_S$，并且 $p(A)=n_S/n_S=1$。概率一定处于以下范围

$$0 \leqslant P(A) \leqslant 1 \tag{1-5}$$

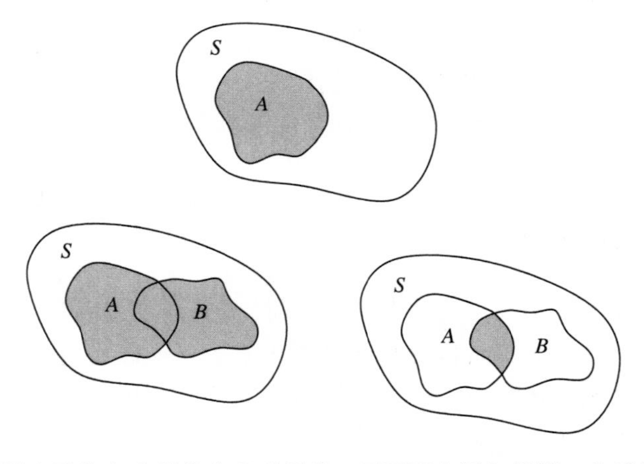

图1-2 上面的图表示集合 A 是集合 S 的子集。下面两个图包括第二个子集 B。左边的图阴影部分是 $A \cup B$，右边的图阴影部分是 $A \cap B$。

⊖ 1英尺≈30.48厘米。——编辑注

两个集合的交集和并集表示为符号$\cap$和$\cup$：

$A \cup B = B \cup A$＝集合 A 和 B 的并集，其中重叠部分只计算一次

$A \cap B = B \cap A$＝集合 A 和 B 的交集

这些运算符的意义表示在图 1-2 下面的两个维恩图中。假设我们有集合 S 的两个子集 A 和 B。那么结果位于集合 A 或者 B 或者两个同时的概率为

$$P(A \cup B) = P(A) + P(B) - P(A \cap B) \tag{1-6}$$

公式右边的前两项是单纯的结果位于 A 或者 B 的概率。我们不能只把这两项加起来得到 $P(A \cup B)$，因为这两个集合可能有共同的地方——两个集合也许重叠。如果这样做的话，前两项把重叠的部分加了两次。第三项是两个集合的重叠部分。把它从两次重叠部分的计算中减去。如果这两个集合不重叠，那么 $P(A \cap B)=0$，则公式 1-6 就被简化为

$$P(A \cup B) = P(A) + P(B) \tag{1-7}$$

集合 A 的补集，记为 $\overline{A}$，是 S 的一个子集，包括全部处于 S 但是不处于 A 的元素(见图 1-3)。A 和 $\overline{A}$ 共同组成了 S，所以

$$P(A \cup \overline{A}) = P(S) \tag{1-8}$$

它们没有重叠，所以

$$P(A \cap \overline{A}) = 0 \tag{1-9}$$

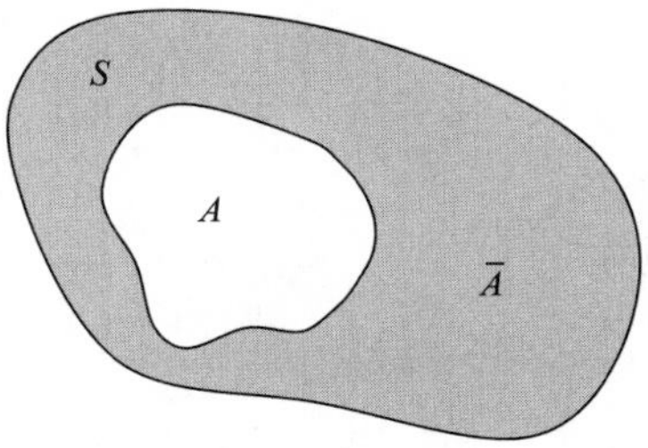

S

A

$\overline{A}$

图 1-3　集合 S 的子集 $\overline{A}$ 由 S 中所有不处于 A 的元素组成

因此，

$$1 = P(S) = P(A \cup \overline{A}) = P(A) + P(\overline{A}) \tag{1-10}$$

从中我们得出

$$P(\overline{A}) = 1 - P(A) \tag{1-11}$$

把条件概率记为 $P(A|B)$，这表示在事件 B 发生的情况下，事件 A 发生的概率。它经常被称为 A 在给定 B 条件下发生的概率，以此来避免因果关系的暗示。它被定义为

$$P(A|B) = \frac{P(A \cap B)}{P(B)} \tag{1-12}$$

示例：假设我们投掷两个骰子，它们的和为 7。那么其中一个骰子是 5 的概率是多少？换句话说，条件概率 $P(5 \mid \text{sum}=7)$是多少？

两个骰子朝上一面的结果有 36 种可能。两者和为 7 的情况有 6 种：

1－6	4－3
2－5X	5－2X
3－4	6－1

因此 $P(\text{sum}=7)=6/36=1/6$。其中有两种情况被标记为 x，包括 5，因此所有两者和为 7，并且其中一个骰子为 5 的概率是 $P(5 \cap \text{sum}=7)=2/36=1/18$。因此，条件概率为

$$P(51\text{sum}=7)=P(5\cap \text{sum}=7)P(\text{sum}=7)=\frac{1/18}{1/6}=1/3$$

当然，我们也可以直接计算这个条件概率，在上述组合中有 1/3 被标记为 X。

如果其中一个事件的发生不影响另一个事件发生的概率，则称事件 A 和 B 彼此独立。

这可以表示为

$$P(A|B) = P(A) \tag{1-13}$$

把公式 1-13 带入 1-12 中，我们可以推导出另一种表示独立的公式

$$P(A \cap B) = P(A)P(B) \tag{1-14}$$

所以，如果事件 A 和 B 彼此独立，那么两个事件同时发生的概率可以表示为两个事件概率的乘积。

因为 A 和 B 的对称性，有两种方式来表示 $P(A \cap B)$：

$$P(A \cap B) = P(A|B)P(B) \tag{1-15}$$

和

$$P(A \cap B) = P(B|A)P(A) \tag{1-16}$$

把两个公式放在一起

$$P(A|B)P(B) = P(B|A)P(A) \tag{1-17}$$

因此

$$P(B|A) = \frac{P(A|B)P(B)}{P(A)} \tag{1-18}$$

这个重要的结果是贝叶斯统计的基础。

1.2 概率分布

1.2.1 离散和连续概率分布

到现在为止，我们假设一个实验有两个可能的结果，A 或者 B。现在我们假设有多个可能的结果。我们将结果定义为 A_j，其中 j 是一个整数指数，并且结果 A_j 的概率为 $P(A_j)$。作为一个有效的概率分布，$P(A_j)$ 必须是单值的，并且满足

$$P(A_j) \geqslant 0 \tag{1-19}$$

$$\sum_j P(A_j) = 1 \tag{1-20}$$

这些温和的约束为可能的离散概率分布留有很大的空间。其他的概率定律以显然的方式推广。其中一个值得明确提及，因为它经常发生：如果 n 个事件 A_j 是彼此独立的，它们同时发生的概率等于每一个事件独立发生的概率乘积

$$P(A_1 \cap A_2 \cdots \cap A_n) = P(A_1)P(A_2)\cdots P(A_n) \tag{1-21}$$

还有一个关于重叠概率的不寻常例子：三个结果中任意一个可能出现的概率是

$$\begin{aligned}
P(A_1 \cup A_2 \cup A_3) &= P((A_1 \cup A_2) \cup A_3) \\
&= P(A_1 \cup A_2) + P(A_3) - P((A_1 \cup A_2) \cap A_3) \\
&= P(A_1) + P(A_2) - P(A_1 \cap A_2) + P(A_3) \\
&\quad - [P(A_1 \cap A_3) + P(A_2 \cap A_3) - P(A_1 \cap A_2 \cap A_3)] \\
&= P(A_1) + P(A_2) + P(A_3) \\
&\quad - P(A_1 \cap A_2) - P(A_1 \cap A_3) - P(A_2 \cap A_3) \\
&\quad + P(A_1 \cap A_2 \cap A_3)
\end{aligned} \tag{1-22}$$

下面这个例子表明了如何使用这些准则来计算一个对称的六面骰子的先验概率。

示例：下面根据第一原理计算六面骰子任意一面落地朝上的概率。

从骰子的物理性质来看，一面或者另一面一定会朝上。因此投掷一个骰子得到 1、2、3、4、5 或者 6 的概率为 1。我们把这写为公式

$$P(1 \cup 2 \cup 3 \cup 4 \cup 5 \cup 6) = 1$$

再一次，从骰子的物理性质看，只有一面能够朝上。这意味着所有的交集概率为 0：

$$P(1 \cap 2) = P(1 \cap 3) = \cdots = P(5 \cap 6) = 0$$

把公式 1-22 扩展到 6 个可能的结果，我们得到

$$P(1) + P(2) + P(3) + P(4) + P(5) + P(6) = 1$$

如果这个骰子几乎对称，那么概率一定是相等的

$$P(1) = P(2) = P(3) = P(4) = P(5) = P(6)$$

然后我们得到

$$6P(1) = 1$$

$$P(1) = \frac{1}{6}$$

其他面有相同的朝上的概率。

实验结果也可以是连续的。让每一个结果为任意实数 x，函数 $f(x)$被称为概率分布函数，如果它是单值的，并且

$$f(x) \geqslant 0 \tag{1-23}$$

$$\int_{-\infty}^{\infty} f(x)dx = 1 \tag{1-24}$$

$$P(a \leqslant x \leqslant b) = \int_{a}^{b} f(x)dx \tag{1-25}$$

其中 $P(a \leqslant x \leqslant b)$ 是 x 位于区间 $a \leqslant x \leqslant b$ 的概率。等式 1-23 确保了所有的概率都是正的，等式 1-24 确保所有可能结果的概率为 1。函数满足等式 1-24 被称为标准化的。同时这两个公式替换了离散概率中的等式 1-19 和等式 1-20。第三个要求定义了 $f(x)$和概率之间的关系，替换了等式 1-4。

矩形方程是一个有效连续概率分布函数的简单例子：

$$f(x) = \begin{cases} 0, & x < 0 \\ 1/a, & 0 \leqslant x \leqslant a \\ 0, & x > a \end{cases} \tag{1-26}$$

注意如果 $a<1$ 则 $f(x)>1$。因为概率必须小于 1，所以 $f(x)$ 本身显然不是一个概率。概率是 $f(x)$位于两个极限之间的积分(等式 1-25)，所以讨论概率必须提到 x 位于某一给定区间。正因如此，$f(x)$有时被称为*概率密度分布函数*，而不是概率分布函数。例如，我们应该说矩形概率密度分布函数，而不是矩形概率分布函数。实际中，我们很少强调这个区别，“密度”这个词不需要被表达出来。

连续概率分布函数不需要处处连续，它们甚至不需要处处有限！狄拉克 δ 函数 $\delta(x)$是一个合理的概率分布函数，但是有着不一般的性质

$$\int_{-\infty}^{\infty} \delta(x)dx = 1 \tag{1-27}$$

$$\int_{-\infty}^{\infty} g(x)\delta(x)dx = g(0) \tag{1-28}$$

其中 $g(x)$是任意一个合理的连续函数。它可以粗略地被认为是一个有以下性质的函数：

$$\delta(x)=\begin{cases}\infty, & x=0\\ 0, & x\neq 0\end{cases} \tag{1-29}$$

示例：考虑指数函数

$$f(x)=\begin{cases}0, & x<0\\ a\exp[-ax], & x\geqslant 0\end{cases} \tag{1-30}$$

其中 $a>0$。这个函数满足以下成为概率分布函数的要求：

- 它是单值的
- 它处处大于等于 0
- 它是标准化的

$$\int_{-\infty}^{\infty} f(x)dx=\int_{0}^{\infty} a\exp[-ax]dx=-\exp[-ax]\Big|_{0}^{\infty}=1$$

- 它的积分对于所有区间存在：

$$P(x_a\leqslant x\leqslant x_b)=\int_{x_a}^{x_b} f(x)dx=\exp[-x_a]-\exp[-x_b]\text{ 其中 }0\leqslant x_a\leqslant x_b$$

如果极限小于 0，结果类似。

指数概率分布具有广泛应用。例如，指数概率分布可以用于功率谱中的白噪声功率分布和放射源的衰减区间分布。

1.2.2 累积概率分布函数

累积概率分布函数 $F(x)$，定义为

$$F(x)\int_{-\infty}^{x} f(y)dy \tag{1-31}$$

$f(x)$和 $F(x)$的关系展示在图 1-4 中。因为$F(x)$是概率密度函数的积分，它是一个真正的概率——x位于$-\infty$和 x 之间的概率。狄拉克 δ 函数的累积概率分布函数是一个阶梯函数，有时也称为赫维赛德(Heaviside)函数：

$$H(x)=\int_{-\infty}^{x}\delta(y)dy=\begin{cases}0, x<0\\ 1, x>0\end{cases} \tag{1-32}$$

事实上，δ 函数可以定义为 Heaviside 函数的导数。累积分布函数在处理稀疏数据和噪声数据时特别有用。

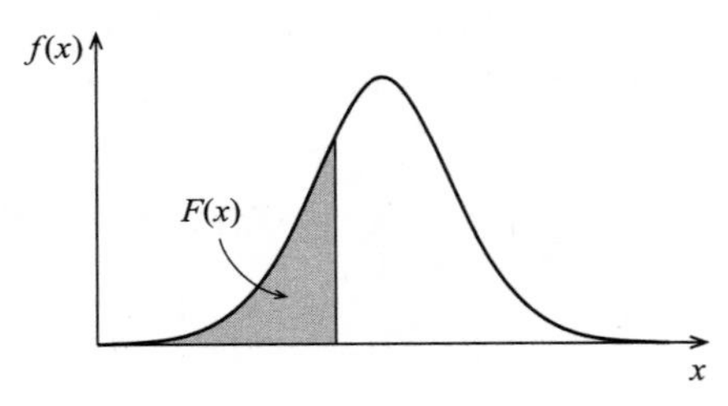

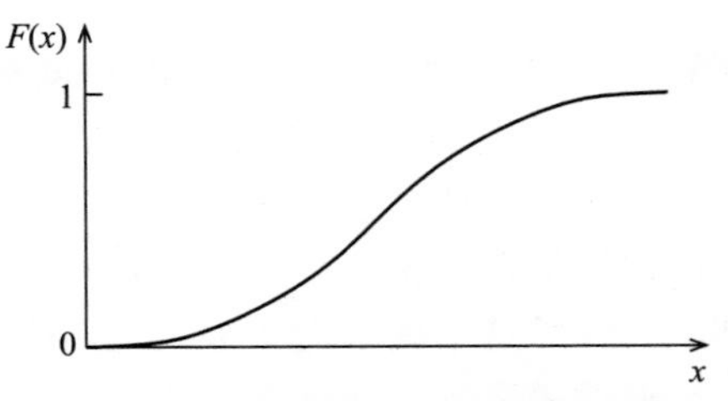

图 1-4 概率分布函数 $f(x)$和对应累积分布函数 $F(x)$的关系

1.2.3 变量变化

假设我们想把一个概率分布函数 $f(x)$的独立变量变为另一个变量 y，其中坐标变换定义为 $x(y)$。我们需要相对于区间 dx 的概率和相对于 dy 的概率相同。关于 y 的概率分布定义为

$$f(x)dx=f(x(y))\left|\frac{dx}{dy}\right|dy=g(y)dy \tag{1-33}$$

从中我们发现

$$g(y) = f(x(y))\left|\frac{dx}{dy}\right| \tag{1-34}$$

$|dx/dy|$这个因子解释了 dy 和 dx 长度的不同。

1.3 概率分布的特征

一个概率分布的完整描述是整个分布本身，通过以下任意一个函数或等价的形式，例如表、图形或分布矩的完全集。用一个小的数量集合来简洁地描述分布最重要的性质会更方便。这些描述量可以是一个总结整个分布的单独数值，例如均值、众数、中位数；可以是分布宽度的测量，例如它的方差或者半峰全宽；还可以是对称性的测量，例如偏度；或者更一般地，一些分布的低阶矩。

1.3.1 中位数、众数和半峰全宽

用一个单独的数值来总结概率分布 $f(x)$的简单方式就是找到使分布达到最大值的 x 的值。这就被称为分布的众数，x_{mode}。对于一个有单一峰值的连续函数来说，众数可以用下面公式来计算

$$\left.\frac{df(x)}{dx}\right|_{x_{\text{mode}}} = 0 \tag{1-35}$$

众数对于有着唯一最大值或者一个显著最大值的概率分布非常有用。

另一个单独数值的描述量是中位数 x_{median}，定义为

$$\frac{1}{2} = \int_{-\infty}^{x_{\text{median}}} f(x)dx \tag{1-36}$$

中位数是一个分布的“中间点”，意思就是从 $f(x)$中提取的样本大于或小于 x_{median} 的概率相同。如果想要减小远距离异常值的影响，或者分布的长尾的影响，中位数特别有用。

半峰全宽(经常缩写为 FWHM)对于概率分布的宽度是一个很有用且容易测量的描述量。一个分布的半峰是 $f(x_{\text{mode}})/2$。为了计算 FWHM，找到两个 a 和 b 值，满足

$$f(a) = f(b) = \frac{1}{2}f(x_{\text{mode}}) \tag{1-37}$$

那么 FWHM$=b-a$。就像从中推导出来的众数一样，FWHM 对于有单个最大值或者显著最大值的概率分布是最有用的。对于更复杂的分布来说，它可能不是一个明智的方法。

1.3.2 矩、均值和方差

一个连续概率分布方程 $f(x)$的 m 阶矩 M_m 定义为

$$M_m = \int_{-\infty}^{\infty} x^m f(x)dx \tag{1-38}$$

如果 $P(A_j)$是一个离散的概率分布，并且结果 A_j 是实数，那么 $P(A_j)$的矩是

$$M_m = \sum_j A_j^m P(A_j) \tag{1-39}$$

其中求和考虑的是所有可能的 j 值。矩 M_m 也称为 x^m 的均值，用符号表示为$M_m=\langle x^m\rangle$。它可以被认为是由 x 发生的概率加权的 x^m 的均值。

对于任意一个正确的标准化分布函数，零阶矩等于 1：

$$M_0 = \int_{-\infty}^{\infty} x^0 f(x)dx - \int_{-\infty}^{\infty} f(x)dx = 1 \tag{1-40}$$

一阶矩是

$$M_1 = \langle x \rangle = \int_{-\infty}^{\infty} x f(x) dx \tag{1-41}$$

或者对于离散概率分布，

$$M_1 = \langle A \rangle = \sum_j A_j P(A_j) \tag{1-42}$$

一阶矩通常被称为均值。为了更好地理解均值的意义，假设 n 个样本 a_i 是由离散概率分布 $P(A_j)$生成的，并且每个值 A_j 的生成次数是 k_j。根据定义

$$P(A_j) = \lim_{n \to \infty} \frac{k_j}{n} \tag{1-43}$$

均值的公式为

$$\langle A \rangle = \lim_{n \to \infty} \frac{1}{n} \sum_j A_j k_j \tag{1-44}$$

因为数量 k_j 意味着 A_j 出现了 k_j 次，我们可以单独列出所有的 a_i，生成 n 个 a_i 值的列表，$i=1,\cdots,n$，其中每个值 A_j 在列表中出现 k_j 次。因此，等式 1-44 中的加权求和可以由所有单独 a_i 值的未加权求和替代，那么均值变为

$$\langle x \rangle = \lim_{n \to \infty} \frac{1}{n} \sum_{i=1}^{n} a_i \tag{1-45}$$

这就是我们对于均值的直观理解。

均值还是用单个数值来描述概率分布函数的另一种方式。如果 $f(x)$是关于 x_{median} 对称的，那么 $M_1 = x_{\text{median}}$。但是不能保证每个概率分布都有一个均值。Lorentzian 分布（也被称为 Cauchy 分布）

$$f(x) = \frac{1}{\pi} \frac{b}{b^2 + (x-a)^2} \tag{1-46}$$

满足等式 1-23～1-25，同时也是一个完全有效的概率分布函数，但是它没有均值。当 x 变大的时候，$xf(x)$和 $1/x$ 成比例，$xf(x)$的积分趋近于对数函数，它是无限增加的。因此等式 1-41 中的积分是无定义的，它的均值不存在[⊖]。Lorentzian 函数的众数和中位数存在，并且 $x_{\text{mode}} = x_{\text{median}} = a$。它们提供了 Lorentzian 分布的另一种单个数值描述。

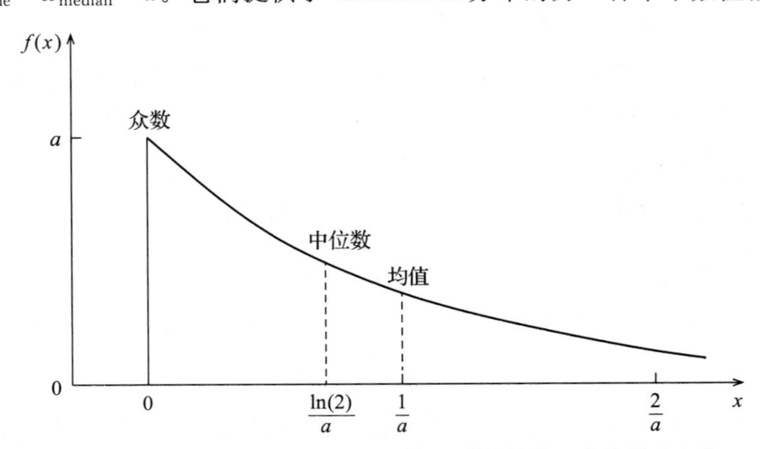

图 1-5　指数分布函数 $f(x) = a\exp[-ax]$的均值、中位数和众数

⊖ 如果认为等式 1-5 是反常积分，那么$\langle x \rangle$对于 Lorentzian 分布函数存在，并且$\langle x \rangle = a$。不过这个分布的高阶矩仍然没有定义。

示例：求出如下指数概率分布函数的均值、中位数和众数：

$$f(x)=a\exp[-ax],\quad x\geqslant 0$$

通过计算，这个函数的最大值出现在 $x=0$ 处，所以众数是 $x_{\text{mode}}=0$。中位数为

$$\frac{1}{2}=\int_{-\infty}^{x_{\text{median}}} f(x)dx=\int_{0}^{x_{\text{median}}} a\exp[-ax]dx=1-\exp[-ax_{\text{median}}]$$

所以

$$x_{\text{median}}=\frac{1}{a}\ln 2$$

x 的均值是

$$\langle x\rangle=\int_{-\infty}^{\infty} xa\exp[-ax]dx=-\frac{1}{a}(1+x)\exp[-x]\Big|_{0}^{\infty}=\frac{1}{a}$$

这个指数函数的均值、中位数和众数表示在图 1-5 中。

均值的概念可以推广到函数的均值。假设 A 有可能值 A_j，并且 A_j 的概率分布函数是 $P(A_j)$。同时假设 $g(A)$ 是 A 的函数。那么 g 的均值是

$$\langle g\rangle=\sum_j g(A_j)P(A_j) \tag{1-47}$$

如果 $f(x)$ 是连续概率分布函数，并且 $g(x)$ 也是一个连续函数，那么 $g(x)$ 的均值（记为 $\langle g(x)\rangle$）为

$$\langle g(x)\rangle=\int_{-\infty}^{\infty} g(x)f(x)dx \tag{1-48}$$

$\langle g(x)\rangle$ 是 $g(x)$ 的加权平均，其中权重是 x 发生的概率。例如，$f(x)$ 也许是暴雨中雨滴半径的概率分布，$g(x)$ 是雨滴关于半径的质量函数，那么 $\langle g(x)\rangle$ 是雨滴质量的平均值。更完整地，我们注意到

$$\langle a_1g_1(x)+a_2g_2(x)\rangle=\int_{-\infty}^{\infty}[a_1g_1(x)+a_2g_2(x)]f(x)dx=a_1\langle g_1(x)\rangle+a_2\langle g_2(x)\rangle \tag{1-49}$$

所以，均值的计算是一个线性运算。

分布的方差 σ^2 定义为 $(x-\langle x\rangle)^2$ 的均值：

$$\sigma^2=\langle (x-\mu)^2\rangle \tag{1-50}$$

其中为了方便起见，我们定义 $\langle x\rangle=\mu$。方差的正平方根记为 σ，被称为标准差。方差和标准差是分布函数宽度或扩展的度量。它们的确切意思取决于具体的分布，但概率大概有一半位于 $\mu-\sigma$ 和 $\mu+\sigma$ 之间。分布的方差与分布的二阶矩有关。通过扩展 σ^2 的表达式，我们得到

$$\sigma^2=\langle x^2-2x\mu+\mu^2\rangle=\langle x^2\rangle-2\mu\langle x\rangle+\mu^2$$

$$=M_2-\mu^2 \tag{1-51}$$

$$=M_2-M_1^2 \tag{1-52}$$

并不是所有函数都有方差——Lorentzian 函数不存在方差，因为 M_2 发散。但是方差并不是表示分布函数宽度的唯一方法，即使它存在，也不一定是表示宽度的最佳方式。例如，$\langle |x-\mu|\rangle$ 也可以测量宽度，并且因为它关于 $x-\mu$ 是线性的，不是二次方，它对于分布远离 μ 的部分不会像方差那么敏感。或者你可能想要使用 FWHM，它对于 Lorentzian 是存在的。方差甚至可能不是描述分布宽度最有效的方式。矩形分布函数的方差不如矩形的全宽有用。

概率分布的不对称性可以用偏度来衡量。有三种常见的偏度定义：

$$偏度 = \frac{均值 - 众数}{标准差} = \frac{\langle x \rangle - x_{\mathrm{mode}}}{\sigma} \tag{1-53}$$

$$偏度 = \frac{均值 - 中位数}{标准差} = \frac{\langle x \rangle - x_{\mathrm{median}}}{\sigma} \tag{1-54}$$

$$偏度 = \frac{\langle (x-\mu)^3 \rangle}{\sigma^3} \tag{1-55}$$

在使用的时候，必须指明用了哪一个定义。

示例：计算以下指数分布函数的二阶矩、方差和偏度

$$f(x) = a\exp[-ax], \quad x \geqslant 0$$

二阶矩：

$$\begin{aligned} M_2 &= \int_{-\infty}^{\infty} x^2 f(x) dx \\ &= \int_0^{\infty} ax^2 \exp[-ax] dx = -\frac{1}{a^2}[(ax)^2 + 2ax + 2]\exp[-ax]\Big|_0^{\infty} \\ &= \frac{2}{a^2} \end{aligned}$$

根据等式1-52和刚刚算出的 μ 来计算 σ：

$$\sigma^2 = M_2 - \mu^2 = \frac{2}{a^2} - \left(\frac{1}{a}\right)^2 = \frac{1}{a^2}$$

标准差展示在图1-6中。为了比较，概率分布在 $x=0$ 和 $a\exp[-ax_{1/2}] = 1/2$ 下降到最大值的一半。所以半峰全宽是

$$\mathrm{FWHM} = \frac{1}{a}\ln(2a)$$

我们已经展示了指数分布的 $\langle x \rangle = \mu = 1/a$ 和 $x_{\mathrm{median}} = \ln(2)/a$。那么等式1-54定义的偏度为

$$偏度 = \frac{\langle x \rangle - x_{\mathrm{median}}}{\sigma} = \frac{1/a - \ln(2)/a}{1/a^2} = a(1 - \ln 2)$$

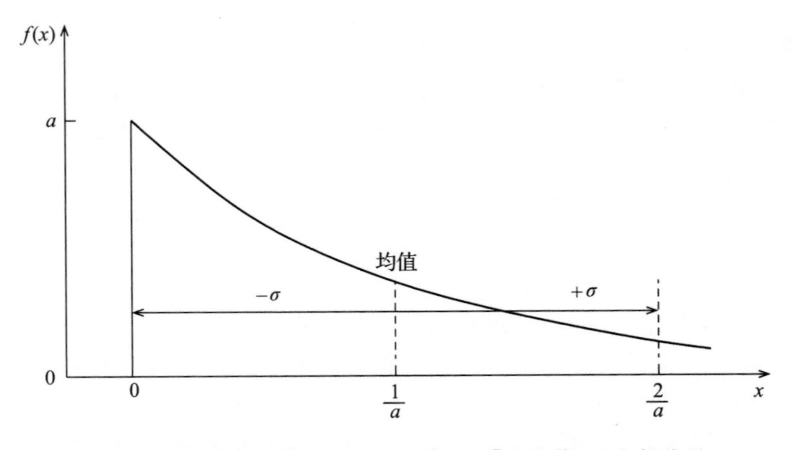

图1-6　指数分布函数 $f(x) = a\exp[-ax]$ 的均值 $\langle x \rangle$ 和标准差 σ

1.3.3 矩母函数和特征函数

矩母函数为计算一些概率分布的矩提供了一种便利方式。对于连续概率分布 $f(x)$，矩母函数定义为

$$M(\zeta)=\int_{-\infty}^{\infty}\exp[\zeta x]f(x)dx \tag{1-56}$$

其中积分只需要在 $\zeta=0$ 的邻域内存在就可以了。为了理解矩母函数，把 $\exp[\zeta x]$用泰勒级数展开，并对每一项进行积分。矩母函数会变成

$$\begin{aligned}M(\zeta)&=\int_{-\infty}^{\infty}\left(1+\zeta x\frac{\zeta^2x^2}{2!}+\cdots\right)f(x)dx\\&=M_0+\zeta M_1+\frac{\zeta^2}{2!}M_2+\cdots\end{aligned} \tag{1-57}$$

对于正确的标准化概率分布，$M_0=M(0)=1$。$f(x)$的高阶矩也能够通过矩母函数的导数计算出来：

$$M_m=\frac{\partial^m M(\zeta)}{\partial\zeta^m}\bigg|_{\zeta=0},\quad m\geqslant 1 \tag{1-58}$$

示例：指数概率分布

$$f(x)=a\exp[-ax],\qquad x\geqslant 0$$

的矩母函数是

$$M(\zeta)=a\int_0^{\infty}\exp[\zeta x]\exp[-ax]dx=a\int_0^{\infty}\exp[(\zeta-a)x]dx=\frac{a}{a-\zeta}$$

这个概率分布的一阶矩和二阶矩是：

$$M_1=\frac{\partial M(\zeta)}{\partial\zeta}\bigg|_{\zeta=0}=\frac{a}{(a-\zeta)^2}\bigg|_{\zeta=0}=\frac{1}{a}$$

$$M_2=\frac{\partial^2 M(\zeta)}{\partial\zeta^2}\bigg|_{\zeta=0}=\frac{2a}{(a-\zeta)^3}\bigg|_{\zeta=0}=\frac{2}{a^2}$$

连续概率分布函数 $f(x)$的特征函数 $\phi(v)$定义为

$$\phi(v)=\int_{-\infty}^{\infty}\exp[ivx]f(x)dx \tag{1-59}$$

其中 $i=\sqrt{-1}$，并且 v 是一个实数。进一步查看第 8 章的傅里叶分析，我们把特征函数作为$f(x)$的傅里叶逆变换(见等式 8-61)。用指数展开，我们得到

$$\begin{aligned}\phi(v)&=\int_{-\infty}^{\infty}\left(1+ivx+\frac{1}{2!}(iv)^2x^2+\frac{1}{3!}(iv)^3x^3+\cdots\right)f(x)dx\\&=1+ivM_1+\frac{(iv)^2}{2!}M_2+\cdots+\frac{(iv)^n}{n!}M_n+\cdots\end{aligned} \tag{1-60}$$

$\phi(v)$的傅里叶变换是

$$\begin{aligned}\frac{1}{2\pi}\int_v\phi(v)\exp[-ivx']dv&=\frac{1}{2\pi}\int_v\left\{\int_x\exp[ivx]f(x)dx\right\}\exp[-ivx']dv\\&=\int_x f(x)\left\{\frac{1}{2\pi}\int_v\exp[iv(x-x')]dv\right\}dx\\&=\int_x f(x)\delta(x-x')dx\\&=f(x')\end{aligned} \tag{1-61}$$

其中 $\delta(x-x')$是狄拉克 δ 函数(见表 8-1，其中列出了一些傅里叶变换对)。与预期的一样，原始的概率分布函数是 $\phi(v)$的傅里叶变换。

结合等式 1-60 和 1-61，我们发现

$$f(x')=\frac{1}{2\pi}\int_{v}\left[1+ivM_1+\frac{(iv)^2}{2!}M_2+\cdots+\frac{(iv)^n}{n!}M_n+\cdots\right]\exp[-ivx']dv \quad (1\text{-}62)$$

这表明一个概率分布函数可以由其矩的值来重构。这是傅里叶变换和矩等式(等式 1-38)之间重要的并且意想不到的关系。当我们使用中心极限定理来推导高斯概率分布的时候，这个结果是必需的。

1.4　多变量概率分布

1.4.1　两个独立变量的分布

概率分布函数可以包括多个独立变量(见图 1-7)。关于两个独立变量 x_1 和 x_2 的函数是有效的概率分布函数，如果它是单值的，并且满足以下条件：

$$f(x_1,x_2)\geqslant 0 \quad (1\text{-}63)$$

$$\int_{-\infty}^{\infty}\int_{-\infty}^{\infty}f(x_1,x_2)dx_1dx_2=1 \quad (1\text{-}64)$$

$$P(a_1<x_1<b_1,a_2<x_2<b_2)=\int_{a_1}^{b_1}\int_{a_2}^{b_2}f(x_1,x_2)dx_1dx_2 \quad (1\text{-}65)$$

其中 $P(a_1<x_1<b_1,\ a_2<x_2<b_2)$是 x_1 位于区间 $a_1<x_1<b_1$ 和 x_2 位于区间 $a_2<x_2<b_2$ 的概率。等式 1-65 可以推广到 x_1 和 x_2 位于任意一个(x_1,x_2)平面区域 A 的概率：

$$P(x_1,x_2\subset A)=\int_{A}f(x_1,x_2)dx_1dx_2 \quad (1\text{-}66)$$

存在两个*边际概率分布*：

$$g_1(x_1)=\int_{x_2=-\infty}^{\infty}f(x_1,x_2)dx_2 \quad (1\text{-}67)$$

$$g_2(x_2)=\int_{x_1=-\infty}^{\infty}f(x_1,x_2)dx_1 \quad (1\text{-}68)$$

因此，$g_1(x_1)$是在 x_2 全部展开的概率积分(见图 1-7)。

给定一个两参数分布 $f(x_1,x_2)$和它的边际概率 $g_1(x_1)$，条件分布 $h(x_2|x_1)$定义为

$$h(x_2|x_1)=\frac{f(x_1,x_2)}{g_1(x_1)} \quad (1\text{-}69)$$

条件分布就是把 $f(x_1,x_2)$在 x_1 的某个常数值切断。将其与边际分布做比较，边际分布是一个积分，但这个不是。条件概率已经被正确地标准化了，因为

$$\int_{-\infty}^{\infty}h(x_2|x_1)dx_2=\int_{-\infty}^{\infty}\frac{f(x_1,x_2)}{g_1(x_1)}dx_2=\frac{1}{g_1(x_1)}\int_{-\infty}^{\infty}f(x_1,x_2)dx_2=\frac{g_1(x_1)}{g_1(x_1)}=1 \quad (1\text{-}70)$$

我们说 x_2 和 x_1 是独立的，如果 x_2 发生的概率和 x_1 发生的概率独立。那么条件概率可以写为

$$h(x_2|x_1)=h(x_2) \quad (1\text{-}71)$$

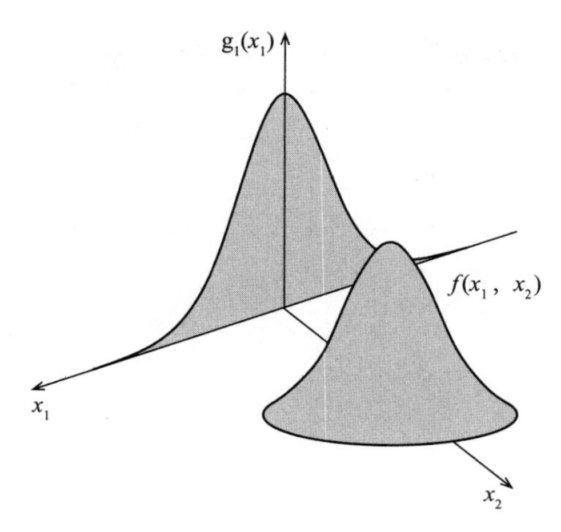

图 1-7　一个二维分布函数 $f(x_1,x_2)$和它的边际分布 $g_1(x_1)$

如果 x_1 和 x_2 是独立的，等式 1-69 可以写为

$$f(x_1,x_2) = g_1(x_1)h(x_2 \mid x_1) = g_1(x_1)h(x_2) \tag{1-72}$$

所以 x_1 和 x_2 同时发生的概率等于它们两个单独发生的概率乘积。

每一个变量的矩能够单独被计算出来：

$$\langle x_1^m \rangle = \int_{x_1=-\infty}^{\infty}\int_{x_2=-\infty}^{\infty} x_1^m f(x_1,x_2)dx_1 dx_2 \tag{1-73}$$

$$\langle x_2^n \rangle = \int_{x_1=-\infty}^{\infty}\int_{x_2=-\infty}^{\infty} x_1^n f(x_1,x_2)dx_1 dx_2 \tag{1-74}$$

但是它们的联合矩也是可以被计算的：

$$\langle x_1^m x_2^n \rangle = \int_{x_1=-\infty}^{\infty}\int_{x_2=-\infty}^{\infty} x_1^m x_2^n f(x_1,x_2)dx_1 dx_2 \tag{1-75}$$

如果 x_1 和 x_2 是独立的，那么等式 1-75 中对于 x_1 和 x_2 的积分是可以被分开的，并且 $\langle x_1^m x_2^n \rangle = \langle x_1^m x_2^n \rangle$。

1.4.2　协方差

如果一个概率分布函数有两个独立的变量 x_1 和 x_2，那么 x_1 和 x_2 之间的协方差定义为

$$\sigma_{12} = \sigma_{21} = \langle (x_1 - \langle x_1 \rangle)(x_2 - \langle x_2 \rangle) \rangle \tag{1-76}$$

$$= \int_{x_1=-\infty}^{\infty}\int_{x_2=-\infty}^{\infty} (x_1 \langle x_1 \rangle)(x_2 - \langle x_2 \rangle) f(x_1,x_2)dx_1 dx_2 \tag{1-77}$$

协方差测量的是 x_1 样本值依赖于 x_2 样本值的程度。如果 x_1 是和 x_2 独立的，那么 $f(x_1, x_2) = f_1(x_1)f_2(x_2)$，并且协方差为

$$\begin{aligned}
\sigma_{12} &= \int_{x_1}\int_{x_2} (x_1 - \langle x_1 \rangle)(x_2 - \langle x_2 \rangle) f_1(x_1)f_2(x_2)dx_1 dx_2 \\
&= \left[\int (x_1 - \langle x_1 \rangle f_1(x_1)dx_1)\right]\left[\int (x_2 - \langle x_2 \rangle) f_2(x_2)dx_2\right] \\
&= (\langle x_1 \rangle - \langle x_1 \rangle)(\langle x_2 \rangle - \langle x_2 \rangle) \\
&= 0
\end{aligned} \tag{1-78}$$

为了了解协方差的含义，考虑一个两参数分布，等概率图是以原点为中心的椭圆。图 1-8展示了两种可能的概率轮廓图。关于原点的椭圆有一般的函数形式 $a_1 x_1^2 + a_{12} x_1 x_2 +$

$a_2x_2^2$=常数，所以概率分布函数必须能够写成表达式 $f(a_1x_1^2+a_{12}x_1x_2+a_2x_2^2)$。如果 $a_{12}=0$，那么椭圆的长轴和短轴分别是水平和垂直的，并且它们和坐标轴重合，表示在图1-8左图中。如果 $a_{12}>0$，那么长短轴就像图1-8右图所示。考虑下面这种情况：

$$f(x_1,x_2)=a_1x_1^2+a_{12}x_1x_2+a_2x_2^2 \tag{1-79}$$

其中 $-\alpha\leqslant x_1\leqslant\alpha$ 和 $-\beta\leqslant x_2\leqslant\beta$。因为椭圆是关于原点对称的，所以 x_1 和 x_2 的均值是0。协方差为

$$\begin{aligned}\sigma_{12}&=\int_{x_1=-\alpha}^{\alpha}\int_{x_1=-\beta}^{\beta}x_1x_2(a_1x_1^2+a_{12}x_1x_2+a_2x_2^2)dx_1dx_2\\&=\int_{x_1=-\alpha}^{\alpha}\int_{x_2=-\beta}^{\beta}(a_1x_1^3x_2+a_{12}x_1^2x_2^2+a_2x_1x_2^3)dx_1dx_2\\&=\frac{4a_{12}}{9}\alpha^3\beta^3\end{aligned} \tag{1-80}$$

如果 a_{12} 非零，那么协方差也不是0，所以如果椭圆是倾斜的，那么协方差不为零。

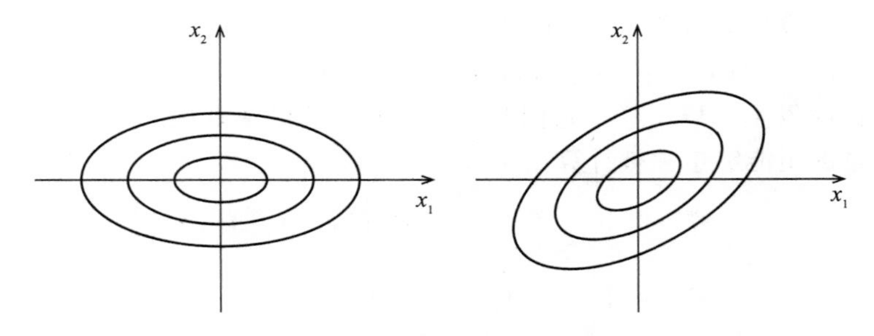

图1-8　二维参数变量分布 $f(x_1,x_2)$ 的等概率图是以原点为中心的椭圆。左图中，x_1 和 x_2 之间的协方差是0，但是右图中不是

1.4.3　多个独立变量的分布

两个独立变量的结果可以被轻易推广到多个独立变量。多元函数 $f(x_1,x_2,\cdots,x_n)$ 可以成为概率分布函数，如果它是单值函数，并且

- $f(x_1,x_2,\cdots,x_n)\geqslant 0$ (1-81)
- $\int_{x_1=-\infty}^{\infty}\int_{x_2=-\infty}^{\infty}\cdots\int_{x_n=-\infty}^{\infty}f(x_1,x_2,\cdots,x_n)dx_1dx_2\cdots dx_n=1$ (1-82)
- $P(a_1<x_1<b_1,a_2<x_2<b_2,\cdots,a_n<x_n<b_n)$

$$=\int_{a_1}^{b_1}\int_{a_2}^{b_2}\cdots\int_{a_n}^{b_n}f(x_1,x_2,\cdots,x_n)dx_1dx_2\cdots dx_n \tag{1-83}$$

其中 P 是 x_1 位于区间 $a_1<x_1<b_1$、x_2 位于 $a_2<x_2<b_2$，…，$a_n<x_n<b_n$ 的概率。如果 V 是任意一个 n 维 $(x_1,x_2,\cdots,x_n)$ 扩展空间的体积，那么一个点位于这个体积的概率为

$$P(x_1,x_2,\cdots,x_n\subset V)=\int_V f(x_1,x_2,\cdots,x_n)dx_1dx_2\cdots dx_n \tag{1-84}$$

边际和条件分布：从 $f(x_1,x_2,\cdots,x_n)$ 中能够得出很多不同的边际概率分布。例如，通过对 x_3 和 x_5 的积分，能够得到以下边际分布：

$$g(x_1,x_2,x_4,x_6,\cdots,x_n)=\int_{x_3=-\infty}^{\infty}\int_{x_5=-\infty}^{\infty}f(x_1,x_2,\cdots,x_n)dx_3dx_5 \tag{1-85}$$

并且每个边际分布都有一个条件分布。例如，条件分布 $h(x_3,x_5\mid x_1,x_2,x_4,x_6,\cdots,x_n)$ 定

义为

$$h(x_3,x_5 \mid x_1,x_2,x_4,x_6,\cdots,x_n) = \frac{f(x_1,x_2,\cdots,x_n)}{g(x_1,x_2,x_4,x_6,\cdots,x_n)} \tag{1-86}$$

事实上，$f(x_1,x_2,\cdots,x_n)$可以在任何方向被边际化，不只是沿着$(x_1,x_2,\cdots,x_n)$的坐标轴。为了在任何其他想要的方向边际化，可以简单地旋转系统坐标轴，使得其中一个旋转后的坐标轴指向想要的方向。然后沿着这个坐标轴积分分布。

如果变量 x_i 和 x_j 是相互独立的，并且它们的概率分布函数是 $f_i(x_i)$和 $f_j(x_j)$，那么它们的联合概率分布函数可以写为

$$f(x_1,x_2,\cdots,x_n) = f_i(x_i)f_j(x_j)\bar{f}_{ij} \tag{1-87}$$

其中 $\bar{f}_{ij}$ 是所有其他变量的概率分布函数的快捷简写符号。如果所有的 x_i 是相互独立的，它们的联合概率分布函数是它们每一个单独概率分布函数的乘积：

$$f(x_1,x_2,\cdots,x_n) = f_1(x_1)f_2(x_2)\cdots f_n(x_n) \tag{1-88}$$

协方差：x_i 和 x_j 之间的协方差，定义为

$$\sigma_{ij} = \sigma_{ji} = \langle(x_i - \langle x_i\rangle)(x_j - \langle x_j\rangle)\rangle \tag{1-89}$$

$$= \int\cdots\int(x_i - \langle x_i\rangle)(x_j - \langle x_j\rangle)f(x_1,x_2,\cdots,x_n)dx_1dx_2\cdots dx_n \tag{1-90}$$

测量的是 x_i 值依赖于 x_j 值的程度。如果 $i=j$，等式 1-90 可以写作

$$\sigma_{ii} = \langle(x_i - \langle x_i\rangle)^2\rangle \tag{1-91}$$

这是 x_i 的方差，所以通常使用符号 $\sigma_{ii}=\sigma_i^2$。

如果任何一对参数 x_i 和 x_j 是彼此独立的，那么使用等式 1-87 中的符号，它们的协方差为

$$\begin{aligned}\sigma_{ij} &= \int\cdots\int(x_i - \langle x_i\rangle)(x_j - \langle x_j\rangle)f_i(x_i)f_j(x_j)\bar{f}_{ij}dx_n \\ &= \left[\int(x_i - \langle x_i\rangle)f_i(x_i)dx_i\right]\left[\int(x_j - \langle x_j\rangle)f_j(x_j)dx_j\right] \\ &= (\langle x_i\rangle - \langle x_j\rangle)(\langle x_j\rangle - \langle x_j\rangle) \\ &= 0\end{aligned} \tag{1-92}$$

矩母函数：多变量概率分布函数的矩母函数定义为

$$M(\zeta_1,\zeta_2,\cdots,\zeta_n) = \int_{x_1=-\infty}^{\infty}\int_{x_n=-\infty}^{\infty}\exp[\zeta_1x_1 + \zeta_2x_2 + \cdots + \zeta_nx_n] \times f(x_1,x_2,\cdots,x_n)dx_1dx_2\cdots dx_n \tag{1-93}$$

概率分布的一阶矩和二阶矩可以通过矩母函数的一阶和二阶求导来计算：

$$\langle x_j\rangle = \left.\frac{\partial M(\zeta_1,\zeta_2,\cdots,\zeta_n)}{\partial\zeta_j}\right|_{\zeta_1=\zeta_2=\cdots=\zeta_n=0} \tag{1-94}$$

$$\langle x_jx_k\rangle = \left.\frac{\partial^2 M(\zeta_1,\zeta_2,\cdots,\zeta_n)}{\partial\zeta_j\partial\zeta_k}\right|_{\zeta_1=\zeta_2=\cdots=\zeta_n=0} \tag{1-95}$$

对于复杂的公式来说，一般化的表达式是：

$$\langle x_1^{m_1}x_2^{m_2}\cdots x_n^{m_n}\rangle = \left.\frac{\partial^{m_1+m_2+\cdots+m_n}M(\zeta_1,\zeta_2,\cdots,\zeta_n)}{\partial\zeta_1^{m_1}\ \partial\zeta_2^{m_2}\cdots\ \partial\zeta_n^{m_n}}\right|_{\zeta_1=\zeta_2\cdots=\zeta_n=0} \tag{1-96}$$

变量转换：最后，有时候必须把概率分布函数 $f(x_1,x_2,\cdots,x_n)$转换到另一组不同的变量集$(y_1,y_2,\cdots,y_n)$是十分必要的。坐标转换的等式写为：

$$
\begin{aligned}
x_1 &= x_1(y_1, y_2, \cdots, y_n) \\
\vdots \quad & \quad \vdots \\
x_n &= x_n(y_1, y_2, \cdots, y_n)
\end{aligned} \tag{1-97}
$$

为了使概率分布在新坐标中有意义，这个转换必须是可逆的。依据多元积分的变量转换标准方法，我们得到

$$
\begin{aligned}
f(x_1, x_2, \cdots, x_n) dx_1 dx_2 \cdots dx_n &= f(y_1, y_2, \cdots, y_n) \left| \frac{\partial(x_1, x_2, \cdots, x_n)}{\partial(y_1, y_2, \cdots, y_n)} \right| dy_1 dy_2 \cdots dy_n \\
&= g(y_1, y_2, \cdots, y_n) dy_1 dy_2 \cdots dy_n
\end{aligned} \tag{1-98}
$$

从中我们得出

$$
g(y_1, y_2, \cdots, y_n) = f(y_1, y_2, \cdots, y_n) \left| \frac{\partial(x_1, x_2, \cdots, x_n)}{\partial(y_1, y_2, \cdots, y_n)} \right| \tag{1-99}
$$

等式 1-99 中的 Jacobian 行列式表明两个坐标之间体积元素的大小差异。

第 2 章

一些有用的概率分布函数

任何满足 1.2.1 节中介绍的条件的函数都可以作为有效的概率分布函数，但是有一些概率分布函数比其他的更有用。本章我们将讨论一些最有用的分布：二项分布、泊松分布、高斯(正态)分布、卡方(χ^2)分布和贝塔分布。我们已经关注了其他几个有用的分布，包括矩形分布、δ 函数、指数分布和洛伦兹分布。第 4 章将讨论学生 t 分布。第 7 章将讨论伽玛分布。在本书中讨论的概率分布的索引已在表 2-1 中列出。

表 2-1　概率分布函数索引

矩形分布	$f(x)=\begin{cases}1/a, & \lvert x\rvert\leqslant a/2\\ 0, & \lvert x\rvert>a/2\end{cases}$	公式 1.26
δ 函数	$f(x)=\delta(x-a)$	公式 1.27 和公式 1.28
指数分布	$f(x)=\begin{cases}0, & x<0\\ a\exp[-ax], & x\geqslant 0\end{cases}$	公式 1.30 和 1.3.2 节
洛伦兹分布	$f(x)=\frac{1}{\pi}\frac{b}{b^2+(x-a)^2}$	公式 1.46
二项分布	$P(k)=\frac{n!}{k!(n-k)!}p^k q^{n-k}$	2.2 节
泊松分布	$P(k)=\frac{\mu^k}{k!}\exp[-\mu]$	2.3 节
高斯分布	$f(x)=\frac{1}{\sqrt{2\pi\sigma^2}}\exp\left[-\frac{1}{2}\frac{(x-\mu)^2}{\sigma^2}\right]$	2.4 节和附录 C
多变量高斯分布	$f(\boldsymbol{x})=\frac{1}{(2\pi)^{n/2}\lvert C\rvert^{1/2}}\exp\left[-\frac{1}{2}(\boldsymbol{x}-\boldsymbol{\mu})^{\mathrm{T}}\boldsymbol{C}^{-1}(\boldsymbol{x}-\boldsymbol{\mu})\right]$	2.5 节和附录 C
卡方分布	$f_n(\chi^2)=\frac{(\chi^2)^{(n-2)/2}}{2^{n/2}(n/2-1)!}\exp\left[-\frac{1}{2}\chi^2\right]$	2.6 节
贝塔分布	$\beta(x)=\frac{(a+b-1)!}{(a-1)!(b-1)!}x^{a-1}(1-x)^{b-1}$	2.7 节
学生 t 分布	$s_n(t)=\frac{[(n-1)/2]!}{[(n-2)/2]!\sqrt{n\pi}}\left[1+\frac{t^2}{n}\right]^{-(n+1)/2}$	4.5 节
伽玛分布	$f(x)=\frac{1}{\Gamma(k)\theta^k}x^{k-1}\exp\left[-\frac{x}{\theta}\right]$	公式 7.31

2.1 排列组合

计算概率通常需要统计所有可能的结果，除了最简单的问题之外，计数是乏味或困难的。组合分析——对组合和排列的研究——可以简化劳动。我们需要几个在这个广泛的主题中的简单结果。

排列： 考虑一组 n 个不同的对象。从中选择 r 个，然后按照它们被选择的顺序进行排列。这种有序的布置被称为排列。交换任何对象的位置会产生不同的排列。

表2-2显示了如何计算从 n 个对象中选择的 r 个对象的排列数。第一个对象可以从任何 n 个不同的对象中选择，但第二个对象必须从剩余的 $n-1$ 个对象中选择。因此，有 n 种方法可以选择第一个对象，但只有 $n-1$ 种方式选择第二个对象。选择前两个对象的总排列数是 $n(n-1)$。再选择三个对象的话存在 $n(n-1)(n-2)$ 种排列；那么选择所有 r 个对象的话就存在 $n(n-1)(n-2)\cdots(n-r+1)$ 种排列。这可以写得更紧凑

$$\frac{n!}{(n-r)!} \tag{2-1}$$

表2-2　从 n 个对象中选择 r 个对象的排列

选择的次数	可选的对象的数量	排列的累计数
1	n	n
2	$n-1$	$n(n-1)$
3	$n-2$	$n(n-1)(n-2)$
⋮	⋮	⋮
r	$n-r+1$	$n(n-1)(n-2)\cdots(n-r+1)$

组合： 现在从 n 个不同的对象中选择 r 个对象，但是把它们放入一个碗里，所以选择对象的顺序是无关紧要的。选择对象时不考虑选择它们的顺序的做法称为组合。要计算组合数，首先计算所有排列数，然后除以产生相同组合的排列数。对于 n 个对象中取 r 个对象的排列数由公式2-1给出，但是所有这些排列都算成是一个组合。再次可以从公式2-1得到 r 个对象的排列数是 $r!$。那就有以下式子

$$\frac{\text{从 } n \text{ 中一次选 } r \text{ 个的排列数}}{r \text{ 的排列数}} = \frac{\frac{n!}{(n-r)!}}{r!} = \frac{n!}{r!(n-r)!} \tag{2-2}$$

我们用特殊的符号表示以上表达式如下：

$$\binom{n}{r} = \frac{n!}{r!(n-r)!} \tag{2-3}$$

这被称作二项系数，通常是用“n 选 r”表示。

2.2 二项分布

假设一个实验可以有两种可能的结果，即 A 和 B，它们的概率是

$$P(A) = p \tag{2-4}$$

$$P(B) = q = 1-p \tag{2-5}$$

进行 n 次独立的实验。在不考虑顺序的情况下，结果 A 出现 k 次和 B 出现 $n-k$ 次的概率 $P(k)$是多少？

为了计算概率，首先考虑一种特殊情况就是 A 连续出现 k 次，然后 B 连续出现$(n-k)$次：

$$\underbrace{AA\cdots A}_{k\text{次}}\ \underbrace{BB\cdots B}_{(n-k)\text{次}}$$

由于连续实验是独立的，最终的概率是每次单独实验的概率的乘积：

$$\underbrace{P(A)P(A)\cdots P(A)}_{k\text{次}}\underbrace{P(B)P(B)\cdots P(B)}_{(n-k)\text{次}} = p^k q^{n-k} \tag{2-6}$$

有相同数量的 A 和 B 的其他顺序出现的概率都是相同的，所以要算出 A 总共出现 k 次的概率，我们要用得到这种特殊顺序的概率乘以出现 k 次 A 和 $n-k$ 次 B 的发生的次数：

$$P(k) = \begin{pmatrix}\text{实验中产生 } k \text{ 个}\\ A \text{ 和 } n-k \text{ 个 } B\\ \text{的方式的数量}\end{pmatrix} \times p^k q^{n-k} \tag{2-7}$$

表 2-3 显示了对执行 4 次的实验产生相同概率的 A 和 B 的排序。我们可以把这个实验看成是将一个硬币抛 4 次。那么，正面和反面都出现两次的方式有 6 种。

表 2-3　$n=4$ 的二项式系数

A 出现的次数	4	3	2	1	0
B 出现的次数	0	1	2	3	4
可能的排列	$AAAA$	$AAAB$ $AABA$ $ABAA$ $BAAA$	$AABB$ $ABAB$ $ABBA$ $BAAB$ $BABA$ $BBAA$	$ABBB$ $BABB$ $BBAB$ $BBBA$	$BBBB$
排列的数量	$\binom{4}{0}=1$	$\binom{4}{1}=4$	$\binom{4}{2}=6$	$\binom{4}{3}=4$	$\binom{4}{4}=1$

更一般地，从公式 2-1 的 $r=n$ 的情况可以得出，像公式 2-6 这样的序列有 $n!$ 个排列。但是由于所有结果是 A 的情况都是相同的，A 之间的所有排列仅仅只能算一个。由于有 $k!$ 个 A 的置换排列，我们必须用 $n!$ 除以 $k!$。同样地，因为有$(n-k)!$ 个 B 的置换排列，所以我们必须也要除以$(n-k)!$。那么 A 出现 k 次和 B 出现的 $n-k$ 次的排序数就是

$$\binom{n}{k} = \frac{n!}{k!(n-k)!} \tag{2-8}$$

表 2-3 的最后一行对这个公式 $n=4$ 的情况进行了计算。公式 2-3 和公式 2-8 有相同的形式，它们都被称为二项系数。然而它们是不同的方法而且含义也不一样。尽管公式 2-3 可用来推导公式 2-8，但是一点都看不出来公式 2-8 最后会得到跟公式 2-3 一样的形式。

结合公式 2-7 和公式 2-8，我们得到做一次实验发生 k 次 A 和 $n-k$ 次 B 的概率是：

$$P(k) = \frac{n!}{k!(n-k)!}p^k q^{n-k} = \binom{n}{k}p^k q^{n-k} \tag{2-9}$$

$P(k)$被称为二项概率分布，因为 $P(k)$就等于二项级数里面的 k 项：

$$(p+q)^n = p^n + np^{n-1}q + \frac{n(n-1)}{2}p^{n-2}q^2 + \cdots + npq^{n-1} + q^n \tag{2-10}$$

$$= \sum_{k=0}^{n} \frac{n!}{k!(n-k)!} p^k q^{n-k} \tag{2-11}$$

$$= \sum_{k=0}^{n} P(k) \tag{2-12}$$

二项分布是已经正确标准化的，因为

$$\sum_{k=0}^{n} P(k) = (p+q)^n = (p+1-p)^n = 1^n = 1 \tag{2-13}$$

图 2-1 显示的是 $n=5$ 和 p 取两种不同值的二项分布的概率分布图。

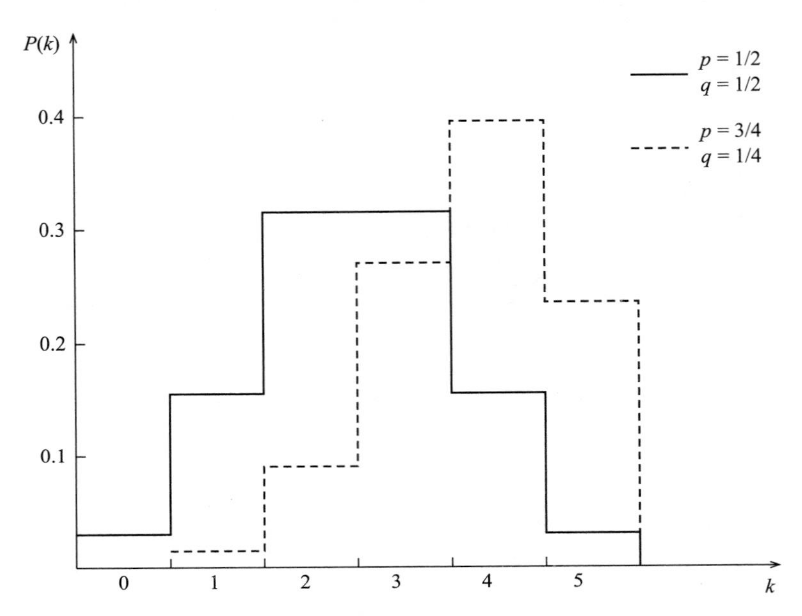

图 2-1　二项分布的两个例子(公式 2-9)。实线是当 $n=5$ 和 $p=q=1/2$ 时的分布，p 是在一次实验中得到 A 的概率。虚线表示的是当 $n=5$、$p=3/4$ 和 $q=1/4$ 时的分布

示例： 假设一个硬币被抛 10 次。正面出现不超过 5 次的概率是多少？

根据二项分布，正面出现不超过 5 次的概率是

$$P(\bar{5}) = 1 - P(5) = 1 - \binom{10}{5}\left(\frac{1}{2}\right)^5\left(\frac{1}{2}\right)^{10-5}$$

$$= 1 - \frac{10!}{5!(10-5)!}\left(\frac{1}{2}\right)^{10}$$

$$= 0.754$$

要计算二项分布的均值和方差，需要计算矩，m 阶的矩是

$$M_m = \langle k^m \rangle = \sum_{k=0}^{n} k^m \binom{n}{k} p^k q^{n-k} \tag{2-14}$$

计算矩的最简单方法就是利用递归关系使用低阶的矩来表示高阶的矩。求 M_m 对于 p 的导数(记住 $p+q=1$)：

$$\begin{aligned}\frac{\partial M_m}{\partial p} &= \frac{\partial}{\partial p}\left\{\sum_{k=0}^{n} k^m \binom{n}{k} p^k (1-p)^{n-k}\right\} \\ &= \sum_{k=0}^{n} k^{m+1}\binom{n}{k} p^{k-1}(1-p)^{n-k} - \sum_{k=0}^{n} k^m (n-k)\binom{n}{k} p^k (1-p)^{n-k-1} \\ &= \frac{1}{p}\sum_{k=0}^{n} k^{m+1}\binom{n}{k} p^k q^{n-k} - \frac{n}{q}\sum_{k=0}^{n} k^m \binom{n}{k} p^k q^{n-k} + \frac{1}{q}\sum_{k=0}^{n} k^{m+1}\binom{n}{k} p^k q^{n-k} \\ &= \frac{1}{p}M_{m+1} - \frac{n}{q}M_m + \frac{1}{q}M_{m+1}\end{aligned} \tag{2-15}$$

重新排列和简化之后，我们得到了想要的递归关系：

$$M_{m+1} = npM_m + pq\,\frac{\partial M_m}{\partial p} \tag{2-16}$$

那么二项分布前三阶的矩就是：

$$M_0 = 1 \quad (\text{分布被标准化}) \tag{2-17}$$

$$M_1 = \langle k \rangle = npM_0 + pq\,\frac{\partial M_0}{\partial p} = np \tag{2-18}$$

$$\begin{aligned}M_2 &= npM_1 + pq\,\frac{\partial M_1}{\partial p} = np(np) + pq\,\frac{\partial}{\partial p}(np) \\ &= n^2 p^2 + npq\end{aligned} \tag{2-19}$$

然后方差就是

$$\begin{aligned}\sigma_2 &= M_2 - M_1^2 = n^2 p^2 + npq - (np)^2 \\ &= npq\end{aligned} \tag{2-20}$$

2.3 泊松分布

我们把泊松分布作为二项分布的极限情况。它是在试验次数增加和单次事件发生概率变小的情况下 k 次事件发生的概率。具体来说就是当 n 远大于 k 和 p 趋于 0，并且 np 保持常数的情况下 k 次事件发生的概率。自然界中的一个例子是每单位时间内放射性元素衰变的概率。假设我们预期每秒平均 10 次衰变，想象一下，把 1 秒分成非常小的 n 个部分，在每一个部分里面衰变的概率也是很小的。但在采样 n 次之后，我们采样了 1 整秒，平均值又回到每秒 10 次。对于 n 较小的时候，泊松分布和二项分布的本质区别是，1 秒内可以发生的事件数可能非常大，但是发生这种情况的概率很小。

为了推导泊松分布，我们从二项分布开始，让 n 远大于 k。用 $P(k)$ 表示泊松分布，然后

$$\begin{aligned}P(k) &= \lim_{n\gg k}\left[\binom{n}{k} p^k (1-p)^{n-k}\right] = \lim_{n\gg k}\left[\frac{n!}{k!(n-k)!} p^k (1-p)^{n-k}\right] \\ &= \frac{n^k}{k!} p^k (1-p)^n\end{aligned} \tag{2-21}$$

让 $\mu = np$ 并且重新调整一下公式 2-21，我们得到

$$P(k) = \frac{\mu^k}{k!}[(1-p)^{1/p}]^{np} = \frac{\mu^k}{k!}[(1-p)^{1/p}]^{\mu} \tag{2-22}$$

现在让 $p \to 0$。根据附录 F 中的公式 F-8

$$\lim_{p\to 0}(1-p)^{1/p}=e^{-1} \tag{2-23}$$

我们得到泊松分布

$$P(k)=\frac{\mu^k}{k!}\exp[-\mu] \tag{2-24}$$

$P(k)$已经是正确标准化的，因为

$$\begin{aligned}\sum_{k=0}^{\infty}P(k)&=\sum_{k=0}^{\infty}\frac{\mu^k}{k!}\exp[-\mu]=\exp[-\mu]\sum_{k=0}^{\infty}\frac{\mu^k}{k!}\\&=\exp[-\mu]\left\{1+\frac{\mu}{1}+\frac{\mu^2}{2!}+\frac{\mu^3}{3!}+\cdots\right\}\\&=\exp[-\mu]\exp[+\mu]=1\end{aligned} \tag{2-25}$$

图 2-2 显示了两种不同 μ 值的泊松分布的概率图。

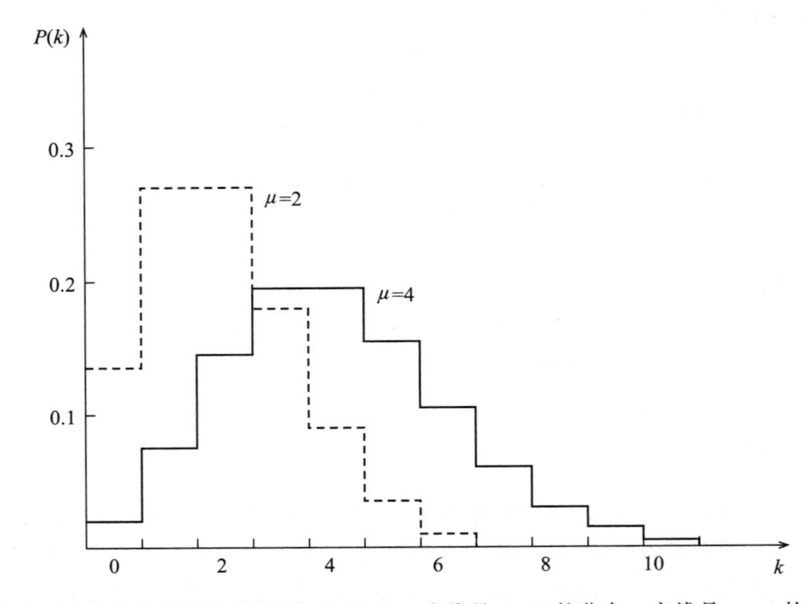

图 2-2　泊松分布的两个例子(公式 2-24)。虚线是 $\mu=2$ 的分布，实线是 $\mu=4$ 的分布

泊松分布的矩也可以利用递归关系计算。推导方法跟我们用递归关系推导二项分布的矩基本一样。从 m 阶矩的表达式开始，

$$M_m=\langle k_m\rangle=\sum_{k=0}^{\infty}k^m\frac{\mu^k}{k!}\exp[-\mu] \tag{2-26}$$

对 μ 求导，我们得到

$$\begin{aligned}\frac{\partial M_m}{\partial\mu}&=\sum_{k=0}^{\infty}k^{m+1}\frac{\mu^{k-1}}{k!}\exp[-\mu]-\sum_{k=0}^{\infty}k^m\frac{\mu^k}{k!}\exp[-\mu]\\&=\frac{1}{\mu}M_{m+1}-M_m\end{aligned} \tag{2-27}$$

调整一下公式 2-27，我们得到想要的递归关系：

$$M_{m+1}=\mu M_m+\mu\frac{\partial M_m}{\partial\mu} \tag{2-28}$$

因为分布是正确标准化的，我们已经知道 $M_0=1$。第一阶矩就是

$$M_1 = \mu M_0 + \mu \frac{\partial M_0}{\partial \mu} = \mu \times 1 + \mu \frac{\partial}{\partial \mu}(1) = \mu \tag{2-29}$$

由于 $M_1 = \langle k \rangle$，我们可以看出 μ 是 k 的均值。二阶矩是

$$M_2 = \mu M_1 + \mu \frac{\partial}{\partial \mu}(M_1) = \mu^2 + \mu \frac{\partial}{\partial \mu}(\mu) = \mu^2 + \mu \tag{2-30}$$

所以方差是

$$\sigma^2 = M_2 - M_1^2 = \mu^2 + \mu - \mu^2$$

$$\sigma^2 = \mu \tag{2-31}$$

泊松分布通常应用在简单的物体计数问题上。为了使用泊松分布，测量结果(1)必须是整数，(2)整数可以很大，(3)必须有一个可以定义的均值。同时有一个默认的假设就是被计算的事物之间没有相互作用。一些例子：一秒内从一颗恒星中检测到的光子数量；工厂在一天之内生产的有缺陷的灯泡数量；移动蜂窝网络中一部手机的活动电话的数量。

示例： 在很多条件下，从天文来源而来的光子数目是服从泊松统计的。让 N 表示在一段时间内检测到的光子数的平均值。那么，由于在这段时间内 $\mu = N$，泊松分布就是

$$P(k) = \frac{N^k}{k!}\exp[-N]$$

这里 k 是在一段时间内实际检测到的光子数。根据公式 2-31，方差和标准差如下

$$\sigma^2 = N$$

$$\sigma = \sqrt{N}$$

这就是著名的光子计数统计 $\sqrt{N}$。信噪比通常是均值除以方差，对于泊松分布来说就是

$$\frac{\text{Signal}}{\text{Noise}} = \frac{\mu}{\sigma} = \frac{N}{\sqrt{N}} = \sqrt{N}$$

如果平均光子计数统计率是常数，那么 $N = \text{Rt}$，其中 R 是光子计数率，t 是采样间隔，然后

$$\frac{\text{Signal}}{\text{Noise}} \propto \sqrt{t}$$

信噪比随着集成时间的平方根而提高。

示例： 检测和计数单个光子的仪器有时在检测到一个光子之后有一段“死时间”，在此期间，不会检测到其他光子。光电管死时间的一个典型值是

$$\tau = 50 \times 10^{-9} \text{ seconds}$$

死时间会导致测量计数率的系统误差，因为在死时间里到达的光子都没有被计算在内。如果这个错误大到无法接受的话，我们必须要纠正那些未被计数的光子。这个修正被称作死时间修正。

假设在一段时间 t 内的平均光子数是 N

$$N = Rt$$

在死时间 τ 内有一个或者多个光子到达的概率是

$$P(k>0)=1-P(0)=1-\frac{N^0}{0!}\exp[-N]$$
$$=1-\exp[-N]=1-\exp[-R\tau]$$

因为在死时间里到达的光子没有被检测到，测量的光子数 N_m 和测量的光子计数率 R_m 都要比真实值 N 和 R 少一个因子$(1-P(k>0))$的量：

$$N_m=N[1-P(k>0)]$$
$$R_mt=Rt\ \exp[-R\tau]$$
$$R_m=R\ \exp[-R\tau]$$

我们测量 R_m 和 τ，然后可以从前面的公式确定 R。这个公式是超验的，不能用代数的方法来反推。

在实践中，人们都会尝试设计实验使得死时间修正很小。如果很小的话，一阶代数解是可以接受的：

$$R=R_m\exp[R\tau]\approx R_m\exp[R_m\tau]\approx R_m(1+R_m\tau)$$

当死时间是 50×10^{-9} 秒时，为了保持死时间修正少于1%，我们必须要有

$$R_m\tau<0.01$$

所以

$$R_m<\frac{0.01}{50\times10^{-9}}=2\times10^5\ \text{counts/second}$$

2.4 高斯分布(正态分布)

2.4.1 用中心极限定理推导高斯分布

高斯或正态概率分布函数可以通过多种方式得到。这里我们通过中心极限定理来推导它，因为这个推导给出了一些关于高斯分布为什么如此广泛应用的见解。其他一些推导将在附录C的第一部分给出，包括作为泊松分布极限的重要推导。

假设我们有 n 个独立样本 z_j 来自一个未知概率分布的函数 $g(z)$。我们取样本的和，

$$s=\sum_{j=1}^{n}z_j \tag{2-32}$$

并且希望能求得 s 的概率分布 $f(s)$。我们将通过利用 $f(s)$的矩来构造它的特征函数，再对特征函数进行傅里叶变换来得到 $f(s)$。

令 $\phi_s(v)$表示 $f(s)$的特征函数。根据公式1-60，特征函数可以写成 s 的矩的表达式

$$\phi_s(v)=\int\exp[ivs]f(s)ds=1+iv\langle s\rangle+\frac{(iv)^2}{2!}\langle s^2\rangle+\cdots \tag{2-33}$$

令 $h(z_1,z_2,\cdots,z_n)$表示 $z_1,z_2,\cdots,z_n$ 的联合概率。因为 z_j 是相互独立的，$h(z_1,z_2,\cdots,z_n)$仅仅只是单个概率的乘积：

$$h(z_1,z_2,\cdots,z_n)=g(z_1)g(z_2)\cdots g(z_n) \tag{2-34}$$

因此 s 的 m 阶矩就是

$$\langle s^m\rangle=\int_{z_1}\int_{z_2}\cdots\int_{z_n}s^m h(z_1,z_2,\cdots,z_n)dz_1dz_2\cdots dz_n$$
$$=\int_{z_1}\int_{z_2}\cdots\int_{z_n}s^m g(z_1)g(z_2)\cdots g(z_n)dz_1dz_2\cdots dz_n \tag{2-35}$$

把这些矩的表达式带入到公式 2-33，我们得到

$$\begin{aligned}\phi_s(v) &= 1 + iv\langle s\rangle + \frac{(iv)^2}{2!}\langle s^2\rangle + \cdots \\ &= \int_{z_1}\int_{z_2}\cdots\int_{z_n}\left(1 + ivs + \frac{(iv)^2}{2!}s^2 + \cdots\right)g(z_1)g(z_2)\cdots g(z_n)dz_1dz_2\cdots dz_n \\ &= \int_{z_1}\int_{z_2}\cdots\int_{z_n}\exp[ivs]g(z_1)g(z_2)\cdots g(z_n)dz_1dz_2\cdots dz_n \\ &= \int_{z_1}\int_{z_2}\cdots\int_{z_n}\exp[iv\sum_{j=1}^{n}z_j]g(z_1)g(z_2)\cdots g(z_n)dz_1dz_2\cdots dz_n \\ &= \int_{z_1}\exp[ivz_1]g(z_1)dz_1\int_{z_2}\exp[ivz_2]g(z_2)dz_2\cdots\int_{z_n}\exp[ivz_n]g(z_n)dz_n\end{aligned} \tag{2-36}$$

再对比一下公式 1-60，我们发现每个被积项都是 $\phi_s(v)$，即 $g(z)$的特征函数，因此

$$\phi_s(v) = \phi_z(v)\phi_z(v)\cdots\phi_z(v) = [\phi_z(v)]^n \tag{2-37}$$

公式 2-37 表明了一个有趣的结果，n 个独立样本的和的分布的特征函数等于单个样本的分布的特征函数的 n 次方。

为了方便起见，我们把 z 坐标的原点移到使得 $g(z)$有一个零均值。那么$\langle z\rangle=0$ 和$\langle z_2\rangle=\sigma_z^2$。再回到公式 1-60，我们能把 $g(z)$的特征函数写成

$$\begin{aligned}\phi_z(v) &= 1 + iv\langle z\rangle + \frac{(iv)^2}{2!}\langle z^2\rangle + \cdots \\ &= 1 - \frac{v^2}{2}\sigma_z^2 + \cdots\end{aligned} \tag{2-38}$$

公式 2-37 就变成

$$\begin{aligned}\phi_s(v) &= \left[1 - \frac{v^2}{2}\sigma_z^2 + \cdots\right]^n \\ &= 1 - n\left(\frac{v^2}{2}\sigma_z^2\right) + \frac{n(n-1)}{2}\left(\frac{v^2}{2}\sigma_z^2\right)^2 - \cdots\end{aligned} \tag{2-39}$$

到此为止，我们还没有做任何近似。

公式 2-39 右边的项很像 $\exp[-nv^2\sigma_z^2/2]$的泰勒级数展开式，但不完全一样。当 n 变大时，这个级数就趋近于

$$1 - \left(\frac{nv^2}{2}\sigma_z^2\right) + \frac{1}{2}\left(\frac{nv^2}{2}\sigma_z^2\right)^2 - \cdots \tag{2-40}$$

这是上述指数函数的泰勒展开式。所以当 n 取极限的时候，我们就得到

$$\lim_{n\to\infty}\phi_s(v) = \exp\left[-n\frac{v^2}{2}\sigma_z^2\right] \tag{2-41}$$

s 的概率分布是 $\phi_s(v)$的傅里叶变换(公式 1-61)，所以

$$\begin{aligned}f(s) &= \frac{1}{2\pi}\int_{-\infty}^{\infty}\phi_s(v)\exp[-ivs]dv \\ &= \frac{1}{2\pi}\int_{-\infty}^{\infty}\exp\left[-n\frac{v^2}{2}\sigma_z^2\right]\exp[-ivs]dv\end{aligned} \tag{2-42}$$

这是傅里叶分析中的一个标准积分。快进到第 8 章中的公式 8-71～8-74 或者参考关于积分的表，我们得到

$$f(s) \propto \exp\left[-\frac{1}{2}\frac{s^2}{n\sigma_z^2}\right] \tag{2-43}$$

除了标准化的常数之外，公式 2-43 就是我们要找的 $f(s)$的表达式。不过，把 s 的分布转换成 $x=s/n$ 的分布时，这个公式更有用：

$$f(x) \propto \exp\left[-\frac{1}{2}\frac{x^2}{(\sigma_z^2/n)}\right] \tag{2-44}$$

我们通常把高斯分布写成这种形式

$$f(x) \propto \exp\left[-\frac{(x-\mu)^2}{2\sigma_x^2}\right] \tag{2-45}$$

这里 μ 是一个常数，使得概率分布函数以任意的 x 为中心。我们将会看到方差 $\sigma_x^2=\sigma_z^2/n$ 是x 的方差。它与 z 的方差相差一个系数 $1/n$。最后，为了使这个分布标准化，我们使用附录 A 中第二部分的结果：

$$\int_{-\infty}^{\infty}\exp[-bx^2]dx=\sqrt{\frac{\pi}{b}} \tag{2-46}$$

其中 b 是任意常数，标准化的高斯分布变成：

$$f(x)=\frac{1}{\sqrt{2\pi\sigma_x^2}}\exp\left[-\frac{(x-\mu)^2}{2\sigma_x^2}\right] \tag{2-47}$$

标准化的高斯分布函数的图如图 2-3 所示。

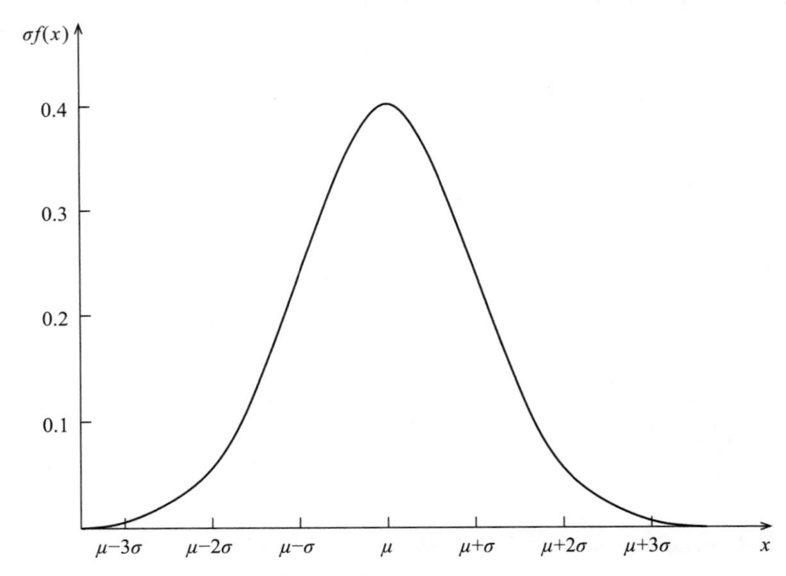

图 2-3　$\sigma f(x)$的图，这里 $f(x)$是高斯概率分布函数 $f(x)=(2\pi\sigma^2)^{-1/2}\exp[-(x-\mu)^2/2\sigma^2]$

2.4.2　关于中心极限定理的摘要和评论

概括来说，这里介绍的是中心极限定理和高斯概率函数的关系。令 x 表示从一个任意的概率分布函数中选取的 n 个样本值 z_j 的均值，这个概率分布函数的均值是 μ，方差是 σ_z^2：

$$x=\frac{1}{n}\sum_{j=1}^{n}z_j \tag{2-48}$$

当 n 慢慢变大时，x 的概率分布函数就慢慢接近高斯分布函数

$$f(x) = (2\pi\sigma_x^2)^{-1/2}\exp\left[\frac{(x-\mu)^2}{2\sigma_x^2}\right] \tag{2-49}$$

这里 $\sigma_x^2=\sigma_z^2/n$。

因此，从一个任意的未知的分布里提取的许多样本的平均值总是逼近高斯分布。唯一的限制就是原来的分布函数的矩必须存在。为了明确说明，我们从同样的概率分布函数 $g(z)$中采样所有的 z_j。事实上，这个限制是不需要的。每个 z_j 可以从不同的分布 $g_j(z)$里采样。之后的推导过程可以使用相同的方式。这是一件了不起的事情。因为我们不需要指定原始概率分布函数的形式，而且这个形式甚至不需要是相同的。

中心极限定理是高斯分布在自然界中广泛应用的一个重要原因。高斯分布很可能是对由很多小方面组成的测量误差的一个好的描述。实际上，中心极限定理是一个合理的理由去假设一个未知的概率分布函数是高斯函数，除非这个假设与额外的信息相矛盾。

示例：让我们从一个与高斯函数相差很远的分布函数开始

$$g(z)=\frac{1}{2}[\delta(z-0)+\delta(z-1)]$$

这个概率分布函数是两个狄拉克 δ 函数，一个位于 $z=0$，另一个位于 $z=1$。这种分布实际上是存在于自然界的。例如，如果我们把 $z=0$ 表示反面，$z=1$ 表示正面，它可以描述抛硬币问题。那这个分布的一阶矩和二阶矩都是存在的，并且是

$$M_1 = \int_{-\infty}^{\infty}\frac{z}{2}\delta(z-0)dz+\int_{-\infty}^{\infty}\frac{z}{2}\delta(z-1)dz = 0+\frac{1}{2}=\frac{1}{2}$$

$$M_2 = \int_{-\infty}^{\infty}\frac{z^2}{2}\delta(z-0)dz+\int_{-\infty}^{\infty}\frac{z^2}{2}\delta(z-1)dz = 0+\frac{1}{2}=\frac{1}{2}$$

这个分布的均值是 $\mu=M_1=1/2$，方差是

$$\sigma_z^2=M_2-\mu^2=\frac{1}{2}-\left(\frac{1}{2}\right)^2=\frac{1}{4}$$

现在我们采样 10 次，然后计算样本值的平均值

$$x=\frac{1}{n}\sum_{j=1}^{n}z_j=\frac{1}{10}\sum_{j=1}^{10}z_j$$

那 x 的概率分布就是 10 次试验的二项分布，每次试验的两种结果概率是相同的，并且 $k=10x$：

$$P(k=10x)=\binom{n}{k}p^kq^{n-k}=\binom{10}{k}\left(\frac{1}{2}\right)^{10} \tag{2-50}$$

根据中心极限定理，这个分布也近似于一个 $\mu=1/2$，标准差 $\sigma_x^2=\sigma_z^2/10=1/40$ 的高斯函数：

$$f(x)\approx(\pi/20)^{-1/2}\exp\left[-\frac{1}{2}\frac{(x-1/2)^2}{(1/40)}\right] \tag{2-51}$$

图 2-4 比较了 x 的高斯分布和二项分布。尽管 x 是从只有 10 个样本中计算出来的，但是原始的分布的性质都消失了，并且 x 趋于高斯分布。

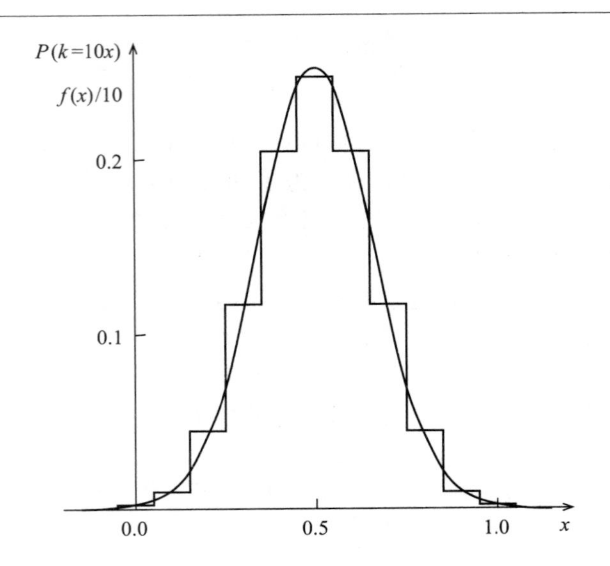

图 2-4 工作中的中心极限定理。这个柱状图是 10 个样本的二项分布 $P(k=10x)$，而且两种可能的结果的概率是相等的(公式 2-50)。它的极限情况是缩放的高斯函数 $f(x)/10$，如图中的平滑曲线(公式 2-51)所示

2.4.3 高斯分布的均值、矩和方差

我们将使用以下形式的高斯概率分布

$$f(x)=\frac{1}{\sqrt{2\pi\sigma^2}}\exp\left[-\frac{(x-\mu)^2}{2\sigma^2}\right] \tag{2-52}$$

为了计算分布的矩，我们更改一下变量，令 $z=x-\mu$，得到

$$f(x)=\frac{1}{\sqrt{2\pi\sigma^2}}\exp\left[-\frac{z^2}{2\sigma^2}\right] \tag{2-53}$$

这个公式是关于 $z=0$ 对称的，所以很明显，这个分布所有的奇数矩都是零。具体地说，我们有

$$M_1=\langle z\rangle=\langle x-\mu\rangle=\langle x\rangle-\mu=0 \tag{2-54}$$

因此我们发现

$$\langle x\rangle=\mu \tag{2-55}$$

这证明了在写公式 2-45 时所做的默认假设。

我们从矩生成函数推导方差。对于高斯分布，这就是

$$\begin{aligned}M(\zeta)&=\frac{1}{\sqrt{2\pi\sigma^2}}\int_{-\infty}^{\infty}\exp[z\zeta]\exp\left[-\frac{z^2}{2\sigma^2}\right]dz\\&=\frac{1}{\sqrt{2\pi\sigma^2}}\int_{-\infty}^{\infty}\exp\left[-\frac{1}{2}\left(-2z\zeta+\frac{z^2}{\sigma^2}\right)\right]dz\end{aligned} \tag{2-56}$$

完成这个平方，把常数项拉到积分外面，我们得到

$$M(\zeta)=\exp\left[\frac{1}{2}\sigma^2\zeta^2\right]\frac{1}{\sqrt{2\pi\sigma^2}}\int_{-\infty}^{\infty}\exp\left[-\frac{1}{2}\left(\sigma^2\zeta^2-2z\zeta+\frac{z^2}{\sigma^2}\right)\right]dz$$

$$= \exp\left[\frac{1}{2}\sigma^2\zeta^2\right]\frac{1}{\sqrt{2\pi\sigma^2}}\int_{-\infty}^{\infty}\exp\left[-\frac{1}{2}\frac{(z-\sigma^2\zeta)^2}{\sigma^2}\right]dz \tag{2-57}$$

这个积分就是一个标准化的高斯分布的积分，其中 $\mu=\sigma^2\zeta$，因此通过检查，它的矩生成函数是

$$M(\zeta) = \exp\left[\frac{1}{2}\sigma^2\zeta^2\right] \tag{2-58}$$

可以计算 x 的方差

$$\begin{aligned}\langle(x-\mu)^2\rangle = \langle z^2\rangle = M_2 &= \frac{\partial^2 M(\zeta)}{\partial\zeta^2}\bigg|_{\zeta=0} \\ &= \left[\sigma^2\exp\left[\frac{1}{2}\sigma^2\zeta^2\right]+\sigma^4\zeta^2\exp\left[\frac{1}{2}\sigma^2\zeta^2\right]\bigg|_{\zeta=0}\right] \\ &= \sigma^2\end{aligned} \tag{2-59}$$

如期望的一样。

2.5 多元高斯分布

假设一个高斯分布有两个独立的变量，分别有不同的方差：

$$f(x_1,x_2) \propto \exp\left[-\frac{1}{2}\left(\frac{x_1^2}{\sigma_1^2}+\frac{x_2^2}{\sigma_2^2}\right)\right] \tag{2-60}$$

这个分布的等概率曲线是以原点为中心的椭圆。它们的轴分别与 x_1 和 x_2 轴对齐。现在旋转这个高斯函数(或者旋转坐标轴)使得椭圆的轴和坐标轴是倾斜的(请参见图 1-8)。旋转会引进一个交叉项 x_1x_2，因此这个函数的形式是

$$f(x_1,x_2) \propto \exp\left[-\frac{1}{2}(a_{11}x_1^2+2a_{12}x_1x_2+a_{22}x_2^2)\right] \tag{2-61}$$

这里 a_{11}、a_{12} 和 a_{22} 都是依赖于 σ_1^2、σ_2^2 和旋转角度的常数。如果这个高斯分布的中心被移离原点，它的形式就变成

$$f(x_1,x_2) \propto \exp\left[-\frac{1}{2}\{a_{11}(x_1-\mu_1)^2+2a_{12}(x_1-\mu_1)(x_2-\mu_2)+a_{22}(x_2-\mu_2)^2\}\right] \tag{2-62}$$

这里 μ_1 和 μ_2 是常数。推广到 n 个变量，多元高斯就有以下形式

$$f(x_1,x_2,\cdots,x_n) = B\exp\left[-\frac{1}{2}\sum_{j=1}^{n}\sum_{k=1}^{n}(x_j-\mu_j)a_{jk}(x_k-\mu_k)\right] \tag{2-63}$$

这里 B 是标准化常数，并且 $a_{jk}=a_{kj}$。如果我们使用矢量符号，下面的讨论会变得更加紧凑。让 $\boldsymbol{x}$ 和 $\boldsymbol{\mu}$ 表示列向量

$$\boldsymbol{x} = \begin{pmatrix}x_1\\x_2\\\vdots\\x_n\end{pmatrix} \quad \text{and} \quad \boldsymbol{\mu} = \begin{pmatrix}\mu_1\\\mu_2\\\vdots\\\mu_n\end{pmatrix} \tag{2-64}$$

让 $\boldsymbol{A}$ 表示对称矩阵

$$\mathbf{A} = \begin{pmatrix} a_{11} & a_{12} & \cdots & a_{1n} \\ a_{21} & a_{22} & \cdots & a_{2n} \\ \vdots & \vdots & \vdots & \vdots \\ a_{n1} & a_{n2} & \cdots & a_{nn} \end{pmatrix} \tag{2-65}$$

有了这些恒等式，多元高斯函数就有了简单的形式

$$f(\boldsymbol{x}) = B\exp\left[-\frac{1}{2}(\boldsymbol{x}-\boldsymbol{\mu})^{\mathrm{T}}\mathbf{A}(\boldsymbol{x}-\boldsymbol{\mu})\right] \tag{2-66}$$

这里$(\boldsymbol{x}-\boldsymbol{\mu})^{\mathrm{T}}$是$(\boldsymbol{x}-\boldsymbol{\mu})$的转置。

矩阵$\mathbf{A}$是协方差矩阵的逆。为了看到这个，我们首先需要计算$f(\boldsymbol{x})$的矩生成函数。让$\boldsymbol{\zeta}$作为向量

$$\boldsymbol{\zeta} = \begin{pmatrix} \zeta_1 \\ \zeta_2 \\ \vdots \\ \zeta_n \end{pmatrix} \tag{2-67}$$

因此我们能写

$$\exp[\zeta_1(x_1-\mu_1)+\zeta_2(x_2-\mu_2)+\cdots+\zeta_n(x_n-\mu_n)] = \exp[\boldsymbol{\zeta}^{\mathrm{T}}(\boldsymbol{x}-\boldsymbol{\mu})] \tag{2-68}$$

矩生成函数就变成

$$M(\boldsymbol{\zeta}) = B\int_{x_1}\cdots\int_{x_n}\exp\left[\boldsymbol{\zeta}^{\mathrm{T}}(\boldsymbol{x}-\boldsymbol{\mu})-\frac{1}{2}(\boldsymbol{x}-\boldsymbol{\mu})^{\mathrm{T}}\mathbf{A}(\boldsymbol{x}-\boldsymbol{\mu})\right]dx_1\cdots dx_n \tag{2-69}$$

计算这个积分比人们想象的要容易。要完成计算，首先要将坐标从$\boldsymbol{x}$转换到$\boldsymbol{z}$，其中$\boldsymbol{z}=\boldsymbol{x}-\boldsymbol{\mu}$，使得矩生成函数变成

$$M(\boldsymbol{\zeta}) = B\int_{z_1}\cdots\int_{z_n}\exp\left[\boldsymbol{\zeta}^{\mathrm{T}}\boldsymbol{z}-\frac{1}{2}\boldsymbol{z}^{\mathrm{T}}\mathbf{A}\boldsymbol{z}\right]dz_1\cdots dz_n \tag{2-70}$$

现在完成平方，把指数部分写成

$$\boldsymbol{z}^{\mathrm{T}}\mathbf{A}\boldsymbol{z}-2\boldsymbol{\zeta}^{\mathrm{T}}\boldsymbol{z} = (\boldsymbol{z}-\mathbf{A}^{-1}\boldsymbol{\zeta})^{\mathrm{T}}\mathbf{A}(\boldsymbol{z}-\mathbf{A}^{-1}\boldsymbol{\zeta})-\boldsymbol{\zeta}^{\mathrm{T}}\mathbf{A}^{-1}\boldsymbol{\zeta} \tag{2-71}$$

（为了验证这个公式，展开公式的右边，记住$\mathbf{A}$和$\mathbf{A}^{-1}$是对称的，因此$(\mathbf{A}^{-1}\boldsymbol{\zeta})^{\mathrm{T}}=\boldsymbol{\zeta}^{\mathrm{T}}(\mathbf{A}^{-1})^{\mathrm{T}}=\boldsymbol{\zeta}^{\mathrm{T}}\mathbf{A}^{-1}$）。利用这个表达式，我们可以把矩生成函数写成

$$M(\boldsymbol{\zeta}) = \exp\left[\frac{1}{2}\boldsymbol{\zeta}^{\mathrm{T}}\mathbf{A}^{-1}\boldsymbol{\zeta}\right]B\int_{z_1}\cdots\int_{z_n}\exp\left[-\frac{1}{2}(\boldsymbol{z}-\mathbf{A}^{-1}\boldsymbol{\zeta})^{\mathrm{T}}\mathbf{A}(\boldsymbol{z}-\mathbf{A}^{-1}\boldsymbol{\zeta})\right]dz_1\cdots dz_n \tag{2-72}$$

公式右边的积分就是关于高斯分布的积分，因为有个因子B所以它是标准化的。现在矩生成函数可以化简为

$$M(\boldsymbol{\zeta}) = \exp\left[\frac{1}{2}\boldsymbol{\zeta}^{\mathrm{T}}\mathbf{A}^{-1}\boldsymbol{\zeta}\right] = \exp\left[\frac{1}{2}\sum_q\sum_r\zeta_q\zeta_r(\mathbf{A}^{-1})_{qr}\right] \tag{2-73}$$

这里符号$(\mathbf{A}^{-1})_{qr}$表示$\mathbf{A}$的逆矩阵的q、r分量。

我们现在准备好计算多元高斯分布的均值、方差和协方差。第一阶矩是

$$\begin{aligned}\langle z_i\rangle &= \left.\frac{\partial M(\boldsymbol{\zeta})}{\partial\zeta_i}\right|_{\zeta=0} \\ &= \sum_k\zeta_k(\mathbf{A}^{-1})_{ik}\exp\left[\frac{1}{2}\sum_q\sum_r\zeta_q\zeta_r(\mathbf{A}^{-1})_{qr}\right]\Bigg|_{\zeta=0} \\ &= 0\end{aligned} \tag{2-74}$$

因为 $z_i = x_i + \mu_i$，我们有

$$\langle x_i \rangle = \langle z_i + \mu_i \rangle = \mu_i \tag{2-75}$$

或者用向量符号

$$\langle \boldsymbol{x} \rangle = \boldsymbol{\mu} \tag{2-76}$$

方差和协方差是

$$\begin{aligned}
\sigma_{ij} &= \langle (x_i - \mu_i)(x_j - \mu_j) \rangle = \langle z_i z_j \rangle \\
&= \left. \frac{\partial^2 M(\boldsymbol{\zeta})}{\partial \zeta_i \, \partial \zeta_j} \right|_{\zeta=0} \\
&= \frac{\partial}{\partial \zeta_j} \left[\sum_k \zeta_k (\boldsymbol{A}^{-1})_{ik} \exp\left\{ \frac{1}{2} \sum_q \sum_r \zeta_q \zeta_r (\boldsymbol{A}^{-1})_{qr} \right\} \right]_{\zeta=0} \\
&= (\boldsymbol{A}^{-1})_{ij}
\end{aligned} \tag{2-77}$$

因为 $\boldsymbol{A}$ 是对称的，$\boldsymbol{A}^{-1}$ 也是对称的，并且 $\sigma_{ij} = \sigma_{ji}$。

人们通常喜欢使用协方差矩阵 $\boldsymbol{C}$

$$\boldsymbol{C} = \boldsymbol{A}^{-1} = \begin{pmatrix} \sigma_{11} & \sigma_{12} & \cdots & \sigma_{1n} \\ \sigma_{21} & \sigma_{22} & \cdots & \sigma_{2n} \\ \vdots & \vdots & \vdots & \vdots \\ \sigma_{n1} & \sigma_{n2} & \cdots & \sigma_{nn} \end{pmatrix} \tag{2-78}$$

那么多元高斯分布就有以下形式

$$f(\boldsymbol{z}) = \frac{1}{(2\pi)^{n/2} |\boldsymbol{C}|^{1/2}} \exp\left[-\frac{1}{2} \boldsymbol{z}^{\mathrm{T}} \boldsymbol{C}^{-1} \boldsymbol{z} \right] \tag{2-79}$$

或者

$$f(\boldsymbol{x}) = \frac{1}{(2\pi)^{n/2} |\boldsymbol{C}|^{1/2}} \exp\left[-\frac{1}{2} (\boldsymbol{x} - \boldsymbol{\mu})^{\mathrm{T}} \boldsymbol{C}^{-1} (\boldsymbol{x} - \boldsymbol{\mu}) \right] \tag{2-80}$$

这里 $|\boldsymbol{C}|$ 是 $\boldsymbol{C}$ 的行列式。这是最典型的多元高斯分布的形式。被以下式子定义的表面

$$G = (\boldsymbol{x} - \boldsymbol{\mu})^{\mathrm{T}} \boldsymbol{C}^{-1} (\boldsymbol{x} - \boldsymbol{\mu}) = \text{constant} \tag{2-81}$$

是以 $\boldsymbol{x} = \boldsymbol{\mu}$ 为中心的椭圆体。这些椭圆体是常数概率密度的表面。

相对容易证明这种形式的多元高斯函数是恰当标准化的。概括计算如下。假设高斯函数有 n 个独立变量。旋转坐标系统使得 $\boldsymbol{C}$ 转换成对角矩阵 $\boldsymbol{D}$，$\boldsymbol{D}$ 的对角线元素 $(\boldsymbol{D})_{ii}$ 都是实数。因为协方差矩阵是对称的并且它的元素都是实数，这是可以做到的(请参阅附录 E 的 E.11 部分)。因为 $\boldsymbol{D}$ 的非对角项都是零，它的逆矩阵也是对角矩阵并且它的元素是 $1/(\boldsymbol{D})_{ii}$。因此，多元高斯分布可以分成是 n 个独立分布的乘积，它们的方差是 $\sigma_i^2 = (\boldsymbol{D})_{ii}$。对于每个独立分布，它的标准化常数是 $[2\pi(\boldsymbol{D})_{ii}]^{1/2}$。那么整个分布的标准化常数就是每个单独的标准化常数 $(2\pi)^{n/2}[\pi_i(\boldsymbol{D})_{ii}]^{1/2}$ 的乘积。因为 $\boldsymbol{D}$ 是对角矩阵，它的对角项的乘积等于它的行列式，$\pi_i(\boldsymbol{D})_{ii} = |\boldsymbol{D}|$，并且标准化常数可以写成 $(2\pi)^{n/2}|\boldsymbol{D}|^{1/2}$。现在转回到原来的坐标系统。原坐标系中的行列式和旋转坐标系中的行列式是一样的，$|\boldsymbol{C}| = |\boldsymbol{D}|$。因此，这个标准化因子就是 $(2\pi)^{n/2}|\boldsymbol{C}|^{1/2}$。

对于特殊情况 $n=2$，$\boldsymbol{C}$ 的逆矩阵是

$$\boldsymbol{C}^{-1} = \frac{1}{\sigma_{11}\sigma_{22} - \sigma_{12}^2} \begin{pmatrix} \sigma_{22} & -\sigma_{12} \\ -\sigma_{12} & \sigma_{11} \end{pmatrix} \tag{2-82}$$

而高斯分布的指数是

$$\frac{1}{2}(\boldsymbol{x}-\boldsymbol{\mu})^{\mathrm{T}}\boldsymbol{C}^{-1}(\boldsymbol{x}-\boldsymbol{\mu})=\frac{1}{2}\left(\frac{\sigma_{22}(x_1-\mu_1)^2}{\sigma_{11}\sigma_{22}-\sigma_{12}^2}+\frac{2\sigma_{12}(x_1-\mu_1)(x_2-\mu_2)}{\sigma_{11}\sigma_{22}-\sigma_{12}^2}+\frac{\sigma_{11}(x_2-\mu_2)^2}{\sigma_{11}\sigma_{22}-\sigma_{12}^2}\right) \tag{2-83}$$

如果 x_1 和 x_2 是不相关的，也就是说 $\sigma_{12}=0$，公式 2-83 可以简化为

$$\frac{1}{2}(\boldsymbol{x}-\boldsymbol{\mu})^{\mathrm{T}}\boldsymbol{C}^{-1}(\boldsymbol{x}-\boldsymbol{\mu})=\frac{1}{2}\left(\frac{(x_1-\mu_1)^2}{\sigma_{11}}+\frac{(x_2-\mu_2)^2}{\sigma_{22}}\right) \tag{2-84}$$

在这种情况下，分布函数可以拆分成两个分布函数的乘积，一个只依赖于 x_1，另一个只依赖于 x_2，因此 x_1 和 x_2 是独立的。

2.6 卡方分布

2.6.1 卡方分布的推导

假设我们有两个不相关的样本，ϵ_1 和 ϵ_2，它们的均值等于零，方差分别是 σ_1^2 和 σ_2^2，都是从高斯分布中抽取的。得到样本在范围 ϵ_1 到 $\epsilon_1+d\epsilon_1$ 之间和 ϵ_2 到 $\epsilon_2+d\epsilon_2$ 之间的概率是

$$f(\epsilon_1,\epsilon_2)d\epsilon_1 d\epsilon_1=\frac{1}{\sqrt{2\pi}\sigma_1}\exp\left[-\frac{\epsilon_1^2}{2\sigma_1^2}\right]\frac{1}{\sqrt{2\pi}\sigma_2}\exp\left[-\frac{\epsilon_2^2}{2\sigma_2^2}\right]d\epsilon_1 d\epsilon_2 \tag{2-85}$$

定义新变量

$$x_1=\frac{\epsilon_1}{\sigma_1},\quad x_2=\frac{\epsilon_2}{\sigma_2} \tag{2-86}$$

概率变成

$$f(x_1,x_2)dx_1dx_2=\frac{1}{2\pi}\exp\left[-\frac{1}{2}(x_1^2+x_2^2)\right]dx_1dx_2 \tag{2-87}$$

让 S 表示变量的平方和：

$$S=x_1^2+x_2^2 \tag{2-88}$$

在区间 S 和 $S+dS$ 中找到 S 的概率是多少呢？在一定范围内找到 S 的概率等于 S 落在以原点为中心的一个圆环里面，如图 2-5 所示。

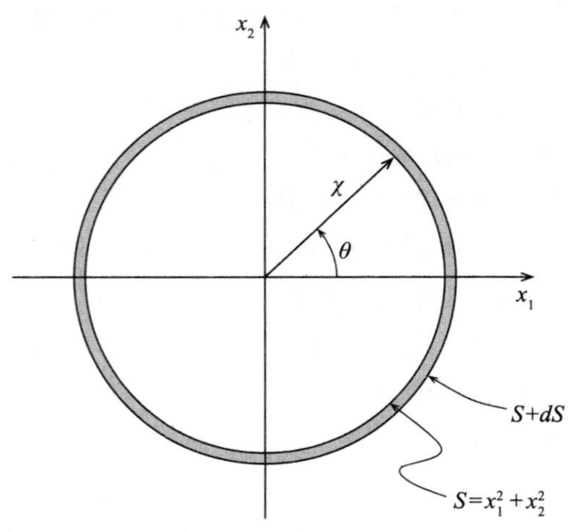

图 2-5　$S=x_1^2+x_2^2$ 取常数的曲线是围绕着原点的圆。这个圆环是 $x_1^2+x_2^2$ 落在 S 和 $S+dS$ 之间的区域。圆的半径是 χ，其中 $\chi^2=S$

为了计算这个概率，我们把变量(x_1,x_2)变成极坐标(χ,θ)：

$$x_1 = \chi\cos\theta \tag{2-89}$$

$$x_2 = \chi\sin\theta \tag{2-90}$$

$$\chi^2 = S = x_1^2 + x_2^2 \tag{2-91}$$

概率分布就变成

$$f(x_1,x_2)dx_1dx_2 = f(\chi,\theta)\chi d\chi d\theta = \frac{1}{2\pi}\exp\left[-\frac{1}{2}\chi^2\right]\chi d\chi d\theta \tag{2-92}$$

对θ积分，我们得到

$$f(\chi)\chi d\chi = \exp\left[-\frac{1}{2}\chi^2\right]\chi d\chi \tag{2-93}$$

或者

$$f(\chi^2)d(\chi^2) = \frac{1}{2}\exp\left[-\frac{1}{2}\chi^2\right]d(\chi^2) \tag{2-94}$$

最后去掉微分，我们得到

$$f(\chi^2) = \frac{1}{2}\exp\left[-\frac{1}{2}\chi^2\right] \tag{2-95}$$

这叫作自由度为2的卡方分布。

n个点(n个自由度)的一般情况可以以同样的方式执行，尽管有点复杂，但是我们必须计算一个n维空间中球壳的体积。令

$$\chi^2 = S = \sum_{i=1}^{n}\frac{\epsilon_i^2}{\sigma_i^2} = \sum_{i=1}^{n}x_i^2 \tag{2-96}$$

那么概率分布就变成

$$f(x_1,x_2,\cdots,x_n)dx_1dx_2\cdots dx_n = \left(\frac{1}{\sqrt{2\pi}}\right)^n\exp\left[-\frac{1}{2}\chi^2\right]dx_1dx_2\cdots dx_n \tag{2-97}$$

现在把它转换成$f(\chi^2)d(\chi^2)$形式的分布。在附录D中，我们展示了在n维空间中半径是r、宽度是dr的球壳的体积是

$$dV = \frac{2\pi^{n/2}}{(n/2-1)!}{}^{r_n-1}dr \tag{2-98}$$

如果n是偶数，$(n/2-1)!$是标准的阶乘。如果n是奇数，那么$(n/2-1)!=(n/2-1)(n/2-2)!$，结束于$(1/2)!=\sqrt{\pi}/2$（参见附录A的A.3部分）。认识到这里χ起到r的作用，我们对$n-1$个角度进行积分后得到

$$\begin{aligned}dx_1dx_2\cdots dx_n &\Rightarrow \frac{2\pi^{n/2}}{(n/2-1)!}\chi^{n-1}d\chi \\ &= \frac{\pi^{n/2}}{(n/2-1)!}(\chi^2)^{(n-2)/2}d(\chi^2)\end{aligned} \tag{2-99}$$

因此分布就变成

$$f(\chi^2)d(\chi^2) = \left(\frac{1}{\sqrt{2\pi}}\right)^n\exp\left[-\frac{1}{2}\chi^2\right]\frac{\pi^{n/2}}{(n/2-1)!}(\chi^2)^{(n-2)/2}d(\chi^2) \tag{2-100}$$

简化并去掉微分，我们得到χ^2概率分布函数的标准形式：

$$f_n(\chi^2) = \frac{(\chi^2)^{(n-2)/2}}{2^{n/2}(n/2-1)!}\exp\left[-\frac{1}{2}\chi^2\right] \tag{2-101}$$

示例： 自由度为 4 和 9 的显示形式是

$$f_4(\chi^2)=\frac{1}{4}\chi^2\exp\left[-\frac{1}{2}\chi^2\right]$$

$$f_9(\chi^2)=\frac{(\chi^2)^{7/2}}{105\sqrt{2\pi}}\exp\left[-\frac{1}{2}\chi^2\right]$$

这两个分布显示在图 2-6 中。对于 $n>2$ 的情况，χ^2 分布等于 0 都是在 $\chi^2=0$ 的地方，并且它有指数型的尾部，所以它的分布看起来总是有点像图 2-6 中所示的分布。

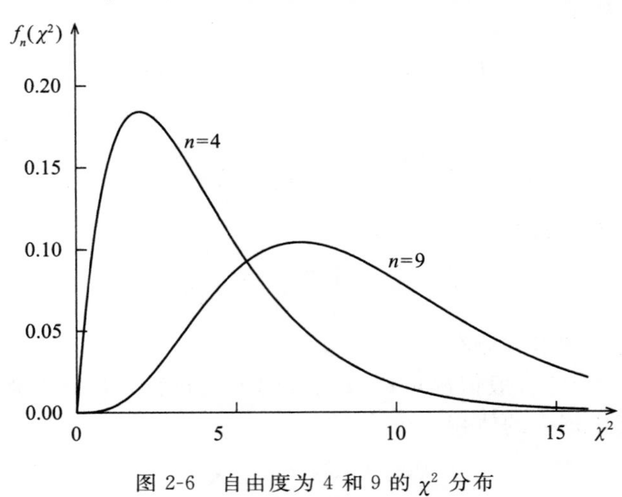

图 2-6　自由度为 4 和 9 的 χ^2 分布

2.6.2　卡方分布的均值、众数和方差

众数是分布的峰值，求出分布的导数并把它设为零，我们有

$$\begin{aligned}0&=\frac{d}{d\chi^2}f_n(\chi^2)=\frac{d}{d\chi^2}\left\{(\chi^2)^{(n-2)/2}\exp\left[-\frac{1}{2}\chi^2\right]\right)\\&=\frac{n-2}{2}(\chi^2)^{(n-4)/2}\exp\left[-\frac{1}{2}\chi^2\right]-\frac{1}{2}(\chi^2)^{(n-2)/2}\exp\left[-\frac{1}{2}\chi^2\right]\\&=\frac{n-2}{2}-\frac{1}{2}\chi^2\end{aligned}\tag{2-102}$$

所以

$$\chi^2_{\text{mode}}=n-2\tag{2-103}$$

χ^2 的均值是

$$\langle\chi^2\rangle=\int_0^\infty\chi^2f_n(\chi^2)d\chi^2\tag{2-104}$$

转换变量为

$$t=\frac{1}{2}\chi^2\tag{2-105}$$

它的均值就变成

$$\langle\chi^2\rangle=\int_0^\infty 2t\,\frac{(2t)^{(n-2)/2}}{2^{n/2}(n/2-1)!}\exp[-t]2dt=\frac{2}{(n/2-1)!}\int_0^\infty t^{n/2}\exp[-t]dt\tag{2-106}$$

这个积分是一个 Γ 函数（参见附录 A 的 A.3 部分），因此

$$\begin{aligned}\langle\chi^2\rangle &= \frac{2}{(n/2-1)!}\Gamma\left(\frac{n}{2}+1\right)\\ &= \frac{2}{(n/2-1)!}\left(\frac{n}{2}\right)! = \frac{2}{(n/2-1)!}\,\frac{n}{2}\left(\frac{n}{2}-1\right)!\\ &= n\end{aligned} \tag{2-107}$$

这是预期的结果，因为根据定义，

$$\chi^2 = \sum_i^n \frac{\epsilon_i^2}{\sigma_i^2} \tag{2-108}$$

所以 χ^2 的均值是

$$\langle\chi^2\rangle = \sum_i^n \frac{\langle\epsilon_i^2\rangle}{\sigma_i^2} = \sum_i^n \frac{\sigma_i^2}{\sigma_i^2} = n \tag{2-109}$$

为了计算 χ^2 的方差，我们首先计算$(\chi^2)^2$ 的均值：

$$\langle(\chi^2)^2\rangle = \int_0^\infty (\chi^2)^2 f_n(\chi^2)d\chi^2 \tag{2-110}$$

跟之前一样，转换变量

$$t = \frac{1}{2}\chi^2 \tag{2-111}$$

然后

$$\begin{aligned}\langle(\chi^2)^2\rangle &= \int_0^\infty (2t)^2\,\frac{(2t)^{(n-2)/2}}{2^{n/2}(n/2-1)!}\exp[-t]2dt\\ &= \frac{4}{(n/2-1)!}\int_0^\infty t^{(1+n/2)}\exp[-t]dt\end{aligned} \tag{2-112}$$

我们再次发现右边的积分是 Γ 函数并发现

$$\begin{aligned}\langle(\chi^2)^2\rangle &= \frac{4}{(n/2-1)!}\Gamma\left(\frac{n}{2}+2\right)\\ &= \frac{4}{(n/2-1)!}\left(\frac{n}{2}+1\right)!\\ &= \frac{4}{(n/2-1)!}\left(\frac{n}{2}+1\right)\left(\frac{n}{2}\right)\left(\frac{n}{2}-1\right)!\\ &= n^2+2n\end{aligned} \tag{2-113}$$

现在我们可以计算 χ^2 的方差：

$$\begin{aligned}\sigma_{\chi^2}^2 &= \langle(\chi^2-\langle\chi^2\rangle)^2\rangle = \langle(\chi^2)^2\rangle - \langle\chi^2\rangle^2 = n^2+2n-n^2\\ &= 2n\end{aligned} \tag{2-114}$$

2.6.3 n 取极大值的卡方分布

中心极限定理保证了当 n 变大时，χ^2 分布会逼近高斯分布。χ^2 的均值和方差就变成了高斯分布的均值和方差，所以我们有：

$$\lim_{n\to\infty} f_n(\chi^2) = \frac{1}{\sqrt{2n}\,\sqrt{2\pi}}\exp\left[-\frac{1}{2}\,\frac{(\chi^2-n)^2}{2n}\right] \tag{2-115}$$

当 $n>30$ 的时候，这个近似结果很好。

示例：如果 $n=4$，χ^2 大于 6 的概率是多少？如果 $n=50$，χ^2 大于 60 的概率是多少？

我们用常用的方法来估计概率：

$$P_n(\chi^2 > a) = \int_a^{\infty} f_n(\chi^2) d\chi^2$$

对于 $n=4$ 我们只需要在 χ^2 分布的表里查找结果，找到 $P_4(\chi^2>6)=0.20$。对于 $n=50$，我们假设这个 χ^2 分布接近于高斯分布，均值 50，方差 $\sigma^2=2n=100$。再次使用表，我们找到 $P_{50}(\chi^2>60)=0.16$。

2.6.4 简化卡方

人们有时候使用简化 χ^2，而不是通常的 χ^2，它被定义为

$$\chi^2_{\text{red}} = \frac{1}{n}\chi^2 = \frac{1}{n}\sum_i \frac{\epsilon_i^2}{\sigma_i^2} \tag{2-116}$$

使用简化 χ^2_{red} 而不是 χ^2 的意义在于

$$\langle \chi^2_{\text{red}} \rangle = 1 \tag{2-117}$$

这似乎比 χ^2 更容易理解，因为自由度的数量没有显示出现。然而这种简化不是真实的，因为自由度还是会在 χ^2_{red} 方差的表达式里出现：

$$\sigma^2_{\chi^2_{\text{red}}} = \frac{2}{n} \tag{2-118}$$

使用 χ^2 还是 χ^2_{red}，主要看个人喜好。

2.6.5 相关变量的卡方

到目前为止，为了清晰起见，我们已经定义了 χ^2

$$\chi^2 = \sum_{i=1}^{n} \frac{\epsilon_i^2}{\sigma_i^2} \tag{2-119}$$

这个限制太多了。考虑 n 参数的高斯函数（公式 2-80）

$$\begin{aligned} f(\boldsymbol{x}) &= \frac{1}{(2\pi)^{n/2}|\boldsymbol{C}|^{1/2}}\exp\left[-\frac{1}{2}(\boldsymbol{x}-\boldsymbol{\mu})^{\mathrm{T}}\boldsymbol{C}^{-1}(\boldsymbol{x}-\boldsymbol{\mu})\right] \\ &= \frac{1}{(2\pi)^{n/2}|\boldsymbol{C}|^{1/2}}\exp\left[-\frac{1}{2}\boldsymbol{\epsilon}^{\mathrm{T}}\boldsymbol{C}^{-1}\boldsymbol{\epsilon}\right] \end{aligned} \tag{2-120}$$

这里 $\epsilon^{\mathrm{T}}=(\epsilon_1,\epsilon_2,\cdots,\epsilon_n)$ 是残差的向量。协方差矩阵的元素是

$$(\boldsymbol{C})_{ij} = \sigma_{ij} \tag{2-121}$$

这里 σ_{ij} 是 ϵ_i 和 ϵ_j 的协方差。

现在我们证明这个公式

$$S = \boldsymbol{\epsilon}^{\mathrm{T}}\boldsymbol{C}^{-1}\boldsymbol{\epsilon} \tag{2-122}$$

是一个自由度为 n 的 χ^2 变量。为了完成证明，我们旋转到一个新的坐标系统使得所有的相关系数都为 0，就会使 $\boldsymbol{C}$ 对角化。如果 $\boldsymbol{C}$ 是实矩阵并且是对称的，就总是能做到对角化（参见附录 E 的 E.12 部分和 4.6 小节）。对我们来说，唯一的限制就是 $\sigma_{ij}=\sigma_{ji}$。旋转后的坐标系统中的残差表示为 $(\epsilon')^{\mathrm{T}}=(\epsilon_1',\epsilon_2',\cdots,\epsilon_n')$，并且协方差矩阵的对角元素是

$$(\boldsymbol{C}')_{ii} = \sigma'_{ii} = \sigma'^2_i \tag{2-123}$$

由于在旋转的坐标系统中协方差矩阵所有的非对角分量都是零，所以它的逆矩阵的非对角分量也都是零，并且对角元素是

$$(\boldsymbol{C}'^{-1})_{ii} = \frac{1}{\sigma'^2_i} \tag{2-124}$$

因此，在旋转坐标系统中，公式 2-122 就变成

$$S = \epsilon'^{\mathrm{T}}\boldsymbol{C}'^{-1}\epsilon' = \sum_{i=1}^{n}\frac{\epsilon_i^2}{\sigma'^2_i} \tag{2-125}$$

这是跟公式 2-119 一样的形式，因此 S 是一个自由度为 n 的 χ^2 变量，可以正确写出来如下

$$\chi^2 = \boldsymbol{\epsilon}^{\mathrm{T}}\boldsymbol{C}^{-1}\boldsymbol{\epsilon} \tag{2-126}$$

唯一可能出现的问题就是 $\boldsymbol{C}'$ 的一些对角元素可能是零。如果是这样的话，每一个零就减少一个自由度。

2.7 贝塔分布

当 x 的概率在一个有限的范围外都是 0 的时候，贝塔概率分布函数是有用的。它的定义是

$$\beta(x) \propto x^{a-1}(1-x)^{b-1} \tag{2-127}$$

这里 x 落在范围 0 到 1 之间，a 和 b 都是正整数。贝塔分布的基本形式看起来有点像二项概率分布，但它的独立变量是 x，不是 a 或者 b。贝塔分布可以由以下公式来标准化（参见附录 A 中的公式 A-32 和公式 A-40）

$$\frac{\Gamma(a)\Gamma(b)}{\Gamma(a+b)} = \int_0^1 x^{a-1}(1-x)^{b-1}dx \tag{2-128}$$

这里 $\Gamma(a)$ 是 gamma 函数。因为 a 和 b 都是正整数，所以 gamma 函数简化成阶乘，而积分变成

$$\frac{(a-1)!(b-1)!}{(a+b-1)!} = \int_0^1 x^{a-1}(1-x)^{b-1}dx \tag{2-129}$$

标准化的贝塔分布是

$$\beta(x) = \frac{(a+b-1)!}{(a-1)!(b-1)!}x^{a-1}(1-x)^{b-1} \tag{2-130}$$

图 2-7 显示了 a 和 b 取不同值的贝塔分布。很容易能证明 x 的均值和方差是

$$\langle x\rangle = \frac{a}{a+b} \tag{2-131}$$

$$\sigma_x^2 = \frac{ab}{(a+b)^2(a+b+1)} \tag{2-132}$$

因此对于图 2-7 中右下角的情况 $a=35$ 和 $b=5$，均值和方差分别是

$$\langle x\rangle = 35/40 = 0.875$$

$$\sigma_x^2 = 175/(40\times40\times41) = 0.00267$$

$$\sigma_x = 0.058$$

简单的代数运算能得到逆关系

$$a = \langle x \rangle \left(\frac{\langle x \rangle [1 - \langle x \rangle]}{\sigma_x^2} - 1 \right) \tag{2-133}$$

$$b = a \frac{1 - \langle x \rangle}{\langle x \rangle} \tag{2-134}$$

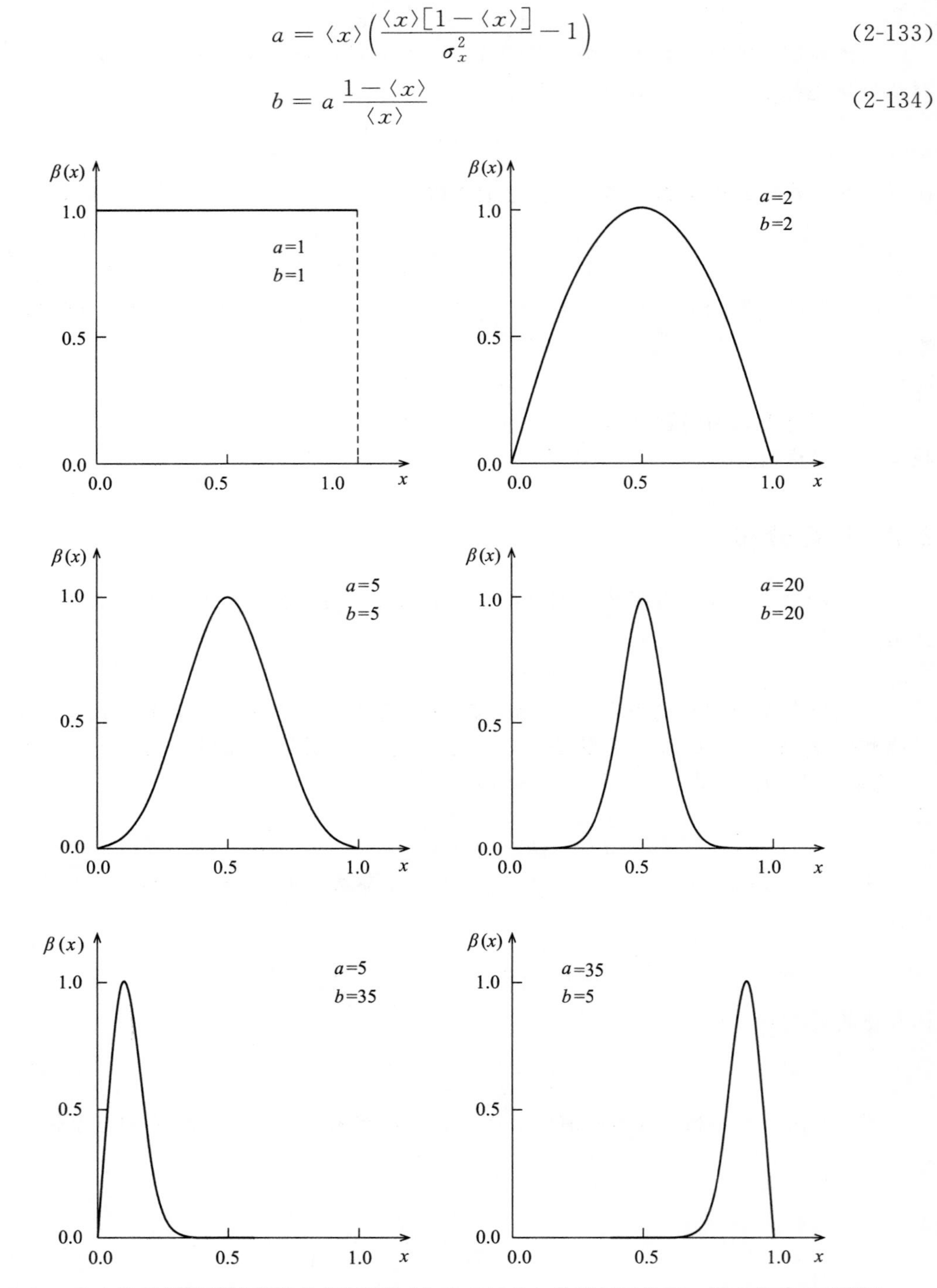

图 2-7 a 和 b 取不同值的贝塔概率分布函数(公式 2-130)。为了便于作图，图中的分布函数在峰值处已经被标准化为 1

第3章

随机数和蒙特卡罗方法

3.1 引言

统计学中随机数的使用往往分为两大类。第一类是估计统计分析的可靠性。先是用具有噪声的人工合成数据来模拟真实的情况，然后再以与分析实际数据相同的方式进行处理。可以通过生成和分析多种不同类型的合成数据来估计真实数据结果的可靠性。第二类是抽样或整合复杂的函数。贝叶斯分析的后验概率分布函数是值得注意的例子(详见第7章)。后验分布通常是多维函数，从中也很难提取有意义的信息。它们可以挑战分析整合，而且标准数值技术在计算上可能太复杂而变得不实用。通过蒙特卡罗技术，往往可以从概率分发中快速而高效地提取信息。

本章专门用于阐述随机数和蒙特卡罗方法。第一部分继续简要介绍由数学算法生成随机数的意义。3.2节会讨论把均匀分布随机数转换到其他分布的随机数。3.3节是蒙特卡罗积分的简介。然后，介于贝叶斯统计的需求，3.4节介绍马尔可夫链，3.5节论述马尔可夫链蒙特卡罗取样。

在自然界很容易找到随机数字的生成器，而在数学中却不那么容易。来自微弱星星的光子到达之间的间隔与放射性元素的衰变之间的间隔是随机数，均为指数分布。更一般地说，所有的量子力学过程从某些方面来说都具有根本的和不可约的随机性。数学算法产生的数字从不真正随机，因为如果初始条件相同的话，算法总是产生相同的数字。然而，由算法产生的一串数字可以像随机数一样，而在不知道算法的情况下，无法根据前面数字来推断下一个数字的信息。在这种意义下的随机数这有时被称为伪随机数。虽然伪随机性是有时被认为是有缺陷的，实际上往往正好相反。可以被反复生成的随机数字串非常有用。例如，使用可以重新生成原来的随机数的计算机程序更容易找到运行时可能的错误。

创造既精确又实用的产生伪随机数的算法并不是一件容易的事。可以证明，几乎所有的无理数都可以在十进制下用从0到9之间的随机整数的数字序列来表示。然而不幸的是，对任意给定的无理数都没有任何严格的证明。因此，普遍怀疑甚至假定像π、e还有$\sqrt{2}$这样的代数无理数的数字序列是随机的，这些都从来没有被证明过。此外，生成随机数的算法要实用，必须是快速的并且不太占用计算机内存。假设我们认可$\sqrt{2}$的数字是随机数并使用牛顿迭代来计算$\sqrt{2}$，

$$x_{k+1}=\frac{1}{2}\left(x_k+\frac{2}{x_k}\right) \tag{3-1}$$

这个简单的算法以平方的速度收敛，只需20或30次迭代就能产生10^6甚者10^9个数字。不幸的是，要产生第十亿位数字，必须保留和除以10^9位数(或更多)的数字，所以这个算法是以非常慢并消耗内存的方式来产生随机数的。

幸运的是，现在有许多好用的随机数生成器。作者目前使用的是Mersenne Twister[⊖]的一个版本。对于其他随机数生成器，可以参见Press et al.(2007)。值得注意的是，统计应用的随机数生成器与加密算法的随机数生成器有不同的要求。例如，像很多生成器一样，一个随机数发生器会依赖于已知的一个小整数作为它的种子，这种方式在加密领域里将是一个糟糕的选择。

由随机数生成器产生的数字一般称为随机变量或随机偏差。从现在开始，我们将假设有一个随机偏差遵从0到1之间的平坦概率分布：

$$p(x)=\begin{cases}1, & 0\leqslant x\leqslant 1\\ 0, & \text{其他情况}\end{cases} \tag{3-2}$$

u_x称为随机均匀偏差或均匀偏差。

3.2 不均匀随机偏差

我们通常需要产生具有不均匀分布的随机数。一个常用的方法是通过产生均匀的随机数再将其转换为所需的不均匀分布的随机数。这些转换方法既是科学也有很多艺术成分，有很多书籍专门介绍这个主题[⊜]。本节剩下的部分和本章其余大部分都是关于生成不均匀随机数的简要介绍。

3.2.1 逆向累积分布函数

有一种概念上的简单方法将一个均匀分布的随机偏差u_x转换为概率分布为$g(s)$的随机偏差u_s，是选择u_s满足以下等式(见图3-1)

$$\int_0^{u_x} dx=\int_{-\infty}^{u_s} g(s)ds \tag{3-3}$$

$$u_x=G(u_s) \tag{3-4}$$

其中$G(u_s)$是累积分布函数(等式1-31)。等式3-4有时也写成

$$u_s=G^{-1}(u_x) \tag{3-5}$$

所以此方法有时被称为逆累积分布函数法或逆向CDF方法。如果G是基本函数，并且可以快速地算出它的逆，逆向CDF方法是转换随机变量不错的选择。因此，如果$g(s)$是三角分布

$$g(s)=\begin{cases}2s, & 0\leqslant s\leqslant 1\\ 0, & \text{其他情况}\end{cases} \tag{3-6}$$

然后

$$u_x=\int_0^{u_s} 2sds=u_s^2 \tag{3-7}$$

⊖ M. Matsumoto and T. Nishimura. 1998. "Mersenne Twister: A 623-Dimensionally Equidistributed Uniform Pseudo-random Number Generator." *ACM Transactions on Modeling and Computer Simulations* vol. 8, p. 3.

⊜ J. E. Gentle. 2004. *Random Number Generation and Monte Carlo Methods*, second edition. New York: Springer.

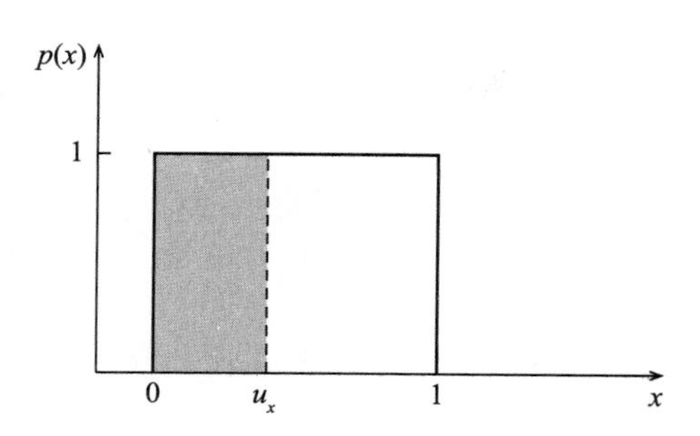

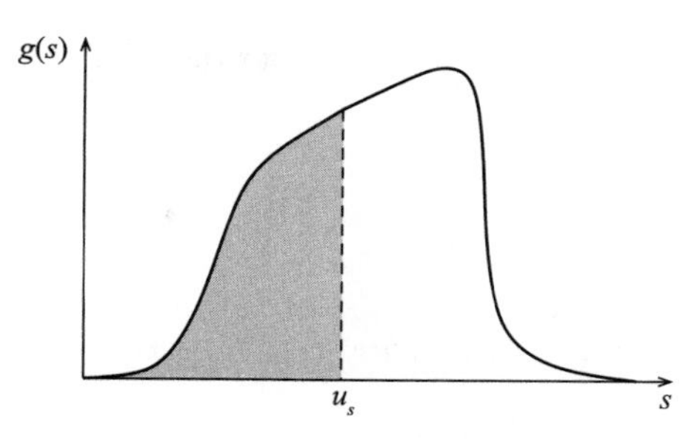

图 3-1　从均匀概率分布 $p(x)$生成的随机变量 u_x。我们希望将其转换为具有概率分布 $g(s)$的随机偏差 u_s。在逆向累积分布函数方法中，我们选择 u_s 使得下图中的阴影区域等于上图中的阴影区域

而转换就是

$$u_s = u_x^{1/2} \tag{3-8}$$

逆向 CDF 方法仅有非常少的情况可以成功应用，甚者连 $g(s)$是高斯分布这种简单情况都没法处理。

示例： 假设我们希望从指数概率分布函数生成偏差

$$g(s) = \begin{cases} 0, & s < 0 \\ a\exp[-as], & s \geqslant 0 \end{cases}$$

等式 3-4 变成

$$u_x = \int_{s=0}^{u_s} a\exp[-as]ds = 1 - \exp[-au_s]$$

所以指数随机偏差由下式给出

$$u_s = -\frac{1}{a}\ln(1 - u_x)$$

其中 u_x 是均匀分布的偏差。

3.2.2　多维偏差

如果多维概率分布可以分解为独立分布的一维概率，生成多维分布的偏差是直接的。例如，为了把点均匀地分布在球体的表面上，可以用

$$\int_0^{u_x}\int_0^{u_y} dxdy = u_x u_y = \frac{1}{4\pi}\int_0^{u_\phi}\int_0^{u_\theta} \sin\theta d\theta d\phi = \left[\frac{1}{2}\int_0^{u_\theta}\sin\theta d\theta\right]\left[\frac{1}{2\pi}\int_0^{u_\phi} d\phi\right] \tag{3-9}$$

并对于 θ 和 ϕ 坐标的偏差分别使用逆向 CDF 方法

$$u_\theta = \cos^{-1}(1 - 2u_y) \tag{3-10}$$

$$u_\phi = 2\pi u_x \tag{3-11}$$

3.2.3　生成高斯偏差的 Box-Müller 方法

如果所需的多维分布不能分解成独立分布的一维情形，可以使用等式 1-99 来转换偏差。可以用二维 Box-Müller 方法来进行阐明，这也提供了一种简单的方式来生成高斯随机偏差。

令 $f(x_1, x_2)$为二维高斯分布，其中自变量的均值等于 0，方差等于 1，并且不相关：

$$f(x_1,x_2)=\frac{1}{\sqrt{2\pi}}\exp\left[-\frac{x_1^2}{2}\right]\frac{1}{\sqrt{2\pi}}\exp\left[-\frac{x_2^2}{2}\right]=\frac{1}{2\pi}\exp\left[-\frac{x_1^2+x_2^2}{2}\right] \tag{3-12}$$

考虑坐标变换

$$x_1=\sqrt{-2\ln s_1}\cos 2\pi s_2 \tag{3-13}$$

$$x_2=\sqrt{-2\ln s_1}\sin 2\pi s_2 \tag{3-14}$$

新变量 s_1 和 s_2 的范围从 0 到 1。通过这个变换二维高斯变为(见等式 1-98)

$$f(x_1,x_2)dx_1dx_2=f(s_1,s_2)\left|\frac{\partial(x_1,x_2)}{\partial(s_1,s_2)}\right|ds_1ds_2=g(s_1,s_2)ds_1ds_2 \tag{3-15}$$

其中

$$\begin{aligned}f(s_1,s_2)&=f(x_1(s_1,s_2),x_2(s_1,s_2))\\&=\frac{1}{2\pi}\exp\left[-\frac{(\sqrt{-2\ln s_1}\cos 2\pi s_2)^2+(\sqrt{-2\ln s_1}\sin 2\pi s_2)^2}{2}\right]\\&=\frac{1}{2\pi}\exp[\ln s_1]\\&=\frac{s_1}{2\pi}\end{aligned} \tag{3-16}$$

经过一些简化，雅可比行列式变成

$$\left|\frac{\partial(x_1,x_2)}{\partial(s_1,s_2)}\right|=\left|\frac{\partial x_1}{\partial s_1}\frac{\partial x_2}{\partial s_2}-\frac{\partial x_2}{\partial s_1}\frac{\partial x_1}{\partial s_2}\right|=\frac{2\pi}{s_1} \tag{3-17}$$

所以 $g(s_1,s_2)=1$。因此，坐标变换把在 $-\infty$ 和 $+\infty$ 之间高斯分布的二维变量转换为二维均匀分布，两个变量的范围在 0 到 1 之间。产生高斯分布的随机偏差的步骤如下：

1. 在 0 和 1 之间产生两个均匀随机偏差 us_1 和 us_2。
2. 使用公式 3-13 和 3-14 将 us_1 和 us_2 转换为新的偏离 ux_1 和 ux_2。两个新的偏差是具有均值等于 0、方差等于 1 的高斯分布。

虽然 Box-Müller 方法很方便，但效率不高。每个随机偏差都需要计算三角函数、对数和平方根。

3.2.4　接受-拒绝算法

接收-拒绝算法在各种生成不均匀分布随机偏差的方法中处于核心地位。下面用一个简单的例子来突显这种方法的本质。假设一个人想要产生一组随机偏差，它们均匀地覆盖单位圆 $x^2+y^2=1$ 第一个象限内的二维区域(见图 3-2)。在 0 和 1 之间生成两个均匀偏差 u_x 和 u_y，一个用于 x 坐标，一个用于 y 坐标。点(u_x,u_y)均匀地覆盖(x,y)平面中的单位平方。如果满足 $ux^2+uy^2\leqslant 1$ 就保留；否则就舍弃。

图 3-3 显示了标准的接受-拒绝算法是如何适用于一维概率分布的。我们希望产生的随机偏差满足概率分布函数 $f(x)$，其中 $0\leqslant x\leqslant x_{\max}$，$f(x)$的最大值是 $f_{\max}$。

定义一个新的二维概率分布函数 $g(x,y)$，即在由 $x_{\max}$ 和 $y_{\max}=f_{\max}$ 限定的矩形内的常数：

$$g(x,y)=\begin{cases}\text{常数}, & 0\leqslant x\leqslant x_{\max}\\ & 0\leqslant y\leqslant y_{\max}\\ 0, & \text{其他情况}\end{cases} \tag{3-18}$$

要从 $g(x,y)$生成二维随机偏差，首先需要生成两个独立的一维均匀随机偏差，其中

u_x 在范围 $0 \leqslant u_x \leqslant x_{\max}$ 内，u_y 在范围 $0 \leqslant u_y \leqslant y_{\max}$ 内，并将它们分配给 x 和 y 以给出二维偏差(u_x, u_y)。以这种方式产生的偏差在图 3-3 中显示为点，并均匀覆盖矩形。

现在绘制一条曲线 $y=f(x)$。这将 $g(x,y)$ 分为两个区域，一个是 y 值小于或等于 $f(x)$，如图 3-3 中的阴影区域所示，而另一个是 y 值大于 $f(x)$。满足 $u_y \leqslant f(u_x)$ 的二维随机偏差是图 3-2 中阴影区域。如果我们接收 $u_y \leqslant f(u_x)$ 的偏差，拒绝其余部分，(u_x, u_y) 其中的 u_x 偏差的分布与 $f(x)$ 成正比。要理解这一点，请注意在阴影区域内 $g(x,y)$ 部分的边际分布是

$$\int_0^{y=f(x)} g(x,y)dy \propto \int_0^{y=f(x)} dy \propto f(x) \quad (3\text{-}19)$$

现在我们可以阐述接受-拒绝算法的标准版本：

1. 在 0 和 $x_{\max}$ 之间生成均匀的随机偏差 u_x。
2. 在 0 和 $y_{\max} = f_{\max}$ 之间生成第二个随机偏差。
3. 如果 u_y 小于或等于 $f(u_x)$，则将 u_x 作为与 $f(x)$ 的随机偏差。
4. 否则扔掉 u_x 和 u_y，再试一次。

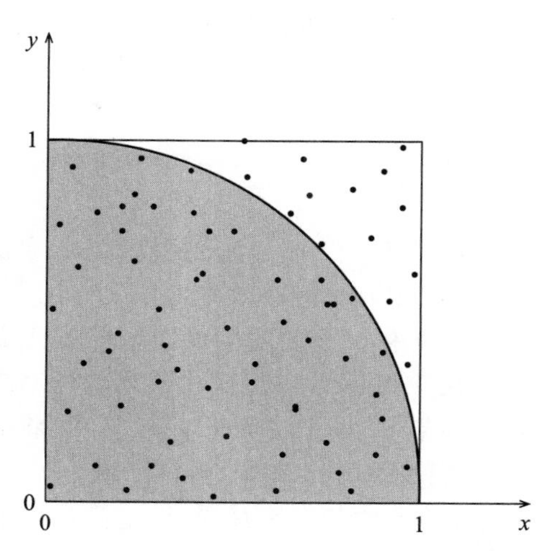

图 3-2 这里介绍一个使用接受-拒绝技巧的例子。点的坐标是(u_x, u_y)，其中 u_x 和 u_y 是 0 和 1 之间的独立均匀偏差。要生成一组均匀地覆盖单位圆第一象限内二维区域的随机点，只舍弃由 $x^2+y^2=1$ 界定的阴影区域之外的点即可

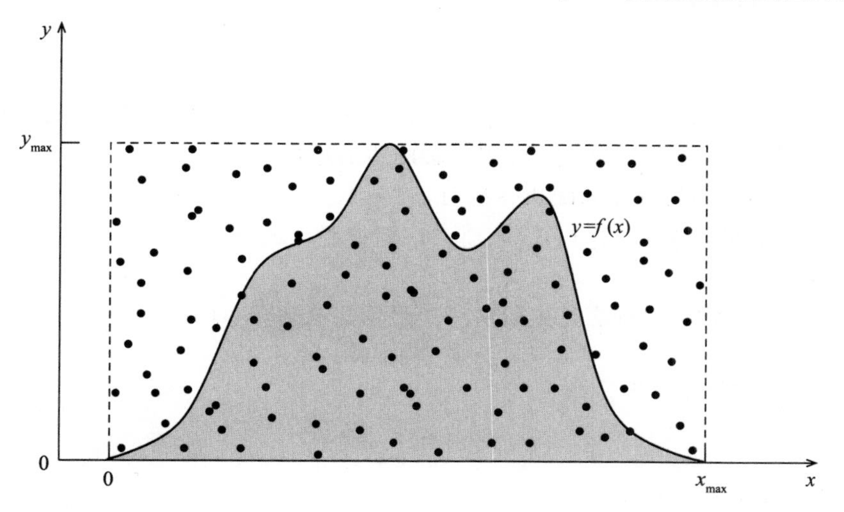

图 3-3 一维概率分布的接受、拒绝方法。这些点是从二维概率分布函数 $g(x,y)$ 绘制的偏差 (u_x, u_y)，其中 $g(x,y)$ 在虚线矩形内是常数，在外部为零。一维概率分布函数 $f(x)$ 绘制为 $y=f(x)$，并将矩形分为两个区域。满足 $u_y \leqslant f(u_x)$ 的偏差位于阴影区域内。在阴影区域内二维的 u_x 部分是从 $f(x)$ 的一维偏差中推导出来的

原则上，接受-拒绝算法适用于任何 $f(x)$，但是在实际问题中，当其中 $f(x)$ 远小于 $f_{\max}$ 时，该算法效率不高。因此，在高斯中心附近该算法是有效的高斯偏移生成器，但对于 $x > 3\sigma$，它将舍弃每 100 个试点中的 99 个点。对于满足如下特征的概率分布，即自变量

x可以变得无穷大并且当x很大的时候概率密度缓慢地降低，这种算法也不是理想的选择。洛伦兹分布是一个很好的例子。

这些问题可以通过选择第一个概率分布$h(x)$大致近似于$f(x)$的随机数来至少部分地得到改善。具体来说，选择一个分布$g(x,y)$，满足以下条件

$$g(x,y)=\begin{cases}\text{常数}, & 0\leqslant x\leqslant x_{\max} \\ & 0\leqslant y\leqslant ah(x) \\ 0, & \text{其他情况}\end{cases} \tag{3-20}$$

其中对于所有x，$ah(x)\geqslant f(x)$。如果$h(x)$是实用的，则$ah(x)$不应该比$f(x)$大得多，并且必须有可能高效率地从$h(x)$生成随机偏差。修改版的接受-拒绝算法是

1. 在0和$x_{\max}$之间生成均匀的随机偏差u_x。
2. 在0和$ah(u_x)$之间生成均匀的第二个偏差u_y。
3. 如果u_y小于或等于$f(u_x)$，则将u_x作为与$f(x)$的随机偏离。
4. 否则扔掉u_x和u_y再试一次

这个修改版的标准接受-拒绝算法可能也无法达到大家的期望值，因为通常很难设计一个合适的$h(x)$。

3.2.5 均匀分布比例法

均匀分布比例法是接受-拒绝算法的一个变体，它可以避免许多标准算法会遇到的困难。这个方法简单得不可思议[⊖]。假设人们希望从概率分布函数$y=f(x)$产生随机偏差。从(x,y)变换坐标到(s,t)，其中

$$y=s \tag{3-21}$$

$$x=t/s \tag{3-22}$$

通过等式$s=h(s,t)=[f(x)]^{1/2}=[f(t/s)]^{1/2}$在$(s,t)$平面中定义一条曲线。找到在$(s,t)$平面中包围曲线并且具有平行于$s$和$t$轴的边的矩形。然后：

1. 生成在矩形内均匀分布的随机变量对(u_s,u_t)。
2. 如果该对满足要求$u_s\leqslant[f(u_t/u_s)]^{1/2}$，则接受。比例$u_x=u_t/u_s$是从$f(x)$得到的随机变量。

以下示例显示了均匀比例法是如何适用于洛伦兹概率分布的。

示例： 洛伦兹概率分布函数是

$$y=f(x)=\frac{1}{\pi}\frac{b}{b^2+x^2}$$

位于(s,t)平面的曲线是

$$s=[f(t/s)]^{1/2}=\left[\frac{1}{\pi}\frac{b}{b^2+(t/s)^2}\right]^{1/2}$$

将等式展开并重新排列，我们发现

$$b^2s^2+t^2=\frac{b}{\pi}$$

⊖ A. J. Kinderman, and J. F. Monahan. 1977. "Computer Generation of Random Variables Using the Ratio of Uniform Deviates." *ACM Transactions on Mathematical Software* vol. 3, p. 257.

这是图 3-4 中所示的椭圆。生成独立均匀分布的随机偏差对(u_s,u_t)，覆盖范围$0\leqslant u_s\leqslant(\pi b)^{-1/2}$，$0\leqslant u_t\leqslant(b/\pi)^{1/2}$。图 3-4 中的每一点是一个这样的对。如果满足

$$u_s\leqslant\left[\frac{1}{\pi}\frac{b}{b^2+(u_t/u_s)^2}\right]^{1/2}$$

我们就接受对并设置$u_x=u_t/u_s$。这个比例是洛伦兹偏差。请注意这个不等式等价于

$$b^2u_s^2+u_t^2\leqslant\frac{b}{\pi}$$

所以接收标准是接受图中阴影区域的所有点。

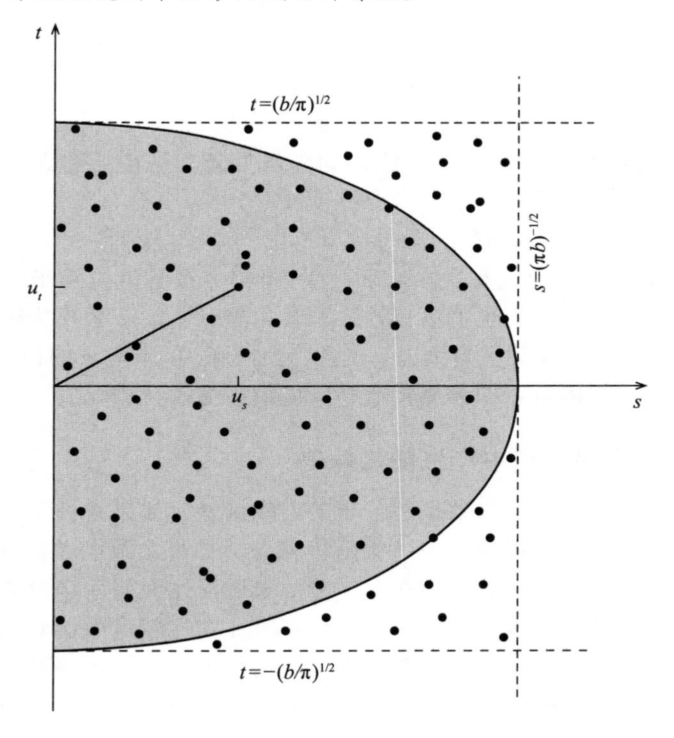

图 3-4　用于产生洛伦兹概率分布函数的随机偏差的均匀分布比例法。在(x,y)平面中，分布为$f(x)=(b/\pi)/(b^2+x^2)$。分布在(s,t)平面中变换为椭圆$b^2s^2+t^2=b/\pi$。圆点是在矩形内(作为椭圆的上下界)的随机均匀分布变量。均匀分布比例法保留由椭圆界定的阴影区域中的点。如果点有坐标(u_s,u_t)，那么比例$u_x=u_t/u_s$是洛伦兹分布的随机偏差

为了理解为什么统一算法的比例是有效的，我们从等式 3-19 开始，在(x,y)坐标系中描述了概率分布函数$f(x)$的接受-拒绝算法：

$$f(x)dx\propto\int_{y=0}^{f(x)}g(x,y)dydx=\int_{y=0}^{f(x)}dydx \tag{3-23}$$

其中$g(x,y)$是均匀的概率分布。当转换为(s,t)坐标时系统，这变成

$$f(x)dx\propto\int_{s=0}^{h(s,t)}g(s,t)dsdt \tag{3-24}$$

尚未定义$h(s,t)$和$g(s,t)$。因为我们希望在(s,t)坐标系内使用接受-拒绝算法，所以

我们强制 $g(s,t)$ 为常数然后执行坐标变换以明确地确定 $h(s,t)$ 必须满足：

$$f(x)dx \propto \int_{s=0}^{h(s,t)} dsdt = \int_{y=0}^{h(s,t)} \left| \frac{\partial(s,t)}{\partial(x,y)} \right| dydx \tag{3-25}$$

通过不多的推导运算，我们得出雅可比为

$$\left| \frac{\partial(s,t)}{\partial(x,y)} \right| = y \tag{3-26}$$

所以等式 3-25 变成了

$$f(x)dx \propto \int_{y=0}^{h(s,t)} ydydx \propto h^2(s,t)dx \tag{3-27}$$

因此我们发现

$$h(s,t) \propto [f(x)]^{1/2} = [f(t/s)]^{1/2} \tag{3-28}$$

和

$$f(x)dx \propto \int_{s=0}^{[f(t/s)]^{1/2}} dsdt \tag{3-29}$$

公式 3-29 表明通过在 (s,t) 平面中生成均匀随机变量，并且接受所有那些满足 $0 \leqslant s \leqslant [f(t/s)]^{1/2}$ 的变量，然后设置 $u_x = u_t/u_s$，我们可以产生一个分布与 $f(x)$ 成正比的随机变量 u_x。

为什么均匀分布比例法如此有效？标准接受-拒绝方法不能应用于自变量 x 可以延伸到无穷大的概率分布。均匀分布比例法巧妙地将直角坐标中的 x 替换为极坐标中的角度 θ，其中 $\tan\theta = t/s = x$。当 x 从 0 到无穷大时，θ 从 0°扫描到 90°。当 x 的值变得很大时，相应的转换后的角度在 $\theta = 90°$ 附近，使其易于取样来应用接受-拒绝算法。

3.2.6 从更复杂的概率分布中产生随机偏差

我们通常需要生成满足多个参数概率分布的随机偏差。如果参数不相关，只需要不多的额外工作，因为每个参数可以独立地生成随机偏差。如果参数相关的话，则可能需要大量的额外工作来生成随机偏差。我们会在 5.4 节的末尾描述如何用多参数高斯分布来生成参数相关随机偏差的算法。该算法在分布参数不多时往往比较有效。然而，一般来说，用于生成随机偏差的简单方法在分布参数数目增加的情况下会变得效率低下，在独立参数的数量很大的情况下变得不可行。我们将在 3.4 节和第 3.5 节中讨论如何使用马尔可夫链蒙特卡罗技术来生成满足更复杂分布的随机偏差。

3.3 蒙特卡罗积分

假设 I 是函数 $y(x)$ 在 $a \leqslant x \leqslant b$ 之间的定积分，

$$I = \int_a^b y(x)dx \tag{3-30}$$

并假设通过数值积分来找到 I 的价值。我们通常是去评估在预先指定的点 x_1 处的 $y(x)$，并通过加权求和来近似 I

$$I \approx \sum_{i=1}^{N} w_i y(x_i) \tag{3-31}$$

其中 w_i 是权重。这些点通常是均匀间隔的，不过在高斯数值积分中，没有这样的要求。在蒙特卡罗积分中，$y(x)$ 以 x 的随机值进行评估，而不是预先指定的值。例如，如果

u_i 是在 a 和 b 之间均匀分布的随机偏差，直觉表明积分可以近似为

$$I \approx (b-a)\frac{1}{N}\sum_{i=1}^{N} y(u_i) \tag{3-32}$$

当 N 变大，这个估计会接近 $y(x)$在区间上的平均值乘以区间的宽度。

我们需要改善这种直觉。让 $p(x)$作为概率分布函数，此时其函数形式是任意的，除非它在区间 $a \leqslant x \leqslant b$ 上有定义并且处处都大于零⊖。让 u_i 作为由 $p(x)$生成的随机变量，衍生出新的随机变量 $v_i = y(u_i)/p(u_i)$，并且把它们都加起来

$$\xi = \frac{1}{N}\sum_{i=1}^{N} v_i \tag{3-33}$$

我们首先注意到

$$\langle \xi \rangle = \frac{1}{N}\sum_{i=1}^{N} \langle v_i \rangle = \langle v \rangle \tag{3-34}$$

由于 v 是 u 的函数，并且 u_i 是从 $p(x)$中得出的，所以 v 的平均值为

$$\langle v \rangle = \lim_{N\to\infty}\frac{1}{N}\sum_{i=1}^{N} v(u_i)p(u_i) = \lim_{N\to\infty}\frac{1}{N}\sum_{i=1}^{N}\frac{y(u_i)}{p(u_i)}p(u_i) = \lim_{N\to\infty}\frac{1}{N}\sum_{i=1}^{N} y(u_i) = \langle y \rangle \tag{3-35}$$

因此，我们可以通过以下公式来近似 $y(x)$的积分

$$I \approx (b-a)\xi = \frac{(b-a)}{N}\sum_{i=1}^{N} v_i = \frac{(b-a)}{N}\sum_{i=1}^{N}\frac{y(u_i)}{p(u_i)} \tag{3-36}$$

因为当 N 变大时这接近 $I=(b-a)\langle y \rangle$，这是正确的答案。此外，基于中心极限定理（2.4 节），ξ 的概率分布逼近高斯分布

$$f(\xi) \propto \exp\left[-\frac{(\xi - I)^2}{2\sigma_\xi^2}\right] \tag{3-37}$$

其中

$$\sigma_\xi^2 = \frac{\sigma_v^2}{N} \tag{3-38}$$

σ_v^2是每个随机变量 v 的方差。由于 σ_ξ^2是预期的量度 ξ 和 I 之间的差异，它可以测量蒙特卡罗积分的准确性。因此等式 3-36 的精度以 $N^{-1/2}$的收敛速度来提高。

也许令人惊讶的是，$p(x)$的函数形式在公式 3-36 中并没有作什么规定，任何概率分布都满足。关于这一点的解释可以回溯到中心极限定理对原始分布的采样点的不敏感性。最简单的选择是 $p(x)$为均匀分布

$$p(x) = \frac{1}{b-a}, a \leqslant x \leqslant b \tag{3-39}$$

所以 u_i 在 a 和 b 之间是均匀分布的随机偏差。在这种情况下，等式 3-36 可以简化成

$$I \approx \frac{b-a}{N}\sum_{i=1}^{N} y(u_i) \tag{3-40}$$

我们已经得到了等式 3-32。

分布不一定需要是均匀的；而且均匀分布通常不是最好的选择。我们现在来证明最好

⊖ I. M. Sobol. 1975. *Monte Carlo Method*. *Popular Lectures in Mathematics*. Chicago: University of Chicago Press.

的选择是 $p(x) \propto |y(x)|$。为方便起见，定义一个新函数 $h(x)$ 如下

$$h(x) = \frac{y(x)}{p(x)} \tag{3-41}$$

h 的平均值为

$$\langle h \rangle = \int_a^b h(x) p(x) dx = \int_a^b \frac{y(x)}{p(x)} p(x) dx = \int_a^b y(x) dx = I \tag{3-42}$$

h 的方差可以定义为

$$\sigma_h^2 = \langle (h - I)^2 \rangle = \langle h^2 \rangle - I^2 \tag{3-43}$$

由于 $v_i = h_i = y(u_i)/p(u_i)$，我们可以推导出 $\sigma_v^2 = \sigma_h^2$。我们现在寻找 $p(x)$ 可以让 σ_h^2 最小，从而(通过等式 3-38)使 σ_ξ^2 最小。根据以下等式

$$\langle h^2 \rangle = \int_a^b h^2(x) p(x) dx = \int_a^b \left[\frac{y(x)}{p(x)}\right]^2 p(x) dx = \int_a^b \frac{y^2(x)}{p(x)} dx \tag{3-44}$$

我们可以推导出

$$\sigma_h^2 = \int_a^b \frac{y^2(x)}{p(x)} dx - I^2 \tag{3-45}$$

柯西-施瓦茨不等式有如下表达形式，如果 $f(x)$ 和 $g(x)$ 是两个函数，那么

$$\left[\int_a^b |f(x) g(x)| dx\right]^2 \leqslant \left[\int_a^b f^2(x) dx\right]\left[\int_a^b g^2(x) dx\right] \tag{3-46}$$

通过换元，设 $f^2(x) = y^2(x)/p(x)$ 和 $g^2(x) = p(x)$。可以得到

$$\left[\int_a^b |y(x)| dx\right]^2 \leqslant \left[\int_a^b \frac{y^2(x)}{p(x)} dx\right]\left[\int_a^b p(x) dx\right] = \int_a^b \frac{y^2(x)}{p(x)} dx \tag{3-47}$$

其中最后一个等式成立是因为 p 被归一化。把等式 3-45 代入等式 3-47 中，我们发现

$$\sigma_h^2 \geqslant \left[\int_a^b |y(x)| dx\right]^2 - I^2 \tag{3-48}$$

σ_h^2 的最小值发生在不等式变为等式的时候。让我们猜测一下通过如下选择来实现等式

$$p(x) = \frac{|y(x)|}{\int_a^b |y(x)| dx} \tag{3-49}$$

对于这个选择，我们有

$$\int_a^b \frac{y^2(x)}{p(x)} dx = \left[\int_a^b |y(x)| dx\right]^2 \tag{3-50}$$

并将此结果代入等式 3-3，我们确定得到了等式

$$\sigma_h^2 = \left[\int_a^b |y(x)| dx\right]^2 - I^2 \tag{3-51}$$

因此，通过选择 $p(x) \propto |y(x)|$，对 I 的近似估计误差被最小化，并且对一个关于 $y(x)$ 的蒙特卡罗积分最有效的采样方法是从与 $|y(x)|$ 成比例的概率分布中获取样本点。

在 $y(x)$ 取值较大的区域放置更多的采样点，也因此对积分的贡献更多，反之，在 $y(x)$ 取值较小的区域减少采样点，使其对积分的贡献较少，这样就不难理解蒙特卡罗积分的准确性为什么可以得到改善。关于概率分布与 $|y(x)|$ 成正比并不是非常明显。但是，设置 $p(x) \propto |y(x)|$ 往往是不可行的，因为归一化 $p(x)$ 将需要对 $|y(x)|$ 进行积分，这几乎与我们试图在刚开始求积分时一样。然而，我们可能可以设计出与 $y(x)$ 大致相同形状的 $p(x)$，却更容易标准化。尽管更简单的概率分布并不是最佳的，但仍然会给出比均匀分

布更好的结果。

同样，等式 3-45 和 3-51 对于计算 σ_ξ^2 没太大帮助。相反，回到等式 3-38 和 3-43：

$$\sigma_\xi^2 = \frac{1}{N}\sigma_h^2 = \frac{1}{N}[\langle h^2\rangle - I^2] = \frac{1}{N}[\langle h^2\rangle - \langle h^2\rangle] \tag{3-52}$$

设 $h_i = y(u_i)/p(u_i)$，并使用近似估计

$$\langle h^2\rangle \approx \frac{1}{N}\sum_{i=1}^{N} h_i^2, \qquad \langle h\rangle \approx \frac{1}{N}\sum_{i=1}^{N} h_i \tag{3-53}$$

可以得到

$$\sigma_\xi^2 \approx \frac{1}{N}\left[\frac{1}{N}\sum_{i=1}^{N} h_i^2 - \left(\frac{1}{N}\sum_{i=1}^{N} h_i\right)^2\right] \tag{3-54}$$

如果 $p(x)$ 是随机均匀分布，则等式 3-41 可以简化为 $h(x)=(b-a)y(x)$ 或 $h_i=(b-a)y(u_i)$；并且公式 3-54 可以变成我们更熟悉的形式

$$\sigma_\xi^2 \approx \frac{1}{N}\left[\frac{(b-a)^2}{N}\sum_{i=1}^{N} y(u_i)^2 - \left(\frac{(b-a)^2}{N}\sum_{i=1}^{N} y(u_i)\right)^2\right] \tag{3-55}$$

简单总结本节的结果：关于 $y(x)$ 在区间 $a \leqslant x \leqslant b$ 的定积分可以由如下的近似方式来计算

$$I \approx \frac{(b-a)}{N}\sum_{i=1}^{N}\frac{y(u_i)}{p(u_i)} \tag{3-56}$$

其中 $p(x)$ 是相同区间上的任意概率分布函数，u_i 是由 $p(x)$ 生成的随机变量。近似的标准偏差是 $\sigma_I=(b-a)\sigma_\xi$，其中 σ_ξ 由等式 3-54 给出。标准偏差以 $N^{-1/2}$ 的速度减小。概率分布函数的最佳选择是 $p(x) \propto |y(x)|$，但是选择一般是不可行的，因为让 $p(x)$ 标准化不太容易实现。我们可以改为使用一个与 $|y(x)|$ 具有大致相同形状但是更容易标准化的概率分布。蒙特卡罗积分对于这种简单的一维积分很少有用。但是当维度增加时，必须估算的积分空间变得太大，不能通过标准技术来解决，蒙特卡罗整合变得更加有用。随着维数的增加，$p(x)$ 的选择也变得更加重要。

3.4 马尔可夫链

马尔可夫链蒙特卡罗(MCMC)技术提供了对某些蒙特卡罗计算提高效率的一种方法。本节介绍马尔可夫链，3.5 小节会讲述在一些典型应用中如何使用它们。

让 u 是一个从概率分布产生的随机偏差，让我们来看看

$$u^{(1)}, u^{(2)}, u^{(3)}, \cdots, u^{(n-1)}$$

作为 u 的 $n-1$ 个值的一个序列。括号中的上标表示序列的位置顺序。如果下一个概率分布的成员 $u(n)$ 取决于 $u(n-1)$，但不取决于 $u(n-1)$ 之前的 u 的值序列，则这就是一个马尔可夫链序列。不同于彼此独立，比如说连续抛硬币，马尔可夫链是有历史的，生成 u 这一数值的概率取决于该历史。然而，依赖性是有限的，仅仅延伸到 u 的紧随其后的值。随机漫步是马尔可夫链的一个例子。假设一个指针选出一个整数。通过将指针随机移动到下一个更高或更低的整数来创建一系列整数。由于指针在任何步骤后的位置取决于其之前的位置，而不是在任何更早期的位置，这个整数序列是一个马尔可夫链。

3.4.1 平稳有限的马尔可夫链

马尔可夫链对其历史的依赖可以用条件概率分布来表示，

$$T^{(n-1)}(x^{(n)} \mid x^{(n-1)})$$

给出了在确定前一步值为 x 的条件下，之后的步骤 n 选择特定值 x 的概率。因为条件概率可能会逐步改变，所以 T 有一个带括号的上标。因此，$T^{(n-1)}(x^{(n)} \mid x^{(n-1)})$是在步骤 $n-1$ 的条件概率分布。对于整数之间的对称随机漫步，条件概率有简单的形式

$$T(x^{(n)} \mid x^{(n-1)}) = \begin{cases} 1/2, x^{(n)} - x^{(n-1)} = 1 \\ 1/2, x^{(n)} - x^{(n-1)} = -1 \\ 0, \text{其他情况} \end{cases} \tag{3-57}$$

为了达到目的，我们只需要考虑平稳的马尔可夫链，也称为齐次马尔可夫链。这些马尔可夫链的条件概率不会逐步改变。由于条件概率不变，可以删除 T 的上标，条件概率可以更简单地写为 $T(x^{(n)} \mid x^{(n-1)})$。

假设 x 只有有限数量的离散值 $x_k, k=1,\cdots,m$，满足这样条件的马尔可夫链称为有限马尔可夫链。基于这样的理解，x 的后续值形成一个序列，现在可以把条件概率更简单地表达为 $T(x_k \mid x_j)$。由于 $T(x_k \mid x_j)$是条件概率，它必须被归一化，所以

$$\sum_{k=1}^{m} T(x_k \mid x_j) = 1 \tag{3-58}$$

条件概率也可以被认为是转移概率。也就是说，$T(x_k \mid x_j)$是从 x_k 转换到 x_j 的概率。

令 x_k 在步骤 n 出现的概率为 $P^{(n)}(x_k)$。我们必须小心将 $P^{(n)}(x_k)$与 $T(x_k \mid x_j)$区分开。$u^{(n)}$是由条件概率分布为 $T(x_k \mid x_j)$而生成的随机数，而不是概率分布 $P^{(n)}(x_k)$生成的。不过，由 $T(x_k \mid x_j)$在步骤 n 生成的随机数，它的分布是 $P^{(n)}(x_k)$。通常来说，概率分布会随步骤而变化。在步骤 n 的概率分布与在步骤 $n-1$ 的分布有如下关系

$$P^{(n)}(x_k) = \sum_{j=1}^{m} P^{(n-1)}(x_j) T(x_k \mid x_j) \tag{3-59}$$

注意，虽然 $P^{(n)}(x_k)$变化了，但是转移概率不变，所以等式 3-59 确实描述了一个平稳的马尔可夫链。

平稳的有限马尔可夫链可以用矩阵的形式来描述。等式 3-59 相当于矩阵方程

$$\boldsymbol{\pi}^{(n)} = \boldsymbol{\pi}^{(n-1)} \boldsymbol{T} \tag{3-60}$$

其中 $\boldsymbol{\pi}^{(n)}$是行向量

$$\boldsymbol{\pi}^{(n)} = (P^{(n)}(x_1), P^{(n)}(x_2), \cdots, P^{(n)}(x_m)) \tag{3-61}$$

$\boldsymbol{T}$是转移矩阵

$$\boldsymbol{T} = \begin{pmatrix} T(x_1 \mid x_1) & T(x_2 \mid x_1) & \cdots & T(x_m \mid x_1) \\ T(x_1 \mid x_2) & T(x_2 \mid x_2) & \cdots & T(x_m \mid x_2) \\ \vdots & \vdots & & \vdots \\ T(x_1 \mid x_m) & T(x_2 \mid x_m) & \cdots & T(x_m \mid x_m) \end{pmatrix} \tag{3-62}$$

注意，T 从右边乘以 $\pi^{(n-1)}$。出于方便，我们对 $\pi^{(n)}$ 和 T 的分量引入更加简洁的符号

$$\pi_j^{(n)} = P^{(n)}(x_j) \tag{3-63}$$

$$T_{jk} = T(x_k \mid x_j) \tag{3-64}$$

（注意 T_{jk} 上的索引的顺序。）等式 3-60 在分量上的表达为

$$\pi_k^{(n)} = \sum_j \pi_j^{(n-1)} T_{jk} \tag{3-65}$$

等式 3-58 是

$$\sum_k T_{jk} = 1 \tag{3-66}$$

概率分布函数的演化对于有限平稳马尔可夫链非常简单。从等式 3-60 我们可以推导出

$$\boldsymbol{\pi}^{(n)} = \boldsymbol{\pi}^{(n-1)}\boldsymbol{T} = [\boldsymbol{\pi}^{(n-2)}\boldsymbol{T}]\boldsymbol{T} = \boldsymbol{\pi}^{(n-2)}\boldsymbol{T}^2 = \cdots = \boldsymbol{\pi}^{(n-k)}\boldsymbol{T}^k \tag{3-67}$$

其中符号 $\boldsymbol{T}^2$ 表示矩阵 $\boldsymbol{T}$ 已经与自身相乘。假设这个马尔可夫链以初始概率分布 $\pi^{(0)}$ 开始。然后

$$\boldsymbol{\pi}^{(n)} = \boldsymbol{\pi}^{(0)}\boldsymbol{T}^n \tag{3-68}$$

等式 3-60 和 3-68 显示了平稳马尔可夫链的概率分布确定性的演化。强调一下，这个确定性的行为方式需要与具体实现 $u^{(1)},u^{(2)},u^{(3)},\cdots,u^{(n)}$ 的性质相区分，后者是由 $T(x_k|x_j)$ 生成的一个序列随变量。

3.4.2 不变概率分布

不变概率分布，也称为*均衡分布*，它在马尔可夫链中的每一步保持一致：

$$\boldsymbol{\pi}^{(n)} = \boldsymbol{\pi}^{(n-1)}\boldsymbol{T} = \boldsymbol{\pi}^{(n-1)} \tag{3-69}$$

在线性代数的语言里，如果 $\boldsymbol{T}$ 的左特征向量的特征值等于 1，则其概率分布不变。不要将不变性与平稳性混淆：如果 $\boldsymbol{T}$ 不变，马尔可夫链是平稳的；如果 $\boldsymbol{\pi}$ 保持一样，则 $\boldsymbol{\pi}$ 是不变的。

在后面的章节中将给定概率分布 $P(x_k)$，我们需要生成一个转换矩阵，其中 $P(x_k)$是不变分布。要做到这一点的一个方法是要求详细的平衡。在详细平衡中，从 x_j 到 x_k 的转换速率与反向过渡速率相同：

$$P^{(n-1)}(x_j)T(x_k|x_j) = P^{(n-1)}(x_k)T(x_j|x_k) \tag{3-70}$$

在分量上可以表达为

$$\pi_j^{(n-1)}T_{jk} = \pi_k^{(n-1)}T_{kj} \tag{3-71}$$

要想理解这个等式保证了不变性，将这个等式的两边关于 j 求和：

$$\sum_j \pi_j^{(n-1)}T_{jk} = \sum_j \pi_k^{(n-1)}T_{kj} \tag{3-72}$$

由等式 3-65 可得，等式的左边是 $\pi_k^{(n)}$。由等式 3-66 可得，等式的右边是

$$\sum_j \pi_k^{(n-1)}T_{kj} = \pi_k^{(n-1)}\sum_j T_{kj} = \pi_k^{(n-1)} \tag{3-73}$$

因此

$$\pi_k^{(n)} = \pi_k^{(n-1)} \tag{3-74}$$

所以概率分布是不变的。

详细的平衡(等式 3-70 或 3-71)没有完全指定组成部分的转换矩阵。完全指定它们的一种方法是设置

$$T(x_k|x_j) = P(x_k) \tag{3-75}$$

或者

$$T_{jk} = \pi_k \tag{3-76}$$

使得 x_k 的条件概率变得独立于 x_j。代换等式 3-75 到等式 3-70 表明，该选择确实满足详细的平衡。等式 3-75 似乎很奇怪，因为它对应的马尔可夫链没有历史。然而，它确实是一个马尔可夫链，它的一个延伸是吉布斯取样器的核心，这些内容将在 3.5 节介绍。

如果随着 n 的增加，$\boldsymbol{\pi}^{(n)}$ 收敛到不变的概率分布，则称平稳的马尔可夫链是遍历的。

考虑特征值方程

$$\boldsymbol{\pi T} = \lambda \boldsymbol{\pi} \tag{3-77}$$

让它的解是具有特征值 λ_i 的特征向量 π_i。如果任何 $\lambda_i = 1$，则相应特征向量是一个不变的分布，因为

$$\boldsymbol{\pi}_i \boldsymbol{T} = \lambda_i \boldsymbol{\pi}_i = \boldsymbol{\pi}_i \tag{3-78}$$

我们可以区分三种情况。首先，如果多个特征值等于 1，那就有多个不变的分布。一旦这个马尔可夫链收敛到这些不变分布中的任何一个，它就会被困在那里，不能去到其他不变的分布。这些马尔可夫链不是不变的。

第二，如果任何特征值等于－1，则链可能被困在一个重复的循环当中，从而达不到不变分布。这些马可夫链也不是不变的。例如，考虑过渡矩阵的马尔可夫链

$$\boldsymbol{T} = \begin{pmatrix} 0 & 1 \\ 1 & 0 \end{pmatrix} \tag{3-79}$$

读者可以很容易地验证这个矩阵有两个特征值 1 和－1，而且标准化不变量分布为$(1/\sqrt{2}, 1/\sqrt{2})$。这个马尔可夫链会被困在(1,0)和(0,1)之间的无止境循环，永远达不到不变分布。

第三种情况是只有一个特征值等于 1 的那些链，所以只有一个不变的分布，而且对于所有其他特征值$|\lambda_i|<1$，所以这个链既不会不断循环，也不产生概率大于 1 的概率分布。排序特征向量使得 $\lambda_0 = 1$，$\boldsymbol{\pi}_0 = \boldsymbol{\pi}_s$ 是相应的不变分布。因为任意向量可以分解为特征向量之和，马尔可夫链的初始概率分布 $\boldsymbol{\pi}^{(0)}$ 可以写成

$$\boldsymbol{\pi}^{(0)} = \alpha_0 \boldsymbol{\pi}_s + \alpha_1 \boldsymbol{\pi}_1 + \cdots + \alpha_m \boldsymbol{\pi}_m \tag{3-80}$$

现在将 $\boldsymbol{T}^n$ 应用于 $\boldsymbol{\pi}^{(0)}$ 以获得 $\boldsymbol{\pi}^{(n)}$：

$$\boldsymbol{\pi}^{(n)} = \boldsymbol{\pi}^{(0)} \boldsymbol{T}^n = \alpha_0 \boldsymbol{\pi}_s + \alpha_1 \lambda_1^n \boldsymbol{\pi}_1 + \cdots + \alpha_m \lambda_m^n \boldsymbol{\pi}_m \tag{3-81}$$

对于所有 $i \geqslant 1$，当 n 变大时，$|\lambda_i|^n \to 0$

$$\boldsymbol{\pi}^n \to \alpha_0 \boldsymbol{\pi}_s \tag{3-82}$$

这些马尔可夫链都是遍历式的。

以下示例显示如何构造马尔可夫链使它可以收敛到简单的二值不变的概率分布。

示例：考虑 x_j 只有两个值(1 或者 2)的概率分布函数 $P(x_j)$发生的概率

$$P(1) = 1/4, \quad P(2) = 3/4$$

一个例子可以是抛硬币，3/4 的可能是正面和 1/4 的可能是反面。

我们现在构造 $P(x_j)$是不变分布的过渡矩阵。不变分布 $\boldsymbol{\pi}$ 的分量是

$$\pi_1 = 1/4, \qquad \pi_2 = 3/4$$

由于 $\boldsymbol{\pi}$ 具有两个状态，所以转移矩阵 $\boldsymbol{T}$ 是 2×2 矩阵。从公式 3-66 得，$\boldsymbol{T}$ 的成分满足

$$T_{11} + T_{12} = 1$$
$$T_{21} + T_{22} = 1$$

所以矩阵有如下形式

$$\boldsymbol{T} = \begin{pmatrix} a & 1-a \\ 1-b & b \end{pmatrix}$$

其中 a 和 b 是常数。很容易证实该矩阵的至少一个特征值等于 1 。现在应用详细平衡：

$$\pi_1 T_{12} = \pi_2 T_{21}$$

$$\frac{1}{4}(1-a) = \frac{3}{4}(1-b)$$

可以推导出$(1-b)=(1-a)/3$。因此，转移矩阵是

$$\boldsymbol{T} = \begin{pmatrix} a & 1-a \\ (1-a)/3 & (a+2)/3 \end{pmatrix}$$

该转换矩阵对于所有的值 a 具有不变概率分布 $\boldsymbol{\pi}$，因此出于方便，我们可以自由选择值 a。一个选择可能是这样的 a 值，使得第二特征值 λ_2 等于0，这样所得到的马尔可夫链将会立即收敛到 $\boldsymbol{\pi}$。对于 $\lambda_2 = 0$，特征值的行列式方程变为

$$\begin{vmatrix} a-\lambda_2 & 1-a \\ (1-a)/3 & (a+2)/3-\lambda_2 \end{vmatrix} = \begin{vmatrix} a & 1-a \\ (1-a)/3 & (a+2)/3 \end{vmatrix} = 0$$

经过一些代数运算，可以得到 $a=1/4$，并且转换矩阵变为

$$\boldsymbol{T} = \begin{pmatrix} 1/4 & 3/4 \\ 1/4 & 3/4 \end{pmatrix}$$

这个转换矩阵和通过代入方程 3-75 来生成的是一致的，由此可以为这个方程的含义给出一些洞察：方程 3-75 产生一个只有一个特征值非零的过渡矩阵，非零特征值等于 1，并且相应的特征向量与要求的概率分布成比例。然后，从等式 3-81 可知，得到的马尔可夫链立即收敛到要求的分布。

假设我们设置 $\lambda_2=2/3$。经过一些代数运算，转换矩阵变为

$$\boldsymbol{T} = \begin{pmatrix} 3/4 & 1/4 \\ 1/12 & 11/12 \end{pmatrix}$$

这也是一个完全可以接受的转换矩阵。因为第二特征值不是比 1 小很多，第二个特征向量缓慢衰减，因此马尔可夫链将逐渐接近其不变分布。

3.4.3 连续参数和多参数马尔可夫链

前几节的大部分结果都是可以延拓到具有连续概率分布函数的马尔可夫链。马尔可夫链仍被定义为随机序列数字

$$u^{(1)}, u^{(2)}, u^{(3)}, \cdots, u^{(n-1)}$$

其中 $u^{(n)}$ 的值取决于 $u^{(n-1)}$，而不是 $u^{(n-1)}$之前的 u 值；但现在 u 是连续的，不是离散的。$u^{(n)}$ 是从连续条件概率密度分布函数 $t^{(n-1)}(x^{(n)} \mid x^{(n-1)})$ 生成的随机偏差。对于平稳的马尔可夫链，条件概率密度分布函数是独立于 n 的，并且可以写成 $t(x^{(n)} \mid x^{(n-1)})$，甚至更简单地写为 $t(x \mid x')$，其中 x'是 x 的前一个值。通过类比于离散的情况，$t(x \mid x')$可以被认为是一种过渡概率，或更精确地说是转移概率密度。因为 $t(x \mid x')$是概率分布，必须满足正规化约束

$$\int t(x \mid x') dx = 1 \tag{3-83}$$

例如，条件分布

$$t(x|x') = \frac{1}{\sqrt{2\pi\sigma^2}}\exp\left[-\frac{1}{2}\frac{(x-x')^2}{\sigma^2}\right] \tag{3-84}$$

会产生具有随机漫步行为的马尔可夫链，但是其漫步的长度具有高斯分布高斯随机漫步。

在步骤 n 中 x 的概率密度分布函数为 $f^{(n)}(x)$。因为 $t(x|x')$是连续函数，转移概率不能再被写为矩阵，而且 $f^{(n)}(x)$由积分运算而不是矩阵乘法来计算：

$$f^{(n)}(x) = \int f^{(n-1)}(x')t(x|x')dx' \tag{3-85}$$

如果满足以下条件，我们就认为概率分布 $\pi(x)$是不变的

$$\pi^{(n)}(x) = \int \pi^{(n-1)}(x')t(x|x')dx' = \pi^{(n-1)}(x) \tag{3-86}$$

如果 $\pi(x)$是 $t(x|x')$的不变概率分布，并且如果随着 n 增加，$f^{(n)}(x)$接近 $\pi(x)$，也就是说，如果

$$\lim_{n\to\infty} f^{(n)}(x) = \pi(x) \tag{3-87}$$

那么马尔可夫链就是遍历式的。对于连续分布，确定遍历性会比离散分布复杂。我们在没有证明的情况下陈述如下论点，如果一个马尔可夫链可以从 x'的任意值到达 x 的任意值，则它是遍历式的，这也等价于 $t(x|x')$没有地方等于 0。

最后，我们可以通过要求详细平衡来找到条件概率分布，其中 $\pi(x)$是不变分布：

$$\pi^{(n-1)}(x)t(x'|x) = \pi^{(n-1)}(x')t(x|x') \tag{3-88}$$

要认识这是正确的，将等式 3-88 在 x'上求积分：

$$\int \pi^{(n-1)}(x)t(x'|x)dx' = \int \pi^{(n-1)}(x')t(x|x')dx' \tag{3-89}$$

由等式 3-83 可知，该等式的左边只是 $\pi^{(n-1)}(x)$，而从方程 3-85 可知，右边是 $\pi^{(n)}(x)$。我们发现

$$\pi^{(n-1)}(x) = \pi^{(n)}(x) \tag{3-90}$$

所以 $\pi(x)$是不变的。在离散情况下，详细的平衡没有完全指定 $t(x|x')$。等式 3-75 等价于

$$t(x|x') = \pi(x) \tag{3-91}$$

其完全指定 $t(x|x')$并满足等式 3-88，但为此付出的代价是得到的马尔可夫链没有记忆。

到目前为止，我们假设马尔可夫链是数字序列。其实，这个概念可以更宽广：马可夫链可以是一系列的状态

$$s^{(1)}, s^{(2)}, s^{(3)}, \cdots, s^{(n-1)}$$

其中出现状态 $s^{(n)}$ 的概率取决于状态 $s^{(n-1)}$，但不取决于 $s^{(n-1)}$之前的状态。条件概率 $t(s|s')$是从状态 s'到状态 s 转换的概率，概率 $f^{(n)}(s)$是该链在 n 步后处于状态 s 的概率。状态和数字之间的区别在于可能需要几个数字来描述一个状态，而不只是一个。这对于考虑在氢原子里的电子时是有用的：需要几个量子数来完全确定电子的可能状态。条件概率是电子从一个状态到另一个状态的转换概率。

假设一个状态取决于 k 个连续变量$(x_1, x_2, \cdots, x_k)$，该马尔可夫链中的状态 $s^{(j)}$ 由

$$s^{(j)} = (u_1^{(j)}, u_2^{(j)}, \cdots, u_k^{(j)}) \tag{3-92}$$

在其中 $u^{(j)}$ 是随机变量。稳定马尔可夫链的转移概率是条件概率 $t(x_1, \cdots, x_k | x_1, \cdots, x'_k)$。对 x_i 的概率分布根据如下公式逐步演变而来

$$f^{(n)}(x_1, \cdots, x_k) = \int_{x'_1} \cdots \int_{x'_k} f^{(n-1)}(x'_1, \cdots, x'_k)t(x_1, \cdots, x_k | x'_1, \cdots, x'_k)dx'_1 \cdots dx'_k \tag{3-93}$$

并且如果满足以下条件，则分布 $\pi(x_1,\cdots,x_k)$ 是不变的

$$\pi^{(n)}(x_1,\cdots,x_k)=\int_{x'_1}\cdots\int_{x'_k}\pi^{(n-1)}(x'_1,\cdots,x'_k)t(x_1,\cdots,x_k|x'_1,\cdots,x'_k)dx'_1\cdots dx'_k$$
$$=\pi^{(n-1)}(x_1,\cdots,x_k) \tag{3-94}$$

如果 $f^{(n)}(x_1,\cdots,x_k)$ 随着 n 的增加而接近 $\pi(x_1,\cdots,x_k)$，则马尔可夫链是遍历的。正如之前所讲的，如果一个任意状态可以从其他任意状态到达，当转移概率不等于 0 时这就是对的。

可以通过引入细节平衡来证明 $\pi(x_1,\cdots,x_k)$ 是不变分布的转换概率：

$$\pi(x_1,\cdots,x_k)t(x_1,\cdots,x_k|x_1,\cdots,x_k)=\pi(x'_1,\cdots,x'_k)t(x_1,\cdots,x_k|x'_1,\cdots,x'_k) \tag{3-95}$$

如前所述，详细平衡并没有完全规定转移概率。方程 3-91 到多参数分布的推广为

$$t(x_1,\cdots,x_k|x'_1,\cdots,x'_k)=\pi(x_1,\cdots,x_k) \tag{3-96}$$

实际上，使用方程 3-95 是不可行的，即便采用了简化的方程 3-96。相反，我们把一个方程式的详细平衡变成了 k 个方程组的详细平衡，每个参数都有其独立的方程。这部分内容将会在 3.5 节对 Metropolis-Hastings 算法和 Gibbs 采样器的讨论中进行介绍。

3.5 马尔可夫链蒙特卡罗采样

3.2 节讨论的产生随机偏差的技术对于复杂的多参数概率分布效果并不理想。作为替代，马尔可夫链可以有效地从复杂的分布中产生随机偏差，并且即使在概率分布不正规化的情况下也可以生成它们。本节以一对简单的例子-计算平均值以及计算边际分布-来阐述马尔可夫链蒙特卡罗(MCMC)采样的主要想法。然后，该节概述了生成马尔可夫链的两项重要技术 Metropolis-Hastings 算法和 Gibbs 采样器。

3.5.1 马尔可夫链蒙特卡罗计算示例

平均值的计算：假设 x 可以具有 m 个离散值 x_i，x_i 的概率分布函数为 $P(x_i)$。数量 $g(x_i)$ 的平均值为

$$\langle g\rangle=\sum_{i=1}^{m}g(x_i)P(x_i) \tag{3-97}$$

(见等式 1-47)。假设 x 的 n 个样本是从其概率生成的并且生成值 x_i 的次数是 $k(x_i)$。从等式 1-2 得

$$P(x_i)=\lim_{n\to\infty}\frac{k(x_i)}{n} \tag{3-98}$$

所以 g 的平均值是

$$\langle g\rangle=\lim_{n\to\infty}\frac{1}{n}\sum_{i=1}^{m}g(x_i)k(x_i) \tag{3-99}$$

可以单独列出 $g(x_i)$，得到的列表具有 n 个值，每个值 $g(x_i)$ 出现的频率是 $k(x_i)$。如果每个单独的值由 g_ℓ 表示，总和等式 3-99 可以由 g_ℓ 的所有 n 个个别值的和代替，所以平均值成为

$$\langle g\rangle=\lim_{n\to\infty}\frac{1}{n}\sum_{\ell=1}^{n}g_\ell \tag{3-100}$$

下面是等式 3-97 的 MCMC 评估的基础：

1. 设定不变分布为 $P(x_i)$的马尔可夫链

2. 在马尔可夫链中生成数字 $u^{(j)}$。如果链是遍历的，则分布 $u^{(j)}$ 将会收敛到 $P(x_i)$。当分布足够接近 $P(x_i)$后，从序列中取出 $u^{(j)}$ 的 n 个值，并将其用作由 $P(x_i)$生成随机偏差 u_ℓ。

3. $\langle g\rangle \approx (1/n)\sum_{\ell=1}^{n} g(u_\ell)$ 计算 $g(x_i)$ 的平均值

没有标准的方法可以在开始积累 u 之前决定马尔可夫链应该有多长。一种常见的方式是在产生 $u^{(j)}$ 时观察它的属性，也许可以通过计算平均值和标准偏差生成，并假设当属性不再快速变化时，该链已经收敛到不变分布。如果从区域中选择 $u^{(0)}$，其中 $P(x_i)$很大，则该链通常会快速收敛。

边际分布的计算： 令 $f(x,y)$为双参数概率分布函数。$f(x,y)$的边际分布之一是

$$g(x) = \int_y f(x,y)dy \tag{3-101}$$

为了使用 MCMC 采样计算 $g(x)$

1. 设定不变分布为 $f(x,y)$的双参数马尔可夫链。

2. 在马尔可夫链中产生一系列状态$(u^{(j)},v^{(j)})$。如果链是遍历的，$(u^{(j)},v^{(j)})$的分布将收敛到 $f(x,y)$。当分布收敛后，从序列中取出 n 个状态，并将其用作从 $f(x,y)$生成的随机偏差(u_ℓ,v_ℓ)。

3. 舍弃 v 保留 u。u 的分布与 $g(x)$成正比。

结果是从边际分布中抽取的一组随机偏差，而不是泛函形式的分布。如果需要，有多种方法可以转换偏离成为类似于函数的形式。最简单的办法就是将 x 分到不同的区间，然后计算在每个区间中的 u_ℓ 数量。如果区间 k 中 x 的中间值是 x_k，则区间 k 中的 u_ℓ 数量是 n_k，那么 $g(x_k)\approx n_k/n$。请注意，这样确定的 $g(x_k)$是正规化的，即便 $f(x,y)$不是。MCMC 采样有很多微小的变体。例如，我们可以从几个不同的马尔可夫链选择(u,v)，每个链的初始状态$(u^{(0)},v^{(0)})$都不一样。

3.5.2 Metropolis-Hastings 算法

Metropolis-Hastings 算法是一种用于产生马尔可夫链任意的概率分布函数方法。为了说明算法的运作方式和原因，我们先来描述单参数离散概率分布的算法，然后延拓到单参数连续分布，最后推广到多参数连续分布。

单参数离散概率分布： 假设 x 的离散值为 x_i，并且 $\pi_i = P(x_i)$是值 x_i 将会发生的概率。要生成马尔可夫链 $u^{(0)},u^{(1)},u^{(2)},\cdots,u^{(n)}$，且其不变分布等于 $P(x_i)$，我们需要设计满足详细平衡的转移概率 $T_{ij}=T(x_j\,|\,x_i)$(见方程 3-60～3-66 和方程 3-71)，

$$\pi_i T_{ij} = \pi_j T_{ji} \tag{3-102}$$

Metropolis-Hastings 算法是通过条件概率分布 $q_{ij}=Q(x_j\,|\,x_i)$(称为候选分布)实现的。候选值 $u_c^{(k+1)}$ 从 $Q(u_c^{(k+1)}\,|\,u^{(k)})$生成下一个马尔可夫链的成员。候选值的分布通常不能满足详细平衡，也正因为如此，算法使用第二条件概率分布 $\alpha_{ij}=A(x_j\,|\,x_i)$以恢复详细平衡。候选值以概率为 $A(u_c^{(k+1)},u^{(k)})$从 $Q(u_c^{(k+1)}\,|\,u^{(k)})$被接受或拒绝。因此，该 Metropolis-Hastings 算法是接受拒绝算法的一个版本(3.2 节)。

对 $Q(x_j\,|\,x_i)$的约束相对较少。最重要的是它必须允许马尔可夫链到达所有 x_j，其中

$P(x_j)>0$，并且从任何 x_i 都可以达到。一种方法是对于所有的 i 和 j，都满足 $Q(x_j|x_i)>0$。理想情况下，应该可以从 $Q(x_j|x_i)$快速有效地产生偏差，其分布不应该与 $P(x_i)$有很大不相同。一旦 $Q(x_j|x_i)$被选定，通过设置 $T_{ij}=q_{ij}\alpha_{ij}$ 来约束 $A(x_j|x_i)$，然后用 $q_{ij}\alpha_{ij}$ 代替等式 3-102 中的 T_{ij} 进行详细平衡：

$$\pi_i q_{ij}\alpha_{ij} = \pi_j q_{ji}\alpha_{ji} \tag{3-103}$$

然而，这个约束并不完全确定 α_{ij} 的功能形式。Hastings[⊖]注意到

$$\alpha_{ij} = \frac{s_{ij}}{1+\frac{\pi_i}{\pi_j}\frac{q_{ij}}{q_{ji}}} \tag{3-104}$$

满足任何对称 s_{ij} 的详细平衡。这很容易通过替代 3-104 转化为方程 3-103 并利用 $s_{ij}=s_{ji}$ 来验证。

虽然方程 3-104 和其他替代形式对于 $A(x_j|x_i)$有时是有用的，但得到普遍的青睐的形式，并且已经被称为 Metropolis-Hastings 算法的是

$$\alpha_{ij} = \min\left[1,\frac{\pi_j}{\pi_i}\frac{q_{ji}}{q_{ij}}\right] \tag{3-105}$$

这被理解为 α_{ij} 被设置为 1 或 $\pi_j q_{ji}/\pi_i q_{ij}$ 中较小的。对于特殊情况$(\pi_j q_{ji})/(\pi_i q_{ij})=1$，$q_{ij}$ 已经满足详细平衡，因此 $\alpha_{ij}=1$，那么所有候选人都被接受。当$(\pi_j q_{ji})/(\pi_i q_{ij})\neq 1$ 时，要看到方程 3-105 保留了详细的平衡，首先注意$(\pi_j q_{ji})/(\pi_i q_{ij})$大于或小于 1。如果大于 1，则 $\alpha_{ij}=1$，方程 3-103 的左侧变为

$$\pi_i q_{ij}\alpha_{ij} = \pi_i q_{ij} \tag{3-106}$$

但这也意味着$(\pi_i q_{ij})/(\pi_j q_{ji})$小于 1，所以 $\alpha_{ji}=(\pi_i q_{ij})/(\pi_j q_{ji})$，而方程 3-103 右边成为

$$\pi_j q_{ji}\alpha_{ji} = \pi_j q_{ji}\left[\frac{\pi_i}{\pi_j}\frac{q_{ij}}{q_{ji}}\right] = \pi_i q_{ij} \tag{3-107}$$

等式成立。如果$(\pi_j q_{ji})/(\pi_i q_{ij})$小于 1，则 $\alpha_{ij}=(\pi_j q_{ji})/(\pi_i q_{ij})$，以及 $\alpha_{ji}=1$，并且等式也成立。

那么，这里是用 Metropolis-Hastings 算法来生成收敛到 $P(x_i)$的马尔可夫链。选择候选分布 $Q(x_j|x_i)$和初始值 $u^{(0)}$。要是需要生成链的其他成员：

1. 从条件分布 $Q(u_c^{(k+1)}|u^{(k)})$生成候选值 $u_c^{(k+1)}$。
2. 计算 α_{ij}

$$\alpha_{ij} = \min\left[1,\frac{P(u_c^{(k+1)})}{P(u^{(k)})}\frac{Q(u^{(k)}\mid u_c^{(k+1)})}{Q(u_c^{(k+1)}\mid u^{(k)})}\right] \tag{3-108}$$

3. 产生 0 和 1 之间的均匀随机变量 v。
4. 如果 $v<\alpha_{ij}$，则接受候选者，并设置 $u^{(k+1)}=u_c^{(k+1)}$。否则拒绝候选者，并设置 $u^{(k+1)}=u^{(k)}$。

一旦候选人被拒绝，设置 $u^{(k+1)}$ 等于 $u^{(k)}$ 看起来很奇怪。为什么不继续生成候选人，直到最后被接受为止？生成多个候选人会产生远离 $u^{(k)}$ 的过剩流量，这不再一定与反向匹配流向 $u^{(k)}$，这违反了详细平衡。当候选人被拒绝时，$u^{(k)}$ 可能看起来像是算了两次。但是，如果马可夫链没有收敛到不变分布，额外点不会被算为 $P(x_i)$的采样，这样只是延迟收敛。如果马可夫链已经收敛到不变分布，额外点是来自 $P(x_i)$的有效样本。经过马可夫

⊖ W. K. Hastings. 1970. "Monte Carlo Sampling Methods Using Markov Chainsand Their Applications." *Biometrika* vol. 57, p. 97.

链的许多步骤，所有这些额外积分将统一分配正确。

最后，请注意在 Metropolis-Hastings 算法中唯一出现 $P(x_i)$的地方在等式 3-108 中，并且只出现在除法 $P(u_c^{(k+1)})/P(u^{(k)})$中。该归一化除以常数 $P(x_i)$，因此分布不再需要标准化。条件分布也是如此，因为它也只发生在比率 $Q(u^{(k)} \mid u_c^{(k+1)})/Q(u_c^{(k+1)} \mid u^{(k)})$中。

单参数连续概率分布： 延拓到单参数连续概率分布是直接的。概率分布函数现在是 $\pi(x)$，其中 x 是连续变量。要生成一个马尔可夫链 $u^{(0)}, u^{(1)}, u^{(2)}, \cdots, u^{(n)}$，其不变分布为 $\pi(x)$，我们必须设计出来满足详细平衡(见方程 3-88)的条件概率分布函数 $t(x \mid x')$

$$\pi(x')t(x \mid x') = \pi(x)t(x' \mid x) \tag{3-109}$$

条件概率分布 $q(x \mid x')$，再次称为候选分布，现在是连续的，接受的概率是 $\alpha(x \mid x')$。乘积 $t(x \mid x) = Q(x \mid x')\alpha(x \mid x')$必须满足详细平衡

$$\pi(x')q(x \mid x')\alpha(x \mid x') = \pi(x)q(x' \mid x)\alpha(x' \mid x) \tag{3-110}$$

如果 $\alpha(x \mid x')$被选为如下，则等式成立

$$\alpha(x \mid x') = \min\left[1, \frac{\pi(x)}{\pi(x')} \frac{q(x' \mid x)}{q(x \mid x')}\right] \tag{3-111}$$

为了使用 Metropolis-Hastings 算法生成收敛到 $\pi(x)$的马尔可夫链，选择一个候选分布 $q(x' \mid x)$和起始值 $u^{(0)}$。然后，

1. 从条件分布 $q(u_c^{(k+1)} \mid u^{(k)})$生成候选值 $u_c^{(k+1)}$。
2. 从下面的等式来计算 $\alpha(u_c^{(k+1)} \mid u^{(k)})$

$$\alpha(u_c^{(k+1)} \mid u^{(k)}) = \min\left[1, \frac{\pi(u_c^{(k+1)})}{\pi(u^{(k)})} \frac{q(u^{(k)} \mid u_c^{(k+1)})}{q(u_c^{(k+1)} \mid u^{(k)})}\right] \tag{3-112}$$

3. 生成 0 和 1 之间的均匀随机变量 v。
4. 如果 $v < \alpha(u_c^{(k+1)} u^{(k)})$，接受候选者，并设置 $u^{(k+1)} = u_c^{(k+1)}$。否则拒绝候选，并设置 $u^{(k+1)} = u^{(k)}$。

对于离散情况，在算法中 $\pi(x)$和 $q(x \mid x')$只出现在等式 3-112 的比率中。由于正规化因子在比例中被除掉了，因此 $\pi(x)$和 $q(x \mid x')$都不需要正规化。

我们可以自由选择 $q(x \mid x')$用于解决手头上的问题，但应该很容易产生偏离候选人分布，以及接受高比例的候选人 $q(x \mid x')$。在高斯随机漫步分布下对 $q(x \mid x')$的一个普遍选择是(见方程 3-84)

$$q(x \mid x') = \frac{1}{\sqrt{2\pi}\sigma} \exp\left[-\frac{1}{2} \frac{(x - x')^2}{\sigma^2}\right] \tag{3-113}$$

请注意，这种分布是自适应的，在每一步都重新中心化为 $x' = u^{(k)}$。该 Metropolis-Hastings 算法的效率敏感地依赖于典型的从 x'到 x 的步骤大小，由 σ 的值决定。步骤需要足够大以便可以在没有过长的马尔可夫链的条件下达到 $\pi(x)$大的所有区域；但是它们不应该如此大，以至于大多数候选点在 $\pi(x)$小的情况下都是拒绝。拒绝率接近 50%通常会给出好的结果，如果 $\pi(x)$在由窄(π)(x)较小的宽间隔分开的狭窄区域中较大，选择步长则存在挑战。

方程 3-113 在 x'和 x 中是对称的。这意味着 $q(u^{(k)} \mid u_c^{(k+1)})/q(u_c^{(k+1)} \mid u^{(k)})$等于 1，所以 $\alpha(u_c^{(k+1)} \mid u^{(k)})$简化为

$$\alpha(u_c^{(k+1)} \mid u^{(k)}) = \min\left[1, \frac{\pi(u_c^{(k+1)})}{\pi(u^{(k)})}\right] \tag{3-114}$$

实质上加快了算法中的接受拒绝步骤。这个简化对任何对称候选分布都有效。

多参数连续概率分布：这些分布中，MCMC 采样显示了其真正强大的功能。我们希望生成一个马尔可夫链，它的不变分布是 k 维多元概率分布函数 $\pi(x_1,\cdots,x_k)$，其中 x_i 是连续变量。值的数组$(x_1,\cdots,x_k)$是一个状态。马尔可夫链是一个状态序列 $s^{(0)},s^{(1)},s^{(2)},\cdots,s^{(n)}$，其中状态 $s^{(j)}$ 是

$$s^{(j)}=(u_1^{(j)},\cdots,u_k^{(j)}) \tag{3-115}$$

$u^{(j)}$ 是对应于 x_i 的随机变量，从状态$(x_1',\cdots,x_k')$过渡到状态$(x_1,\cdots,x_k)$的条件概率是 $t(x_1,\cdots,x_k|x_1',\cdots,x_k')$。用于生成马尔可夫链的方法必须明确或隐含地满足详细平衡方程

$$\pi(x'_1,\cdots,x'_k)t(x_1,\cdots,x_k|x'_1,\cdots,x'_k)=\pi(x_1,\cdots,x_k)t(x'_1,\cdots,x'_k|x_1,\cdots,x_k) \tag{3-116}$$

通过设计条件分布 $q(x_1',\cdots,x_k'|x_1,\cdots,x_k)$，从单参数到多参数推广 Metropolis-Hastings 算法是一个很自然的想法，这将在一个步骤中产生全部的候选状态。验收概率 $\alpha(x_1',\cdots,x_k'|x_1,\cdots,x_k)$将通过把在等式 3-111 中的 x 替换为$(x_1,\cdots,x_k)$和 x' 替换为$(x_1,\cdots,x_k)$。这可能在 k 很小的情况下有效，但当参数数量变大，这样做往往不会奏效。随着 k 的增加，多维的体积空间变得如此之大，以至于大多数候选状态将会落在 $\pi(x_1,\cdots,x_k)$小的地方且会被拒绝，使得算法效率低下。

将 Metropolis-Hastings 算法扩展到多参数分布的通常方法是每次生成一个对应 $u^{(j)}$ 的值，循环通过 k 参数来获得新的状态。每个参数有一个独立的条件概率。例如，第一个参数的条件概率是(注意哪个参数被填充，哪些不是!)

$$t_1(x_1,x'_2,\cdots,x'_k|x'_1,x'_2,\cdots,x'_k)$$

必须分别满足详细平衡：

$$\pi(x'_1,x'_2,\cdots,x'_k)t_1(x_1|x'_1,x'_2,\cdots,x'_k)=\pi(x_1,x'_2,\cdots,x'_k)t_1(x'_1|x_1,x'_2,\cdots,x'_k) \tag{3-117}$$

每个参数有一个独立的候选分布，其中第一个参数是

$$q_1(x_1,x'_2,\cdots,x'_k|x'_1,x'_2,\cdots,x'_k)$$

从 $q_1(x_1,x_2',\cdots,x_k'|x_1',x_2',\cdots,x_k')$生成第一个参数的候选者偏移量时，接受候选者的偏离概率

$$\alpha_1(x_1,x'_2,\cdots,x'_k|x'_1,x'_2,\cdots,x'_k)$$
$$=\min\left[1,\frac{\pi(x_1,x'_2,\cdots,x'_k)}{\pi(x'_1,x'_2,\cdots,x'_k)}\frac{q_1(x'_1,x'_2,\cdots,x'_k|x_1,x'_2,\cdots,x'_k)}{q_1(x_1,x'_2,\cdots,x'_k|x'_1,x'_2,\cdots,x'_k)}\right] \tag{3-118}$$

对于其他参数有等价的候选者分配和接受概率参数。每个参数的分布可以并且通常是不同的。例如，我们使用具有不同方差的高斯候选分布。

在更新状态之前生成所有参数的值是不正确的，因为通过简单地结合单独生成的值所生成的状态不能满足详细平衡，即使每个独立的值满足。这样生成的马尔可夫链不能保证收敛于 $\pi(x_1,\cdots,x_k)$。正确的方法是在生成另一个偏差之前，立即用新的值取代旧的参数。因此，在马尔可夫链中，在 $s^{(j)}=(u_1^{(j)},u_2^{(j)},\cdots,u_k^{(j)})$之后生成下一个状态的过程如下。

1. 从$(u_2^{(j)},\cdots,u_k^{(j)})$为第一维对生成候选 $u_{1c}^{(j+1)}$，从 $q_1(u_{1c}^{(j+1)},u_2^{(j)},\cdots,u_k^{(j)}|u_1^{(j)},u_2^{(j)},\cdots,u_k^{(j)})$并用等式 3-118 计算接受概率 $\alpha_1(u_{1c}^{(j+1)},u_2^{(j)},\cdots,u_k^{(j)}|u_1^{(j)},u_2^{(j)},\cdots,u_k^{(j)})$。产生一个在 0 和 1 之间的均匀随机变量 v。如果 $v<\alpha_1$，接受候选者，并设置 $u_1^{(j+1)}=u_{1c}^{(j+1)}$，否则设置 $u_1^{(j+1)}=u_1^{(j)}$。

2. 状态$(u_1^{(j+1)}, u_2^{(j)}, \cdots, u_k^{(j)})$是马尔可夫链中的有效状态，因为它的方式产生了保存的详细平衡。因此，这种中间状态可以是用于为第二个参数生成有效的偏差。生成候选者$u_{2c}^{(j+1)}$从$q_2(u_1^{(j+1)}, u_{2c}^{(j+1)}, \cdots, u_k^{(j)} | u_1^{(j+1)}, u_2^{(j)}, \cdots, u_k^{(j)})$并接受$a$可能性为

$$\alpha_2 = \min\left[1, \frac{\pi(u_1^{(j+1)}, u_{2c}^{(j+1)}, \cdots, u_k^{(j)})}{\pi(u_1^{(j+1)}, u_2^{(j)}, \cdots, u_k^{(j)})} \frac{q_2(u_1^{(j+1)}, u_2^{(j)}, \cdots, u_k^{(j)} | u_1^{(j+1)}, u_{2c}^{(j+1)}, \cdots, u_k^{(j)})}{q_2(u_1^{(j+1)}, u_{2c}^{(j+1)}, \cdots, u_k^{(j)} | u_1^{(j+1)}, u_2^{(j)}, \cdots, u_k^{(j)})}\right] \tag{3-119}$$

产生0和1之间的均匀偏差v。如果$v < \alpha_2$，设$u_2^{(j+1)} = u_{2c}^{(j+1)}$。否则，设置$u_2^{(j+1)} = u_2^{(j)}$。

3. 状态$(u_1^{(j+1)}, u_2^{(j+1)}, \cdots, u_k^{(j)})$是一个有效的状态，因为它产生的方式满足详细平衡。从这个状态生成$u_3^{(j+1)}$。继续这样做剩余参数，始终立即使用新的偏差来生成其他参数的偏差。

在这个过程结束时，有$s^{(j+1)} = (u_1^{(j+1)}, u_2^{(j+1)}, \cdots, u_k^{(j+1)})$。由于在生成$s^{(j+1)}$的每个步骤都执行详细平衡，所以整个状态满足详细平衡。可以看出，在各种条件下，以这种方式产生的马尔可夫链都是的遍历。当然，如果边际分布都大于0，那么它就是遍历的。马尔可夫链将因此收敛于$\pi(x_1, \cdots, x_k)$。一个必须通过足够多的状态来确保链条从分布中使用采样状态之前已经收敛。如果$s^{(0)}$是从$\pi(x_1, \cdots, x_k)$大的区域中选择的，收敛可能会很快。

我们必须计算链中足够多的状态以充分采样分布。如果具有广泛分离的峰值，可以用许多样品来充分采样分布。此外，从一系列单参数概率分布中，每次生成一个参数的偏差，可以描述为参数马尔可夫链的过程。如果$\pi(x_1, \cdots, x_k)$中的任何参数都是强相关的，马尔可夫链可能需要非常长的时间来完全采样$\pi(x_1, \cdots, x_k)$。例如，考虑一个分布在沿$x_1 \approx x_2$对齐的长窄脊上大。Metropolis-Hastings算法样品首先沿x_1，然后沿x_2，并且可以采取许多步骤来完全采样山脊，即使马尔可夫链已经收敛。在这样的情况下，旋转可能是有用的坐标系使得一个坐标轴位于脊线的方向，去除相关性。

3.5.3 吉布斯采样器

吉布斯采样器是Metropolis-Hastings算法的特例。它有两个区别特征。首先，转移概率和候选分布被设置为等于目标概率分布(见等式3-96)：

$$q(x_1, \cdots, x_k | x'_1, \cdots, x'_k) = t(x_1, \cdots, x_k | x'_1, \cdots, x'_k) = \pi(x_1, \cdots, x_k) \tag{3-120}$$

由于每个候选者现在直接从$\pi(x_1, \cdots, x_k)$中得到，所以每个候选者都可以接受，并且不需要计算$\alpha(x_1, \cdots, x_k | x'_1, \cdots, x'_k)$或通过接受拒绝步骤。此外，由于马尔可夫链没有记忆，链开始已经收敛到$\pi(x_1, \cdots, x_k)$。的确，链只是一系列样品$\pi(x_1, \cdots, x_k)$，这当然是MC-MC采样的目标。

与标准Metropolis-Hastings算法一样，马尔可夫链中的下一个状态是一次生成一个参数。吉布斯采样器的第二个特征是个体参数的条件分布，

$$t_1 = t_1(x_1 | x'_2, x'_3, \cdots, x'_k) \tag{3-121}$$

$$t_2 = t_2(x_2 | x'_1, x'_3, \cdots, x'_k) \tag{3-122}$$

$$\vdots$$

$$t_k = t_k(x_k | x'_1, x'_2, x'_3, \cdots, x'_{k-1}) \tag{3-123}$$

直接由$\pi(x_1, \cdots, x_k)$构成。例如，第一个条件分布参数是

$$t_1(x_1 | x'_2, \cdots, x'_k) = \frac{\pi(x_1, x'_2, \cdots, x'_k)}{\int_{x_1} \pi(x_1, x'_2, \cdots, x'_k) dx_1} \tag{3-124}$$

等式 3-124 的含义是除 x_1 以外的所有参数保持固定，将 $\pi(x_1,\cdots,x_k)$变为 x_1 的一维概率分布。下一个 x_1 值从该分布生成。分母的积分使 t_1 标准化。与等式 3-124 相似的表达式适用于其余参数。除了一个参数固定在以前的数值，对于其他参数，条件分布是 $\pi(x_1,\cdots,x_k)$本身。注意，$\pi(x_1,\cdots,x_k)$本身不需要标准化。

使用 t_1 生成下一个值时，会自动保留详细平衡 x_1。要看到这一点，请注意

$$\pi(x'_1,x'_2,\cdots,x'_k)t_1(x_1\mid x'_2,\cdots,x'_k)=\pi(x'_1,x'_2,\cdots,x'_k)\frac{\pi(x_1,x'_2,\cdots,x'_k)}{\int_{x_1}\pi(x_1,x'_2,\cdots,x'_k)dx_1} \tag{3-125}$$

和

$$\pi(x_1,x'_2,\cdots x'_k)t_1(x'_1\mid x'_2,\cdots,x'_k)=\pi(x_1,x'_2,\cdots,x'_k)\frac{\pi(x'_1,x'_2,\cdots,x'_k)}{\int_{x'_1}\pi(x'_1,x'_2,\cdots,x'_k)dx'_1} \tag{3-126}$$

方程 3-125 和 3-126 中的积分是相同的，所以我们有

$$\pi(x'_1,x'_2,\cdots,x'_k)t_1(x_1\mid x'_2,\cdots,x'_k)=\pi(x_1,x'_2,\cdots,x'_k)t_1(x'_1\mid x'_2,\cdots,x'_k) \tag{3-127}$$

和详细平衡。事实上，由于在方程 3-125 和 3-126 里正规化因素是相同的，详细平衡条件没有它们也成立，所以并不真正需要它们。因此，条件分布不需要正规化，我们可以简单应用

$$t_1(x_1\mid x'_2,\cdots,x'_k)=\pi(x_1,x'_2,\cdots,x'_k) \tag{3-128}$$

在标准 Metropolis-Hastings 算法中，$s^{(j)}$ 之后，为了得到马尔可夫链的下一步状态，从 t_1 中生成 $u_1^{(j+1)}$，然后立刻使用 $u_1^{(j+1)}$，从 t_2 中生成 $u_2^{(j+1)}$，依次循环。所有参数的一个完整的循环产生 $S^{(j+1)}$。因为每个中间状态保留了详细的平衡状态，并且每一个中间状态都是来自 $\pi(x_1,\cdots,x_k)$的有效样本，因此最终结果 $s^{(j+1)}$ 也是有效的样本。直觉认为初始状态的选择 $s^{(0)}$ 是不相关的，因为所有状态都是从 $\pi(x_1,\cdots,x_k)$生成的，并不需要“引入”马尔可夫链。然而，如果 $s^{(0)}$ 的发生概率很低，马尔可夫链可能需要很长，才能产生足够的具有高概率的补偿状态。因此，初始状态应该选择具有很高的发生概率。

吉布斯采样器的效率在很大程度上取决于从各个参数的条件分布生成偏差的速度。如果从所有的 t_i 可以有效地生成偏差，则吉布斯采样器是生成相应的马尔可夫链的一种很好方法。如果产生偏差是耗时的 i，吉布斯采样器的可观优势可能会丢失。

以下示例显示了吉布斯采样器如何用于从贝叶斯分析中经常出现的双参数分布生成样本。

示例：我们经常想到高斯分布

$$f(x)\propto\sigma^{-1}\exp\left[-\frac{1}{2}\frac{(x-\mu)^2}{\sigma^2}\right]$$

作为获得 x 的概率。可变参数为 x，而均值 μ 方差 σ^2 是常数。如果反过来，我们取 x 为常数，并使 μ 和 σ^2 为可变参数，这成为 μ 和 σ^2 的两维参数分布：

$$f(\mu,\sigma^2)\propto\sigma^{-1}\exp\left[-\frac{1}{2}\frac{(x-\mu)^2}{\sigma^2}\right]$$

现在假设这两个参数分布中的 n 个已经被乘到一起。为了避免不必要的复杂性，我们假设分布具有相同的 μ 和 σ^2，但 x 的值不同。乘积的分布为

$$\pi(\mu,\sigma^2) \propto \sigma^{-n}\exp\left[-\frac{1}{2}\frac{\sum(x_i-\mu)^2}{\sigma^2}\right]$$

其中 x_i 是 x 的 n 个值。

假设我们希望使用吉布斯采样器从这种分布产生偏差。偏差是 (u_μ, u_{σ^2})，所以吉布斯采样器需要两个条件分布，一个用于 μ，一个用于 σ^2。σ^2 的条件分布是

$$t_1(\sigma^2\mid\mu) \propto \sigma^{-n}\exp\left[-\frac{1}{2}\frac{\sum(x_i-\mu)^2}{\sigma^2}\right]$$

然而，从这种分布中生成随机变化是很困难，所以我们把独立参数从 σ^2 变到 $\chi^2=\sum(x_i-\mu)^2/\sigma^2$。当 μ 保持恒定时，$\sigma^2\propto 1/\chi^2$ 和 $d\sigma^2\propto d\chi^2/(\chi^2)^2$。$\chi^2$ 的条件分布变为

$$t_1(\chi^2\mid\mu)\propto(\chi^2)^{n/2-2}\exp[-\chi^2/2]$$

这是 $n-1$ 自由度的标准 χ^2 分布。很容易获得 χ^2 分布的有效随机数生成器。

μ 的条件概率分布为

$$t_2(\mu\mid\sigma^2) \propto \exp\left[-\frac{1}{2}\frac{\sum(x_i-\mu)^2}{\sigma^2}\right]$$

再次注意，出现这种分布形式的偏差是不方便的。从附录C的C.2节可以得到 n 个高斯分布的乘积可被重写为单个高斯分布，所以 t_2 可以转换为

$$t_2(\mu\mid\sigma^2)\propto\exp\left[-\frac{1}{2}\frac{(\bar{x}-\mu)^2}{\sigma^2/n}\right]$$

其中

$$\bar{x}=\frac{1}{n}\sum x_i$$

高斯分布的有效随机数生成器也很容易得到。

我们现在准备使用吉布斯采样器。在一个马尔可夫链中给定状态 $s^{(j)}=(u_\mu^{(j)}, u_{\sigma^2}^{(j)})$，我们希望生成 $s^{(j+1)}$。要实现这个，

1. 从 $t_1(u_{\chi^2}^{(j+1)}\mid u_\mu^{(j)})$ 生成 $u_{\chi^2}^{(j+1)}$，其中 t_1 是 $n-1$ 自由度的 χ^2 分布。

从以下公式计算 $u_{\sigma^2}^{(j+1)}$

$$u_{\sigma^2}^{(j+1)}=\frac{\sum(x_i-u_\mu^{(j)})^2}{u_{\chi^2}^{(j+1)}}$$

2. 从 $t_2(u_\mu^{(j+1)}\mid u_{\sigma^2}^{(j+1)})$ 生成 $u^{(j+1)}$，其中在第一步生成 $u_{\sigma^2}^{(j+1)}$ 的过程中，当生成 $u_\mu^{(j+1)}$ 时，立即使用 μ。

吉布斯采样器对这个问题的效用取决于如何找到一个简单的生成 μ 和 χ^2 随机偏差的条件概率分布。

第 4 章
频率统计学基础

4.1　频率统计学简介

这一章我们开始讨论标准统计学，有时也叫作*频率论统计学*，用于与贝叶斯统计学区分。为了理解它的基本假设，让我们回到第 1 章开始(等式 1-1)给出的概率定义。假设事件 A 可以在等可能的 n 种情形中的 k 种里发生，那么，A 发生的概率就可以定义为：

$$P(A)=\frac{k}{n} \tag{4-1}$$

因为这种概率的计算并没有以实验或数据为依据，它有时被叫作先验概率。为统计概率采用类似的定义是诱人的：如果事件 A 在 n 次试验中被观测到发生了 k 次，那么 A 发生的概率是 k/n。但这个定义是不恰当的。如果我们实施一系列的独立实验，每个实验都包含 n 次试验，我们通常会在各个实验里观测到不同的 k 值，也就意味着不同的概率。我们需要一个能辨识单个实验概率的定义，并且它不同于真实的概率。

把概率定义更改为当 n 趋于无穷大时 k/n 的极限：

$$P(A)=\lim_{n\to\infty}\frac{k}{n} \tag{4-2}$$

这个定义有两个关键特征。它用发生的频率(k/n 是一个频率)来标识概率，并且真实概率只在 n 趋于无穷大的极限时得到。因为这个概率是在实验后计算出来的，不需要事先知道任何信息，有时它也叫作后验概率。

等式 4-2 给出了直观上合理的结果。假如我们对一个离散量 x 进行 n 次无误差的测量，并得到测量值 $x_i, i=1,\cdots,n$。又假设另一个量 g 是 x 的一个函数，并设 $g_i=g(x_i)$。让我们估计：

$$\lim_{n\to\infty}\frac{1}{n}\sum_{i=1}^{n}g_i \tag{4-3}$$

因为 x 是离散的，所以 x_i 里会有大量的重复，因此这些样本可以被记为

$$(k_j,x_j), j=1,\cdots,m \tag{4-4}$$

这里 k_j 是 x_j 重复出现的次数，而 m 是这些独一无二的 x_j 值的个数。利用这些重复的值以及等式(4-2)，我们得到：

$$\lim_{n\to\infty}\frac{1}{n}\sum_{i=1}^{n}g_i=\lim_{n\to\infty}\frac{1}{n}\sum_{j=1}^{m}k_jg_j=\sum_{j=1}^{m}\left[\lim_{n\to\infty}\frac{k_j}{n}\right]g_j=\sum_{j=1}^{m}g_jP(x_j)=\langle g\rangle \tag{4-5}$$

可以看到这里倒数第二项代表 g 的平均值(参见等式 1-69)。简而言之我们有

$$\lim_{n\to\infty}\frac{1}{n}\sum_{i=1}^{n}g_i=\langle g\rangle \tag{4-6}$$

更进一步，这可以推广到连续量：

$$\lim_{n\to\infty}\frac{1}{n}\sum_{i=1}^{n}g_i=\int_{-\infty}^{\infty}g(x)f(x)dx=\langle g\rangle \tag{4-7}$$

这里 $f(x)$是 x 的连续概率分布。等式 4-6 和 4-7 表明在那个极限式中，当 n 趋于无穷大，量 $(1/n)\sum_{i=1}^{n}g_i$ 的确是 g 的真实平均值。假如，g_i 被简单地设为数值 $g_i=x_i$，那么我们就得到了令人高兴的(也是希望的)结果：

$$\lim_{n\to\infty}\frac{1}{n}\sum_{i=1}^{n}x_i=\langle x\rangle \tag{4-8}$$

等式 4-2 并不是显然正确的。数学家可能称它为公理，而实验科学家可能称它为观测到的自然性质，但他们都不能证明它的合理性。事实上，它甚至不能在实践中直接应用，因为人们永远不可能得到真正的极限(在实际实验中 n 永远不会真的趋于无穷大)。这是频率论统计学根基上的一个重大弱点，它同时也引出这样的疑问：当 n 有限时，k/n 以及数值 $(1/n)\sum_{i=1}^{n}g_i$ 到底代表了什么？频率论统计学的大部分内容都致力于回答这个问题。

4.2 节～4.4 节将推导数据集合平均值与方差的标准表达式，先从未加权的数据开始，再到有不相关测量误差的数据，最后是有相关测量误差的数据。估计的方差本身可能也有很大的误差，4.5 节将介绍怎样估计这些误差。最后，4.6 节和 4.7 节将介绍主成分分析以及假设检验中的一类——柯尔莫诺夫-斯米尔诺夫检验。

4.2　未加权数据的均值与方差

如图 4-1 的上半部分所示，假设 x 的概率分布函数为 $f(x)$，并且那 n 个样本(测量!) x_i 取自这一分布。我们想要用这些测量来估计均值 $\mu=\langle x\rangle$及方差 $\sigma_x^2=\langle(x-\mu)^2\rangle$。这两个量通常被叫作总体均值和总体方差。具体来说，假如一个樱桃园农场主希望知道他某棵樱桃树樱桃直径均值 μ 及直径大致变化范围σ_x^2。这个农场主会从这棵树的某一枝杈上抽样一些樱桃并测量它们的直径值 x_i，然后通过这些 x_i 来确定 μ 和 σ_x^2。

在实际生活中，我们永远不可能获得等式 4-8 所要求的无限多的测量，事实上，n 经常很小(农场主只会挑选一小撮樱桃)。我们不能也永远不可能计算 μ 和σ_x^2！我们被迫计算样本均值：

$$\hat{\mu}=\frac{1}{n}\sum_{i=1}^{n}x_i \tag{4-9}$$

并用它们来估计我们实际想要的量⊖。一般来讲，$\hat{\mu}\neq\mu$。那么等式 4-9 是否给出了平均意义上的正确答案呢？如果$\langle\hat{a}\rangle=\langle a\rangle$，估计量 $\hat{a}$ 被认为是变量 a 的无偏估计。那么等式 4-9 中计算出的 $\hat{\mu}$ 是不是无偏的呢？

对等式 4-9 的两边同时取平均，我们得到

⊖　我们为估计量保留了帽符。

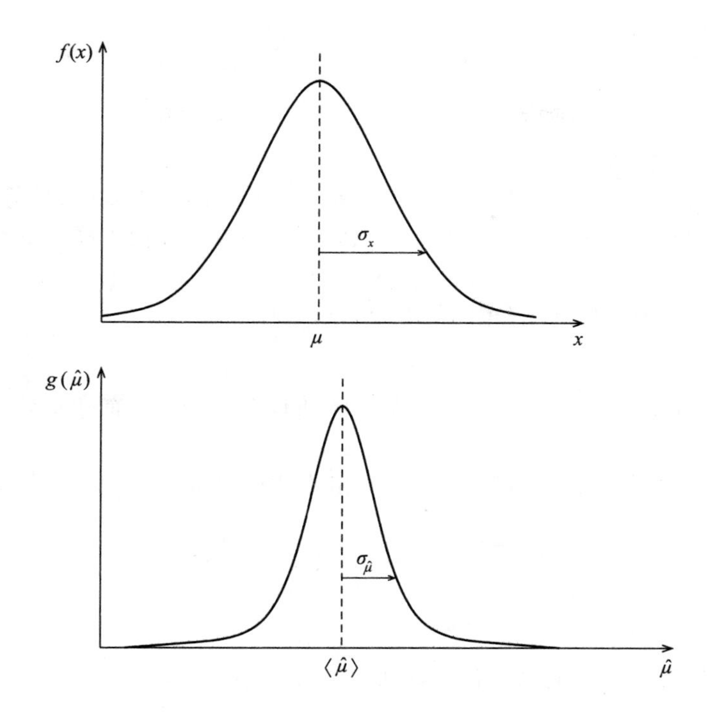

图 4-1　$f(x)$ 为 x 的概率分布函数。相应地，这个分布的均值跟方差为 μ 和 σ_x^2，通常它们也叫作总体均值与方差。假设 $\hat{\mu}$ 是由测量决定的 μ 的估计。这个估计的分布为 $g(\hat{\mu})$ 及相应的方差为 $\sigma_{\hat{\mu}}^2$，通常这个方差也叫作样本方差。如果 $\langle\hat{\mu}\rangle=\mu$，那么这个 $\hat{\mu}$ 就叫作 μ 的无偏估计。两个分布的方差一般是不同的。更进一步讲，因为原始的总体是固定的，σ_x^2 是一个常数，而 $\sigma_{\hat{\mu}}^2$ 随着测量次数的增加而减少(希望如此)

$$\langle\hat{\mu}\rangle=\left\langle\frac{1}{n}\sum_{i=1}^{n}x_i\right\rangle=\frac{1}{n}\sum_{i=1}^{n}\langle x_i\rangle=\frac{1}{n}\sum_{i=1}^{n}\langle x\rangle=\frac{1}{n}n\langle x\rangle=\langle x\rangle=\mu \tag{4-10}$$

所以 $\hat{\mu}$ 是无偏的。这可能是比开始看上去更有意义的性质。当我们讨论极大似然方法时，或者更小范围的贝叶斯统计的时候，我们遇到的估计量经常是有偏的，即使偏差量通常很小。

我们同时也想知道 $\hat{\mu}$ 与 μ 之间的差别有多大。假设我们多次测量 $\hat{\mu}$，例如，那个农场主先测量第一个枝杈上樱桃的直径，然后测量别的枝杈上的，每一个枝杈分别会产生一个直径的均值。不同 $\hat{\mu}$ 的值各不相同，并且它们一起组成了一个测量值的分布 $g(\hat{\mu})$，如图 4-1 下半部分所示。这些测量的散布由分布的宽度给出，而这个宽度可由 $\hat{\mu}$ 的方差来刻画，

$$\sigma_{\hat{\mu}}^2=\langle(\hat{\mu}-\mu)^2\rangle \tag{4-11}$$

此方差通常也叫作样本均值的方差。注意 $\sigma_{\hat{\mu}}^2$ 不是 σ_x^2，如图 4-1 所示，$\sigma_{\hat{\mu}}^2$ 刻画了测量值 μ 分布函数 $g(\hat{\mu})$ 的宽度，而 σ_x^2 刻画了原始分布函数 $f(x)$ 的宽度。就樱桃树的例子而言，σ_x^2 刻画了樱桃直径的变化范围，而 $\sigma_{\hat{\mu}}^2$ 刻画了那些测量的直径均值的精度。在等式 4-11 中代入等式 4-9 消除 $\hat{\mu}$，我们得到

$$\sigma_{\hat{\mu}}^2=\langle(\hat{\mu}-\mu)^2\rangle=\left\langle\left(\frac{1}{n}\sum_{i=1}^{n}x_i-\mu\right)^2\right\rangle=\left\langle\left(\frac{1}{n}\sum_{i=1}^{n}[x_i-\mu]\right)^2\right\rangle$$

$$= \left\langle \frac{1}{n^2}\sum_{i=1}^{n}\sum_{j=1}^{n}(x_i-\mu)(x_j-\mu)\right\rangle = \frac{1}{n^2}\sum_{i=1}^{n}\sum_{j=1}^{n}\langle (x_i-\mu)(x_j-\mu)\rangle$$

$$= \frac{1}{n^2}\sum_{i=1}^{n}\sum_{j=1}^{n}\sigma_{ij} \tag{4-12}$$

这里我们可以看到$\langle (x_i-\mu)(x_j-\mu)\rangle$其实是$x_i$和$x_j$的协方差(参见等式1-76)。在本节中，我们假设所有的测量都是独立的，所以它们之间没有任何关联。那么，对于$i\neq j$

$$\sigma_{ij} = \langle (x_i-\mu)(x_j-\mu)\rangle = \langle (x_i-\mu)(x_j-\mu)\rangle = 0 \tag{4-13}$$

我们同时也假设所有的x_i有相同的方差，所以

$$\sigma_{ii} = \langle (x_i-\mu)^2\rangle = \sigma_x^2 \tag{4-14}$$

这里σ_x^2是x的方差。等式4-13和等式4-14可以合并为一个简单形式

$$\sigma_{ij} = \sigma_x^2\delta_{ij} \tag{4-15}$$

这里δ_{ij}是克罗内克函数。如果x_i之间不相关且有相同的方差，那么等式4-12变为

$$\sigma_{\hat{\mu}}^2 = \frac{1}{n^2}\sum_{i=1}^{n}\sum_{j=1}^{n}\sigma_x^2\delta_{ij} = \frac{1}{n^2}\sum_{i=1}^{n}\sigma_x^2$$

$$= \frac{1}{n}\sigma_x^2 \tag{4-16}$$

这个重要结果带来了好消息。我们看到$\sigma_{\hat{\mu}}^2$不比σ_x^2差并且以$1/n$递减。换句话说，我们测量μ的精度以$1/\sqrt{n}$递增。

然而，我们并不知道σ_x^2！也必须从数据样本中估计它。考虑量$\hat{S}$(注意$\hat{S}$是由测量值$\hat{\mu}$而不是真实但未知的μ定义的)，

$$\hat{S} = \sum_i ({}_x i-\hat{\mu})^2 = \sum_i \left\{x_i - \frac{1}{n}\sum_j x_j\right\}^2$$

$$= \sum_i \left\{(x_i-\mu) - \frac{1}{n}\sum_j (x_j-\mu)\right\}^2$$

$$= \sum_i \left\{(x_i-\mu)^2 - \frac{2}{n}\sum_j (x_i-\mu)(x_j-\mu) + \frac{1}{n^2}\sum_j\sum_k (x_j-\mu)(x_k-\mu)\right\} \tag{4-17}$$

对$\hat{S}$取平均，注意取平均是一个线性操作，我们得到

$$\langle \hat{S}\rangle = \sum_i \left\{\langle (x_i-\mu)^2\rangle - \frac{2}{n}\sum_j \langle (x_i-\mu)(x_j-\mu)\rangle + \frac{1}{n^2}\sum_j\sum_k \langle (x_j-\mu)(x_k-\mu)\rangle\right\}$$

$$= \sum_i \left\{\sigma_x^2 - \frac{2}{n}\sum_j \sigma_{ij} + \frac{1}{n^2}\sum_j\sum_k \sigma_{jk}\right\} \tag{4-18}$$

和之前一样，我们假设x_i是不相关的，所以$\sigma_{ij}=\sigma_x^2\delta_{ij}$，等式4-18简化为

$$\langle \hat{S}\rangle = \sum_i \left\{\sigma_x^2 - \frac{2}{n}\sigma_x^2 + \frac{1}{n^2}\sum_j \sigma_x^2\right\} = \sum_i \left\{\sigma_x^2 - \frac{1}{n}\sigma_x^2\right\}$$

$$= (n-1)\sigma_x^2 \tag{4-19}$$

设$\hat{\sigma}_x^2$是σ_x^2的一个估计，从等式4-19我们得到

$$\hat{\sigma}_x^2 = \frac{1}{n-1}\hat{S} = \frac{1}{n-1}\sum_{i=1}^{n}(x_i-\hat{\mu})^2 \tag{4-20}$$

注意$\hat{\sigma}_x^2$是σ_x^2的估计，只有当n趋于无穷大的时候它才等于σ_x^2。在4.5节中我们会看到，$\hat{\sigma}_x^2$和σ_x^2的区别可能会非常大，虽然它是一个无偏估计，理由如下

$$\langle \hat{\sigma}_x^2 \rangle = \frac{1}{n-1}\langle \hat{S} \rangle = \frac{1}{n-1}(n-1)\sigma_x^2 = \sigma_x^2 \tag{4-21}$$

为什么分母是 $n-1$ 而不是 n? 在 $\hat{S}$ 定义中单个的量$(x_i-\hat{\mu})^2$ 并不是相互独立的，因为 $\hat{\mu}$ 跟每一个 x_i 都相关。用 $\hat{\mu}$ 替代 μ 使得那个差平均意义上变小了，这也导致了 $\hat{S}$ 平均意义上小于 S。$\hat{S}$ 除 $n-1$ 而不是 n 恰好补偿了这个偏差。

我们还需要一个 $\hat{\sigma}_{\hat{\mu}}^2$ 的估计，已经有了 σ_x^2的估计，再加上等式 4-16，我们得到

$$\hat{\sigma}_{\hat{\mu}}^2 = \frac{1}{n}\hat{\sigma}_x^2 = \frac{1}{n(n-1)}\sum_{i=1}^{n}(x_i-\hat{\mu})^2 \tag{4-22}$$

像之前一样，这是一个 $\hat{\sigma}_{\hat{\mu}}^2$ 的估计，而不是 $\hat{\sigma}_{\hat{\mu}}^2$ 本身，它们之间的不同可以非常大。不过它倒也是 $\hat{\sigma}_{\hat{\mu}}^2$ 的一个非偏估计，因为从等式 4-16 及 4-21 可得，

$$\langle \hat{\sigma}_{\hat{\mu}}^2 \rangle = \frac{1}{n}\langle \hat{\sigma}_x^2 \rangle = \frac{1}{n}\sigma_x^2 = \sigma_{\hat{\mu}}^2 \tag{4-23}$$

总结：如果$\{x_i\}$是一个测量的集合，并且所有测量的权重相同，那么

$$\hat{\mu} = \frac{1}{n}\sum_{i=1}^{n}x_i \tag{4-24}$$

$$\hat{\sigma}_x^2 = \frac{\hat{S}}{n-1} = \frac{\sum_i (x_i-\hat{\mu})^2}{n-1} \tag{4-25}$$

$$\hat{\sigma}_{\hat{\mu}}^2 = \frac{1}{n}\hat{\sigma}_x^2 = \frac{\hat{S}}{n(n-1)} = \frac{\sum_i (x_i-\hat{\mu})^2}{n(n-1)} \tag{4-26}$$

等式 4-24～4-26 是可以在基础统计书籍里找到的标准方程。因为它们推导的时候并没有明确指出 $f(x)$和 $g(\hat{\mu})$的形式，所以这些方程适用于任何概率分布。而 $\hat{\mu}$ 和 $\hat{\sigma}_x^2$ 用来刻画 $f(x)$的有用程度则取决于这一概率分布的性质。例如，对于有明显双峰的分布，它们都不是很好的刻画。

4.3 含有不相关测量误差的数据

假设我们有量 x 的 n 次测量(x_i,σ_i)，这里 σ_i 是 x_i 的测量误差。这里所谓测量误差的意思是，从不同的概率分布中抽取 x_i，这些分布有相同的均值但方差 σ_i^2不同。在这一节中我们假设所有的测量误差是不相关的：$\sigma_{ij}=\sigma_i^2\delta_{ij}$。注意我们在等式 4-15 里用了 σ_i^2而不是σ_x^2，因为 x_i 有不同的方差。我们希望在计算 $\hat{\mu}$ 和 $\hat{\sigma}_{\hat{\mu}}^2$ 时考虑到测量误差。

这是数据分析经常遇到的情况。例如，大麦哲伦云是银河系附近轨道上的一个小星系。我们离大麦哲伦云的距离被用十几种方法测量过，每种方法都有不同的可靠度。对每个单独的测量 x_i，它的可靠度由它的标准差 σ_i 给出，并且我们离大麦哲伦云的真实距离记为 μ。我们希望通过这些测量估计 μ。直观地，那些误差小的测量 x_i 应该对估计距离更有效，但到底该怎么组合这些测量来得到最好的估计呢？另外我们该有多相信这个估计？这一节将会提供这些问题的答案。

为了使估计的均值有意义，它必须和这些测量符合线性关系，所以我们设

$$\hat{\mu} = \sum_{i=1}^{n}a_i x_i \tag{4-27}$$

这里 a_i 是常数。我们同时也要求 $\hat{\mu}$ 是无偏的。所以

$$\langle \hat{\mu} \rangle = \mu = \left\langle \sum_{i=1}^{n} a_i x_i \right\rangle = \sum_{i=1}^{n} a_i \langle x_i \rangle = \mu \sum_{i=1}^{n} a_i \tag{4-28}$$

a_i 因此必须满足约束方程

$$\sum_{i=1}^{n} a_i = 1 \tag{4-29}$$

我们进一步要求 a_i 能给出 μ 最好的估计，使得 $\hat{\mu}$ 和 μ 的不同在由方差度量的意义下是最小的。$\hat{\mu}$ 的方差是

$$\begin{aligned}
\sigma_{\hat{\mu}}^2 &= \langle (\hat{\mu} - \mu)^2 \rangle \\
&= \left\langle \left\{ \sum_i a_i x_i - \mu \right\}^2 \right\rangle = \left\langle \left\{ \sum_i a_i x_i - \mu \sum_i a_i \right\}^2 \right\rangle = \left\langle \left\{ \sum_i a_i (x_i - \mu) \right\}^2 \right\rangle \\
&= \sum_i \sum_j a_i a_j \langle (x_i - \mu)(x_j - \mu) \rangle \\
&= \sum_i \sum_j a_i a_j \sigma_{ij} = \sum_i \sum_j a_i a_j \sigma_i^2 \delta_{ij} \\
&= \sum_i a_i^2 \sigma_i^2
\end{aligned} \tag{4-30}$$

目标是选取 a_i 的值在满足约束 $\sum_i a_i = 1$ 的条件下使得 $\sigma_{\hat{\mu}}^2$ 最小。

这是一个经典的约束条件最小化问题。它可以用拉格朗日乘数法求解(参见附录 B 关于拉格朗日乘数法的回顾)。使用附录 B 的符号表示法，我们希望选取 a_i 的值最小化

$$f = \sigma_{\hat{\mu}}^2 = \sum_i a_i^2 \sigma_i^2 \tag{4-31}$$

并且满足约束

$$g = \sum_i a_i - 1 = 0 \tag{4-32}$$

这个受约束的最小值在 f 和 g 的梯度互相平行的时候取到：

$$\nabla f = \lambda \nabla g \tag{4-33}$$

或以分量形式

$$\frac{\partial f}{\partial a_i} - \lambda \frac{\partial g}{\partial a_i} = 0 \tag{4-34}$$

这里偏导数 $\partial f / \partial a_i = 2a_i \sigma_i^2$，$\partial g / \partial a_i = 1$。所以等式 4-34 变为

$$2a_i \sigma_i^2 - \lambda = 0 \tag{4-35}$$

它的解为

$$a_i = \frac{\lambda}{2\sigma_i^2} \tag{4-36}$$

为了确定 λ，我们把这些关于 a_i 的表达式代回约束方程：

$$1 = \sum_i a_i = \sum_i \frac{\lambda}{2\sigma_i^2} = \frac{\lambda}{2} \sum_i \frac{1}{\sigma_i^2} \tag{4-37}$$

所以 λ 是

$$\lambda = \frac{2}{\sum_i (1/\sigma_i^2)} \tag{4-38}$$

最终结果是

$$a_i = \frac{1/\sigma_i^2}{\sum_i (1/\sigma_i^2)} \tag{4-39}$$

为方便起见，定义第 i 项数据的权重 w_i 为

$$w_i = \frac{1}{\sigma_i^2} \tag{4-40}$$

于是 x 的样本均值有如下简洁的形式

$$\hat{\mu} = \frac{\sum_i w_i x_i}{\sum_i w_i} \tag{4-41}$$

回到等式 4-30，我们发现样本均值的方差为

$$\begin{aligned}\sigma_{\hat{\mu}}^2 &= \langle(\hat{\mu} - \mu)^2\rangle = \sum_i a_i^2 \sigma_i^2 \\ &= \sum_i \left[\frac{1/\sigma_i^2}{\sum_j (1/\sigma_j^2)}\right]^2 \sigma_i^2 = \frac{1}{\left[\sum_j (1/\sigma_j^2)\right]^2} \sum_i (1/\sigma_i^2) = \frac{1}{\sum_j (1/\sigma_j^2)} \\ &= \frac{1}{\sum_j w_j}\end{aligned} \tag{4-42}$$

我们需要更一般化。测量误差 σ_i 经常不那么准确，因此，由它们决定的权重也不正确。这种情况在实际试验中非常普遍，我们需要知道如何处理它。如果权重 w_i 有非常严重的误差，一切结果都没有意义了，必须重做实验并且正确地测量 σ_i。不过，如果 σ_i 至少能与实际测量误差成比例，我们还是能够计算有意义的均值与方差的。让我们假设真实测量误差为

$$\langle(x_i - \mu)^2\rangle = \sigma^2 \sigma_i^2 \tag{4-43}$$

所以真实的权重为

$$\alpha_i = \frac{1}{\sigma^2 \sigma_i^2} = \frac{w_i}{\sigma^2} \tag{4-44}$$

这里 σ^2 是比例常数，有时也叫作*单位权重方差*。因为我们假设测量误差互不相关，我们也有当 $i \neq j$ 时 $\langle(x_i - \mu)(x_j - \mu)\rangle = 0$。结合等式 4-43 得到方程

$$\langle(x_i - \mu)(x_j - \mu)\rangle = \sigma^2 \sigma_i^2 \delta_{ij} \tag{4-45}$$

估计的均值不受错误权重的影响，因为

$$\hat{\mu} = \frac{\sum_i \alpha_i x_i}{\sum_i \alpha_i} = \frac{\sum_i (w_i/\sigma^2) x_i}{\sum_i (w_i/\sigma^2)} = \frac{\sum_i w_i x_i}{\sum_i w_i} \tag{4-46}$$

这和等式 4-41 完全一样。但是，样本均值的方差变为

$$\sigma_{\hat{\mu}}^2 = \frac{1}{\sum_i \alpha_i} = \frac{1}{\sum_i (w_i/\sigma^2)} = \frac{\sigma^2}{\sum_i w_i} \tag{4-47}$$

这和等式 4-42 不一样，所以方差受错误权重影响。我们需要一个估计 σ^2 和 $\sigma_{\hat{\mu}}^2$ 的方法。定义量 $\hat{S}$ 为

$$\hat{S} = \frac{\sum_i w_i (x_i - \hat{\mu})^2}{\sum_i w_i} \tag{4-48}$$

注意可以在不知道 σ^2 的情况下计算 $\hat{S}$。展开 $\hat{S}$ 并运用等式 4-46 来消除 $\hat{\mu}$，我们得到

$$\begin{aligned}
\hat{S} &= \frac{1}{\sum_i w_i} \sum_i w_i \{(x_i - \mu) - (\hat{\mu} - \mu)\}^2 \\
&= \frac{1}{\sum_i w_i} \sum_i w_i \{(x_i - \mu)^2 - 2(x_i - \mu)(\hat{\mu} - \mu) + (\hat{\mu} - \mu)^2\} \\
&= \frac{1}{\sum_i w_i} \sum_i w_i \left\{(x_i - \mu)^2 - 2(x_i - \mu)\left[\frac{1}{\sum_i w_i} \sum_j w_j (x_j - \mu)\right]\right. \\
&\qquad \left. + \left[\frac{1}{\sum_i w_i} \sum_j w_j (x_j - \mu)\right]^2\right\}
\end{aligned} \tag{4-49}$$

重新整理这个方程并对 $\hat{S}$ 取平均值，我们得到

$$\begin{aligned}
\langle \hat{S} \rangle = & \frac{1}{\sum_i w_i} \sum_i w_i \langle (x_i - \mu)^2 \rangle - 2\left(\frac{1}{\sum_i w_i}\right)^2 \sum_i \sum_j w_i w_j \langle (x_i - \mu)(x_j - \mu) \rangle \\
& + \left(\frac{1}{\sum_i w_i}\right)^3 \sum_i \sum_j \sum_k w_i w_j w_k \langle (x_j - \mu)(x_k - \mu) \rangle
\end{aligned} \tag{4-50}$$

运用等式 4-45，上面繁复的方程简化为

$$\begin{aligned}
\langle \hat{S} \rangle = & \frac{1}{\sum_i w_i} \sum_i w_i \sigma^2 \sigma_i^2 - 2\left(\frac{1}{\sum_i w_i}\right)^2 \sum_i \sum_j w_i w_j \sigma^2 \sigma_i^2 \delta_{ij} \\
& + \left(\frac{1}{\sum_i w_i}\right)^3 \sum_i \sum_j \sum_k w_i w_j w_k \sigma^2 \sigma_k^2 \delta_{jk} \\
= & \frac{1}{\sum_i w_i} \sum_i \sigma^2 - 2\left(\frac{1}{\sum_i w_i}\right)^2 \sum_i w_i \sigma^2 + \left(\frac{1}{\sum_i w_i}\right)^3 \sum_i \sum_j w_i w_j \sigma^2 \\
= & \frac{\sigma^2}{\sum_i w_i} \sum_i 1 - 2\sigma^2 \left(\frac{1}{\sum_i w_i}\right)^2 \left(\sum_i w_i\right) + \sigma^2 \left(\frac{1}{\sum_i w_i}\right)^3 \left(\sum_j w_i\right)^2 \\
= & \frac{1}{\sum_i w_i} (n - 1) \sigma^2
\end{aligned} \tag{4-51}$$

基于这一结果，我们可以估计单位权重方差

$$\hat{\sigma}^2 = \left(\frac{1}{n-1} \sum_i w_i\right) \hat{S} = \frac{1}{n-1} \sum_i w_i (x_i - \hat{\mu})^2 \tag{4-52}$$

最后基于等式 4-47，我们可以估计 $\hat{\mu}$ 的方差

$$\hat{\sigma}_{\hat{\mu}}^2 = \frac{\hat{\sigma}^2}{\sum_i w_i} = \frac{1}{n-1} \frac{\sum_i w_i (x_i - \hat{\mu})^2}{\sum_j w_j} \tag{4-53}$$

这是一个 $\sigma_{\hat{\mu}}^2$ 的一个无偏估计，因为由等式 4-51 和等式 4-47 推导出

$$\langle \hat{\sigma}_{\hat{\mu}}^2 \rangle = \frac{1}{n-1} \left\langle \frac{\sum_i w_i (x_i - \hat{\mu})^2}{\sum_j w_j} \right\rangle = \frac{1}{n-1} \langle \hat{S} \rangle = \frac{\sigma^2}{\sum_i w_i} = \sigma_{\hat{\mu}}^2 \tag{4-54}$$

总结： 给定一个测量的集合 $\{x_i\}, i=1, \cdots, n$，以及不相关的测量误差 σ_i，$\langle x \rangle$ 的最佳估计为

$$\hat{\mu} = \frac{\sum_i w_i x_i}{\sum_i w_i} \tag{4-55}$$

这里权重 w_i 是

$$w_i = \frac{1}{\sigma_i^2} \tag{4-56}$$

当且仅当测量误差 σ_i 正确的时候，估计的方差为

$$\sigma_{\hat{\mu}}^2 = \frac{1}{\sum_j w_j} \tag{4-57}$$

但当 σ_i 只是与测量误差成比例(或接近于成比例)，估计的方差为

$$\hat{\sigma}_{\hat{\mu}}^2 = \frac{1}{n-1} \frac{\sum_i w_i (x_i - \hat{\mu})^2}{\sum_j w_j} \tag{4-58}$$

通常不需要明确写出单位权重的方差，但如果需要，它可以估计为

$$\hat{\sigma}^2 = \frac{1}{n-1} \sum_i w_i (x_i - \hat{\mu})^2 \tag{4-59}$$

等式 4-55～4-59 是基础统计书籍里出现的标准方程。因为它们不依赖于 x_i 和 σ_i 的概率分布，它们用于任何概率分布都是正确的。更进一步，我们现在有了将方差倒数作为权重的理由，因为这些权重能给出最可靠的 $\hat{\mu}$ 值使得它的方差最小化。

4.4　有相关测量误差的数据

我们现在推广到有相关测量误差的数据。假设数据含有 n 个量 x 的测量 x_i，并有一个 $n \times n$ 数组的测量误差 σ_{ij}，这里 σ_{ij} 是测量 x_i 和 x_j 时误差的协方差：

$$\sigma_{ij} = \langle (x_i - \mu)(x_j - \mu) \rangle \tag{4-60}$$

我们不再假设 σ_{ij} 等于 0，但注意，我们假设 $\sigma_{ij} = \sigma_{ji}$。含有相关误差的数据很常见，特别是在数据序列中。例如，一个天文学家可能通过对 10 个单独的快速相继亮度测量取平均来提高对一颗恒星亮度估计的精度。一些单独测量里的误差是由于大气环境(厚云层、闪烁)或实验设备(镜头上的灰尘)引起的。这些误差也随着时间改变，但通常很慢。因此，如果一个测量错误地给出一颗恒星很高的亮度，那么前一个及后一个测量很有可能也会给出错误的高亮度。相关的误差很大程度上增加了从数据中获取有意义信息的难度。如果一

片云正好在这10次测量时从上面飘过，恒星亮度估计的精度不会因为对10次测量取平均而增加！

我们希望估计 μ。我们用与不相关数据大致相同的方法(4.3节)来处理。为了使均值有意义，它必须和测量保持线性关系，所以我们要求

$$\hat{\mu} = \sum_{i=1}^{n} a_i x_i \tag{4-61}$$

这里 a_i 是常数，我们还要求 $\hat{\mu}$ 是无偏的：

$$\langle \hat{\mu} \rangle = \mu = \left\langle \sum_{i=1}^{n} a_i x_i \right\rangle = \sum_{i=1}^{n} a_i \langle x_i \rangle = \mu \sum_{i=1}^{n} a_i \tag{4-62}$$

所以 a_i 必须满足约束

$$\sum_{i=1}^{n} a_i = 1 \tag{4-63}$$

像之前一样，μ 最好的估计是那个可以使 $\hat{\mu}$ 方差最小化的。方差的表达式为

$$\begin{aligned}
\sigma_{\hat{\mu}}^2 &= \langle (\hat{\mu} - \mu)^2 \rangle \\
&= \left\langle \left\{ \sum_i a_i x_i - \mu \right\}^2 \right\rangle = \left\langle \left\{ \sum_i a_i x_i - \mu \sum_i a_i \right\}^2 \right\rangle = \left\langle \left\{ \sum_i a_i (x_i - \mu) \right\}^2 \right\rangle \\
&= \sum_i \sum_j a_i a_j \langle (x_i - \mu)(x_j - \mu) \rangle \\
&= \sum_i \sum_j a_i a_j \sigma_{ij}
\end{aligned} \tag{4-64}$$

这不能进一步简化了，因为协方差都不为零。我们的目标是选取 a_i 最小化

$$f = \sigma_{\hat{\mu}}^2 = \sum_i \sum_j a_i a_j \sigma_{ij} \tag{4-65}$$

满足约束

$$g = \sum_{i=1}^{n} a_i - 1 = 0 \tag{4-66}$$

我们用拉格朗日乘数法求解这个问题。最小值在 f 和 g 的梯度互相平行时取到：

$$\nabla f = \lambda \nabla g \tag{4-67}$$

或者以分量的形式

$$\frac{\partial f}{\partial a_i} = \lambda \frac{\partial g}{\partial a_i} \tag{4-68}$$

这些偏导数是

$$\frac{\partial f}{\partial a_i} = 2 \sum_j a_j \sigma_{ij}, \quad \frac{\partial g}{\partial a_i} = 1 \tag{4-69}$$

所以等式4-68变为

$$2 \sum_j a_j \sigma_{ij} = \lambda \tag{4-70}$$

我们看到这是一个矩阵方程

$$2\mathbf{C}\mathbf{a} = \boldsymbol{\lambda} \tag{4-71}$$

这里 $\mathbf{C}$、$\mathbf{a}$ 和 $\boldsymbol{\lambda}$ 是

$$
\boldsymbol{C}=\begin{pmatrix}\sigma_{11} & \sigma_{12} & \cdots & \sigma_{1n}\\ \sigma_{21} & \sigma_{22} & \cdots & \sigma_{2n}\\ \vdots & \vdots & & \vdots\\ \sigma_{n1} & \sigma_{n2} & \cdots & \sigma_{nn}\end{pmatrix},\quad \boldsymbol{a}=\begin{pmatrix}a_1\\ a_2\\ \vdots\\ a_n\end{pmatrix},\quad \boldsymbol{\lambda}=\begin{pmatrix}\lambda\\ \lambda\\ \vdots\\ \lambda\end{pmatrix} \tag{4-72}
$$

这里矩阵 $\boldsymbol{C}$ 是观测到的协方差矩阵。等式 4-71 的解是

$$
\boldsymbol{a}=\frac{1}{2}\boldsymbol{C}^{-1}\boldsymbol{\lambda} \tag{4-73}
$$

这里协方差矩阵的逆是权重矩阵：

$$
\boldsymbol{W}=\begin{pmatrix}w_{11} & w_{12} & \cdots & w_{1n}\\ w_{21} & w_{22} & \cdots & w_{2n}\\ \vdots & \vdots & & \vdots\\ w_{n1} & w_{n2} & \cdots & w_{nn}\end{pmatrix}=\boldsymbol{C}^{-1} \tag{4-74}
$$

用权重的形式写，等式 4-73 变为

$$
\boldsymbol{a}=\frac{1}{2}\boldsymbol{W}\boldsymbol{\lambda} \tag{4-75}
$$

写成分量形式是

$$
a_i=\frac{\lambda}{2}(w_{i1}+w_{i2}+\cdots+w_{in})=\frac{\lambda}{2}\sum_j w_{ij} \tag{4-76}
$$

把这些关于 a_i 的表达式代回约束方程，我们发现

$$
1=\sum_i a_i=\frac{\lambda}{2}\sum_i\sum_j w_{ij} \tag{4-77}
$$

这给出了一个由权重表出的 λ 的表达式：

$$
\lambda=\frac{2}{\sum_i\sum_j w_{ij}} \tag{4-78}
$$

用这个表达式消去等式 4-76 中的 λ，我们得到 a_i 的解：

$$
a_i=\frac{\sum_j w_{ij}}{\sum_i\sum_j w_{ij}} \tag{4-79}
$$

把这些 a_i 代回关于 $\hat{\mu}$ 的原始方程(等式 4-61)，我们得到想要的关于均值估计的表达式：

$$
\hat{\mu}=\sum_i a_i x_i=\frac{\sum_i\sum_j w_{ij}x_i}{\sum_i\sum_j w_{ij}} \tag{4-80}
$$

均值估计的方差变为

$$
\sigma_{\hat{\mu}}^2=\sum_i\sum_j a_i a_j\sigma_{ij}=\left(\sum_\rho\sum_\sigma w_{\rho\sigma}\right)^{-2}\sum_i\sum_j\left(\sum_k w_{ik}\right)\left(\sum_\ell w_{j\ell}\right)\sigma_{ij} \tag{4-81}
$$

可以轻易地简化这个令人印象深刻的方程。重新安排这些求和的顺序，我们有

$$
\sigma_{\hat{\mu}}^2=\left(\sum_\rho\sum_\sigma w_{\rho\sigma}\right)^{-2}\sum_i\sum_\ell\left(\sum_k w_{ik}\right)\left(\sum_j w_{j\ell}\sigma_{ij}\right) \tag{4-82}
$$

因为 σ_{ij} 和 $w_{j\ell}$ 是对称的，$\sum_j w_{j\ell}\sigma_{ij}$ 是写成分量形式的矩阵 $\boldsymbol{W}$ 和矩阵 $\boldsymbol{C}$ 的乘积。因为它

们是互逆矩阵，$\sum_j w_{j\ell}\sigma_{ij} = \delta_{i\ell}$，并且均值估计的方差变为

$$\sigma_{\hat{\mu}}^2 = \left(\sum_\rho \sum_\sigma w_{\rho\sigma}\right)^{-2} \sum_i \sum_\ell \left(\sum_k w_{ik}\right)\delta_{i\ell} \tag{4-83}$$

再一次变换求和的顺序并去掉不必要的括号，我们得到想要的均值估计的方差：

$$\begin{aligned}\sigma_{\hat{\mu}}^2 &= \left(\sum_\rho \sum_\sigma w_{\rho\sigma}\right)^{-2} \sum_k \sum_\ell \sum_i w_{ik}\delta_{i\ell} = \left(\sum_\rho \sum_\sigma w_{\rho\sigma}\right)^{-2} \sum_k \sum_\ell w_{\ell k} \\ &= \left(\sum_\rho \sum_\sigma w_{\rho\sigma}\right)^{-1}\end{aligned} \tag{4-84}$$

注意，等式4-80和等式4-84的确可以还原之前不相关测量误差的结果，因为如果$\sigma_{ij}=0$，协方差矩阵变为

$$\boldsymbol{C} = \begin{pmatrix} \sigma_{11} & 0 & \cdots & 0 \\ 0 & \sigma_{22} & \cdots & 0 \\ \vdots & \vdots & & \vdots \\ 0 & 0 & \cdots & \sigma_{nn} \end{pmatrix} \tag{4-85}$$

权重矩阵变为

$$\boldsymbol{W} = \boldsymbol{C}^{-1} = \begin{pmatrix} 1/\sigma_{11} & 0 & \cdots & 0 \\ 0 & 1/\sigma_{22} & \cdots & 0 \\ \vdots & \vdots & & \vdots \\ 0 & 0 & \cdots & 1/\sigma_{nn} \end{pmatrix} \tag{4-86}$$

写成分量形式，权重为

$$w_{ij} = \frac{1}{\sigma_{ij}}\delta_{ij} = \frac{1}{\sigma_i^2}\delta_{ij} \tag{4-87}$$

所以等式4-80变为

$$\hat{\mu} = \frac{\sum_i \sum_j (1/\sigma_i^2)\delta_{ij} x_i}{\sum_i \sum_j (1/\sigma_i^2)\delta_{ij}} = \frac{\sum_i (1/\sigma_i^2) x_i}{\sum_i (1/\sigma_i^2)} = \frac{\sum_i w_i x_i}{\sum_i w_i} \tag{4-88}$$

并且等式4-84还原为$\sigma_{\hat{\mu}}^2 = 1/\sum_i w_i$。

到这个阶段，有人可能会提出找到一个关于$\hat{\sigma}_{\hat{\mu}}^2$的方程是有意义的，就像我们在处理含有互不相关误差数据时一样。然而，我们将把关于这一问题的讨论合并到第5章对线性最小二乘估计的讨论中去。在那里，$\hat{\mu}$的计算可以看作是一个含有相关测量误差数据的单参数最小二乘拟合。那时$\hat{\sigma}_{\hat{\mu}}^2$将是1×1协方差估计矩阵的单一项。

总结：给定量x的n个测量x_i，以及相关的测量误差σ_{ij}，那么x均值的估计是

$$\hat{\mu} = \frac{\sum_i \sum_j w_{ij} x_i}{\sum_i \sum_j w_{ij}} \tag{4-89}$$

并且估计均值的方差为

$$\sigma_{\hat{\mu}}^2 = \left(\sum_\rho \sum_\sigma w_{\rho\sigma}\right)^{-1} \tag{4-90}$$

w_{ij}是权重矩阵$\boldsymbol{W}$的分量，$\boldsymbol{W}$同时也是测量误差协方差矩阵的逆：

$$W = C^{-1} = \begin{pmatrix} \sigma_{11} & \sigma_{12} & \cdots & \sigma_{1n} \\ \sigma_{21} & \sigma_{22} & \cdots & \sigma_{2n} \\ \vdots & \vdots & & \vdots \\ \sigma_{n1} & \sigma_{n2} & \cdots & \sigma_{nn} \end{pmatrix}^{-1} \tag{4-91}$$

因为我们从未指定抽样 x_i 概率分布的形式，这些表达式就像之前两节所推导的关于估计均值及方差的表达式一样，也和底层的分布无关。

4.5　方差的方差和学生 t 分布

假设我们进行了一个实验并获得了量 x 的 n 个测量 x_i，由此我们推导了未知概率分布 $f(x)$ 相应的均值及标准差估计 $\hat{\mu}$ 及 $\hat{\sigma}_x^2$。我们想知道这些测量值和真实值 μ 及 σ_x^2 到底差多少。那也可以是我们重复了几次相同的实验，每次实验产生不同的 $\hat{\mu}$ 及 $\hat{\sigma}_x^2$，我们希望知道它们之间是不是有显著的差别。

在这一节中，我们先计算 $\hat{\sigma}_x^2$ 的方差——方差的方差，记作 $\sigma_{\hat{\sigma}_x^2}^2$，并且展示测量的方差有很高的不确定性。我们将得到 $\hat{\sigma}_x^2$ 符合自由度为 $n-1$ 的 χ^2 分布。如果已知原始的分布 $f(x)$ 是一个高斯分布，又或者在中心极限定理能起作用的情况，$\hat{\mu}$ 和 μ 的不同满足高斯分布，我们有可能推导出一个用测量值 $\hat{\sigma}_{\hat{\mu}}^2$ 代替未知值 σ_x^2 表现出的分布的解析表达式。这个分布叫作学生 t 分布。在 4.5.2 节我们将推导学生 t 分布。

4.5.1　方差的方差

我们从仔细观察 $\hat{S}$ 开始方差的方差计算。第一眼看上去，量

$$\frac{1}{\sigma_x^2}\hat{S} = \sum_{i=1}^{n} \frac{(x_i - \hat{\mu})^2}{\sigma_x^2} \tag{4-92}$$

像一个 χ_n^2 变量并且必须服从 χ_n^2 分布，因为它是 n 个残差的总和。但是，这些和的单独分量并不是独立的，因为 $\hat{\mu}$ 和 x_i 相关。要想成为一个 χ_n^2 分布，这个和式的分量必须互相独立。为了克服这个问题，我们将量 $(x_i-\hat{\mu})$ 转化为另一个互相独立的变量集合 y_i。

我们要求 x_i 到 y_i 的变换必须是一个线性变换

$$y_i = \sum_{j=1}^{n} M_{ij} x_j \tag{4-93}$$

并且等长

$$\sum_{i=1}^{n} y_i^2 = \sum_{i=1}^{n} x_i^2 \tag{4-94}$$

用线性代数的语言来讲，M_{ij} 是一个正交矩阵。一个正交矩阵的逆阵等于它的转置（参见附录 E 中等式 E.137 下面的讨论），那么

$$\sum_{k=1}^{n} M_{ik} M_{jk} = \delta_{ij} \tag{4-95}$$

我们指定

$$y_1 = \frac{1}{\sqrt{n}}(x_1 + x_2 + \cdots + x_n) = \frac{1}{\sqrt{n}}\sum_{i=1}^{n} x_1 = \sqrt{n}\hat{\mu} \tag{4-96}$$

这意味着

$$M_{1j} = \frac{1}{\sqrt{n}} \tag{4-97}$$

我们还指定剩下的 y_i 均值为零：

$$\langle y_i \rangle = 0 = \left\langle \sum_{j=1}^{n} M_{ij} x_j \right\rangle = \sum_{j=1}^{n} M_{ij} \langle x_j \rangle = \mu \sum_{j=1}^{n} M_{ij}, i \geqslant 2 \tag{4-98}$$

这意味着

$$\sum_{j=1}^{n} M_{ij} = 0, i \geqslant 2 \tag{4-99}$$

对于 $n>2$，我们总是可以发现一个线性变换使得它满足等式 4-94～4-99。为了达到目的，我们不需要完全规定这一变换。

我们还需要 y_i 的方差，先计算 $i \geqslant 2$ 时的 $\sigma_{y_i}^2$，然后再单独计算 $\sigma_{y_1}^2$。从 $\sigma_{y_i}^2$ 的定义出发，我们有 $i \geqslant 2$

$$\begin{aligned}
\sigma_{y_i}^2 &= \langle (y_i - \langle y_i \rangle)^2 \rangle = \langle y_i^2 \rangle = \left\langle \left(\sum_{j=1}^{n} M_{ij} x_j \right)^2 \right\rangle \\
&= \left\langle \left[\sum_{j=1}^{n} M_{ij} (x_j - \mu) + \mu \sum_{j=1}^{n} M_{ij} \right]^2 \right\rangle \\
&= \mu^2 \sum_{j=1}^{n} \sum_{k=1}^{n} M_{ij} M_{ik} + \sum_{j=1}^{n} \sum_{k=1}^{n} M_{ij} M_{ik} \langle (x_j - \mu)(x_k - \mu) \rangle \\
&= \mu^2 \left(\sum_{j=1}^{n} M_{ij} \right)^2 + \sigma_x^2 \sum_{j=1}^{n} M_{ij} M_{ij} \\
&= \sigma_x^2, i \geqslant 2
\end{aligned} \tag{4-100}$$

这里第 4 行是从等式 4-15 导出的，而最后一行使用了等式 4-99 和等式 4-95 导出。对于 $i=1$，我们有(跳过一些步骤)

$$\begin{aligned}
\sigma_{y_1}^2 &= \langle (y_1 - \sqrt{n}\mu)^2 \rangle = \left\langle \left[\frac{1}{\sqrt{n}} \sum_{i=1}^{n} x_i - \sqrt{n}\mu \right]^2 \right\rangle = \left\langle \left[\frac{1}{\sqrt{n}} \sum_{i=1}^{n} (x_i - \mu) \right]^2 \right\rangle \\
&= \frac{1}{n} \sum_{i=1}^{n} \sum_{j=1}^{n} \langle (x_i - \mu)(x_j - \mu) \rangle = \frac{1}{n} \sum_{i=1}^{n} \sum_{j=1}^{n} \sigma_x^2 \delta_{ij} \\
&= \sigma_x^2
\end{aligned} \tag{4-101}$$

因为不论哪个 i 我们都有 $\sigma_{y_i}^2 = \sigma_x^2$，我们可以去掉下标，简单地设 $\sigma_y^2 = \sigma_x^2$。

现在我们将 $\hat{S}$ 从一个 x_i 的函数转化为一个 y_i 的函数。用等式 4-94 和等式 4-96 展开 $\hat{S}$，我们得到

$$\hat{S} = \sum_{i=1}^{n} (x_i - \hat{\mu})^2 = \sum_{i=1}^{n} x_i^2 - n\hat{\mu}^2 = \sum_{i=1}^{n} y_i^2 - y_1^2 = \sum_{i=2}^{n} y_i^2 \tag{4-102}$$

注意，这里求和是从 $i=2$ 开始，而不是 $i=1$，并且 $\hat{\mu}$ 不在其中出现。所以 $\hat{S}$ 现在是 $n-1$ 个线性独立的项的和而不是 n 个项线性相关项的和。最后，我们用 σ_x^2 除以等式 4-102，有

$$\frac{1}{\sigma_x^2} \hat{S} = \frac{1}{\sigma_x^2} \sum_{i=2}^{n} y_i^2 = \sum_{i=2}^{n} \frac{y_i^2}{\sigma_y^2} = \chi_{n-1}^2 \tag{4-103}$$

因为 y_i 是线性无关的，我们可以看到 $\hat{S}/\sigma_x^2$ 是一个有 $n-1$ 自由度而不是 n 自由度的

χ^2 变量。

从等式 4-20 我们有

$$\hat{\sigma}_x^2 = \frac{1}{n-1}\hat{S} = \frac{\sigma_x^2}{n-1}\chi_{n-1}^2 \tag{4-104}$$

方差 σ_x^2 现在可以有 χ^2 分布的方差计算(参见等式 2-114)：

$$\sigma_{\hat{\sigma}_x^2}^2 = \left(\frac{\sigma_x^2}{n-1}\right)^2 \sigma_{\chi_{n-1}^2}^2 = \left(\frac{\sigma_x^2}{n-1}\right)^2 2(n-1) = \frac{2}{n-1}(\sigma_x^2)^2 \tag{4-105}$$

并且因为 $\hat{\sigma}_{\hat{\mu}}^2 = \hat{\sigma}_x^2/n$(等式 4-22)，我们还有

$$\sigma_{\hat{\sigma}_{\hat{\mu}}^2}^2 = \frac{2}{n^2(n-1)}(\sigma_x^2)^2 \tag{4-106}$$

为了得到 $\sigma_{\hat{\sigma}_{\hat{\mu}}^2}^2$ 的大致大小，我们把测量得到 $\hat{\mu}$ 方差的不确定性写作 $\hat{\sigma}_{\hat{\mu}}^2 \pm \sigma_{\hat{\sigma}_{\hat{\mu}}^2}$。因为 $\hat{\sigma}_{\hat{\mu}}^2 \approx \sigma_x^2/n$，我们有

$$\hat{\sigma}_{\hat{\mu}}^2 \pm \sigma_{\hat{\sigma}_{\hat{\mu}}^2} \approx \frac{1}{n}\sigma_x^2 \pm \left(\frac{2}{n-1}\right)^{1/2}\frac{\sigma_x^2}{n} = \frac{1}{n}\sigma_x^2\left[1 \pm \left(\frac{2}{n-1}\right)^{1/2}\right] \tag{4-107}$$

对于 100 个样本，测量得到 $\hat{\mu}$ 方差的不确定的比率为 $(2/(100-1))^{1/2}$ 或者 14%。所以除非 n 很大，不然 $\hat{\sigma}_{\hat{\mu}}^2$ 的标准差也会很大。它并不是一个很好确定的量。

4.5.2 学生 t 分布

等式 4-105 和等式 4-106 依赖于通常未知的 σ_x^2。如果你就像我们推导等式 4-107 时那样认为 $\sigma_x^2 \approx \hat{\sigma}_x^2$，那么这些方程还是有用的。但是处理它们以及其他 $\hat{\mu}$ 的性质更好的方法是从学生 t 分布导出它们。学生 t 分布是如下的一个概率分布

$$t = \frac{\hat{\mu} - \mu}{\hat{\sigma}_{\hat{\mu}}} \tag{4-108}$$

使用 t 的原因是 $\hat{\mu} - \mu$ 的差别与测量量 $\hat{\sigma}_{\hat{\mu}}^2$ 作比较，而不是未知量 σ_x 或 $\sigma_{\hat{\mu}}$。

使用 t 的表达式 4-108 来推导学生 t 分布并不方便，因为 $\hat{\mu}$ 和 $\sigma_{\hat{\mu}}$ 并不互相独立。我们先把 t 用独立变量表出。用等式 1-04 并记住 $\hat{\sigma}_{\hat{\mu}}^2 = \hat{\sigma}_x^2/n$，我们有

$$t = \frac{\hat{\mu} - \mu}{\hat{\sigma}_x/\sqrt{n}} = \frac{\hat{\mu} - \mu}{\sigma_x/\sqrt{n}} \Big/ \left(\frac{\hat{\sigma}_x^2}{\sigma_x^2}\right)^{1/2} = \frac{\hat{\mu} - \mu}{\sigma_x/\sqrt{n}} \Big/ \left(\frac{\chi_{n-1}^2}{n-1}\right)^{1/2} \tag{4-109}$$

记住 χ_{n-1}^2 是特别构建出来与 $\hat{\mu}$ 互相独立的(等式 4-103)，我们可以定义两个独立变量 z 和 u。

$$z = \frac{\hat{\mu} - \mu}{\sigma_x/\sqrt{n}}, \quad u = \frac{\chi_{n-1}^2}{n-1} \tag{4-110}$$

所以

$$t = z/u^{1/2} \tag{4-111}$$

因为 z 和 u 是互相独立的变量，等式 4-111 正是我们想要的 t 的表达式。并且，因为它们是互相独立的，它们的联合概率分布 $f_0(z,u)$ 可以写成它们各自概率分布的乘积：

$$f_0(z,u) = g(z)c_{n-1}(u) \tag{4-112}$$

依靠中心极限定理，我们假设 z 符合均值为 0 方差为 1 的高斯分布：

$$g(z) = \frac{1}{\sqrt{2\pi}}\exp[-z^2/2] \tag{4-113}$$

由等式 4-103，我们知道$(n-1)u$符合χ^2_{n-1}分布，如果$f_n(\chi^2)$是有n个自由度的χ^2分布(参见等式 2-101)，这个u的分布是

$$c_{n-1}(u)du = f_{n-1}(\chi^2(u))\left|\frac{\partial\chi^2}{\partial u}\right|du = (n-1)f_{n-1}\chi^2(u)du \tag{4-114}$$

或者

$$c_{n-1}(u) = (n-1)\frac{[(n-1)u]^{(n-3)/2}}{2^{(n-1)/2}[(n-3)/2]!}\exp[-(n-1)u/2] \tag{4-115}$$

我们现在进行第二次从(z,u)到(t,u)的变量代换。这里

$$u = u \tag{4-116}$$

$$z = tu^{1/2} \tag{4-117}$$

回到$t=z/u^{1/2}$。t和u的联合概率分布为

$$f_1(t,u)dtdu = g(z(t,u))c_{n-1}(u)\left|\frac{\partial(z,u)}{\partial(t,u)}\right|dtdu \tag{4-118}$$

其中雅可比行列式为

$$\begin{vmatrix}\dfrac{\partial z}{\partial t} & \dfrac{\partial u}{\partial t}\\ \dfrac{\partial z}{\partial u} & \dfrac{\partial u}{\partial u}\end{vmatrix} = \begin{vmatrix}u^{1/2} & 0\\ \dfrac{1}{2}tu^{-1/2} & 1\end{vmatrix} = u^{1/2} \tag{4-119}$$

所以我们有

$$f_1(t,u) = \frac{1}{\sqrt{2\pi}}\exp[-ut^2/2](n-1)\frac{[(n-1)u]^{(n-3)/2}}{2^{(n-1)/2}[(n-3)/2]!}\exp[-(n-1)u/2]u^{1/2} \tag{4-120}$$

我们现在可以通过对u积分得到单独关于t的概率分布：

$$s_{n-1}(t) = \int_0^\infty f_1(t,u)du \tag{4-121}$$

虽然这个积分看上去吓人，但它可以转化为伽玛函数的标准形式(参见附录 A 的 A.3 节)。经过一些代数运算，我们得到

$$s_{n-1}(t) = \frac{[(n-2)/2]!}{[(n-3)/2]!\sqrt{(n-1)\pi}}\left[1+\frac{t^2}{n-1}\right]^{-n/2} \tag{4-122}$$

其中t根据实际问题由等式 4-108 或 4-111 给出。这叫作有$(n-1)$自由度的学生t分布。有n自由度的学生t分布是

$$s_n(t) = \frac{[(n-1)/2]!}{[(n-2)/2]!\sqrt{n\pi}}\left[1+\frac{t^2}{n}\right]^{-(n+1)/2} \tag{4-123}$$

对于比较小的n，学生t分布和高斯分布大致相同，但两翼有较高的概率密度。当n变大时，这个分布非常快地趋于高斯分布，当$n>30$时，几乎无法分辨它们(参见附录 F 中的等式 F.9)。因为t只以t^2的形式出现，学生t分布关于$t=0$对称，因此它所有奇数矩都等于 0。特别地，

$$\langle t\rangle = M_1 = 0 \tag{4-124}$$

我们没有证明地写出学生t分布的偶数矩为

$$M_k = n^{k/2}\frac{\Gamma\left(\frac{k+1}{2}\right)\Gamma\left(\frac{n-k}{2}\right)}{\Gamma\left(\frac{n}{2}\right)\Gamma\left(\frac{1}{2}\right)} \tag{4-125}$$

但是这些矩只在 $k<n$ 时存在，t 的方差为

$$\sigma_t^2 = \langle (t - \langle t \rangle)^2 \rangle = \langle t^2 \rangle = M_2$$
$$= \frac{n}{n-2} \tag{4-126}$$

回到等式 4-108 中 t 的定义，我们看到 $\sigma_t^2 \approx \sigma_{\hat{\mu}}^2 \hat{\sigma}_{\hat{\mu}}^2$，所以平均意义上 $\sigma_{\hat{\mu}}^2$ 也小了 $(n-2)/n$。这个偏差是用估计值 $\hat{\mu}$ 代替真实值 μ 来估计方差造成的。当 $n>30$ 时，这个偏差可以忽略不计，例如，可以安全地在等式 4-105 和 4-106 中用 $\hat{\sigma}_x^2$ 和 $\hat{\sigma}_{\hat{\mu}}^2$ 代替 σ_x^2 和 $\sigma_{\hat{\mu}}^2$。

4.5.3 总结

这一节的主要目的是为了推导等式 4-123 的学生 t 分布，这里 t 由等式 4-108 给出。这是估计均值 $\hat{\mu}$ 作为观测量 $\hat{\sigma}_{\hat{\mu}}^2$ 而非未知量 $\sigma_{\hat{\mu}}^2$ 或者 σ_x^2 函数的分布。当 $n>30$ 时，学生 t 分布几乎和高斯分布无法区分，但是当 n 较小时它在两翼有较大的概率。

我们还计算了估计方差 $\sigma_{\hat{\sigma}_x^2}^2$ 和 $\sigma_{\hat{\sigma}_{\hat{\mu}}^2}^2$ 的方差，

$$\sigma_{\hat{\sigma}_x^2}^2 = \frac{2}{n-1}(\sigma_x^2)^2 \tag{4-127}$$

$$\sigma_{\hat{\sigma}_{\hat{\mu}}^2}^2 = \frac{2}{n^2(n-1)}(\sigma_x^2)^2 \tag{4-128}$$

显示这些方差是非常不确定的量。虽然 σ_x^2 是未知的，还是可以在 n 很大时使用这些表达式，用 $\hat{\sigma}_x^2$ 替代 σ_x^2 而不会引入很大的误差。但是，如果 n 不是很大，学生 t 分布建议我们用

$$\sigma_x^2 \approx \frac{n}{n-2}\hat{\sigma}_x^2 \tag{4-129}$$

更多地增大方差的方差。另外，我们也可直接从学生 t 分布用标准但费力的技术计算方差的方差。

4.6 主成分分析及其相关系数

4.6.1 相关系数

图 4-2 展示了三组数据。左图和右图数据点 x 和 y 的值是有关系的。一旦 x 的值确定，y 的值就约束在狭小的范围内。中图数据点 x 和 y 值互不相关：x 的值并不限制 y。协方差是一种量化这种关系的方法。假设我们有 n 个相同权重的数据点 (x_i, y_i)，以及 x 和 y 有相应的均值 μ_x 和 μ_y。x_i 和 y_i 之间的协方差是

$$\sigma_{xy} = \frac{1}{n}\sum_{i=1}^{n}(x_i - \mu_x)(y_i - \mu_y) \tag{4-130}$$

像图 4-2 左图那样的数据，$(x_i-\mu_x)$ 和 $(y_i-\mu_y)$ 通常同时为正或同时为负，所以它们的乘积通常为正，相应地协方差是一个很大的正数。对于像图 4-2 右图那样的数据，$(x_i-\mu_x)$ 和 $(y_i-\mu_y)$ 通常有不同的正负号，所以它们的乘积通常为负，相应地协方差是一个很大的负数。对于像图 4-2 中图那样的数据，$(x_i-\mu_x)$ 和 $(y_i-\mu_y)$ 有时同号有时异号，所以它们的乘积会互相抵消，相应的协方差会是一个比较小的数。

相关系数定义为

$$r = \frac{\sigma_{xy}}{\sigma_x \sigma_y} \tag{4-131}$$

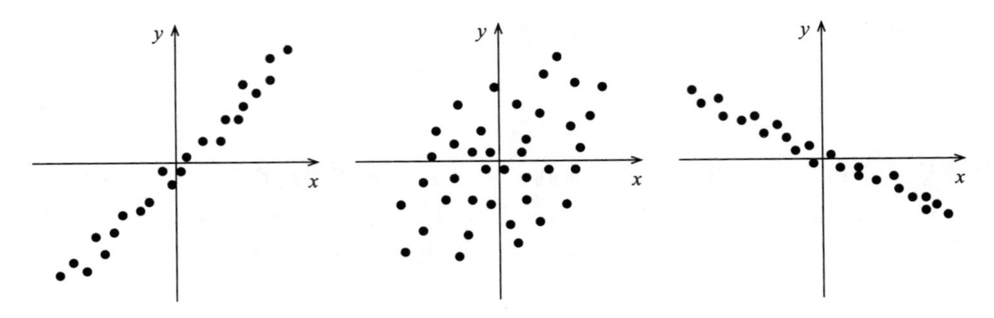

图 4-2　三组数据。左面和右面的数据可以很好地用直线描述，而中间的数据则不行。最小二乘法可以愉快地找到所有三组数据的最佳直线拟合

这里

$$\sigma_x^2 = \frac{1}{n}\sum_i (x_i - \mu_x)^2 \tag{4-132}$$

$$\sigma_y^2 = \frac{1}{n}\sum_i (y_i - \mu_y)^2 \tag{4-133}$$

用两个方差 σ_x 和 σ_y 除协方差使得相关系数实际上是一个无尺度的协方差。如果数据不相关，那么 $\sigma_{xy}=0$ 且 $r=0$。对于完全相关，$y_i=\pm a x_i$ 且 $\mu_y=\pm a\mu_x$，相关系数是±1。负号对应于像图 4-2 左图那样的分布。r 大于 0 的数据被称作是相关的，r 小于 0 的数据被称作是逆相关的。

4.6.2　主成分分析

相关性可用作了解数据的有力工具。要明确的是，相关性不是因果关系，一个观测到的相关性可能只是一个毫无意义的随机事件。一个国家单位个体巧克力的消耗和这个国家每 10^7 人中诺贝尔奖获得者个数之间引人瞩目的相关性就是一个例子[⊖]。但是相关性经常能揭示数据间重要的相互关系，以至于在所有科学领域中寻找相关性都是当务之急。但是，相关性在多维数据中可能很难找到。*主成分分析*(PCA)提供了一种找到隐藏相关性的方法。我们先展示 PCA 是如何在二维数据上作用的，然后推广到 n 维数据上。

假设一个实验产生了 n 对数据点(x_{1i}, x_{2i})，并且如图 4-3 所示，它们有很强的相关性。x_1 和 x_2 真实的均值未知，所以我们必须估计均值$\hat{\mu}_1=(\sum_i x_{1i})/n$及$\hat{\mu}_2=(\sum_i x_{2i})/n$，并且估计方差以及协方差

$$\hat{\sigma}_1^2 = \frac{1}{n-1}\sum_{i=1}^{n}(x_{1i}-\hat{\mu}_1)^2 \tag{4-134}$$

$$\hat{\sigma}_2^2 = \frac{1}{n-1}\sum_{i=1}^{n}(x_{2i}-\hat{\mu}_2)^2 \tag{4-135}$$

$$\hat{\sigma}_{12} = \hat{\sigma}_{21} = \frac{1}{n-1}\sum_{i=1}^{n}(x_{1i}-\hat{\mu}_1)(x_{2i}-\hat{\mu}_2) \tag{4-136}$$

这些合并成为观测的协方差矩阵

⊖ F. H. Messerli. 2012. "Chocolate Consumption, Cognitive Function, and Nobel Laureates." *New England Journal of Medicine* vol. 367, p. 1562.

$$C = \begin{pmatrix} \hat{\sigma}_1^2 & \hat{\sigma}_{12} \\ \hat{\sigma}_{21} & \hat{\sigma}_2^2 \end{pmatrix} \tag{4-137}$$

因为协方差是矩阵非对角项，所以当且仅当一些非对角项不为零时数据是相关的。

我们现在寻找一种等长的坐标变换把 C 对角化。实际上，我们旋转到一个使矩阵所有非对角元素都为零的坐标系统。当所有非对角项都为零时，就没有相关性了，这也意味着那一团数据点的长轴和某一旋转了的坐标轴对齐。用寻找特征向量的方法对角化矩阵。单位化的特征向量就是矩阵要旋转到的坐标系统的基，而特征向量就是对角元素。（读者可能会发现，复习一下附录 E E.9～E.11 节中的矩阵代数很有帮助。）最大特征值所对应的单位化的特征向量叫作第一主成分，第二大特征值所对应的叫第二主成分，以此类推。

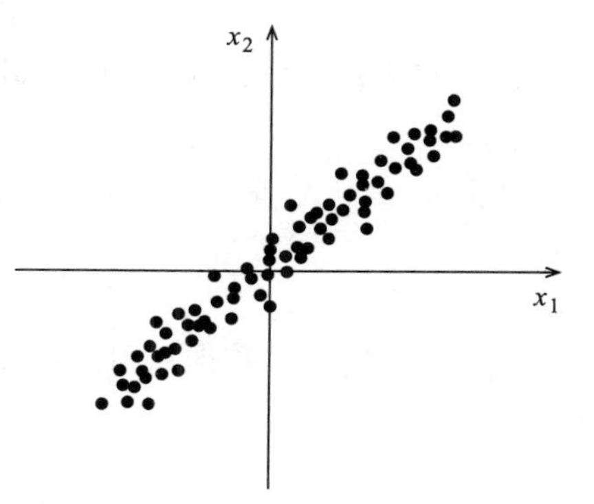

图 4-3　一个数据集的点绘制在（x_1，x_2）的坐标系里，这些数据点有很高的相关度

图 4-4 展示了对角化的几何意义。左图显示了数据点在原始（x_1，x_2）的坐标系里的样子。虚线箭头与 $\boldsymbol{C}$ 的特征向量对齐并且是旋转了的坐标系的坐标轴。第一主成分在那团数据点的长轴上。这是我们想要的 x_1 和 x_2 之间的相关性。记新的坐标为（z_1，z_2），这里 z_1 是第一主成分的方向，z_2 和 z_1 垂直；并且记相应的特征值为 λ_1 和 λ_2。图 4-4 的右图展示了数据点在（z_1，z_2）坐标系下的重新绘制。绝大多数散点现在限制在 z_1 坐标轴上，所以 z_1 上的方差大于 z_2 上的方差。特征值是它们对应主成分方向上的方差，$\sigma_{\hat{z}_1}^2=\lambda_1$ 及 $\sigma_{\hat{z}_2}^2=\lambda_2$。$z_1$ 方向上相关性的强度可以如下测量

$$\frac{\sigma_{\hat{z}_1}^2}{\sigma_{\hat{z}_2}^2+\sigma_{\hat{z}_2}^2}=\frac{\lambda_1}{\lambda_1+\lambda_2} \tag{4-138}$$

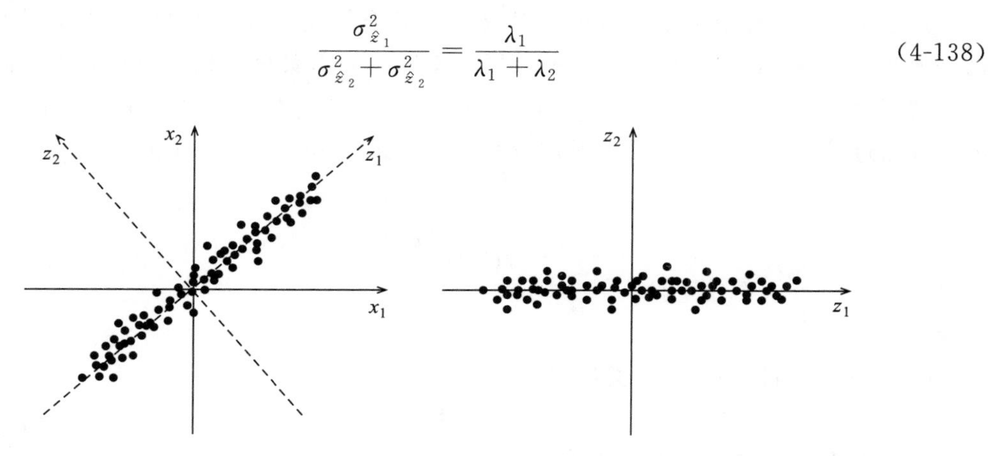

图 4-4　左图定义了一个新的坐标系（z_1，z_2），使得 z_1 坐标轴落在数据点分布的长轴上，而 z_2 和 z_1 垂直。z_1 和 z_2 坐标方向上的单位向量分别是分布的第一和第二主成分。右图显示了数据点在（z_1，z_2）坐标系统里的绘制。这个新的绘图有两个重要性质。第一，数据点不再相关。第二，仅仅一个坐标 z_1 就给出了数据点位置的大部分信息，而坐标 z_2 只给出了很少的额外信息。

我们现在推广到有 m 个独立参数被测量了 n 次而产生 n 个数据点的数据

$$(\boldsymbol{x}_1)^{\mathrm{T}} = (x_{11}, x_{21}, \cdots, x_{m1})$$
$$(\boldsymbol{x}_2)^{\mathrm{T}} = (x_{12}, x_{22}, \cdots, x_{m2})$$
$$\vdots \qquad \vdots$$
$$(\boldsymbol{x}_n)^{\mathrm{T}} = (x_{1n}, x_{2n}, \cdots, x_{mn})$$

$\boldsymbol{x}_i$ 是写成转置形式的 m 维列向量。向量的均值定义为

$$\hat{\boldsymbol{\mu}}^{\mathrm{T}} = (\hat{\mu}_1, \hat{\mu}_2, \cdots, \hat{\mu}_m) \tag{4-139}$$

这里 $\hat{\mu}_j$ 是 j 号参数的均值，计算如下

$$\hat{\mu}_j = \frac{1}{n}\sum_{i=1}^{n} x_{ji} \tag{4-140}$$

这个均值向量是数据点团的中心。这些数据点减去这个均值向量得到减去均值的数据向量。

$$\boldsymbol{y}_i = \boldsymbol{x}_i - \boldsymbol{\mu} \tag{4-141}$$

然后计算 $m\times m$ 协方差矩阵 $\boldsymbol{C}$ 的项

$$\hat{C}_{ij} = \hat{\sigma}_{ij} = \frac{1}{n-1}\sum_{k=1}^{n}(x_{ik} - \hat{\mu}_i)(x_{jk} - \hat{\mu}_j) = \frac{1}{n-1}\sum_{k=1}^{n} y_{ik}y_{jk} \tag{4-142}$$

如果任何 $\boldsymbol{C}$ 非对角元素显著大于0，那么数据点团至少在一个方向上被拉长了。我们希望找到一个变换，旋转坐标轴，使得所有拉长了的数据团的轴都落在一个正交坐标系的坐标轴上。这个变换必须保持数据团原来的形状，这意味着这个变换必须是等距的。简明地，我们希望找到一个正交变换使得 $\boldsymbol{C}$ 对角化。

可以通过找它的特征值和特征向量来对角化协方差矩阵。设向量 $\boldsymbol{v}$ 使得

$$\boldsymbol{C}\boldsymbol{v} = \lambda\boldsymbol{v} \tag{4-143}$$

这里 λ 是一个标量常数。那 m 个对应于 λ_j 符合等式4-143的向量 $\boldsymbol{v}_j$ 是矩阵 $\boldsymbol{C}$ 特征值的特征向量。特征向量可以有任意的长度，所以它们需要单位化。记对应于特征值 λ_j 的单位特征向量为 $\boldsymbol{e}_j = \boldsymbol{v}_j \mid \boldsymbol{v}_j \mid$。这些 $\boldsymbol{e}_j$ 一起组成了一组完整的正交基向量。那个对角化 $\boldsymbol{C}$ 的矩阵通过设 $\boldsymbol{U}$ 的行为转置了的基向量给出(参见附录E中的E.11节)

$$\boldsymbol{U} = \begin{bmatrix} \boldsymbol{e}_1^{\mathrm{T}} \\ \boldsymbol{e}_2^{\mathrm{T}} \\ \vdots \\ \boldsymbol{e}_m^{\mathrm{T}} \end{bmatrix} \tag{4-144}$$

$\boldsymbol{C}$ 对应的对角矩阵可以由类似的变换计算出

$$\boldsymbol{C}' = \boldsymbol{U}\boldsymbol{C}\boldsymbol{U}^{-1} \tag{4-145}$$

并且 $\boldsymbol{C}'$ 的对角元素就是特征值

$$(\boldsymbol{C}')_{jj} = \lambda_j \tag{4-146}$$

我们现在已经为PCA写出一个算法准备就绪：

1. 获取数据 $\boldsymbol{x}_i^{\mathrm{T}} = (x_{1i}, x_{2i}, \cdots, x_{mi}), i = 1, \cdots, n$，这里 m 是每次实验里测量的系数，而 n 是实验的次数

2. 由等式4-140计算均值向量 $\hat{\mu}$ 并由等式4-141计算减去均值的数据向量 y_i。

3. 由等式4-142计算协方差矩阵 $\boldsymbol{C}$。

4. 找到 $\boldsymbol{C}$ 的特征值及特征向量。这通常用一个矩阵操作软件库里一个“封装了的”程序得到。单位化这些特征向量来得到正交基 $\boldsymbol{e}_j$。这些正交基就是主成分！拥有最大特征值的主成分就是第一主成分，拥有第二大特征值的 5 主成分就是第二大主成分，以此类推。

5. 按特征向量大小降序排列特征值以及它们对应的基向量，使 $\lambda_1 \geqslant \lambda_2 \geqslant \cdots \geqslant \lambda_m$，由等式 4-144 我们得到转换矩阵 $\boldsymbol{U}$。

6. 使用如下等式将协方差矩阵以及数据向量转化到旋转了的坐标轴下面

$$\boldsymbol{C}' = \boldsymbol{U}\boldsymbol{C}\boldsymbol{U}^{-1} \tag{4-147}$$

$$\boldsymbol{y}'_i = \boldsymbol{U}\boldsymbol{y}_i \tag{4-148}$$

$\boldsymbol{C}'$的对角元素是 λ_j 而非对角元素都是 0。$\boldsymbol{C}'$矩阵是在旋转了的坐标轴下的协方差矩阵，因此 λ_j 是由 $\boldsymbol{e}_j$ 定义的坐标轴方向上的方差$(\sigma'_j)^2$。数据点 y'_i在新坐标系下到原点的距离由下式的平方根给出

$$d_i^2 = \sum_{j=1}^{m} (\boldsymbol{y}'_i)_j^2 \tag{4-149}$$

因此所有点到原点的平均距离由下式给出

$$\langle d^2 \rangle = \sum_{j=1}^{m} \langle (\boldsymbol{y}'_i)_j^2 \rangle = \sum_{j=1}^{m} (\sigma'_j)^2 = \sum_{j=1}^{m} \lambda_j \tag{4-150}$$

总体方差中属于每个特征向量的比例由下式给出

$$\frac{\lambda_j}{\sum_j \lambda_j} \tag{4-151}$$

一个减去均值的数据点 i 到特征向量 j 上的投影是如下的点积

$$a_{ij} = \boldsymbol{y}_i \cdot \boldsymbol{e}_j \tag{4-152}$$

如果需要，y_i 可以分解为它到特征向量上投影的和，

$$\boldsymbol{y}_i = a_{i1}\boldsymbol{e}_1 + a_{i2}\boldsymbol{e}_2 + \cdots + a_{im}\boldsymbol{e}_m = \sum_{j=1}^{m} a_{ij}\boldsymbol{e}_j \tag{4-153}$$

而原始数据可以通过加回均值向量来重构

$$\boldsymbol{x}_i = \boldsymbol{\mu} + \sum_{i=1}^{m} a_{ij}\boldsymbol{e}_j \tag{4-154}$$

如果有些 λ_i 远远小于其他特征值，我们可以忽略相应的特征向量并且用更少的参数重构原始数据。

任何对称矩阵都能被对角化并有实特征值，所以 PCA 形式上永远可行。但是，如果数据不能很好地用多维的椭圆团来描述，结果会有偏差，无意义或甚至是误导性的。例如图 4-5 所展示的数据，它们有很明确的模式，但是不能很好地被协方差所描述，因此也不适合 PCA。数据中非线性模式十分常见，所以人们在运用 PCA 时必须对它们时刻保持警惕。一种方法是在不同的坐标对上检验 y'_i的分布。

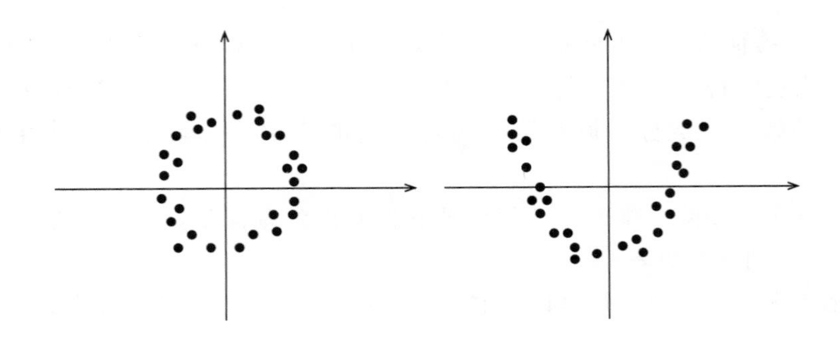

图 4-5　主成分分析(PCA)在数学意义上永远会成功，它总能返回一个对角矩阵。但是，如果数据的性质不能很好地由关联矩阵所代表，结果会是数据不完整或误导性的刻画。这两个数据集都有明确的模式，但也都是 PCA 很差的作用对象。

4.7　柯尔莫诺夫-斯米尔诺夫检验

柯尔莫诺夫-斯米尔诺夫⊖(K-S)检验广泛地用于决定一个观测到的分布是否和一个理论概率分布吻合(单样本 K-S 检验)或者是否和另一个观测到的分布吻合(双样本 K-S 检验)。

4.7.1　单样本 K-S 检验

假设我们有一个是独立变量 x 函数的 n 个事件 $A_i(x_i)$，并且我们希望知道这些 A_i 是否符合理论上的概率分布 $f(x)$。K-S 检验比较 A_i 和 $f(x)$的累积分布：

$$F(x)=\int_{-\infty}^{x} f(y)dy \tag{4-155}$$

举例来说，如果 A_i 是一系列星星显现的亮度，我们可能希望知道在每个亮度上的星星个数是否符合某个亮度的理论分布。

为了作比较，首先将 $A_i(x_i)$按 x 升序排列。对于星星的例子，重新安排这个序列，使得星星按亮度升序(或降序)排列。下一步，找到 $A_i(x_i)$的累积分布 $S_n(x)$。$S_n(x)$是一个从 0(当 $x<x_1$)到 1(当 $x>x_n$)的 n 步阶梯函数。每一个单独的在 x_i 处的阶梯为 A_i(见图 4-6)。这可以表示为：

$$S_n(x)=\frac{k(x)}{n} \tag{4-156}$$

这里 $k(x)$是小于或等于 x 的 x_i 的个数。为了比较 $F(x)$和 $S_n(x)$，将这两者画在同一幅图上(如图 4-6 所示)，然后找到两个函数之间的最大垂直距离：

$$D_n=\max|S_n(x)-F(x)| \tag{4-157}$$

注意 D_n 采用绝对值，所以它是 $S_n(x)$在 $F(x)$上面或者下面的最大值，从而导出双尾 K-S 检验。D_n 一个令人高兴的性质是，它不随着 x 的任意压缩或伸展而改变。

因为 $S_n(x)$是由观测数据构造而来的，所以 D_n 随着实验改变而改变，并且它的分布将被一个概率分布所描述。如何计算这个概率分布超出了本书的范围，但是结果很容易理解。设 β 是当那个距离大于ϵ时的概率：

⊖ See R. von Mises. 1964. *Mathematical Theory of Probability and Statistics*, second edition. Waltham, MA: Academic Press, chapter. IX. E.

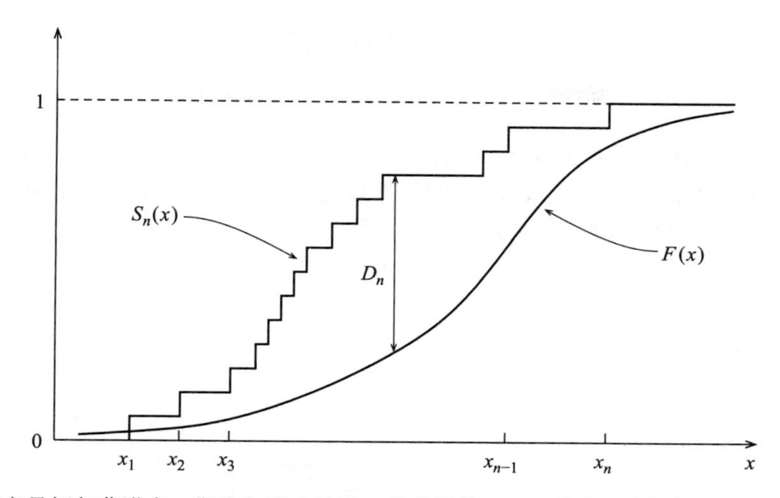

图 4-6 单变量柯尔莫诺夫一斯米尔诺夫检验。阶梯函数 $S_n(x)$是这 n 个数据点 $A_i(x_i)$的累积分布函数。它由 0(当 $x<x_1$)到 1(当 $x>x_n$)共 n 个阶梯。这些阶梯在 x_i 处落在 A_i 上。$F(x)$是用来和 $S_n(x)$作比较的阶梯函数。D_n 是两者间最大的垂直距离

$$\beta = P(D_n > \epsilon) \tag{4-158}$$

当 n 大于 50 时，人们可以用如下的近似

$$\beta \approx 2\exp[-2n\,\epsilon^2] \tag{4-159}$$

但是对于比较小的 n，必须查表。表 4. 1 给出了 5 和 50 间几个 n 值ϵ关于β 的函数。

为了使用 K-S 检验，首先测量 D_n。在等式 4-158 中令$\epsilon=D_n$，那么 β 就是一个值大于 D_n 会发生的概率。随着 β 变小，观测到的数据将变得越来越不符合理论分布。如果 n 足够大使得等式 4-159 可用，那么计算是透明的。如果 n 很小且必须使用像表 4-1 那样的表格，那么就选择表中相应最靠近观测到 n 的那一行。在那一行中找到最接近 D_n 的ϵ，该列头部给出了 β 的值。

如表 4-1 中数值所暗示的，人们通常需要很大的 n 及很大的 D_n 来明确地拒绝观测值从一个特定理论分布中抽出的假设。并且，如果任何 $A_i(x_i)$的特性被调整到符合理论分布，K-S 检验就无效了。例如，如图 4-6 所示，我们看到平移 x 坐标零点，使得 $A_i(x_i)$的 x_{median}与 $f(x)$ 的 x_{median} 相等，其实等价于将 $S_n(x)$左右移动直到它在 $S_n(x_{\text{median}})=F_n(x_{\text{median}})=1/2$ 处穿过 $F(x)$。这通常会很大地减少 D_n。

表 4-1 在柯尔莫诺夫-斯米尔诺夫检验中，作为 β 和 n 函数的ϵ的值

n	β		
	0.20	0.10	0.02
5	0.447	0.509	0.627
10	0.326	0.369	0.457
20	0.232	0.265	0.328
40	0.165	0.189	0.235
50	0.148	0.170	0.211

4.7.2 双样本 K-S 检验

K-S 检验也可以被用来检测两个数据集是否产生于同一个分布。假设数据点为$A_i(x_i)$，

$i=1,\cdots,n$ 和 $B_j(x_j), j=1,\cdots,m$。由数据集构造两个阶梯函数 $S_{A,n}(x)$ 和 $S_{B,m}(x)$，然后找到它们之间的最大距离：

$$D_{n,m} = \max | S_{A,n}(x) - S_{B,m}(x) | \tag{4-160}$$

这里，像以前一样，绝对值表示双尾检验(见图 4-7)。如果 n 或者 m 很小，人们必须用公开发布的参数表来决定一个值大于或等于 $D_{n,m}$ 两个概率分布是否相同的概率。如果两者都很大，只要将单样本 K-S 检验中 n 替换为

$$\frac{nm}{n+m} \tag{4-161}$$

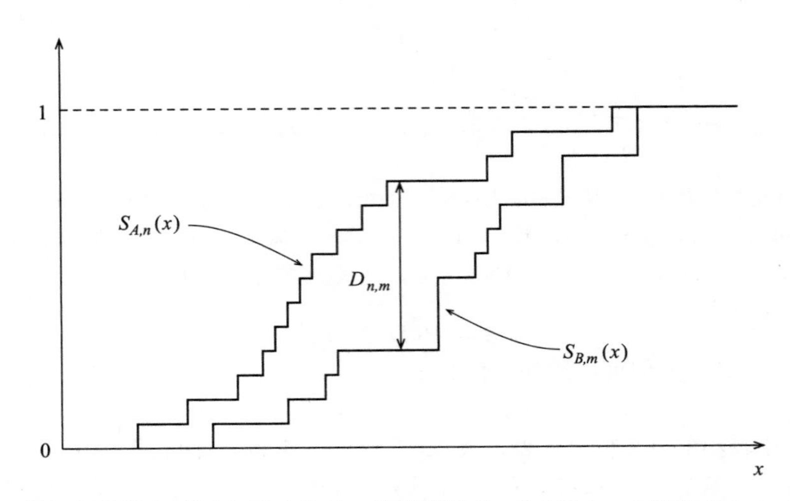

图 4-7　双样柯尔莫诺夫-斯米尔诺夫检验。阶梯函数 $S_{A,n}(x)$ 是由 n 个数据点 $A_i(x_i)$ 导出的累积分布函数。它由 0(当 $x<x_1$)到 1(当 $x>x_n$)共 n 个阶梯，这些阶梯在 x_i 处落在 A_i 上。阶梯函数 $S_{B,m}(x)$ 用相同的方法由 m 个数据点 $B_j(x_j)$ 导出。$D_{n,m}$ 是两者间最大的垂直距离。

并且令 $\epsilon=D_n=D_{n,m}$。然后用等式 4-159 来计算一个值大于 $D_{n,m}$ 可能发生的概率。注意使用双样本 K-S 检验时并不需要知道真实的概率分布。

第 5 章

线性最小二乘估计

5.1 引言

数据分析中最常见和最重要的任务之一是将数据拟合为模型。一个模型可以是一个显式函数，或者它可以是一个复杂的数值算法——数值模型。在任何一种情况下，我们都假设模型具有可以调整的参数，使其更好地表示数据。例如，假设数据由 n 个点(x_i，y_i)组成，其中 x_i 是准确知道的，但是 y_i 具有测量错误，并且假设模型是直线 $y=a_0+a_1x$。要“适合数据的模型”意味着调整两个参数 a_0 和 a_1 的值，使直线变为数据的最佳的表示形式并与误差一致。可调的参数称为拟合参数，其拟合值是对真实价值的估计。然而，估计参数还不够。还需要对其可靠性进行估算，这就需要进行误差分析。

概率统计和贝叶斯方法在模型拟合方法上存在深刻的分歧。对贝叶斯概率方法的讨论将推迟到第 7 章。在这里和第 6 章中我们将讨论概率统计的技巧，偶尔会涉足似然统计——被多少埋没了的概率统计的表弟。如果数据点在至少一个坐标中具有可忽略的错误，并且模型线性地依赖于可调节的参数，这样比较容易将模型与数据进行匹配。这些基本情况都会在本章进行讨论。然而，如果模型在任何参数中都是非线性的，或者数据点在其所有坐标中都有误差，拟合可能会因此变得难以计算并且非唯一。关于非线性模型拟合的内容将在第 6 章讨论。

本章首先简要讨论了似然统计学，包括似然函数和最大似然原理(5-2 节)。如果已知数据中的误差概率分布，这些为拟合模型提供了逻辑基础，并且它们还装备了用于将模型拟合到非高斯误差分布及高斯误差数据的工具。如果误差确实有高斯分布，则最大似然方法简化到 χ^2 最小化，也称为最小二乘优化或最小平方估计。如果误差的分布函数是未知的，一个通常的办法是对参数进行简单的最小二乘估计，而不去考虑似然函数。这两种情况(一个是误差分布是已知的，并且是高斯的，另一个是误差分布是未知的)占据了大部分实际应用的情况。因此，本章的很大部分都在讨论最小二乘估计技术。从多项式拟合(5-3 节)开始，我们进一步讨论一般线性最小二乘法(5-5 节)，然后以关于具有多个变量拟合模型的简短部分(5-6 节)结束。大部分讨论专门用于误差估计的技巧。该章的篇幅较长，因为它引入了将在后面章节使用的概念。

5.2 似然统计

5.2.1 似然函数

似然函数在概率统计和贝叶斯统计中起着重要的作用。对于贝叶斯学派，统计推断的最终结果是后验概率分布。似然函数是后验概率分布的两个必需组成部分之一。对于概率统计学派，似然函数包含了通过实验产生的所有信息。给出似然函数，我们可以计算平均值、中位数、参数的模式及其可靠性的标准偏差或者置信限度。似然函数也提供了具有足够独特的统计方法，让似然统计可以被称为第三种统计方法，它的优点是避免了概率统计和贝叶斯统计学中最不吸引人的方面。在本节中，当数据具有非高斯误差分布时，我们使用似然函数和最大似然原理去推广最小二乘估计来为模型拟合提供逻辑基础。

假设 ξ 的概率分布函数具有 $m+1$ 个参数 a_j，

$$f(\xi,a_0,a_1,\cdots,a_m)=f(\xi,\vec{a}) \tag{5-1}$$

其中符号 $\vec{a}$ 代表 $a_0,a_1,\cdots,a_m$。扩展符号，让 ξ 的 n 个样本的概率分布为

$$f(\xi_1,\xi_2,\cdots,\xi_n,a_0,a_1,\cdots,a_m)=f(\vec{\xi},\vec{a}) \tag{5-2}$$

在讨论前几章的概率分布时，我们假设 a 是已知和固定的，并且 $f(\xi,\vec{a})$给出了特定值 ξ_i 将发生的概率。现在让我们假设 $\vec{a}$ 是未知的。相反，我们已知样本(测量!)ξ_i，希望推断出 a。把 ξ_i 的测量值记为 x_i。创造似然函数 $L(\vec{x},\vec{a})$，简单地用测量值替换概率分布函数中的变量 ξ_i：

$$L(\vec{x},\vec{a})\equiv f(\vec{x},\vec{a})=f(x_1,x_2,\cdots,x_n,\vec{a}) \tag{5-3}$$

在似然函数中，$\vec{x}$ 是已知和固定的，而 $\vec{a}$ 是变量。

示例：假设一个实验产生两个独立的数据点 x_1 和 x_2，并且我们知道两者都是从同一个高斯分布得到的

$$f(\xi,a_0,a_1)=\frac{1}{\sqrt{2\pi}a_1}\exp\left[-\frac{1}{2}\frac{(\xi-a_0)^2}{a_1^2}\right]$$

但是我们不知道 a_0 和 a_1 的值。因为它们是独立的，两个数据点的联合概率分布是其高斯的乘积：

$$f(\xi_1,\xi_2,a_0,a_1)=f(\xi_1,a_0,a_1)f(\xi_2,a_0,a_1)$$

似然函数是

$$\begin{aligned}L(x_1,x_2,a_0,a_1)&=f(x_1,x_2,a_0,a_1)\\&=\frac{1}{\sqrt{2\pi}a_1}\exp\left[-\frac{1}{2}\frac{(x_1-a_0)^2}{a_1^2}\right]\frac{1}{\sqrt{2\pi}a_1}\exp\left[-\frac{1}{2}\frac{(x_2-a_0)^2}{a_1^2}\right]\\&=\frac{1}{2\pi a_1^2}\exp\left[-\frac{1}{2}\frac{\sum_{i=1}^{2}(x_i-a_0)^2}{a_1^2}\right]\end{aligned}$$

当显式地写出时，$L(\vec{x},\vec{a})$看起来像具有与 $f(\vec{\xi},\vec{a})$相同的函数形式，倾向让人们将 $L(\vec{x},\vec{a})$当成参数的概率分布函数。然而并不是。似然函数不是概率分布的最明显原因是其非正规化。误把它认为是概率分配可能导致不准确，甚至是不公正的结论。以下示例来自假设检验领域。

示例：美国疾病控制和预防中心(CDC)总结了由于各种原因美国每年的死亡人数。我们可以使用这个信息来构建任意人员由于各种原因死亡的概率。让 H 成为死因，ξ 是随机的美国人，$P(\xi\mid H)$是人 ξ 因为 H 而死亡的概率。根据 CDC，2011 年因意外溺水造成 3556 人死亡，当年约有 3.12×10^8 人居住在美国。因此，溺水造成的偶然死亡可能性是，

$$P(\xi \mid \text{意外溺水})=3556/3.12\times10^8=1.14\times10^{-5}$$

比如，当地的报纸报道说在上个星期天，一个叫约翰·多伊的人淹死了。我们现在有 x="约翰·多伊"，似然函数是

$$L(x \mid H)=L(\text{约翰·多伊} \mid \text{意外溺水})$$
$$=P(\text{约翰·多伊} \mid \text{意外溺水})=1.14\times10^{-5}$$

一个不正确的解释是这意味着对于约翰·多伊不幸的死亡原因是偶然的溺水有一个极低的概率(1.1×10^{-5})，暗示着溺水很可能不是意外。这种不恰当使用被称为检察官的谬误。

执着的概率统计可能会提出第二个意见来反对这种把似然函数作为参数的概率分布。根据这个反对，那里只有一组参数的真实值。对于 $L(\vec{x},\vec{a})$作为密度分布，数值 $L(\vec{x},\vec{a})d\vec{a}$ 将必须存在；但是如果参数只有一个真实的值，$d\vec{a}$ 将没有任何意义。使用 *delta* 函数并不能解决这个问题，因为唯一性适用于 $d\vec{a}$ 因子，而不是似然函数。因此，似然函数不可能是概率分布参数。相反，它测量了我们在多大程度上接近数据的真实值。我们将在 6.5 节中讨论估计参数的置信限度时，更全面地研究这个观点。

然而，似然函数确实对关于参数的信息进行编码，并且可以用来确定哪些参数的值是首选的。然而孤立地看似然函数并没有什么价值，有较高可能性的值优先于具有较低可能性的值。可能性可以使用似然比例来进行比较。假设我们希望比较两组特定值 $\vec{a}_1$ 和 $\vec{a}_2$。两组值的似然比为

$$LR=\frac{L(\vec{x},\vec{a}_1)}{L(\vec{x},\vec{a}_2)} \tag{5-4}$$

似然比可以被理解为由参数 $\vec{a}_1$ 和 $\vec{a}_2$ 产生观察到的数据的概率的比例。然而，大似然比并不一定保证一组参数优于另一组，因为独立实验可能会产生 $\vec{x}$ 的不同的值。当设计方差、置信限度和适合度测试时，我们会再讨论这个问题。

以下示例显示如何避免似然比例在前面的例子中叙述过的不当使用。

示例：根据美国联邦调查局的统计，2011 年在美国溺水事件中有 15 起凶杀案。如果假设 H 是"杀人溺水"这种情况，随机人 ξ 将死于溺水的概率为

$$P(\xi|H)=P(\xi|\text{杀人溺水})=15/3.12\times10^8=4.8\times10^{-8}$$

上星期天死亡的不幸的约翰·多伊(John Doe)的似然函数现在已经有两种情况：

$$L(x|H)=\begin{cases}L(\text{约翰·多伊}|\text{意外溺水})=1.14\times10^{-5}\\L(\text{约翰·多伊}|\text{杀人溺水})=4.8\times10^{-8}\end{cases}$$

两种情况的似然比为

$$LR=\frac{L(\text{约翰·多伊} \mid \text{意外溺水})}{L(\text{约翰·多伊} \mid \text{杀人溺水})}=\frac{1.14\times10^{-5}}{4.8\times10^{-8}}=\frac{3556}{15}\approx240$$

因此，约翰·多伊因溺水死亡的可能性是事故凶杀的 240 多倍。但是请注意，杀人溺水的数量每年都有很大差异，因此使用不同年份的数据将会产生不同的似然比。

似然函数可以看作是一个完全统计概率的结构。但是，它的角色是在贝叶斯统计中提供了另一种解释似然函数的方法。在贝叶斯统计中，后验概率分布是由似然函数和先验概率分布的乘积得到的(见 7.1 节)。如果没有先前的知识，所以先验概率分布是平坦的，那

么后验分布是似然函数与归一化常数的乘积。在贝叶斯统计中经常使用对于假设检验的可能比，就变得与似然比相同。

统计概率学派通常反对贝叶斯统计的两个方面。第一是必须使用先验概率分布，第二种是把概率解释成一定程度的信念。即使是一个执着的统计概率学家也会认为其余的贝叶斯统计是有吸引力的。使用概率分布来描述参数值就是一个例子。因此，后验分布是我们认为的各种参数的数值观应作为真实值的一种测量。有没有可能保留贝叶斯统计有吸引力的特征，而不用借鉴先验概率或重新定义概率的含义？

似然统计提供了一种方法。假设似然比的分母有可能是任意的但固定的基准参数值集合(可能设置全部 a_j 等于 0)，似然比就成为在基准数值上其他参数值的概率。如果愿意接受似然函数纳入了我们对参数的真实值的不确定性，似然比的不确定性可以解释为参数的非正规化概率得到的观察数据。然后可以通过后用熟悉的方式处理贝叶斯统计中的概率分布来从似然函数中提取参数的更精简的特征，也许是通过 MCMC 抽样或拉普拉斯近似(见 7.3.2 节)。

原则上，似然统计是贝叶斯统计的反面，但在实践中可以被认为是没有先验的贝叶斯统计，也可能是有先验但没有以任何方式限制参数。作者的印象是，许多从事数据分析的人员实际上在使用似然统计的某个版本，即使他们没意识到在这样做。最大似然原则是一个很好的例子。

5.2.2 最大似然原理

正如我们在 5.2.1 节中看到的那样，具有较高可能性的参数的值优先于具有较低可能性的值。可能性最高的是最优选的。最大似然原理将此属性编入其中：

给定从联合概率分布函数中得出的数据点 $\vec{x}$，已知其函数形式是 $f(\xi, \vec{a})$，参数 $\vec{a}$ 的最佳估计是那些其使似然函数 $L(\vec{x}, \vec{a}) \propto f(\vec{x}, \vec{a})$ 取值最大的值。

以下示例显示最大似然原理如何适用于从二项分布绘制的数据点。

示例：假设我们怀疑一枚硬币是不公平的，因为当抛硬币时正面经常多于反面。我们想知道翻转得到正面的可能性，所以我们翻转硬币 100 次，有 75 次是正面。可以使用最大似然原理来估计翻转到正面的概率。

通过以下二项分布来描述该实验，

$$P(k,n,p) = \frac{n!}{k!(n-k)!} p^k (1-p)^{n-k}$$

其中 p 是正面的概率，n 是抛硬币的次数，k 是得到正面发生的次数。似然函数是

$$L(75,100,p) = \frac{100!}{75!25!} p^{75} (1-p)^{25}$$

要找到似然函数的最大值，设置其相对于 p 的导数等于零：

$$0 = \frac{d}{dp}\{L(75,100,p)\} = \frac{100!}{75!25!}[75p^{74}(1-p)^{25} - 25p^{75}(1-p)^{24}]$$

我们用加帽符的方式来表示参数的推断值：$\hat{p}$ 是 p 的推断。将此方程除以 100! / 75! 25! 和 $25p^{74}(1-p)^{24}$，我们发现

$$0 = 3(1-\hat{p}) - \hat{p}$$

这可以推导出

$$p = 0.75$$

这是一个令人满意但不令人惊讶的结果。注意因子100!/75! 25! 分解后不影响解决方案。它是最大似然解决方案的一般属性，似然函数乘以任何常数都与解决方案无关。

假设我们进行了许多实验，实验产生了 n 个独立的数据点 x_i。现在我们假设 x_i 没有测量误差。如果每个样品都是从相同的分布 $f(\xi, \vec{a})$ 得出，n 个样本的联合概率分布是

$$f(\vec{\xi},\vec{a}) = f(\xi_1,\vec{a})f(\xi_2,\vec{a})\cdots f(\xi_n,\vec{a}) = \prod_{i=1}^{n} f(\xi_i,\vec{a}) \tag{5-5}$$

因此，似然函数是

$$L(\vec{x},\vec{a}) = f(x_1,\vec{a})f(x_2,\vec{a})\cdots f(x_n,\vec{a}) = \prod_{i=1}^{n} f(x_i,\vec{a}) \tag{5-6}$$

为了方便计算，人们常常喜欢使用对数似然函数，

$$\ell(\vec{x},\vec{a}) = \ln L = \ln\left\{\prod_{i=1}^{n} f(x_i,\vec{a})\right\} = \sum_{i=1}^{n}\ln\{f(x_i,\vec{a})\} \tag{5-7}$$

对数似然函数的最大值(出现在与 $L(\vec{x}, \vec{a})$ 的最大值相同的地方)可以通过设置它的一阶导数等于零来找到参数。因此，最大似然原理转化为一组方程：

$$\frac{\partial \ell(\vec{x},\vec{a})}{\partial a_j} = 0, j = 0,\cdots,m \tag{5-8}$$

这些方程的解可以得到 a_j 的估计。以下示例使用最大似然原理估计高斯分布参数。

示例：假设我们有 n 个独立的数据点 x_i，我们知道它们是从高斯分布中的采样

$$f(\xi,a_0,a_1)=\frac{1}{\sqrt{2\pi a_1}}\exp\left[-\frac{1}{2}\frac{(\xi-a_0)^2}{a_1}\right]$$

我们希望估计 a_0 和 a_1，分布的均值和方差。因为数据点是独立的，它们的联合似然函数是它们单个似然函数的乘积：

$$L(\vec{x},a_0,a_1) = \prod_{i=1}^{n} f(x_i,a_0,a_1) = \left(\frac{1}{2\pi a_2}\right)^{n/2}\exp\left[-\frac{1}{2}\frac{\sum_{i=1}^{n}(x_i-a_0)^2}{a_1}\right]$$

对数似然函数是

$$\ell(\vec{x},a_0,a_1) =-\frac{n}{2}\ln(2\pi a_1) - \frac{1}{2}\frac{\sum_{i=1}^{n}(x_i-a_0)^2}{a_1}$$

一个似然方程给出 a_0：

$$\frac{\partial \ell}{\partial a_0}= \frac{\partial}{\partial a_0}\left\{-\frac{n}{2}\ln(2\pi a_1^2) - \frac{1}{2}\frac{\sum_{i=1}^{n}(x_i-a_0)^2}{a_1}\right\}$$

$$0= \frac{1}{\hat{a}_1}\sum_{i=1}^{n}(x_i-\hat{a}_0) = \frac{1}{\hat{a}_1}\left[\sum_{i=1}^{n}x_i - n\hat{a}_0\right]$$

$$\hat{a}_0 = \frac{1}{n}\sum_{i=1}^{n} x_i$$

另一个似然方程给出 a_1：

$$\frac{\partial \ell}{\partial a_1} = \frac{\partial}{\partial a_1}\left\{-\frac{n}{2}\ln(2\pi a_1) - \frac{1}{2}\frac{\sum_{i=1}^{n}(x_i - a_0)^2}{a_1}\right\}$$

$$0 = -\frac{n}{2}\left(\frac{1}{\hat{a}_1}\right) + \frac{1}{2}\frac{\sum_{i=1}^{n}(x_i - \hat{a}_0)^2}{\hat{a}_1^2}$$

$$\hat{a}_1 = \frac{1}{n}\sum_{i=1}^{n}(x_i - \hat{a}_0)^2$$

上一个例子中的结果与我们预期的一样，但是等式 $\hat{a}_1$ 的因子为 $1/n$ 而不是 $1/(n-1)$（与方程式 4.25 相比）。这意味着方差的最大似然值是有偏差的，不过对较大的值 n，最大似然估计量通常具有较小的偏差。

虽然最大似然原理很容易应用于高斯概率分布，但并不仅限于此。以下示例将此原则应用于泊松分布采样的多个数据点。

示例：假设数据是从泊松分布 n 个独立整数 k_i 采样组成的

$$P(k,a) = \frac{a^k}{k!}\exp[-a]$$

例如，数据可能是在 1 秒内微弱星体检测到的光子数，这是在几个 1 秒间隔内测量的。似然函数是

$$L(\vec{k},a) = \prod_{i=1}^{n}\frac{a^{k_i}}{k_i!}\exp[-a]$$

对数似然函数是

$$\ell(\vec{k},a) = \sum_{i=1}^{n}\ln\left[\frac{a^{k_i}}{k_i!}\exp[-a]\right] = \sum_{i=1}^{n}[k_i\ln a - \ln(k_i!) - a]$$

$\hat{a}$ 的似然函数为

$$0 = \left.\frac{\partial \ell}{\partial a}\right|_{\hat{a}} = \sum_{i=1}^{n}\left[\frac{k!}{\hat{a}} - 1\right]_{\hat{a}} = \frac{1}{\hat{a}}\sum_{i=1}^{n}k_i - n$$

$$\hat{a} = \frac{1}{n}\sum_{i=1}^{n}k_i$$

因为 a 也是泊松分布的第一矩（方程 2.29），$\hat{a}$ 也是 k 的平均值的最大似然估计。

假设我们再次生成一个具有均值数量为 ξ 的 n 个独立度量 x_i 值 $\langle\xi\rangle = a$，但现在让每个测量 x_i 具有测量误差 $\epsilon_i = x_i - a$。假设测量误差具有方差 σ_i^2 的高斯分布，所以数据点 i 的概率分布函数为

$$f_i(\xi_i,\sigma_i,a) = \frac{1}{\sqrt{2\pi}\sigma_i}\exp\left[-\frac{1}{2}\frac{(\xi_i - a)^2}{\sigma_i^2}\right] \tag{5-9}$$

通过说明我们有 n 个数据点(x_i，σ_i)来简化这种情况。σ_i 几乎总是被称为测量误差(而不是误差的标准偏差分布)。

我们希望估计 a 的价值。因为它们是独立的，对所有测量的联合似然函数是

$$L(\vec{x},\vec{\sigma},a)=\prod_{i=1}^{n}\frac{1}{\sqrt{2\pi}\sigma_i}\exp\left[-\frac{1}{2}\frac{(x_i-a)^2}{\sigma_i^2}\right] \tag{5-10}$$

对数似然函数为

$$\ell(\vec{x},\vec{\sigma},a)=\sum_{i=1}^{n}\ln\left(\frac{1}{\sqrt{2\pi}\sigma_i}\right)-\frac{1}{2}\sum_{i=1}^{n}\frac{(x_i-a)^2}{\sigma_i^2} \tag{5-11}$$

$\hat{a}$ 的似然方程是

$$0=\left.\frac{\partial\ell}{\partial a}\right|_{\hat{a}}=\frac{\partial}{\partial a}\left[-\frac{1}{2}\sum_{i=1}^{n}\frac{(x_i-a)^2}{\sigma_i^2}\right]_{\hat{a}} \tag{5-12}$$

$$0=\sum_{i=1}^{n}\frac{x_i-\hat{a}}{\sigma_i^2}=\sum_{i=1}^{n}\frac{x_i}{\sigma_i^2}-\hat{a}\sum_{i=1}^{n}\frac{1}{\sigma_i^2}$$

$$\hat{a}=\frac{\sum_{i=1}^{n}(1/\sigma_i^2)x_i}{\sum_{i=1}^{n}(1/\sigma_i^2)} \tag{5-13}$$

设置 $w_i=1/\sigma_i^2$，我们可以得到

$$\hat{a}=\frac{\sum_{i=1}^{n}w_ix_i}{\sum_{i=1}^{n}w_i} \tag{5-14}$$

这与第 4 章中得出的加权平均数是一致的(见方程 4.55)，但应该明确地认识到目前的推导显式地假设误差具有高斯分布，而较早的推导没有。

5.2.3 与最小二乘和 χ^2 最小化的关系

公式 5.12 可以重述为

$$\left.\frac{\partial S}{\partial a}\right|_{\hat{a}}=0 \tag{5-15}$$

其中

$$S=\sum_{i=1}^{n}\frac{\epsilon_i^2}{\sigma_i^2}=\sum_{i=1}^{n}\frac{(x_i-a)^2}{\sigma_i^2}=\sum_{i=1}^{n}w_i(x_i-a)^2 \tag{5-16}$$

数量 S 是 x_i 和 a 之间的加权平方差的总和，等式 5-15 要求将 S 最小化。更一般地，每当误差是高斯分布时，似然方程(方程 5-8)成为平方残差的加权和。由于方程式指定加权总和将被最小化，此过程称为**最小二乘优化**或**最小二乘法估计**。因此，可以从最大似然原理推导出最小二乘优化。

我们也认识到 S 似乎是一个 χ^2 变量(见方程式 2.96)。如果我们把 S 等同为 χ^2，方程 5-15 成为 χ^2 最小化的要求，所以过程通常被称为 χ^2 最小化。然而，这种等同的认识是有偏差的。σ_i^2 的测量值经常不正确，这样的话则 $S\neq\chi^2$。在这种情况下，假设 S 等于 χ^2 将导致不正确的标准偏差和协方差估计参数。因此，我们将一致地使用符号 S 作为加权和

残差并使用“最小二乘法”，而不是“χ^2 最小化”，这样如果发现手头的问题满足 $S=\chi^2$ 我们会收获意外的惊喜。我们会在5.3.3节讨论估计的协方差矩阵时更详细地处理这些问题。

从最大似然原理推导最小二乘优化明确地依赖于残差具有高斯分布的假设。如果残差具有非高斯分布，并且如果该分布是已知的，则最小二乘优化是不合适的，应该返回最大似然原则来估计参数。更常见的是，我们没有任何先前的有关分布的信息。最小二乘优化可能仍然是应该选择的方法，因为中心极限定理保证许多过程都可以由高斯分布近似。另外，在第4章(4.3节和4.4节)中，我们使用方差作为散点的基本度量，然后通过受到估计参数的约束最小化估计平均值的方差。从不需要误差的概率分布函数。这当然是最小二乘优化。因此，最小二乘优化具有独立于最大似然的合理性。因此，当残差的概率分布未知时，它通常是拟合数据模型的默认方法。

最后，参数的最大似然值是模式，因为它们是与似然函数最大值对应的值。一如既往，似然函数的其他单数字表征是可能的——特别是参数的均值和中位数。对于对称分布(例如，高斯分布)，平均值、中位数和模式是相同的，差异是模糊的。但对于强不对称的函数(例如，指数分布)，其他表征可能会更合适。讨论置信区间(6.5节)时，我们会回到这个问题，在第7章关于贝叶斯统计的讨论也涉及此问题。

5.3　多项式对数据的拟合

5.3.1　直线拟合

假设我们有 n 个独立的数据点 $\{x_i, y_i, \sigma_i\}$，其中 y_i 具有误差 σ_i，但是 x_i 是准确知道的。进一步假设数据点如图5-1所示分布。为了刻画这种分布，只用均值和方差是不够的，甚至会带来误导。分布长而瘦的形状表明它将会更准确地建模成具有分散的直线。本节显示如何使用直线通过最小二乘法来拟合数据，然后推广到任意维度多项式的拟合。

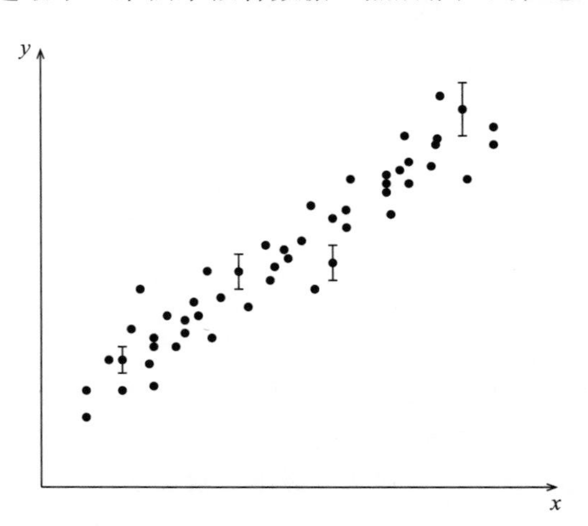

图5-1　数据点 (x_i, y_i, σ_i) 的分布。x_i 的价值是精确的，而 y_i 有误差 σ_i。这里显示几个代表点的误差栏。只通过平均值和方差来刻画这一分布将是不够的

我们可以想象每个数据点 (x_i, y_i, σ_i) 从概率分布函数以 y 取样，函数的平均值随 x 变化，如图5-2所示。让我们假设 y 的值是从高斯分布中得出的

$$f(y) \propto \exp\left[-\frac{(y-\mu)^2}{2\sigma^2}\right] \tag{5-17}$$

其中 μ 和 σ 都取决于 x。每个 x_i 都明确给出了 σ 的值。假设 μ 线性地随 x 改变，

$$\mu = a_0 + a_1 x \tag{5-18}$$

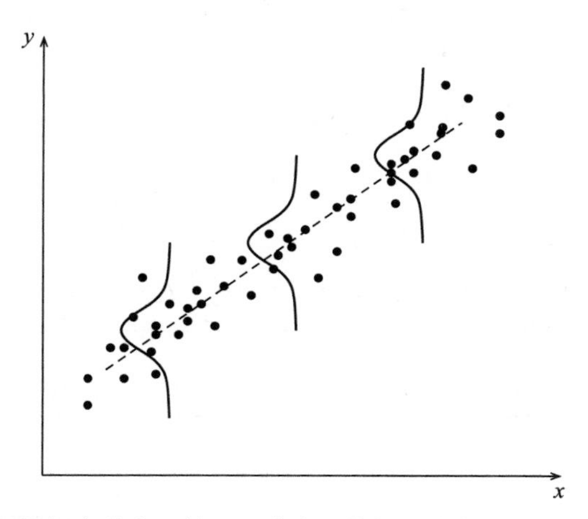

图 5-2　根据概率分布函数以 y 分布的数据。分布的均值是 x 的函数

单个的概率分布为

$$f(y) \propto \exp\left[-\frac{(y-a_0-a_1 x_i)^2}{2\sigma_i^2}\right] \tag{5-19}$$

目标是估计 a_0 和 a_1。

我们可以通过两种方式来解决这个问题。由于误差的概率分布是已知的，因此我们可以应用最大似然原理。单数据点的似然函数是

$$L(x_i, y_i, \sigma_i, a_0, a_1) \propto \exp\left[-\frac{(y_i-a_0-a_1 x_i)^2}{2\sigma_i^2}\right] \tag{5-20}$$

因为数据点是独立的，所以联合似然函数是个体似然函数的乘积。因此对数似然函数为

$$\begin{aligned}\ell(\vec{x}, \vec{y}, \vec{\sigma}, a_0, a_1) &= -\frac{1}{2}\sum_{i=1}^{n}\frac{(y_i-a_0-a_1 x_i)^2}{\sigma_i^2}+c \\ &= -\frac{1}{2}\sum_{i=1}^{n} w_i (y_i-a_0-a_1 x_i)^2+c\end{aligned} \tag{5-21}$$

其中 c 是常数，我们设 $w_i=1/\sigma_i^2$。最大似然估计值可以通过将 $\ell(\vec{x}, \vec{y}, \vec{\sigma}, a_0, a_1)$ 对 a_0 和 a_1 的偏导数设置为 0 来找到参数。

或者如果 y_i 的概率分布是未知的，我们可以绕过最大似然原理，简单地最小化平方的加权和残差：

$$S = \sum_{i=1}^{n} w_i (y_i-a_0-a_1 x_i)^2 \tag{5-22}$$

方程 5-22 与方程 5-21 的比较表明，相同的 a_0 和 a_1 可以让 S 达到其最小值，同时 $\ell(\vec{x}, \vec{y}, \vec{\sigma}, a_0, a_1)$ 达到最大值。这样 a_0 和 a_1 的最小二乘估计与最大似然估计是一致的。由于误差分布函数通常是未知的，我们将采用最小二乘法术语和形式，在本节的末尾保留一个需要最大似然估计的例子。

进一步，通过将对于 a_0 和 a_1 的导数设置为零，我们最小化 S：

$$0=\frac{\partial S}{\partial a_0}=-2\sum_i w_i(y_i-\hat{a}_0-\hat{a}_1x_i) \tag{5-23}$$

$$0=\frac{\partial S}{\partial a_1}=-2\sum_i w_ix_i(y_i-\hat{a}_0-\hat{a}_1x_i) \tag{5-24}$$

将帽符放在 $\hat{a}_0$ 和 $\hat{a}_1$ 上，因为它们现在是拟合的值。扩展和重新排列这些方程，我们发现

$$\hat{a}_0\sum_i w_i+\hat{a}_1\sum_i w_ix_i=\sum_i w_iy_i \tag{5-25}$$

$$\hat{a}_0\sum_i w_ix_i+\hat{a}_1\sum_i w_ix_i^2=\sum_i w_ix_iy_i \tag{5-26}$$

方程5-25和5-26称为正规方程。它们在 $\hat{a}_0$ 和 $\hat{a}_1$ 中是线性的，而且很容易求解

$$\hat{a}_0=\frac{(\sum_i w_ix_i^2)(\sum_i w_iy_i)-(\sum_i w_ix_i)(\sum_i w_ix_iy_i)}{\Delta} \tag{5-27}$$

$$\hat{a}_1=\frac{(\sum_i w_i)(\sum_i w_ix_iy_i)-(\sum_i w_iy_i)(\sum_i w_iy_i)}{\Delta} \tag{5-28}$$

为了紧凑起见

$$\Delta=\left(\sum_i w_i\right)\left(\sum_i w_ix_i^2\right)-\left(\sum_i w_ix_i\right)^2 \tag{5-29}$$

以下示例显示了用直线对数据的拟合。我们在接下来的几个章节将反复用到此示例。

示例：通过最小二乘法，将直线

$$y=a_0+a_1x$$

拟合到表5-1中列出的数据点。我们将拟合两次，先是无权重的，然后再加上权重。误差具体形式的概率分布是未知的。我们最初假设分布的方差由 σ^2 正确给出，但在继续5.3.3节末尾的例子时需要放宽这一假设。

未加权拟合：我们可以通过简单地设置所有的标准偏差等于1.0来模拟未加权的最小二乘法数据点，使其权重也变为1.0。我们得到

$\sum w_i=\sum 1=12$　　$\sum w_iy_i=\sum y_i=20.75$

$\sum w_ix_i=\sum x_i=70.56$　　$\sum w_ix_iy_i=\sum x_iy_i=129.57$

$\sum w_ix_i^2=\sum x_i^2=425.57$　　$\Delta=128.18$

然后从方程5-27和5-28，拟合的参数是

$$\hat{a}_0=-2.43$$

$$\hat{a}_1=0.707$$

表5-1　x、y 和 σ 的数据点

x	y	σ	x	y	σ	x	y	σ
4.41	0.43	0.08	5.32	1.26	0.32	6.60	2.75	0.18
4.60	0.99	0.15	5.81	0.95	0.40	6.99	2.64	0.08
4.95	0.87	0.22	5.89	1.79	0.35	7.13	3.01	0.05
5.28	2.09	0.32	6.36	2.00	0.25	7.22	1.97	0.99

拟合的图在 5.3 的左半边。即使对于这个简单的例子，如果手算完成，计算也是耗时且乏味的。手工计算在现实的最小二乘应用中很少是可行的。

加权拟合：设置权重等于 $w_i=1/\sigma_1^2$，我们发现更加乏味的计算：

$$\sum w_i=859.43 \qquad \sum w_i y_i=1917.81$$
$$\sum w_i x_i=5440.71 \qquad \sum w_i x_i y_i=13\ 127.58$$
$$\sum w_i x_i^2=35\ 542.25 \qquad \Delta=944\ 946.8$$

拟合的参数是

$$\hat{a}_0=-3.45$$
$$\hat{a}_1=0.897$$

拟合如图 5-3 右图所示。

我们将在 5.3.3 节中讨论拟合参数的方差和协方差，你将发现加权和非加权拟合之间的差异很大。两者之间的巨大差异是由于在数据点的标准偏差之间差异较大引起的。例如，在 $x=7.22$ 处，计数与未加权拟合中的前一点相同，但其权重是加权拟合的近 400 倍。

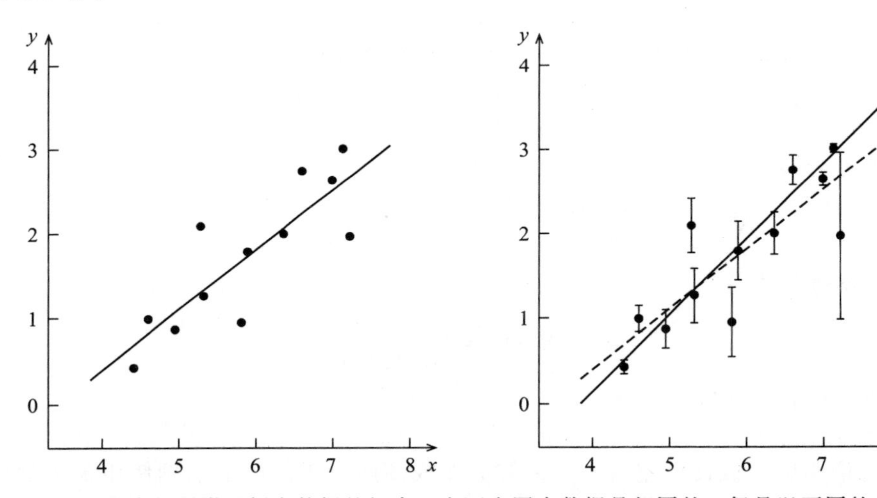

图 5-3 直线与所附示例中数据的拟合。在两个图中数据是相同的，但是以不同的方式加权。左图显示没有误差条的数据点且拟合是未加权的。右图显示数据点误差条，并且拟合被加权。右图中的虚线重复未加权拟合数据以便进行比较

正规方程可以以矩阵方程的形式来表达

$$\begin{pmatrix} \sum_i w_i & \sum_i w_i x_i \\ \sum_i w_i x_i & \sum_i w_i x_i^2 \end{pmatrix} \begin{pmatrix} \hat{a}_0 \\ \hat{a}_1 \end{pmatrix} = \begin{pmatrix} \sum_i w_i y_i \\ \sum_i w_i x_i y_i \end{pmatrix} \tag{5-30}$$

矩阵的解为

$$\begin{pmatrix} \hat{a}_0 \\ \hat{a}_1 \end{pmatrix} = \begin{pmatrix} \sum_i w_i & \sum_i w_i x_i \\ \sum_i w_i x_i & \sum_i w_i x_i^2 \end{pmatrix}^{-1} \begin{pmatrix} \sum_i w_i y_i \\ \sum_i w_i x_i y_i \end{pmatrix} \tag{5-31}$$

如果我们定义矩阵 $\boldsymbol{N}$，称为正规矩阵

$$\boldsymbol{N} = \begin{bmatrix} \sum_i w_i & \sum_i w_i x_i \\ \sum_i w_i x_i & \sum_i w_i x_i^2 \end{bmatrix} \tag{5-32}$$

两个向量 $\hat{\boldsymbol{a}}$ 和 $\boldsymbol{Y}$ 为

$$\hat{\boldsymbol{a}} = \begin{pmatrix} \hat{a}_0 \\ \hat{a}_1 \end{pmatrix} \quad \text{and} \quad \boldsymbol{Y} = \begin{bmatrix} \sum_i w_i y_i \\ \sum_i w_i x_i y_i \end{bmatrix} \tag{5-33}$$

那么用矩阵表示，正规方程变为

$$\boldsymbol{N}\hat{\boldsymbol{a}} = \boldsymbol{Y} \tag{5-34}$$

该解采用一种简单的形式

$$\hat{\boldsymbol{a}} = \boldsymbol{N}^{-1}\boldsymbol{Y} \tag{5-35}$$

虽然矩阵形式主义对于直线的拟合没有多大的帮助，但我们在后面的章节将会看到它大大简化了更复杂的拟合。

示例：对于上述示例，加权的正则矩阵和 $\boldsymbol{Y}$ 向量最小二乘法是

$$\boldsymbol{N} = \begin{pmatrix} 859.43 & 5440.71 \\ 5440.71 & 35\,542.25 \end{pmatrix} \quad 和 \quad \boldsymbol{Y} = \begin{pmatrix} 1917.81 \\ 13\,127.58 \end{pmatrix}$$

正规矩阵的逆是

$$\boldsymbol{N}^{-1} = \begin{pmatrix} 3.7612 \times 10^{-2} & -5.7575 \times 10^{-3} \\ -5.7575 \times 10^{-3} & 9.0951 \times 10^{-4} \end{pmatrix}$$

最小二乘拟合的解是

$$\hat{\boldsymbol{a}} = \boldsymbol{N}^{-1}\boldsymbol{Y} = \begin{pmatrix} -3.45 \\ 0.897 \end{pmatrix}$$

这个结果当然与上一个例子相同。

前面的讨论明确地假设误差有一个未知分布或高斯分布。以下示例使用最大似然原则将直线拟合为具有非高斯分布的数据。

示例：假设有 n 个独立的数据点(x_i, k_i)，其中 k_i 是具有泊松分布的整数

$$P(k,\mu) = \frac{\mu^k}{k!}\exp[-\mu]$$

我们希望借助最大似然原理使用直线来拟合数据。设置 $\mu = a_0 + a_1 x$。似然函数变为

$$L(\vec{x}, \vec{k}, a_0, a_1) = \prod_{i=1}^{n} \frac{(a_0 + a_1 x_1)^{k_i}}{k_i!}\exp[-a_0 - a_1 x_i]$$

并且对数似然函数变为

$$\begin{aligned} \ell(\vec{x}, \vec{k}, a_0, a_1) &= \sum_{i=1}^{n} \ln\left[\frac{(a_0 + a_1 x_i)^{k_i}}{k_i!}\exp[-a_0 - a_1 x_i]\right] \\ &= \sum_{i=1}^{n} [k_i \ln(a_0 + a_1 x_i) - \ln(k_i!) - a_0 - a_1 x_i] \end{aligned}$$

为了找到 $\hat{a}_0$ 和 $\hat{a}_1$ 的最大似然估计值，设置相对于 a_0 和 a_1 的偏导数等于零：

$$0=\frac{\partial \ell}{\partial a_0}=\sum_{i=1}^{n}\left[\frac{k_i}{\hat{a}_0+\hat{a}_1 x_i}-1\right]$$

$$0=\frac{\partial \ell}{\partial a_1}=\sum_{i=1}^{n}\left[\frac{x_i k_i}{\hat{a}_0+\hat{a}_1 x_i}-x_i\right]$$

等价于

$$\sum_{i=1}^{n}\frac{k_i}{\hat{a}_0+\hat{a}_1 x_i}=n$$

$$\sum_{i=1}^{n}\frac{x_i k_i}{\hat{a}_0+\hat{a}_1 x_i}=\sum_{i=1}^{n}x_i$$

这两个方程可以用于求解 $\hat{a}_0$ 和 $\hat{a}_1$。由于方程是非线性的，使用数值方法可以找到 $\hat{a}_0$ 和 $\hat{a}_1$ 的值。

5.3.2 任意多项式拟合

我们现在拓展到任意维度的多项式。像以前一样，给定 n 个独立数据点 (x_i, y_i, σ_i)，其中 y_i 具有误差 σ_i，x_i 被认为已知而且没有误差。我们希望使用以下函数来拟合数据点

$$y=a_0+a_1 x+a_2 x^2+\cdots+a_m x^m \tag{5-36}$$

我们假设误差是独立的并且有高斯分布，公式 5-18 可以拓展为

$$\mu=a_0+a_1 x+a_2 x^2+\cdots+a_m x^m \tag{5-37}$$

y 的概率分布变为(与公式 5-19 相比)

$$f(y)\propto \exp\left[-\frac{1}{2}\frac{(y-a_0-a_1 x_i-a_2 x_i^2-\cdots-a_m x_i^m)^2}{\sigma_i^2}\right] \tag{5-38}$$

并且对数似然函数变为

$$\ell=\sum_{i=1}^{n}\ln[f(y_i)]=-\frac{1}{2}\sum_{i=1}^{n}w_i(y_i-a_0-a_1 x_i-a_2 x_i^2-\cdots-a_m x_i^m)^2+c \tag{5-39}$$

其中 $w_i=1/\sigma_i^2$。通过解决 $m+1$ 似然方程来确定 a_j 的最大似然值

$$\frac{\partial \ell}{\partial a_j}=0 \tag{5-40}$$

在最小二乘估计的语言中，加权平方和的总和数据点和多项式模型之间的残差变为(与方程 5-22 相比)

$$S=\sum_{i=1}^{n}w_i(y_i-a_0-a_1 x_i-a_2 x_i^2-\cdots-a_m x_i^m)^2 \tag{5-41}$$

a_j 的最小二乘估计由 $m+1$ 方程的解决方案给出

$$\frac{\partial S}{\partial a_j}=0 \tag{5-42}$$

将等式 5-39 和 5-40 与等式 5-41 和 5-42 进行比较，我们再次看到，如果误差具有相同的高斯分布，则 a_j 的最大似然和最小二乘估计是一致的。

由于等式 5-41 和 5-42(或等式 5-39 和 5-40，如果愿意)是线性的参数拟合，它们很容易被求解。从等式 5-30 推广，我们获得矩阵形式的正规方程：

$$\begin{pmatrix} \sum w_i & \sum w_i x_i & \cdots & \sum w_i x_i^m \\ \sum w_i x_i & \sum w_i x_i^2 & \cdots & \sum w_i x_i^{m+1} \\ \vdots & \vdots & & \vdots \\ \sum w_i x_i^m & \sum w_i x_i^{m+1} & \cdots & \sum w_i x_i^{2m} \end{pmatrix} \begin{pmatrix} \hat{a}_0 \\ \hat{a}_1 \\ \vdots \\ \hat{a}_m \end{pmatrix} = \begin{pmatrix} \sum w_i y_i \\ \sum w_i x_i y_i \\ \vdots \\ \sum w_i x_i^m y_i \end{pmatrix} \tag{5-43}$$

其中所有的总和取自 $i=1$ 到 n。解决方案是

$$\begin{pmatrix} \hat{a}_0 \\ \hat{a}_1 \\ \vdots \\ \hat{a}_m \end{pmatrix} = \begin{pmatrix} \sum w_i & \sum w_i x_i & \cdots & \sum w_i x_i^m \\ \sum w_i x_i & \sum w_i x_i^2 & \cdots & \sum w_i x_i^{m+1} \\ \vdots & \vdots & & \vdots \\ \sum w_i x_i^m & \sum w_i x_i^{m+1} & \cdots & \sum w_i x_i^{2m} \end{pmatrix}^{-1} \begin{pmatrix} \sum w_i y_i \\ \sum w_i x_i y_i \\ \vdots \\ \sum w_i x_i^m y_i \end{pmatrix} \tag{5-44}$$

公式 5-43 和 5-44 可以用矩阵写成紧凑的形式。可以让正规矩阵等于

$$\mathbf{N} = \begin{bmatrix} \sum w_i & \sum w_i x_i & \cdots & \sum w_i x_i^m \\ \sum w_i x_i & \sum w_i x_i^2 & \cdots & \sum w_i x_i^{m+1} \\ \vdots & \vdots & & \vdots \\ \sum w_i x_i^m & \sum w_i x_i^{m+1} & \cdots & \sum w_i x_i^{2m} \end{bmatrix} \tag{5-45}$$

并设置

$$\hat{\boldsymbol{a}} = \begin{pmatrix} \hat{a}_0 \\ \hat{a}_1 \\ \vdots \\ \hat{a}_m \end{pmatrix} \quad 且 \quad \mathbf{Y} = \begin{pmatrix} \sum w_i y_i \\ \sum w_i x_i y_i \\ \vdots \\ \sum w_i x_i^m y_i \end{pmatrix} \tag{5-46}$$

正规方程成为

$$\mathbf{N}\hat{\boldsymbol{a}} = \mathbf{Y} \tag{5-47}$$

解决方案是

$$\hat{\boldsymbol{a}} = \mathbf{N}^{-1}\mathbf{Y} \tag{5-48}$$

这些与方程 5-34 和 5-35 是一致的。

5.3.3 方差、协方差和偏差

矩阵符号的扩展：方程 5-44 给出了 a_j 的估计值，仅仅估计是不够的。我们需要知道在大多程度上可以信任它们——我们需要知道它们的方差、协方差和偏差。首先注意，因为存在测量误差，多项式不会通过所有的单个数据点。我们可以通过设置以下方程来表示

$$y_i = a_0 + a_1 x_i + a_2 x_i^2 + \cdots + a_m x_i^m + \epsilon_i \tag{5-49}$$

其中，ϵ_i 是多项式周围的数据点的分散。ϵ_i 具有零均值，相互是不相关的，它们的个体差异等于 σ_i^2

$$\langle \epsilon_i \rangle = 0 \tag{5-50}$$

$$\langle \epsilon_i \ \epsilon_j \rangle = \sigma_i^2 \delta_{ij} \tag{5-51}$$

如果已经知道误差是独立的并且具有高斯分布，那么这些属性被暗示，方程 5-50 和 5-51 不添加任何新信息。但是，如果误差分布是未知的，这些都是独立的假设。

为了避免烦琐而不透明的代数，我们来扩展矩阵表示法。定义向量 $\boldsymbol{y}$，ϵ和 $\boldsymbol{a}$ 为

$$\boldsymbol{y}=\begin{pmatrix}y_1\\y_2\\\vdots\\y_n\end{pmatrix}\quad \epsilon=\begin{pmatrix}\epsilon_1\\\epsilon_2\\\vdots\\\epsilon_n\end{pmatrix}\quad \boldsymbol{a}=\begin{pmatrix}a_0\\a_1\\\vdots\\a_m\end{pmatrix}\tag{5-52}$$

$n\times(m+1)$矩阵 $\boldsymbol{X}$ 和 $n\times n$ 矩阵 $\boldsymbol{W}$ 为

$$\boldsymbol{X}=\begin{pmatrix}1&x_1&\cdots&x_1^m\\1&x_2&\cdots&x_2^m\\\vdots&\vdots&&\vdots\\1&x_n&\cdots&x_n^m\end{pmatrix}\quad \boldsymbol{W}=\begin{pmatrix}w_1&0&\cdots&0\\0&w_2&\cdots&0\\\vdots&\vdots&&\vdots\\0&0&\cdots&w_n\end{pmatrix}\tag{5-53}$$

很容易验证正规矩阵(方程 5-45)由下式给出

$$\boldsymbol{N}=\boldsymbol{X}^{\mathrm{T}}\boldsymbol{W}\boldsymbol{X}\tag{5-54}$$

和 $\boldsymbol{Y}$ 向量(方程 5-46)由下式给出

$$\boldsymbol{Y}=\boldsymbol{X}^{\mathrm{T}}\boldsymbol{W}\boldsymbol{y}\tag{5-55}$$

方程 5-49 变成了

$$\boldsymbol{y}=\boldsymbol{X}\boldsymbol{a}+\boldsymbol{\epsilon}\tag{5-56}$$

公式 5-41 成为

$$S=(\boldsymbol{y}-\boldsymbol{X}\boldsymbol{a})^{\mathrm{T}}\boldsymbol{W}(\boldsymbol{y}-\boldsymbol{X}\boldsymbol{a})\tag{5-57}$$

正规方程(方程 5-43)变成了

$$(\boldsymbol{X}^{\mathrm{T}}\boldsymbol{W}\boldsymbol{X})\hat{\boldsymbol{a}}=\boldsymbol{X}^{\mathrm{T}}\boldsymbol{W}\boldsymbol{y}\tag{5-58}$$

并且解(方程 5-44)变成

$$\hat{\boldsymbol{a}}=(\boldsymbol{X}^{\mathrm{T}}\boldsymbol{W}\boldsymbol{X})^{-1}\boldsymbol{X}^{\mathrm{T}}\boldsymbol{W}\boldsymbol{y}\tag{5-59}$$

参数的估计是没有偏见的：用这个表示法现在很容易证明 a 是无偏的。使用方程 5-56 取代方程 5-59 中的 y：

$$\begin{aligned}\hat{\boldsymbol{a}}&=(\boldsymbol{X}^{\mathrm{T}}\boldsymbol{W}\boldsymbol{X})^{-1}\boldsymbol{X}^{\mathrm{T}}\boldsymbol{W}(\boldsymbol{X}\boldsymbol{a}+\boldsymbol{\epsilon})\\&=(\boldsymbol{X}^{\mathrm{T}}\boldsymbol{W}\boldsymbol{X})^{-1}(\boldsymbol{X}^{\mathrm{T}}\boldsymbol{W}\boldsymbol{X})\boldsymbol{a}+(\boldsymbol{X}^{\mathrm{T}}\boldsymbol{W}\boldsymbol{X})^{-1}\boldsymbol{X}^{\mathrm{T}}\boldsymbol{W}\boldsymbol{\epsilon}\\&=\boldsymbol{a}+(\boldsymbol{X}^{\mathrm{T}}\boldsymbol{W}\boldsymbol{X})^{-1}\boldsymbol{X}^{\mathrm{T}}\boldsymbol{W}\boldsymbol{\epsilon}\end{aligned}\tag{5-60}$$

取 $\hat{\boldsymbol{a}}$ 的平均值，我们有

$$\langle\hat{\boldsymbol{a}}\rangle=\langle\boldsymbol{a}+(\boldsymbol{X}^{\mathrm{T}}\boldsymbol{W}\boldsymbol{X})^{-1}\boldsymbol{X}^{\mathrm{T}}\boldsymbol{W}\boldsymbol{\epsilon}\rangle=\boldsymbol{a}+(\boldsymbol{X}^{\mathrm{T}}\boldsymbol{W}\boldsymbol{X})^{-1}\boldsymbol{X}^{\mathrm{T}}\boldsymbol{W}\langle\boldsymbol{\epsilon}\rangle\tag{5-61}$$

由于$\langle\boldsymbol{\epsilon}\rangle=0$，我们得到

$$\langle\hat{\boldsymbol{a}}\rangle=\boldsymbol{a}\tag{5-62}$$

因此，估计的参数是无偏的。

协方差矩阵：尽管 $\hat{a}_i$ 是参数 a_i 的最佳估计值，但是作为一个估计，其数值与真实值还是不同的，差异的大小可以用其差异的方差[⊖]来刻画

$$\sigma_{\hat{i}}^2=\langle(\hat{a}_i-a_i)^2\rangle\tag{5-63}$$

另外，由于相关性，$\hat{a}_i$和 a_i 之间的差异可能会受到其他参数的估计值和真值影响。这些相关性可以用协方差来刻画

⊖ 下标(如 $\sigma_{\hat{1}\hat{2}}$)上带有帽符的希腊字母 σ 表示拟合参数的方差和协方差，但在下标上没有帽符(例如，σ_{12})，它表示原始数据点的方差和协方差，两个非常不同的量的细微差别。

$$\sigma_{\hat{ij}} = \langle (\hat{a}_i - a_i)(\hat{a}_j - a_j) \rangle \tag{5-64}$$

方差和协方差可以被收集在一起形成协方差矩阵估计参数：

$$C = \begin{pmatrix} \sigma^2_{\hat{0}} & \sigma^2_{\hat{01}} & \cdots & \sigma^2_{\hat{0m}} \\ \sigma_{\hat{10}} & \sigma^2_{\hat{1}} & \cdots & \sigma_{\hat{1m}} \\ \vdots & \vdots & & \vdots \\ \sigma_{\hat{m0}} & \sigma_{\hat{m1}} & \cdots & \sigma^2_{\hat{m}} \end{pmatrix}$$

$$= \begin{pmatrix} \langle (\hat{a}_0 - a_0)^2 \rangle & \langle (\hat{a}_0 - a_0)(\hat{a}_1 - a_1) \rangle & \cdots & \langle (\hat{a}_0 - a_0)(\hat{a}_m - a_m) \rangle \\ \langle (\hat{a}_1 - a_1)(\hat{a}_0 - a_0) \rangle & \langle (\hat{a}_1 - a_1)(\hat{a}_1 - a_1) \rangle & \cdots & \langle (\hat{a}_1 - a_1)(\hat{a}_m - a_m) \rangle \\ \vdots & \vdots & & \vdots \\ \langle (\hat{a}_m - a_m)(\hat{a}_0 - a_0) \rangle & \langle (\hat{a}_m - a_m)(\hat{a}_1 - a_1) \rangle & \cdots & \langle (\hat{a}_m - a_m)^2 \rangle \end{pmatrix}$$

$$= \left\langle \begin{pmatrix} \hat{a}_0 - a_0 \\ \hat{a}_1 - a_1 \\ \vdots \\ \hat{a}_m - a_m \end{pmatrix} (\hat{a}_0 - a_0,\ \hat{a}_1 - a_1, \cdots, \hat{a}_m - a_m) \right\rangle \tag{5-65}$$

这可以写得更简洁

$$\boldsymbol{C} = \langle (\hat{\boldsymbol{a}} - \boldsymbol{a})(\hat{\boldsymbol{a}} - \boldsymbol{a})^{\mathrm{T}} \rangle \tag{5-66}$$

协方差矩阵是至关重要的，因为它量化了参数的估计值在多大程度上可以被信任。从方程 5-60 可知协方差矩阵是

$$\begin{aligned} \boldsymbol{C} &= \langle \{ (\boldsymbol{X}^{\mathrm{T}}\boldsymbol{W}\boldsymbol{X})^{-1}\boldsymbol{X}^{\mathrm{T}}\boldsymbol{W}\,\epsilon \} \{ (\boldsymbol{X}^{\mathrm{T}}\boldsymbol{W}\boldsymbol{X})^{-1}\boldsymbol{X}^{\mathrm{T}}\boldsymbol{W}\,\epsilon \}^{\mathrm{T}} \rangle \\ &= \langle (\boldsymbol{X}^{\mathrm{T}}\boldsymbol{W}\boldsymbol{X})^{-1}\boldsymbol{X}^{\mathrm{T}}\boldsymbol{W}\,\epsilon\epsilon^{\mathrm{T}}\boldsymbol{W}^{\mathrm{T}}\boldsymbol{X}\{ (\boldsymbol{X}^{\mathrm{T}}\boldsymbol{W}\boldsymbol{X})^{-1} \}^{\mathrm{T}} \rangle \\ &= (\boldsymbol{X}^{\mathrm{T}}\boldsymbol{W}\boldsymbol{X})^{-1}\boldsymbol{X}^{\mathrm{T}}\boldsymbol{W}\langle \epsilon\epsilon^{\mathrm{T}} \rangle \boldsymbol{W}^{\mathrm{T}}\boldsymbol{X}\{ (\boldsymbol{X}^{\mathrm{T}}\boldsymbol{W}\boldsymbol{X})^{-1} \}^{\mathrm{T}} \end{aligned} \tag{5-67}$$

我们评估$\langle \boldsymbol{\epsilon\epsilon}^{\mathrm{T}} \rangle$如下(注意，下标从 1 运行到 n，因为ϵ_i 是数据点中的误差)：

$$\langle \boldsymbol{\epsilon\epsilon}^{\mathrm{T}} \rangle = \begin{pmatrix} \langle \epsilon_1\ \epsilon_1 \rangle & \langle \epsilon_1\ \epsilon_2 \rangle & \cdots & \langle \epsilon_1\ \epsilon_n \rangle \\ \langle \epsilon_2\ \epsilon_1 \rangle & \langle \epsilon_2\ \epsilon_2 \rangle & \cdots & \langle \epsilon_2\ \epsilon_n \rangle \\ \vdots & \vdots & & \vdots \\ \langle \epsilon_n\ \epsilon_1 \rangle & \langle \epsilon_n\ \epsilon_2 \rangle & \cdots & \langle \epsilon_n\ \epsilon_n \rangle \end{pmatrix} = \begin{pmatrix} \sigma_{11} & \sigma_{12} & \cdots & \sigma_{1n} \\ \sigma_{21} & \sigma_{22} & \cdots & \sigma_{2n} \\ \vdots & \vdots & & \vdots \\ \sigma_{n1} & \sigma_{n2} & \cdots & \sigma_{nn} \end{pmatrix} \tag{5-68}$$

但是由于$\langle \epsilon_i\ \epsilon_j \rangle = \sigma_i^2\delta_{ij}$，我们可以得到

$$\langle \boldsymbol{\epsilon\epsilon}^{\mathrm{T}} \rangle = \begin{pmatrix} \sigma_1^2 & 0 & \cdots & 0 \\ 0 & \sigma_2^2 & \cdots & 0 \\ \vdots & \vdots & & \vdots \\ 0 & 0 & \cdots & \sigma_n^2 \end{pmatrix} = \boldsymbol{W}^{-1} \tag{5-69}$$

公式 5-67 现在变成了

$$\begin{aligned} \boldsymbol{C} &= (\boldsymbol{X}^{\mathrm{T}}\boldsymbol{W}\boldsymbol{X})^{-1}\boldsymbol{X}^{\mathrm{T}}\boldsymbol{W}\boldsymbol{W}^{-1}\boldsymbol{W}^{\mathrm{T}}\boldsymbol{X}\{ (\boldsymbol{X}^{\mathrm{T}}\boldsymbol{W}\boldsymbol{X})^{-1} \}^{\mathrm{T}} \\ &= (\boldsymbol{X}^{\mathrm{T}}\boldsymbol{W}\boldsymbol{X})^{-1}\boldsymbol{X}^{\mathrm{T}}\boldsymbol{W}^{\mathrm{T}}\boldsymbol{X}\{ (\boldsymbol{X}^{\mathrm{T}}\boldsymbol{W}\boldsymbol{X})^{-1} \}^{\mathrm{T}} \end{aligned} \tag{5-70}$$

由于 $\boldsymbol{W}$ 和 $\boldsymbol{X}^{\mathrm{T}}\boldsymbol{W}\boldsymbol{X}$ 对称，它们等于它们的转置，所以协方差阵变为

$$\boldsymbol{C} = (\boldsymbol{X}^{\mathrm{T}}\boldsymbol{W}\boldsymbol{X})^{-1}\boldsymbol{X}^{\mathrm{T}}\boldsymbol{W}\boldsymbol{X}(\boldsymbol{X}^{\mathrm{T}}\boldsymbol{W}\boldsymbol{X})^{-1} = (\boldsymbol{X}^{\mathrm{T}}\boldsymbol{W}\boldsymbol{X})^{-1} = \boldsymbol{N}^{-1} \tag{5-71}$$

这是一个了不起的结果。协方差矩阵等于正规矩阵的逆！既然我们必须计算正规矩阵和它的逆矩阵，我们就不费额外计算地得到了协方差矩阵。

协方差矩阵估计：尽管漂亮，方程 5-71 是不够的，因为它假设 $w_i = 1/\langle \epsilon_i^2 \rangle = 1/\sigma_i^2$ 正确地给出权重。在实践中，由数据点提供的 σ_i 值通常是不准确的。如果是这样的话则 $\langle \epsilon_i^2 \rangle \neq \sigma_i^2$，等式 5-69 不再正确。处理这个问题的常用方法是假设真实权重与 $1/\sigma_i^2$ 成比例。方程 5-59 仍然给出了正确的 $\hat{a}$ 的值，因为比例常数在 $\boldsymbol{W}$ 和 $\boldsymbol{W}^{-1}$ 的乘积中抵消了；但由方程 5-71 给出的协方差矩阵不再正确，因为比例常数不会取消。采用这个假设，我们用下式取代方程 5-51

$$\langle \epsilon_i \epsilon_j \rangle = \sigma^2 \sigma_i^2 \delta_{ij} \tag{5-72}$$

其中 σ^2 是比例常数。可以给出真正的权重

$$\text{true weights} = \frac{1}{\sigma^2 \sigma_i^2} = \frac{w_i}{\sigma^2} \tag{5-73}$$

比例常数与我们第一次在等式 4.43 和等式 4.44 中遇到的单位权重方差相同。公式 5-71 成为

$$\boldsymbol{C} = \sigma^2 (\boldsymbol{X}^{\mathrm{T}} \boldsymbol{W} \boldsymbol{X})^{-1} = \sigma^2 \boldsymbol{N}^{-1} \tag{5-74}$$

我们现在展示如何估计 σ^2。除了最忠实的读者之外，所有人都可能想跳过这个令人厌烦的推导，并跳转到本节结尾处的总结。要找到我们最小化参数的估计值，设置

$$S = \boldsymbol{\epsilon}^{\mathrm{T}} \boldsymbol{W} \boldsymbol{\epsilon} = (\boldsymbol{y} - \boldsymbol{X}\boldsymbol{a})^{\mathrm{T}} \boldsymbol{W} (\boldsymbol{y} - \boldsymbol{X}\boldsymbol{a}) \tag{5-75}$$

S 的数值最小的是

$$\hat{S}_{\min} = (\boldsymbol{y} - \boldsymbol{X}\hat{\boldsymbol{a}})^{\mathrm{T}} \boldsymbol{W} (\boldsymbol{y} - \boldsymbol{X}\hat{\boldsymbol{a}}) \tag{5-76}$$

加减 $\boldsymbol{X}\boldsymbol{a}$ 到 $\boldsymbol{y} - \boldsymbol{X}\hat{\boldsymbol{a}}$，然后重新排列条件：

$$\begin{aligned} \hat{S}_{\min} &= (\boldsymbol{y} - \boldsymbol{X}\hat{\boldsymbol{a}} - \boldsymbol{X}\boldsymbol{a} + \boldsymbol{X}\boldsymbol{a})^{\mathrm{T}} \boldsymbol{W} (\boldsymbol{y} - \boldsymbol{X}\hat{\boldsymbol{a}} - \boldsymbol{X}\boldsymbol{a} + \boldsymbol{X}\boldsymbol{a}) \\ &= [(\boldsymbol{y} - \boldsymbol{X}\boldsymbol{a}) - \boldsymbol{X}(\hat{\boldsymbol{a}} - \boldsymbol{a})]^{\mathrm{T}} \boldsymbol{W} [(\boldsymbol{y} - \boldsymbol{X}\boldsymbol{a}) - \boldsymbol{X}(\hat{\boldsymbol{a}} - \boldsymbol{a})] \end{aligned} \tag{5-77}$$

记住 $\boldsymbol{y} - \boldsymbol{X}\boldsymbol{a} = \boldsymbol{\epsilon}$，并使用方程 5-60 取代 $(\hat{\boldsymbol{a}} - \boldsymbol{a})$ 我们发现

$$\begin{aligned} \hat{S}_{\min} &= [\boldsymbol{\epsilon} - \boldsymbol{X}(\boldsymbol{X}^{\mathrm{T}}\boldsymbol{W}\boldsymbol{X})^{-1}\boldsymbol{X}^{\mathrm{T}}\boldsymbol{W}\boldsymbol{\epsilon}]^{\mathrm{T}} \boldsymbol{W} [\boldsymbol{\epsilon} - \boldsymbol{X}(\boldsymbol{X}^{\mathrm{T}}\boldsymbol{W}\boldsymbol{X})^{-1}\boldsymbol{X}^{\mathrm{T}}\boldsymbol{W}\boldsymbol{\epsilon}] \\ &= \boldsymbol{\epsilon}^{\mathrm{T}}\boldsymbol{W}\boldsymbol{\epsilon} - \boldsymbol{\epsilon}^{\mathrm{T}}\boldsymbol{W}^{\mathrm{T}}\boldsymbol{X}[(\boldsymbol{X}^{\mathrm{T}}\boldsymbol{W}\boldsymbol{X})^{-1}]^{\mathrm{T}}\boldsymbol{X}^{\mathrm{T}}\boldsymbol{W}\boldsymbol{\epsilon} \\ &\quad - \boldsymbol{\epsilon}^{\mathrm{T}}\boldsymbol{W}\boldsymbol{X}(\boldsymbol{X}^{\mathrm{T}}\boldsymbol{W}\boldsymbol{X})^{-1}\boldsymbol{X}^{\mathrm{T}}\boldsymbol{W}\boldsymbol{\epsilon} \\ &\quad + \boldsymbol{\epsilon}^{\mathrm{T}}\boldsymbol{W}^{\mathrm{T}}\boldsymbol{X}[(\boldsymbol{X}^{\mathrm{T}}\boldsymbol{W}\boldsymbol{X})^{-1}]^{\mathrm{T}}\boldsymbol{W}\boldsymbol{X}(\boldsymbol{X}^{\mathrm{T}}\boldsymbol{W}\boldsymbol{X})^{-1}\boldsymbol{X}^{\mathrm{T}}\boldsymbol{W}\boldsymbol{\epsilon} \end{aligned} \tag{5-78}$$

因为 $\boldsymbol{W}$ 和 $\boldsymbol{X}^{\mathrm{T}}\boldsymbol{W}\boldsymbol{X}$ 是对称的，所以这个强加的方程就简化为

$$\hat{S}_{\min} = \boldsymbol{\epsilon}^{\mathrm{T}}\boldsymbol{W}\boldsymbol{\epsilon} - \boldsymbol{\epsilon}^{\mathrm{T}}\boldsymbol{W}\boldsymbol{X}(\boldsymbol{X}^{\mathrm{T}}\boldsymbol{W}\boldsymbol{X})^{-1}\boldsymbol{X}^{\mathrm{T}}\boldsymbol{W}\boldsymbol{\epsilon} \tag{5-79}$$

现在取 $\hat{S}_{\min}$ 的平均值：

$$\langle \hat{S}_{\min} \rangle = \langle \boldsymbol{\epsilon}^{\mathrm{T}}\boldsymbol{W}\boldsymbol{\epsilon} \rangle - \langle \boldsymbol{\epsilon}^{\mathrm{T}}\boldsymbol{W}\boldsymbol{\epsilon}(\boldsymbol{X}^{\mathrm{T}}\boldsymbol{W}\boldsymbol{X})^{-1}\boldsymbol{X}^{\mathrm{T}}\boldsymbol{W}\boldsymbol{\epsilon} \rangle \tag{5-80}$$

方程 5-80 右边的第一项变成了

$$\begin{aligned} \langle \boldsymbol{\epsilon}^{\mathrm{T}}\boldsymbol{W}\boldsymbol{\epsilon} \rangle &= \left\langle (\epsilon_1, \epsilon_2, \cdots, \epsilon_n) \begin{pmatrix} w_1 \ \epsilon_1 \\ w_2 \ \epsilon_2 \\ \vdots \\ w_n \ \epsilon_n \end{pmatrix} \right\rangle \\ &= \left\langle \sum_{i=1}^{n} w_i \ \epsilon_i^2 \right\rangle = \sum_{i=1}^{n} w_i \langle \epsilon_i^2 \rangle = \sum_{i=1}^{n} \frac{1}{\sigma_i^2} \sigma^2 \sigma_i^2 = \sum_{i=1}^{n} \sigma^2 = n\sigma^2 \end{aligned} \tag{5-81}$$

请注意，方程 5-81 倒数第二行中的第三个等式使用了方程 5-72。由于 $\boldsymbol{X}^{\mathrm{T}}\boldsymbol{W}\boldsymbol{X} = \boldsymbol{N}$，方程 5-80 右边的第二项可以写

$$\langle \boldsymbol{\epsilon}^{\mathrm{T}}\boldsymbol{W}\boldsymbol{X}(\boldsymbol{X}^{\mathrm{T}}\boldsymbol{W}\boldsymbol{X})^{-1}\boldsymbol{X}^{\mathrm{T}}\boldsymbol{W}\boldsymbol{\epsilon} \rangle = \langle \boldsymbol{b}^{\mathrm{T}}\boldsymbol{N}^{-1}\boldsymbol{b} \rangle \tag{5-82}$$

其中 $\boldsymbol{b}$ 被定义为

$$\boldsymbol{b}=\boldsymbol{X}^{\mathrm{T}}\boldsymbol{W}\boldsymbol{\epsilon}=\begin{bmatrix}\sum_{i=1}^{n}w_i\ \epsilon_i\\ \sum_{i=1}^{n}w_ix_i\ \epsilon_i\\ \vdots\\ \sum_{i=1}^{n}w_ix_i^m\ \epsilon_i\end{bmatrix}=\begin{pmatrix}b_0\\ b_1\\ \vdots\\ b_m\end{pmatrix} \tag{5-83}$$

展开方程 5-82，我们有

$$\langle\boldsymbol{b}^{\mathrm{T}}\boldsymbol{N}^{-1}\boldsymbol{b}\rangle=\left\langle\sum_{j=1}^{m}\sum_{k=0}^{m}b_j(\boldsymbol{N}^{-1})_{jk}b_k\right\rangle=\sum_{j=0}^{m}\sum_{k=0}^{m}(\boldsymbol{N}^{-1})_{jk}\langle b_jb_k\rangle \tag{5-84}$$

我们现在必须评估$\langle b_jb_k\rangle$

$$\begin{aligned}\langle b_jb_k\rangle&=\left\langle\left(\sum_{i=1}^{n}w_ix^j\ \epsilon_i\right)\left(\sum_{\ell=1}^{n}w_\ell x^k\ \epsilon_\ell\right)\right\rangle=\sum_{i=1}^{n}\sum_{\ell=1}^{n}w_iw_\ell x^jx^k\langle\epsilon_i\ \epsilon_\ell\rangle\\&=\sum_{i=1}^{n}\sum_{\ell=1}^{n}w_iw_\ell x^jx^k\sigma^2\sigma_i^2\delta_{i\ell}=\sum_{i=1}^{n}w_iw_ix^jx^k\sigma^2\sigma_i^2\\&=\sigma^2\sum_{i=1}^{n}w_ix^jx^k\end{aligned} \tag{5-85}$$

就这样$\langle b_jb_k\rangle$等于 $\mathbf{N}$ 的对应分量的σ^2 倍。因为 $\mathbf{N}$ 是对称的，

$$\langle b_jb_k\rangle=\alpha^2(\mathbf{N})_{jk}=\sigma^2(\mathbf{N})_{kj} \tag{5-86}$$

回到方程 5-84，我们现在有了

$$\langle\boldsymbol{b}^{\mathrm{T}}\boldsymbol{N}^{-1}\boldsymbol{b}\rangle=\sigma^2\sum_{j=0}^{m}\sum_{k=0}^{m}(\boldsymbol{N}^{-1})_{jk}(\boldsymbol{N})_{kj}=\sigma^2\sum_{j=0}^{m}(\boldsymbol{I})_{jj} \tag{5-87}$$

因此我们看到$\langle\boldsymbol{b}^{\mathrm{T}}\boldsymbol{N}^{-1}\boldsymbol{b}\rangle$只是$(m+1)\times(m+1)$同一矩阵的轨迹的 σ^2 倍：

$$\langle\boldsymbol{b}^{\mathrm{T}}\boldsymbol{N}^{-1}\boldsymbol{b}\rangle=\sigma^2\,\mathrm{Trace}(\boldsymbol{I})=(m+1)\sigma^2 \tag{5-88}$$

最后回到方程 5-80，我们得到

$$\langle\hat{\mathrm{S}}_{\min}\rangle=n\sigma^2-(m+1)\sigma^2=(n-m-1)\sigma^2 \tag{5-89}$$

有了这个结果，我们有理由把 σ^2 的估计值作为

$$\hat{\sigma}^2=\frac{\hat{\mathrm{S}}_{\min}}{n-m-1} \tag{5-90}$$

对于估计的协方差矩阵，我们可以取[⊖]

$$\begin{aligned}\hat{\boldsymbol{C}}&=\begin{pmatrix}\hat{\sigma}_{\hat{0}}^2&\hat{\sigma}_{\widehat{01}}&\cdots&\hat{\sigma}_{\widehat{0m}}\\ \hat{\sigma}_{\widehat{10}}&\hat{\sigma}_{\hat{1}}^2&\cdots&\hat{\sigma}_{\widehat{1m}}\\ \vdots&\vdots&&\vdots\\ \hat{\sigma}_{\widehat{m0}}&\hat{\sigma}_{\widehat{m1}}&\cdots&\hat{\sigma}_{\hat{m}}^2\end{pmatrix}\\&=\hat{\sigma}^2(\boldsymbol{X}^{\mathrm{T}}\boldsymbol{W}\boldsymbol{X})^{-1}=\frac{\hat{\mathrm{S}}_{\min}}{n-m-1}(\boldsymbol{X}^{\mathrm{T}}\boldsymbol{W}\boldsymbol{X})^{-1}\end{aligned} \tag{5-91}$$

⊖ 通常在分母中会看到 $n-m$，而不是 $n-m-1$。其意图是从 n 减去自由度数，对于我们来说，自由度的数目是 $m+1$，因为参数是从 a_0 编号到 a_1 的。

其中 $\hat{\sigma}_j^2$ 和 $\hat{\sigma}_{ij}$ 分别是方差和协方差的估计值。同样地，

$$\hat{\boldsymbol{C}} = \hat{\sigma}^2 \boldsymbol{N}^{-1} = \frac{\hat{S}_{\min}}{n-m-1}\boldsymbol{N}^{-1} \tag{5-92}$$

总结：我们给出 n 个独立的数据点(x_i, y_i, σ_i)，并希望借助最小二乘法用多项式进行拟合

$$y = a_0 + a_1 x + a_2 x^2 + \cdots + a_m x^m \tag{5-93}$$

正规方程为

$$\begin{pmatrix} \sum w_i & \sum w_i x_i & \cdots & \sum w_i x_i^m \\ \sum w_i x_i & \sum w_i x_i^2 & \cdots & \sum w_i x_i^{m+1} \\ \vdots & \vdots & & \vdots \\ \sum w_i x_i^m & \sum w_i x_i^{m+1} & \cdots & \sum w_i x_i^{2m} \end{pmatrix} \begin{pmatrix} \hat{a}_0 \\ \hat{a}_1 \\ \vdots \\ \hat{a}_m \end{pmatrix} = \begin{pmatrix} \sum w_i y_i \\ \sum w_i x_i y_i \\ \vdots \\ \sum w_i x_i^m y_i \end{pmatrix} \tag{5-94}$$

其中 $w_i = 1/\sigma^2$，a_j 的估计是

$$\begin{pmatrix} \hat{a}_0 \\ \hat{a}_1 \\ \vdots \\ \hat{a}_m \end{pmatrix} = \begin{pmatrix} \sum w_i & \sum w_i x_i & \cdots & \sum w_i x_i^m \\ \sum w_i x_i & \sum w_i x_i^2 & \cdots & \sum w_i x_i^{m+1} \\ \vdots & \vdots & & \vdots \\ \sum w_i x_i^m & \sum w_i x_i^{m+1} & \cdots & \sum w_i x_i^{2m} \end{pmatrix}^{-1} \begin{pmatrix} \sum w_i y_i \\ \sum w_i x_i y_i \\ \vdots \\ \sum w_i x_i^m y_i \end{pmatrix} \tag{5-95}$$

矩阵形式的正规方程是

$$\boldsymbol{N}\hat{\boldsymbol{a}} = \boldsymbol{Y} \tag{5-96}$$

估计的拟合参数是

$$\hat{\boldsymbol{a}} = \boldsymbol{N}^{-1}\boldsymbol{Y} \tag{5-97}$$

如果 σ^i 的值是正确的，并且多项式是对数据的很好的描述，那么协方差矩阵的估计参数是

$$\boldsymbol{C} = \begin{pmatrix} \sigma_{\hat{0}}^2 & \sigma_{\hat{0}\hat{1}} & \cdots & \sigma_{\widehat{0m}} \\ \sigma_{\widehat{10}} & \sigma_{\hat{1}}^2 & \cdots & \sigma_{\widehat{1m}} \\ \vdots & \vdots & & \vdots \\ \sigma_{\widehat{m0}} & \sigma_{\widehat{m1}} & \cdots & \sigma_{\hat{m}}^2 \end{pmatrix} = \boldsymbol{N}^{-1} \tag{5-98}$$

其中 $\sigma_{\hat{j}}^2$ 是 $\hat{a}_j$ 的方差，σ_{ij} 是 $\hat{a}_i$ 和 $\hat{a}_j$ 之间的协方差。然而一般来说，必须使用估计的协方差矩阵

$$\hat{\boldsymbol{C}} = \begin{pmatrix} \hat{\sigma}_{\hat{0}}^2 & \hat{\sigma}_{\hat{0}\hat{1}} & \cdots & \hat{\sigma}_{\widehat{0m}} \\ \hat{\sigma}_{\widehat{10}} & \hat{\sigma}_{\hat{1}}^2 & \cdots & \hat{\sigma}_{\widehat{1m}} \\ \vdots & \vdots & & \vdots \\ \hat{\sigma}_{\widehat{m0}} & \hat{\sigma}_{\widehat{m1}} & \cdots & \hat{\sigma}_{\hat{m}}^2 \end{pmatrix} = \frac{\hat{S}_{\min}}{n-m-1}\boldsymbol{C} = \frac{\hat{S}_{\min}}{n-m-1}\boldsymbol{N}^{-1} \tag{5-99}$$

其中$(m+1)$是拟合参数的数量(参见方程 5-91 的脚注)，$\hat{\sigma}_{\hat{j}}^2$ $\hat{\sigma}_{\hat{i}\hat{j}}$ 分别是估计的方差和协方差，$\hat{S}_{\min}$是 S 的最小数值：

$$\hat{S}_{\min} = \sum_{i=1}^{n} w_i (y_i - \hat{a}_0 - \hat{a}_1 x_i - \cdots - \hat{a}_m x_i^m)^2 \tag{5-100}$$

> **示例**：我们继续使用在 5.3.1 节中的讨论的直线最小二乘拟合的例子。我们现在希望计算参数的方差和协方差拟合。如果数据点的标准偏差是正确的，且如果直线是 a 对数据很好的描述，那么协方差矩阵就等于该正规矩阵的逆：

$$\boldsymbol{C}=\begin{pmatrix}\sigma_{\hat{0}}^{2} & \sigma_{\hat{0}\hat{1}} \\ \sigma_{\hat{1}\hat{0}} & \sigma_{\hat{1}}^{2}\end{pmatrix}=\boldsymbol{N}^{-1}=\begin{pmatrix}3.7612\times10^{-2} & -5.7575\times10^{-3} \\ -5.7575\times10^{-3} & 9.0951\times10^{-4}\end{pmatrix}$$

这表明参数及其参数的标准偏差是

$$\hat{a}_0\pm\sigma_{\hat{0}}=-3.45\pm0.19$$

$$\hat{a}_1\pm\sigma_{\hat{1}}=0.897\pm0.030$$

然而，这些方差和标准偏差肯定太小了。数据点和它们的误差条与最佳拟合直线一起在图5-4中重新绘制了。如果数据点的误差具有高斯分布，则我们预期大约为1/3的数据点与拟合线有超过一个标准偏差。但是，12个数据点中有7个点的偏差超过了标准偏差。看起来数据点的标准偏差被低估了。(这种差异将在5.5.3节中进一步量化，其中将χ^2作为拟合优度检验进行讨论。)

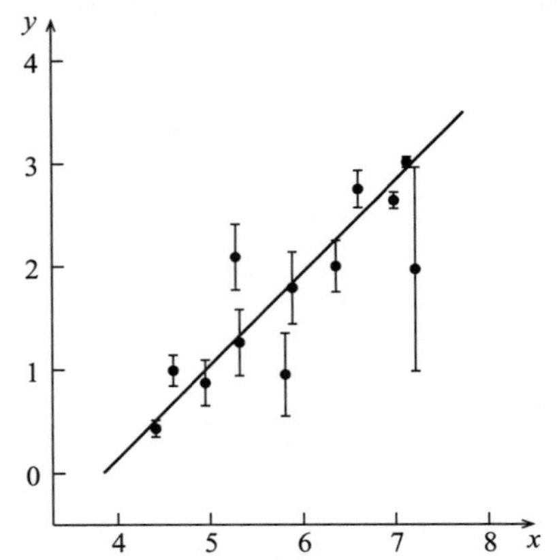

图5-4　直线与数据点的加权拟合。其中的数字是重复图5-3中的右图，但为了清晰起见，未加权的拟合图已被省略。一半以上的数据点与拟合线有一个以上的标准偏差，说明数据点上的误差被低估了

拟合参数的协方差需要进行调整以解释数据点不准确的标准偏差。经过额外的计算，我们发现

$$\hat{\sigma}^2=\frac{\hat{S}_{\min}}{n-m-1}=\frac{\sum_{i=1}^{12}w_i(y_i+3.45-0.897x_i)^2}{10}=2.74$$

因此估计的协方差矩阵是

$$\hat{\boldsymbol{C}}=\begin{pmatrix}\hat{\sigma}_{\hat{0}}^{2} & \hat{\sigma}_{\hat{0}\hat{1}} \\ \hat{\sigma}_{\hat{1}\hat{0}} & \hat{\sigma}_{\hat{1}}^{2}\end{pmatrix}=\hat{\sigma}^2\boldsymbol{N}^{-1}=\begin{pmatrix}0.1029 & -0.015\,75 \\ -0.015\,75 & 0.002\,488\end{pmatrix}$$

参数及其修订标准方差为

$$\hat{a}_0\pm\hat{\sigma}_{\hat{0}}=-3.45\pm0.32$$

$$\hat{a}_1\pm\hat{\sigma}_{\hat{1}}=0.897\pm0.050$$

不出所料，标准方差大于未调整的值差异的大小，尽管差别的程度(～50%)可能会令人惊讶。

最后，从不加权的拟合这些相同的数据的参数为$\hat{a}_0=-2.43$和$\hat{a}_1=0.707$。我们现在看到加权和不加权的拟合参数具有相当大的差异：3.2标准方差为$\hat{a}_0$和3.8的标准偏差$\hat{a}_1$。

5.3.4　蒙特卡罗误差分析

在前面章节误差分析的讨论中，我们的假设是误差数据要么具有高斯分布，要么可以用其标准方差很好地刻画。但是，如果这些假设是不正确的，那么讨论就不适用了，也就不能使用方程5-98～5-100。更糟糕的是，误差分析可能不会产生解析技术。

处理这种情况的常用方法是用蒙特卡罗数值的模拟来确定概率分布以及拟合参数。让

我们假设描述数据点及其误差的概率分布是已知的(不是高斯分布)。使用第 3 章中讨论的技术，可以通过从这些数据中根据概率分布生成随机数来创建许多生成的数据集。关键是创建生成数据的属性，(包括它们的误差分布)与真实数据具有相同的属性。用生成的数据替换真实的数据，并为每一组生成的数据，用最小二乘法(或最大似然)计算拟合参数的估计值。这些参数的分布正比于实际拟合参数的概率分布。拟合参数的均值和标准方差可以使用类似于 3.5.1 节中概述的那些技术从这些分布中提取。

蒙特卡罗误差分析原则上应该始终有效。在实践中，该分析可能需要创建和分析许多组人工数据。因此，蒙特卡罗数据分析往往需要大量的计算。

5.4 协方差的需求和误差的传播

5.4.1 协方差的需求

对拟合参数的方差的需求是清楚的。这里表明也需要拟合参数中的协方差。在 5.3.1 节中，我们拟合了一条直线 $y=a_0+a_1x$ 到一组数据点，找到

$$\hat{y}=\hat{a}_0+\hat{a}_1x \tag{5-101}$$

请注意，$\hat{y}$ 上有一个帽符，因为方程 5-101 给出了 y 的估计值，而不是真值 y 的拟合。图 5-5 显示了拟合，其中公式 5-101 显示为实线。因为在 $\hat{a}_0$ 和 $\hat{a}_1$ 中存在一些不确定性，有一系列适合数据的直线几乎和方程 5-101 一样，这一系列的每个成员都有略微不同的 a_0 和 a_1。其中两个成员在图中以虚线表示。$\hat{y}$ 的数值有一定的不确定性。这种不确定性可以用 $\hat{y}$ 的方差来刻画

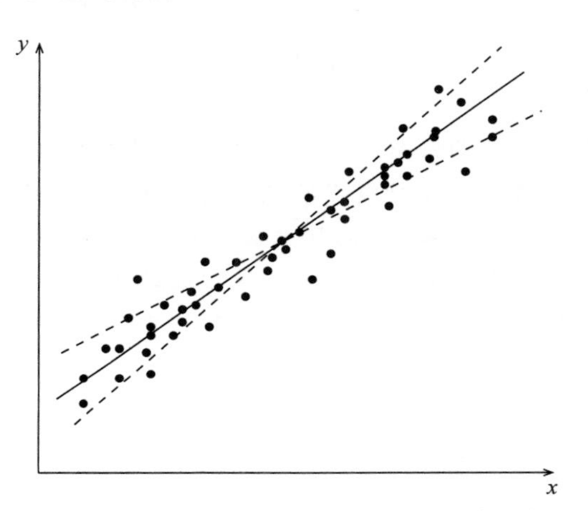

图 5-5 实线是 $\hat{y}=\hat{a}_0+\hat{a}_1x$，最小二乘拟合的数据。由于在数据 $\hat{a}_0$ 和 $\hat{a}_1$ 中的分散是不确定的。有一组直线拟合数据几乎和最小二乘拟合一样好。这一组的两个成员在图中以虚线表示。它们有个小而非零的概率是正确的数据拟合

$$\sigma_{\hat{y}}^2=\langle(\hat{y}-y)^2\rangle \tag{5-102}$$

代替 $\hat{y}$ 和 y，我们得到

$$\begin{aligned}\sigma_{\hat{y}}^2&=\langle[(\hat{a}_0+\hat{a}_1x)-(a_0+a_1x)]^2\rangle=\langle[(\hat{a}_0-a_0)+(\hat{a}_1-a_1)x]^2\rangle\\&=\langle(\hat{a}_0-a_0)^2\rangle+2\langle(\hat{a}_0-a_0)(\hat{a}_1-a_1)\rangle x+\langle(\hat{a}_1-a_1)^2\rangle x^2\\&=\sigma_{\hat{0}}^2+2\sigma_{\hat{0}\hat{1}}x+\sigma_{\hat{1}}^2x^2\end{aligned} \tag{5-103}$$

关于这个方程应该注意三点。首先计算 $\sigma_{\hat{y}}^2$ 需要 $\hat{a}_0$ 和 $\hat{a}_1$ 之间的协方差，而不仅仅是它们的方差。其次，$\sigma_{\hat{y}}^2$ 的值不是不变的而是取决于 x。$\hat{y}\pm\sigma_{\hat{y}}$ 的曲线如图 5-6 所示。我们通常会发现 $\sigma_{\hat{y}}$ 的最小值在靠近数据点簇中心某处的 x 值处。$\hat{y}$ 的标准偏差随着离中心的距离而增加，最终随 x 线性增长，表明了外插拟合函数的危险性。第三，我们一般知道测量值 $\sigma_{\hat{0}}^2$，$\hat{\sigma}_{\hat{0}\hat{1}}$ 和 $\hat{\sigma}_{\hat{1}}^2$，而不是真正的(没有帽符)数值。我们必须对方差的估计值 $\hat{y}$ 感到满意：

$$\hat{\sigma}_{\hat{y}}^2=\hat{\sigma}_{\hat{0}}^2+2\hat{\sigma}_{\hat{0}\hat{1}}x+\hat{\sigma}_{\hat{1}}^2x^2 \tag{5-104}$$

示例：我们再次回到5.3.1节的第一个例子。在那个例子中，我们通过加权最小二乘法得到数据的一条拟合直线。在图5-6中重新绘制了该例子中的数据点以及它们的误差条。最合适的直线是

$$\hat{y} = \hat{a}_0 + \hat{a}_1 x = -3.45 + 0.897x$$

在图中用实线表示。拟合参数估计的协方差矩阵(在5.3.3节结束时计算)是

$$\hat{\boldsymbol{C}} = \begin{bmatrix} \hat{\sigma}_{\hat{0}}^2 & \hat{\sigma}_{\hat{0}\hat{1}} \\ \hat{\sigma}_{\hat{1}\hat{0}} & \hat{\sigma}_{\hat{1}}^2 \end{bmatrix} = \begin{pmatrix} 0.1029 & -0.01575 \\ -0.01575 & 0.002488 \end{pmatrix}$$

我们现在希望估计 $\hat{y}$ 的可靠性。从方程5-104得 y 的估计方差是

$$\hat{\sigma}_{\hat{y}}^2 = 0.1029 - 2 \times 0.01575x + 0.002488x^2$$

图中的两条虚线表示 $\hat{y} \pm \hat{\sigma}_{\hat{y}}$。对于靠近点簇中心的 x 值，$|\hat{\sigma}_{\hat{y}}| \approx 0.06$，所以 $\hat{y}$ 被限制在一个相对较窄的范围内。这在很大程度上是由于附近的几个数据点的小的标准偏差造成的簇。y 的标准偏差随着 x 的值的增加而迅速增长。当最佳拟合线外推到 $x=10$ 时，超出簇的距离大致等于簇的宽度，标准差已经增长了三倍 $|\hat{\sigma}_{\hat{y}}| \approx 0.18$。

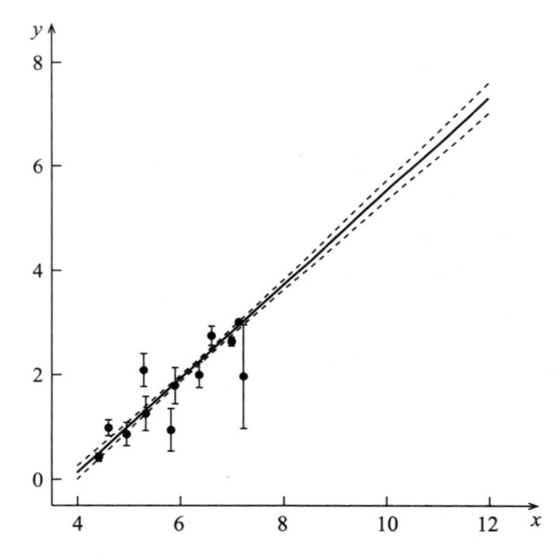

图5-6　实线是直线 $\hat{y} = \hat{a}_0 + \hat{a}_1 x$ 与数据的加权最小二乘拟合图中所示的点。虚线显示 $\hat{y} \pm \hat{\sigma}_{\hat{y}}$。$\hat{y}$ 的标准差很小数据点集群，但对于超出集群末端的 x 值，则会迅速增长。(可以参考5.3.1节中的第一个例子)

5.4.2　误差的传播

任何使用参数拟合值计算的数量都是不确定的，因为拟合的数值本身是不确定的。例如，假设我们测量了两个量 a_0 和 a_1，求方差和协方差为 $\sigma_{\hat{0}}$，$\sigma_{\hat{1}}$ 和 $\sigma_{\hat{1}\hat{2}}$ 的 $\hat{a}_0$ 和 $\hat{a}_1$。假设我们希望估计第三个数量 g，它是 a_0 和 a_1 的和。对 g 的无偏估计由下式给出

$$\hat{g} = \hat{a}_0 + \hat{a}_1 \tag{5-105}$$

$\hat{g}$ 的方差由下式给出

$$\sigma_{\hat{g}}^2 = \langle (\hat{g} - g)^2 \rangle$$

$$= \langle [(\hat{a}_0 + \hat{a}_1) - (a_0 + a_1)]^2 \rangle$$
$$= \langle (\hat{a}_0 - a_0)^2 \rangle + 2\langle (\hat{a}_0 - a_0)(\hat{a}_1 - a_1) \rangle + \langle (\hat{a}_1 - a_2)^2 \rangle$$
$$= \sigma_{\hat{0}}^2 + 2\sigma_{\hat{0}\hat{1}} + \sigma_{\hat{1}}^2 \tag{5-106}$$

即使在这种最简单的情况下，计算 $\hat{g}$ 的方差也需要 $\hat{a}_0$ 和 $\hat{a}_1$ 的方差和协方差。用独立数量的方差和协方差，如 $\hat{a}_0$ 和 $\hat{a}_1$ 计算一个依赖量的方差，如 $\hat{g}$，被称为传播的误差。

对于一般情况，令量 $g=g(a_0,a_1,\cdots,a_m)$作为 a_j 的 $m+1$ 个参数的函数。令参数的测量值为 $\hat{a}_j$，并以泰勒级数展开 $\hat{g}$ 真正的(没有帽子)值：

$$\hat{g} = g(a_0,a_1,\cdots,a_m) + \sum_{i=1}^{m} \frac{\partial g}{\partial a_j}(\hat{a}_j - a_j) + \text{更高阶项} \tag{5-107}$$

估计导数在 a_j 处的值。$\hat{g}$ 的方差是

$$\sigma_{\hat{g}}^2 = \langle [\hat{g} - g(a_0,a_1,\cdots,a_m)^2] \rangle = \left\langle \left(\sum_{j=1}^{m} \frac{\partial g}{\partial a_j}(\hat{a}_j - a_j) \right)^2 \right\rangle$$
$$= \left\langle \sum_j \sum_k \frac{\partial g}{\partial a_j} \frac{\partial g}{\partial a_k}(\hat{a}_j - a_j)(\hat{a}_k - a_k) \right\rangle$$
$$= \sum_j \sum_k \frac{\partial g}{\partial a_j} \frac{\partial g}{\partial a_k} \langle (\hat{a}_j - a_j)(\hat{a}_k - a_k) \rangle = \sum_j \sum_k \frac{\partial g}{\partial a_j} \frac{\partial g}{\partial a_k} \sigma_{\hat{j}\hat{k}} \tag{5-108}$$

其中 $\sigma_{\hat{j}\hat{k}}$ 是 $\hat{a}_j$ 和 $\hat{a}_k$ 之间的真正协方差，$\sigma_{\hat{j}\hat{j}} = \sigma_{\hat{j}}^2$ 是 $\hat{a}_j$ 的真正方差。我们一般都不知道 a_j 的真正数值，也不知道真正的差异和协方差，并且必须满足估计值：

$$\hat{\sigma}_{\hat{g}}^2 = \sum_j \sum_k \frac{\partial g}{\partial a_j} \frac{\partial g}{\partial a_k} \hat{\sigma}_{\hat{j}\hat{k}} \tag{5-109}$$

在估计值 $\hat{a}_j$ 处计算导数，并从估计的协方差矩阵 $\hat{\boldsymbol{C}}$ 中获得方差和协方差。

下面的例子显示了当两个比例测量为 $\hat{a}_0$ 和 $\hat{a}_1$ 时，误差是如何传播的。

示例：假设我们已经测量了两个参数，找到 $\hat{a}_0$ 和 $\hat{a}_1$ 的估计方差 $\hat{\sigma}_{\hat{0}}^2$ 和 $\hat{\sigma}_{\hat{1}}^2$ 及协方差 $\hat{\sigma}_{\hat{0}\hat{1}}$。第三个量 g 是的比率测量的参数

$$\hat{g} = \frac{\hat{a}_1}{\hat{a}_0}$$

因为 $\hat{a}_0$ 和 $\hat{a}_1$ 是不确定的，$\hat{g}$ 也是不确定的。它的方差是由以下公式给出的

$$\sigma_{\hat{g}}^2 = \langle (\hat{g} - g)^2 \rangle = \langle \Delta g^2 \rangle$$

在泰勒级数中扩展 g，只保留一阶导数，我们得到

$$\Delta g = \frac{\partial g}{\partial a_0}\Delta a_0 + \frac{\partial g}{\partial a_1}\Delta a_1 = -\frac{a_1}{a_0^2}\Delta a_0 + \frac{1}{a_0}\Delta a_1$$

其中 $\Delta a_0 = \hat{a}_0 - a_0$，$\Delta a_1 = \hat{a}_1 - a_1$。那么 $\hat{g}$ 的方差是

$$\sigma_{\hat{g}}^2 = \left\langle \frac{a_1^2}{a_0^2}\Delta a_0^2 - 2\frac{a_1}{a_0^3}\Delta a_0 \Delta a_1 + \frac{1}{a_0^2}\Delta a_1^2 \right\rangle$$
$$= \frac{a_1^2}{a_0^4}\langle \Delta a_0^2 \rangle - 2\frac{a_1}{a_0^3}\langle \Delta a_0 \Delta a_1 \rangle + \frac{1}{a_0^2}\langle \Delta a_1^2 \rangle$$
$$= \frac{a_1^2}{a_0^4}\sigma_{\hat{0}}^2 - 2\frac{a_1}{a_0^3}\sigma_{\hat{0}\hat{1}} + \frac{1}{a_0^2}\sigma_{\hat{1}}^2$$

我们知道测量值 $\hat{a}_0$、$\hat{a}_1$、$\hat{\sigma}_{\hat{0}}^2$、$\hat{\sigma}_{\hat{0}\hat{1}}$和 $\hat{\sigma}_{\hat{2}\hat{1}}$，并不是真正的数值，所以我们必须采用

$$\hat{\sigma}_{\hat{g}}^2=\frac{\hat{a}_1^2}{\hat{a}_0^4}\hat{\sigma}_{\hat{0}}^2-2\frac{\hat{a}_1}{\hat{a}_0^3}\hat{\sigma}_{\hat{0}\hat{1}}+\frac{1}{\hat{a}_0^2}\hat{\sigma}_{\hat{1}}^2$$

$\hat{\sigma}_g^2$ 的表达式可以通过双方除以 $\hat{g}^2$ 表达成一个更有启发性的形式：

$$\frac{\hat{\sigma}_{\hat{g}}^2}{\hat{g}^2}=\frac{\hat{\sigma}_{\hat{0}}^2}{\hat{a}_0^2}-2\frac{\hat{\sigma}_{\hat{0}\hat{1}}}{\hat{a}_0\hat{a}_1}+\frac{\hat{\sigma}_{\hat{1}}^2}{\hat{a}_1^2}$$

即使在这种简单的情况下，$\hat{g}$ 的方差也是一个关于参数及其方差和协方差相当复杂的函数。

示例：让我们把前面例子的结果应用到我们自从5.3.1节以来一直在用的例子中。图5-6显示了直线拟合数据点的最小二乘法。最合适的线是

$$\hat{y}=\hat{a}_0+\hat{a}_1x=-3.45+0.897x$$

估计的拟合参数的协方差矩阵为

$$\begin{bmatrix}\sigma_{\hat{0}}^2 & \hat{\sigma}_{\hat{0}\hat{1}}\\ \hat{\sigma}_{\hat{1}\hat{0}} & \hat{\sigma}_{\hat{1}}^2\end{bmatrix}=\begin{pmatrix}0.1029 & -0.01575\\ -0.01575 & 0.002488\end{pmatrix}$$

我们希望确定拟合线与 x 轴和方差的截距。要找到截距，设置 $\hat{y}=0$ 并求解 x：

$$x_{\text{int}}=-\frac{\hat{a}_0}{\hat{a}_1}=-\frac{(-3.45)}{0.897}=3.85$$

注意到这里的下标与前面例子中的下标相反，我们写

$$\begin{aligned}\hat{\sigma}_{x_{\text{int}}}^2&=\frac{\hat{a}_0^2}{\hat{a}_1^4}\hat{\sigma}_{\hat{1}}^2-2\frac{\hat{a}_0}{\hat{a}_1^3}\hat{\sigma}_{\hat{0}\hat{1}}+\frac{1}{\hat{a}_1^2}\hat{\sigma}_{\hat{0}}^2\\&=\frac{(-3.45)^2}{0.897^4}\times0.002488-2\times\frac{(-3.45)}{0.897^3}\times(-0.01575)+\frac{1}{0.897^2}\times0.1029\\&=0.0457-0.1506+0.1279=0.02306\end{aligned}$$

因此，我们发现

$$x_{\text{int}}\pm\hat{\sigma}_{x_{\text{int}}}=3.85\pm0.15$$

在这种情况下，包括 $\hat{a}_0$ 和 $\hat{a}_1$ 之间的协方差大大减少了估计 x_{int}的不确定性。

5.4.3 蒙特卡罗误差传播

在许多条件下，不能简单地忽略方程5-107中的高阶项。如果是这样，最好的方式是放弃误差分析的解析方法，通过蒙特卡罗模拟对误差传播进行数值计算。假设 a_j 的概率分布函数是多元高斯分布

$$f(\boldsymbol{a})=\frac{1}{(2\pi)^{(m+1)/2}|\hat{\boldsymbol{C}}|^{1/2}}\exp\left[-\frac{1}{2}(\boldsymbol{a}-\hat{\boldsymbol{a}})^{\mathrm{T}}\hat{\boldsymbol{C}}^{-1}(\boldsymbol{a}-\hat{\boldsymbol{a}})\right]\tag{5-110}$$

其中$(\boldsymbol{a}-\hat{\boldsymbol{a}})^{\mathrm{T}}$ 是向量$(a_0-\hat{a}_0,\ a_1-\hat{a}_1,\ \cdots,\ a_m-\hat{a}_m)$，并且 $\hat{\boldsymbol{C}}$ 是 $\hat{a}_j$ 的估计协方差矩阵。可以从 $f(\boldsymbol{a})$生成参数集$(a_0,\ a_1,\ \cdots,\ a_m)$的许多随机样本。对于每个随机样本，计算 g，产生许多值 g_k。我们可以以通常的方式刻画 g_k 的分布，或许通过计算其均值和标准偏差。

由于参数之间的协方差，从 $f(a)$产生随机偏差不是一件简单的事。执行此操作的默认方法是使用3.5节中讨论的技巧来生成 $f(a)$的 MCMC 样本。虽然 MCMC 采样应始终奏效，但它在计算量上是可观的，特别是如果参数之间有很强的相关性的话。4.6节讨论的主成分分析为我们提供了另一种方式来生成合成数据的向量。读者不妨在继续之前先回顾一下。其基本思想是将协方差矩阵旋转到一个坐标系统下，使得协方差消失。由于协方差都等于0，可以从独立的一维高斯分布生成合成数据。为了恢复协方差，合成数据会被旋转回原来的坐标系统。

为了对角化协方差矩阵，我们首先要找到它的特征值和特征向量。令 $\boldsymbol{v}$ 是一个满足矩阵方程的向量

$$\hat{\boldsymbol{C}}\boldsymbol{v} = \lambda\boldsymbol{v} \tag{5-111}$$

其中 λ 是一个标量常数。$m+1$ 个向量 $\boldsymbol{v}_j$ 和相应的标量 λ_j 是矩阵的特征向量和特征值。对应于特征值 λ_j 的归一化特征向量是 $\boldsymbol{e}_j=\boldsymbol{v}_j/|\boldsymbol{v}_j|$。$\boldsymbol{e}_j$ 一起组成一个完整的正交基矢量集合。通过将其行设置为等于转置基础矢量来创建矩形矩阵 $\boldsymbol{U}$：

$$\boldsymbol{U} = \begin{bmatrix} \boldsymbol{e}_0^{\mathrm{T}} \\ \boldsymbol{e}_1^{T} \\ \vdots \\ \boldsymbol{e}_m^{\mathrm{T}} \end{bmatrix} \tag{5-112}$$

通过构造，$\boldsymbol{U}$ 是一个正交矩阵，所以它的逆等于它的转置：$\boldsymbol{U}^{-1}=\boldsymbol{U}^{\mathrm{T}}$。对应于 $\hat{\boldsymbol{C}}$ 的对角矩阵可以由相似变换计算

$$\hat{\boldsymbol{C}}' = \boldsymbol{U}\boldsymbol{C}\boldsymbol{U}^{-1} \tag{5-113}$$

$\hat{\boldsymbol{C}}'$的对角元素是特征值

$$(\hat{\boldsymbol{C}}')_{jj} = \lambda_j \tag{5-114}$$

因为 $\hat{\boldsymbol{C}}'$是对角阵，它的逆也是对角阵。这样的结果就是，多元高斯分布方程5-110的分布简化为 $m+1$ 个独立高斯分布的乘积。逆矩阵的对角线分量为 $1/\lambda_j$，所以我们现在可以把 λ_j 作为沿相应轴的方差：

$$\lambda_j = (\sigma')^2 \tag{5-115}$$

我们现在可以产生合成数据集。设 $f_j(x',\lambda_j)$为一维高斯概率分布，其中方差是 λ_j：

$$f_j(x',\lambda_j) \propto \exp\left[-\frac{(x')^2}{2\lambda_j}\right] \tag{5-116}$$

从每个这些高斯分布中生成一个随机偏差 ζ'_j，并从偏差中创建一个向量 $\boldsymbol{z}'$：

$$\boldsymbol{z}' = \begin{pmatrix} \zeta'_0 \\ \zeta'_1 \\ \vdots \\ \zeta'_m \end{pmatrix} \tag{5-117}$$

将 $\boldsymbol{z}$ 变换回原来的坐标系

$$\boldsymbol{z} = \begin{pmatrix} \zeta_0 \\ \zeta_1 \\ \vdots \\ \zeta_m \end{pmatrix} = \boldsymbol{U}^{-1}\boldsymbol{z}' \tag{5-118}$$

从原始的多元高斯分布产生的一组随机偏差可以由 $\boldsymbol{z}+\hat{\boldsymbol{a}}$ 给出。由于 λ_j 和矩阵 $\boldsymbol{U}$ 只需要计算一次，这就是一个用于产生具有相关性的高斯偏差的高效算法。

5.5 广义线性最小二乘法

5.5.1 非多项式函数的线性最小二乘法

尽管线性最小二乘的大多数讨论都是从多项式对数据的拟合开始的，多项式没有什么特别之处。只要符合数据的函数是线性拟合的参数，我们就是处理线性最小二乘法优化。假设我们希望用两个函数 $f_0(x)$ 和 $f_1(x)$ 的线性组合来拟合 n 个数据点 (x_i, y_i, σ_i)

$$y = a_0 f_0(x) + a_1 f_1(x) \tag{5-119}$$

拟合的参数是 a_0 和 a_1。例如，有人可能希望拟合

$$y = a_0 \exp[-x] + a_1 \sin(x) \tag{5-120}$$

尽管 $f_0(x)$ 和 $f_1(x)$ 是 x 的非线性函数，但这是一个线性最小二乘拟合，因为 y 是 a_0 和 a_1 的线性函数。为了拟合数据，形成平方残差的加权和

$$S = \sum_{i=1}^{n} w_i [y_i - a_0 f_0(x_i) - a_1 f_1(x_i)]^2 \tag{5-121}$$

像往常一样，$w_i = 1/\sigma_i^2$。要找出使 S 最小化的参数的值，请设置 S 相对于 a_0 和 a_1 的导数等于零：

$$\frac{\partial S}{\partial a_0} = -2\sum_{i=1}^{n} w_i f_0(x_i)[y_i - \hat{a}_0 f_0(x_i) - \hat{a}_1 f_1(x_i)] = 0 \tag{5-122}$$

$$\frac{\partial S}{\partial a_1} = -2\sum_{i=1}^{n} w_i f_1(x_i)[y_i - \hat{a}_0 f_0(x_i) - \hat{a}_1 f_1(x_i)] = 0 \tag{5-123}$$

重新排列这些方程，我们得到了正规方程

$$\hat{a}_0 \sum_i w_i f_0(x_i) f_0(x_i) + \hat{a}_1 \sum_i w_i f_0(x_i) f_1(x_i) = \sum_i w_i f_0(x_i) y_i \tag{5-124}$$

$$\hat{a}_0 \sum_i w_i f_1(x_i) f_0(x_i) + \hat{a}_1 \sum_i w_i f_1(x_i) f_1(x_i) = \sum_i w_i f_1(x_i) y_i \tag{5-125}$$

这相当于矩阵方程

$$\begin{pmatrix} \sum w_i f_0(x_i) f_0(x_i) & \sum w_i f_0(x_i) f_1(x_i) \\ \sum w_i f_1(x_i) f_0(x_i) & \sum w_i f_1(x_i) f_1(x_i) \end{pmatrix} \begin{bmatrix} \hat{a}_0 \\ \hat{a}_1 \end{bmatrix} = \begin{bmatrix} \sum w_i f_0(x_i) y_i \\ \sum w_i f_1(x_i) y_i \end{bmatrix} \tag{5-126}$$

方程的解是

$$\begin{bmatrix} \hat{a}_0 \\ \hat{a}_1 \end{bmatrix} = \begin{pmatrix} \sum w_i f_0(x_i) f_0(x_i) & \sum w_i f_0(x_i) f_1(x_i) \\ \sum w_i f_1(x_i) f_0(x_i) & \sum w_i f_1(x_i) f_1(x_i) \end{pmatrix}^{-1} \begin{bmatrix} \sum w_i f_0(x_i) y_i \\ \sum w_i f_1(x_i) y_i \end{bmatrix} \tag{5-127}$$

可以通过设置如下等式将等式 5-126 和 5-127 变成更加紧凑的形式

$$\boldsymbol{N} = \begin{pmatrix} \sum w_i f_0(x_i) f_0(x_i) & \sum w_i f_0(x_i) f_1(x_i) \\ \sum w_i f_1(x_i) f_0(x_i) & \sum w_i f_1(x_i) f_1(x_i) \end{pmatrix} \tag{5-128}$$

$$\hat{\boldsymbol{a}} = \begin{bmatrix} \hat{a}_0 \\ \hat{a}_1 \end{bmatrix}, \text{ and } \boldsymbol{Y} = \begin{bmatrix} \sum w_i f_0(x_i) y_i \\ \sum w_i f_1(x_i) y_i \end{bmatrix} \tag{5-129}$$

正规方程成为

$$\boldsymbol{N}\hat{\boldsymbol{a}} = \boldsymbol{Y} \tag{5-130}$$

并且最佳拟合参数的解是

$$\hat{\boldsymbol{a}} = \boldsymbol{N}^{-1}\boldsymbol{Y} \tag{5-131}$$

现在可以写出任意数量参数的推广。假设我们希望将一组 n 个数据点(x_i, y_i, σ_i)与 x 与 $m+1$ 个函数 $f_j(x)$的线性组合拟合：

$$y = a_0 f_0(x) + a_1 f_1(x) + \cdots + a_m f_m(x) \tag{5-132}$$

正规矩阵是

$$\boldsymbol{N} = \begin{bmatrix} \sum w_i f_0(x_i) f_0(x_i) & \sum w_i f_0(x_i) f_1(x_i) & \cdots & \sum w_i f_0(x_i) f_m(x_i) \\ \sum w_i f_1(x_i) f_0(x_i) & \sum w_i f_1(x_i) f_1(x_i) & \cdots & \sum w_i f_0(x_i) f_m(x_i) \\ \vdots & \vdots & & \vdots \\ \sum w_i f_m(x_i) f_0(x_i) & \sum w_i f_m(x_i) f_1(x_i) & \cdots & \sum w_i f_m(x_i) f_m(x_i) \end{bmatrix} \tag{5-133}$$

矢量 $\boldsymbol{Y}$ 是

$$\boldsymbol{Y} = \begin{bmatrix} \sum w_i f_0(x_i) y_i \\ \sum w_i f_1(x_i) y_i \\ \vdots \\ \sum w_i f_m(x_i) y_i \end{bmatrix} \tag{5-134}$$

这些和是由 n 个数据点组成的。正规方程是

$$\boldsymbol{N}\hat{\boldsymbol{a}} = \boldsymbol{Y} \tag{5-135}$$

估计的拟合参数是

$$\hat{\boldsymbol{a}} = \boldsymbol{N}^{-1}\boldsymbol{Y} \tag{5-136}$$

5.3.3 节的所有推导都以相同的方式进行，所以估计的协方差矩阵是

$$\hat{\boldsymbol{C}} = \frac{\hat{S}_{\min}}{n-m-1}\boldsymbol{N}^{-1} \tag{5-137}$$

其中$(m+1)$是拟合参数的数量(参见公式 5-91 的脚注)

$$\hat{S}_{\min} = \sum_{i=1}^{n} w_i \left[y_i - \sum_{j=0}^{m} \hat{a}_j f_j(x_i) \right]^2 \tag{5-138}$$

在矩阵符号中，多项式拟合中正态方程和它们的解答形式完全相同。只有正规矩阵的组成部分发生了变化。大多数人多数时间使用的线性最小二乘法的版本是等式 5-132～5-138。

尽管参数的依赖看起来像是非线性的，它可能是伪装的线形依赖。以下例子显示如何使用线形最小二乘法来拟合一个已知周期的正弦曲线。

示例：假如我们希望用正弦曲线拟合时间序列数据(t_i, y_i, σ_i)，$i=1,\cdots,n$，如图 5-7 所示。已知时间信号的方差是一个角频率为 ω 的正弦曲线，但是振幅和相位是未知的。那么拟合数据的方程就是

$$y = A\sin(\omega t + \theta)$$

其中 A 是振幅，θ 是正弦曲线的相位。乍一看，这是一个非线性最小二乘法问题，因为 y 对 θ 的依赖性是非线性的。但是，通过展开正弦函数，我们发现

$$y = A\cos\theta\sin\omega t + A\sin\theta\cos\omega t = a_0 \sin\omega t + a_1 \cos\omega t$$

这在 a_0 和 a_1 中是线性的。我们继续最小化平方残差的加权和：

$$S = \sum_i w_i (y_i - a_0 \sin\omega t_i - a_1 \cos\omega t_i)^2$$

通过对 S 由 a_0 和 a_1 求导数可以产生正规方程：

$$0=\frac{\partial S}{\partial a_0}=-2\sum_i w_i\sin\omega t_i(y_i-\hat{a}_0\sin\omega t_i-\hat{a}_1\cos\omega t_i)$$

$$0=\frac{\partial S}{\partial a_1}=-2\sum_i w_i\cos\omega t_i(y_i-\hat{a}_0\sin\omega t_i-\hat{a}_1\cos\omega t_i)$$

重新排列这些方程并转换为矩阵符号，我们得到

$$\begin{pmatrix}\sum w_i\sin^2\omega t_i & \sum w_i\sin\omega t_i\cos\omega t_i\\ \sum w_i\sin\omega t_i\cos\omega t_i & \sum w_i\cos^2\omega t_i\end{pmatrix}\begin{pmatrix}\hat{a}_0\\ \hat{a}_1\end{pmatrix}=\begin{pmatrix}\sum w_i y_i\sin\omega t_i\\ \sum w_i y_i\cos\omega t_i\end{pmatrix}$$

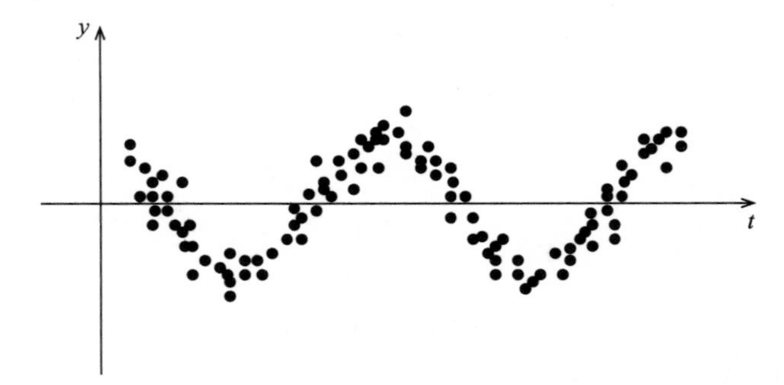

图5-7　时间序列数据(t_i, y_i, σ_i)，$i=1,\cdots,n$。已知信号随时间的变化是一个具有角频率ω的正弦曲线

矩阵方程

$$\boldsymbol{N}\hat{\boldsymbol{a}}=\boldsymbol{Y}$$

这是以通常的方式来解决$\hat{a}_0$和$\hat{a}_1$及其协方差。

现在从中计算$\hat{A}$和$\hat{\theta}$

$$\hat{A}=(\hat{a}_0^2+\hat{a}_1^2)^{1/2}$$

$$\hat{\theta}=\tan^{-1}\left(\frac{\hat{a}_1}{\hat{a}_0}\right)$$

注意使用正切的正确分支。最后，使用5.4节介绍的技术，$\hat{a}_0$和$\hat{a}_1$的方差和协方差可以传播给$\hat{A}$和$\hat{\theta}$的方差。

5.5.2　测量误差之间的相关性拟合

对于线性最小二乘法的一些应用可能需要最后的推广。假设数据点是$\{x_i, y_i\}$，$i=1,\cdots,n$，但是现在y_i中的误差是相关的，所以$\sigma_{ij}\neq 0$。假设相关是对称的，那么$\sigma_{ji}=\sigma_{ij}$。和以前一样，我们希望使用如下形式的函数来拟合数据

$$y=a_0f_0(x)+a_1f_1(x)+\cdots+a_mf_m(x) \tag{5-139}$$

其中$f_j(x)$是x的函数，但不是a_j的函数。设置

$$\boldsymbol{F}=\begin{pmatrix}f_0(x_1) & f_1(x_1) & \cdots & f_m(x_1)\\ f_0(x_2) & f_1(x_2) & \cdots & f_m(x_2)\\ \vdots & \vdots & & \vdots\\ f_0(x_n) & f_1(x_n) & \cdots & f_m(x_n)\end{pmatrix},\ \boldsymbol{a}=\begin{pmatrix}a_1\\ a_2\\ \vdots\\ a_m\end{pmatrix}\quad 且\quad \boldsymbol{y}=\begin{pmatrix}y_1\\ y_2\\ \vdots\\ y_n\end{pmatrix} \tag{5-140}$$

设置$\boldsymbol{y}=\boldsymbol{Fa}$是不正确的，因为该函数不会遍历所有的数据点。相反，我们有

$$\boldsymbol{y} = \boldsymbol{Fa} + \boldsymbol{\epsilon} \tag{5-141}$$

其中 $\boldsymbol{\epsilon}$ 是残差的矢量。方程 5-141 是方程 5-56 的推广。

我们希望找到 $\boldsymbol{a}$ 的最合适的数值。假设我们知道 $\boldsymbol{\epsilon}$ 的概率分布函数而且它是多元高斯分布(等式 2.80)：

$$g(\boldsymbol{\epsilon}) \propto \exp\left[-\frac{1}{2}\boldsymbol{\epsilon}^{\mathrm{T}}\boldsymbol{W\epsilon}\right] \tag{5-142}$$

其中权重矩阵 $\boldsymbol{W}$ 为

$$\boldsymbol{W} = \begin{pmatrix} w_{11} & w_{12} & \cdots & w_{1n} \\ w_{21} & w_{22} & \cdots & w_{2n} \\ \vdots & \vdots & & \vdots \\ w_{n1} & w_{n2} & \cdots & w_{nn} \end{pmatrix} = \begin{pmatrix} \sigma_{11} & \sigma_{12} & \cdots & \sigma_{1n} \\ \sigma_{21} & \sigma_{22} & \cdots & \sigma_{2n} \\ \vdots & \vdots & & \vdots \\ \sigma_{n1} & \sigma_{n2} & \cdots & \sigma_{nn} \end{pmatrix}^{-1} \tag{5-143}$$

这相当于假设

$$\langle \epsilon_i \rangle = 0 \tag{5-144}$$

$$\langle \epsilon_i \ \epsilon_j \rangle = \sigma_{ij} \tag{5-145}$$

由于我们知道概率分布，我们可以应用最大似然原理。设置 $\boldsymbol{\epsilon} = \boldsymbol{y} - \boldsymbol{Fa}$，我们将 $g(\boldsymbol{\epsilon})$ 转换成

$$g(\vec{x},\vec{a}) \propto \exp\left[-\frac{1}{2}(\boldsymbol{y} - \boldsymbol{Fa})^{\mathrm{T}}\boldsymbol{W}(\boldsymbol{y} - \boldsymbol{Fa})\right] \tag{5-146}$$

由于给出了数据点且参数是未知的，这是拟合参数的似然函数 $L(\vec{x}, \vec{a}) \propto g(\vec{x}, \vec{a})$。根据最大的似然原理，通过最大化对数似然函数来获得 $\boldsymbol{a}$ 的组件的最佳估计，或者等价地，通过最小化

$$S = (\boldsymbol{y} - \boldsymbol{Fa})^{\mathrm{T}}\boldsymbol{W}(\boldsymbol{y} - \boldsymbol{Fa}) \tag{5-147}$$

$$= \sum_i \sum_j w_{ij}\left[y_i - \sum_{k=0}^{m} a_k f_k(x_i)\right]\left[y_j - \sum_{k=0}^{m} a_k f_k(x_j)\right] \tag{5-148}$$

如果我们采用最小二乘法，我们可以写下方程 5-147，并不需要假设 $\boldsymbol{\epsilon}$ 具有多变量高斯分布。但是可能不是那么容易来决定权重由等式 5-143 给出。我们现在也承认 S 是一个 χ^2 变量(见公式 2.126)，所以最小化 S 与 χ^2 最小化相同。

我们现在需要找到最小化 S 的 $\boldsymbol{a}$ 的每一个分量的值。为此，我们设 S 相对于 a_j 的导数等于 0：

$$\frac{\partial S}{\partial a_j} = 0 \tag{5-149}$$

令 $\boldsymbol{\delta}_j$ 为其中第 j 个元素等于 1 且所有其他元素等于 0 的列向量，则

$$\frac{\partial \boldsymbol{a}}{\partial a_j} = \boldsymbol{\delta}_j \tag{5-150}$$

S 由 a_j 的偏导数可以推导出 $m+1$ 方程：

$$0 = -(\boldsymbol{F\delta}_j)^{\mathrm{T}}\boldsymbol{W}(\boldsymbol{y} - \boldsymbol{F\hat{a}}) - (\boldsymbol{y} - \boldsymbol{F\hat{a}})^{\mathrm{T}}\boldsymbol{WF\delta}_j \tag{5-151}$$

请注意，$\boldsymbol{a}$ 已经成为 $\hat{\boldsymbol{a}}$。因为 S 是一个标量，所以它的导数也是标量，等式 5-151 必须是标量。标量的转置等于它自己，所以等式 5-151 变为

$$0 = -2(\boldsymbol{F\delta}_j)^{\mathrm{T}}\boldsymbol{W}(\boldsymbol{y} - \boldsymbol{F\hat{a}}) \tag{5-152}$$

同样，方程 5-152 实际上是 $m+1$ 个方程，每一个对应 S 的一个关于 a_j 的导数。注意

$$F\boldsymbol{\delta}_j = \begin{pmatrix} f_j(x_1) \\ f_j(x_2) \\ \vdots \\ f_j(x_n) \end{pmatrix} \tag{5-153}$$

这是 $\boldsymbol{F}$ 的第 j 列。我们可以将 $m+1$ 个方程组合成一个方程，获得

$$0 = \boldsymbol{F}^{\mathrm{T}}\boldsymbol{W}(\boldsymbol{y} - \boldsymbol{F}\hat{\boldsymbol{a}}) \tag{5-154}$$

经过扩展和重新排列，我们获得正规的方程：

$$(\boldsymbol{F}^{\mathrm{T}}\boldsymbol{W}\boldsymbol{F})\hat{\boldsymbol{a}} = \boldsymbol{F}^{\mathrm{T}}\boldsymbol{W}\boldsymbol{y} \tag{5-155}$$

读者可以验证正规矩阵 $\boldsymbol{N}=\boldsymbol{F}^{\mathrm{T}}\boldsymbol{W}\boldsymbol{F}$ 的分量

$$(\boldsymbol{F}^{\mathrm{T}}\boldsymbol{W}\boldsymbol{F})_{pq} = \sum_{i=1}^{n}\sum_{j=1}^{n} w_{ij} f_p(x_i) f_q(x_j) \tag{5-156}$$

和 $\boldsymbol{F}^{\mathrm{T}}\boldsymbol{W}\boldsymbol{y}$ 的分量

$$(\boldsymbol{F}^{\mathrm{T}}\boldsymbol{W}\boldsymbol{y})_p = \sum_{i=1}^{n}\sum_{j=1}^{n} w_{ij} y_i f_p(x_i) \tag{5-157}$$

此时，我们已经与 5.3 节的形式主义联系起来，并且可以通过检查写下估计参数的解

$$\hat{\boldsymbol{a}} = (\boldsymbol{F}^{\mathrm{T}}\boldsymbol{W}\boldsymbol{F})^{-1}\boldsymbol{F}^{\mathrm{T}}\boldsymbol{W}\boldsymbol{y} \tag{5-158}$$

和估计的协方差矩阵

$$\boldsymbol{C} = \frac{\hat{S}_{\min}}{n-m-1}(\boldsymbol{F}^{\mathrm{T}}\boldsymbol{W}\boldsymbol{F})^{-1} \tag{5-159}$$

其中$(m+1)$是拟合参数的数量(参见 5.3.3 节和等式 5-91 的脚注)

$$\hat{S}_{\min} = (\boldsymbol{y} - \boldsymbol{F}\hat{\boldsymbol{a}})^{\mathrm{T}}\boldsymbol{W}(\boldsymbol{y} - \boldsymbol{F}\hat{\boldsymbol{a}}) \tag{5-160}$$

$$= \sum_{i=1}^{n}\sum_{j=1}^{n} w_i w_j \left[y_i - \sum_{k=0}^{m}\hat{a}_k f_k(x_i)\right]\left[y_j - \sum_{k=0}^{m}\hat{a}_k f_k(x_j)\right] \tag{5-161}$$

5.5.3　拟合优度的 χ^2 检验

最小二乘法几乎对任何函数以及所有的数据点都适用。考虑图 5-8 中所示的数据和最小二乘拟合。拟合在中间部分看起来不错，但在两边不太吻合，对于左图，因为函数太简单，不能拟合数据，关于右图，因为拟合的函数太复杂。χ^2 分布提供了量化这些印象的方法。

假设函数 $f=f(x,a_0,a_1,\cdots,a_m)$通过最小化平方残差的加权和拟合到 n 个数据点(x_i, y_i, σ_i)

$$S = \sum_{i=1}^{n} w_i[y_i - f(x_i, a_0, a_1, \cdots, a_m)]^2 \tag{5-162}$$

其中 $w_i=1/\sigma_i^2$。如前所述，a_j 的拟合值是 $\hat{a}_j$，拟合函数是 $f=f(x,\hat{a}_0,\hat{a}_1,\cdots,\hat{a}_m)$，$S$ 的最小值为

$$S_{\min} = \sum_i w_i[y_i - f(x_i, \hat{a}_0, \hat{a}_1, \cdots, \hat{a}_m)]^2 \tag{5-163}$$

假设 $\epsilon_i=y_i-f(x_i,\hat{a}_0,\hat{a}_1,\cdots,\hat{a}_m)$为点 i 的残差，并将 $S_{\min}$改写为

$$S_{\min} = \sum_i \frac{\epsilon_i^2}{\sigma_i^2} \tag{5-164}$$

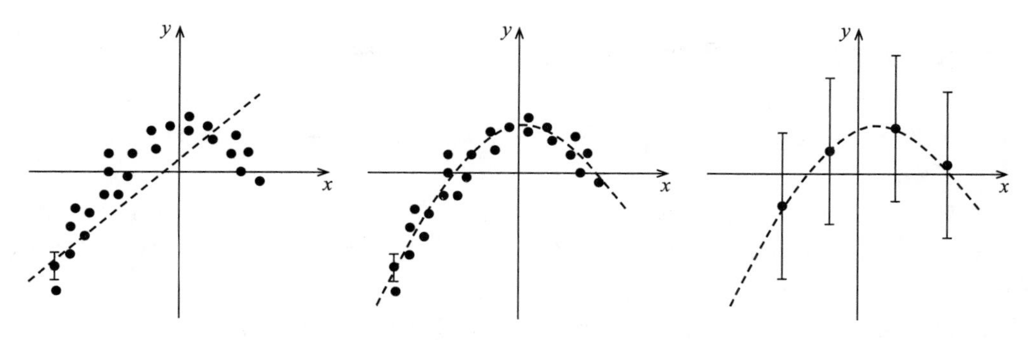

图 5-8 左图显示了一条直线与一组数据点的拟合情况。所有的点都有同样的小误差，只绘制了最左边的点。直线是不合适的，因为拟合线和数据之间的差异往往比数据中的误差要大得多。中间的图显示了二次多项式与相同数据的拟合。这个好多了，因为线和数据之间的差异是可比的误差。右图显示二次多项式与具有大误差的数据点的拟合。该拟合是相当不错的，但是测量误差很大，表明数据可以通过更简单的函数来拟合。χ^2 的值提供了量化这些印象的方法

如果ϵ_i 有一个高斯分布，那么 $S_{\min}$是一个 χ^2 变量，有一个 $\chi^2 k$ 分布，自由度为 $k=n-m-1$。

从我们在 2.6 节中对 χ^2 概率分布的讨论中，我们期望 χ_k^2 的值要在以下范围内

$$\langle\chi_k^2\rangle \pm \sigma_{\chi_k^2} = k \pm \sqrt{2k} \tag{5-165}$$

图 5-8 左侧和中间的图上有 25 个数据点，以及拟合的函数有 2 个或 3 个自由参数(线性或二次拟合)，所以 $\chi^2=S_{\min}$应介于大约 15 和 35 两者之间。在左图中，大部分的残差比误差大 2 或 3 倍，每个都有助于$\epsilon_i^2/\sigma_i^2\approx4-9$ 到方程 5-164 中的求和。因此，χ^2 远大于 30，我们得出这样的结论：残差太大，而不能归因于随机误差。这个拟合不成功。在中间的图中，拟合的残差与误差是可比的。每个点贡献一个$\epsilon_i^2/\sigma_i^2\approx1$ 的和，所以 $\chi^2\approx25$。因为这是 χ^2 的期望值，二次多项式是数据的良好表达。

图 5-8 右图中只有 4 个数据点，并已用二次多项式拟合，所以我们期望 χ^2 接近 $k=4-3=1$。与左边和中间的图相反，这里拟合曲线的残差比误差小得多。因此，每个ϵ_i/σ_i几乎为 0，所以 $\chi^2=S_{\min}\approx0$。拟合线产生的残差太小，无法与数据中的误差保持一致。一条直线，甚至一个简单的平均值会产生一个 χ^2 的数值更接近它的期望值，因此，它比二次多项式作为数据正确表示的概率会更高一些。

更准确地说，χ_k^2 值大于或等于某个数值 b 的概率是

$$P(\chi_k^2 \geqslant b) = \int_b^\infty f_k(\chi^2)d(\chi^2) \tag{5-166}$$

其中 $f_k(\chi^2)$是 k 个自由度的χ^2 分布。如果我们设定 b 等于 $S_{\min}$，那么 $P(\chi_k^2\geqslant S_{\min})$是纯粹偶然得到 $\chi_k^2\geqslant S_{\min}$的概率。如果可能性很小，残差太大而不能与误差一致，拟合性差。同样，χ_k^2 值小于或等于某个值 b 的概率是

$$P(\chi_k^2 \leqslant b) = \int_0^b f_k(\chi^2)d(\chi^2) \tag{5-167}$$

如果我们设定 b 等于 $S_{\min}$，那么 $P(x_k^2\leqslant S_{\min})$是纯粹偶然得到 $\chi_k^2\leqslant S_{\min}$的概率。如果这个概率很小，则残差太小而不能与误差一致，并且与具有较少参数的函数拟合是有保证的。

对于 χ^2 检验给出有意义的结果，σ_i^2 的值在等式 5-164 中必须是正确的。在下面的例子中，我们扭转这个要求来收紧我们在图 5-4 中显示的数据点上的误差栏太小的结论。

示例：这是我们最后一次用到从5.3.1节起一直使用的数值例子。(我们将在第7章贝叶斯统计中使用相同的数据作为例子。)在这个例子中，我们一直在借助加权最小二乘法来用一条直线拟合数据。图5-4绘制了数据点及其误差线以及加权最小二乘法拟合的直线。

在附图的例子中，我们注意到12个数据点中有7个是偏离直线超过1个标准差。如果数据点中的误差具有高斯分布，那么应该只有1/3的点是偏离直线超过那么多(1个标准差)。我们认为这是需要调整拟合参数的原因。

我们现在可以量化这个结论。在纠正方差的过程中，我们计算

$$\hat{\sigma}^2 = \frac{\hat{S}_{\min}}{n-m-1} = \frac{\sum_{i=1}^{12} w_i(y_i + 3.45 - 0.897x_i)^2}{10} = 2.74$$

而$n-m-1=10$是自由度数。在目前的情况下，我们发现

$$S_{\min} = 10\hat{\sigma}^2 = 27.4 = \chi_{10}^2$$

使用公式5-166，偶然发生的概率是(从表中)

$$P(\chi_{10}^2 \geqslant 27.4) = \int_{27.4}^{\infty} f_{10}(\chi^2)d(\chi^2) = 0.0023$$

如果从高斯分布中选择具有表格的标准偏差，每400次中只有大约1次的机会数据点的分布如图5-4所示。现在就像我们之前所做的那样，列表中的误差太小了，必须调整拟合参数的标准偏差。

这个例子也给出了理解在方程5-99中使用的调整性质的另一种方法。调整的效果是迫使$S_{\min}$等于它预期平均值，$S_{\min}\to\langle\chi_k^2\rangle=k$。

5.6　多个因变量拟合

我们常常需要用多个因变量来拟合数据。考虑n个数据点(t_i,x_i,y_i,z_i)，其中t是自变量，已知无误差，因变量x、y和z具有不相关的测量误差$(\sigma_{x_i},\sigma_{x_i},\sigma_{z_i})$。例如，这些可能是对象在空间中移动时不同时间的位置的度量。我们希望拟合一个曲线，这个曲线是t对数据点的一个函数(见图5-9)；也就是说，我们希望拟合一个曲线，其中t是一个自变量，x、y和z是因变量。

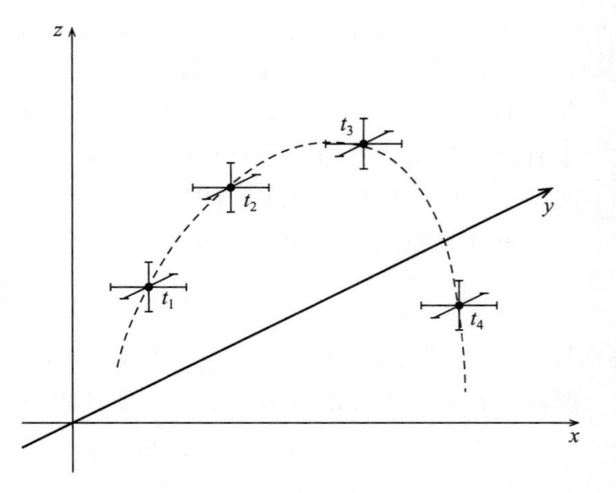

图5-9　点和它们的误差线表示数据集$\{t_i,x_i,y_i,z_i\}$，$i=1,\cdots,n$，其中t的测量误差可以忽略不计，而x、y和z具有不相关的测量误差$(\sigma_{x_i},\sigma_{x_i},\sigma_{z_i})$。例如，数据可能与对象在空间中移动时的测量位置相对应。虚线是拟合的曲线，它是t的函数

让我们假设拟合曲线由参数方程描述

$$x = f_x(t,a_0,a_1,\cdots,a_{m_x}) = f_x(t,\vec{a}) \tag{5-168}$$

$$y = f_y(t,b_0,b_1,\cdots,b_{m_y}) = f_y(t,\vec{b}) \tag{5-169}$$

$$z = f_z(t,c_0,c_1,\cdots,c_{m_z}) = f_z(t,\vec{c}) \tag{5-170}$$

其中 $\vec{a}$、$\vec{b}$ 和 $\vec{c}$ 是拟合的参数。我们用最大似然原理来确定最佳参数。如果测量误差具有高斯分布，那么似然函数是

$$L=\frac{1}{\sqrt{2\pi}\sigma_{x_1}}\exp\left\{-\frac{[x_1-f_x(t_1,\vec{a})]^2}{2\sigma_{x_1}^2}\right\}\cdots\frac{1}{\sqrt{2\pi}\sigma_{x_n}}\exp\left\{-\frac{[x_n-f_x(t_n,\vec{a})]^2}{2\sigma_{x_n}^2}\right\}$$
$$\times\frac{1}{\sqrt{2\pi}\sigma_{y_1}}\exp\left\{-\frac{[y_1-f_y(t_1,\vec{b})]^2}{2\sigma_{y_1}^2}\right\}\cdots\frac{1}{\sqrt{2\pi}\sigma_{y_n}}\exp\left\{-\frac{[y_n-f_y(t_n,\vec{b})]^2}{2\sigma_{y_n}^2}\right\}$$
$$\times\frac{1}{\sqrt{2\pi}\sigma_{z_1}}\exp\left\{-\frac{[z_1-f_z(t_1,\vec{c})]^2}{2\sigma_{z_1}^2}\right\}\cdots\frac{1}{\sqrt{2\pi}\sigma_{x_n}}\exp\left\{-\frac{[z_n-f_z(t_n,\vec{c})]^2}{2\sigma_{z_n}^2}\right\} \quad (5\text{-}171)$$

那么对数似然函数是

$$\ell(t,\vec{a},\vec{b},\vec{c})=-\frac{1}{2}\sum_{i=1}^{n}\left\{\frac{[x_i-f_x(t_i,\vec{a})]^2}{\sigma_{x_i}^2}+\frac{[y_i-f_y(t_i,\vec{b})]^2}{\sigma_{y_i}^2}+\frac{[z_i-f_z(t_i,\vec{c})]^2}{\sigma_{z_i}^2}\right\} \quad (5\text{-}172)$$

我们忽略了与拟合参数无关的加性常数，拟合参数是通过最大化对数似然来确定的。

通过设定 $S=-2\ell(t,\vec{a},\vec{b},\vec{c})$ 并调整参数使 S 最小化，我们进入最小二乘的领域。出于方便，设置

$$w_{x_i}=\frac{1}{\sigma_{x_i}^2},\ w_{y_i}=\frac{1}{\sigma_{y_i}^2},\ w_{z_i}=\frac{1}{\sigma_{z_i}^2} \quad (5\text{-}173)$$

得到

$$S=\sum_{i=1}^{n}\{w_{x_i}[x_i-f_x(t_i,\vec{a})]^2+w_{y_i}[y_i-f_y(t_i,\vec{b})]^2+w_{z_i}[z_i-f_z(t_i,\vec{c})]\} \quad (5\text{-}174)$$

公式 5-174 可以重写为

$$S=S_x(\vec{a})+S_y(\vec{b})+S_z(\vec{c}) \quad (5\text{-}175)$$

其中

$$S_x(\vec{a})=\sum_{i=1}^{n}w_{x_i}[x_i-f_x(t_i,\vec{a})]^2 \quad (5\text{-}176)$$

$$S_y(\vec{b})=\sum_{i=1}^{n}w_{y_i}[y_i-f_y(t_i,\vec{b})]^2 \quad (5\text{-}177)$$

$$S_z(\vec{c})=\sum_{i=1}^{n}w_{z_i}[z_i-f_z(t_i,\vec{c})]^2 \quad (5\text{-}178)$$

因此，S 是每个个体的加权残差的平方和。在前面章节开发的技术可以用来使 S 最小化。

要特别注意一种情况。如果参数的拟合是彼此独立的($\vec{a}$、$\vec{b}$ 和 $\vec{c}$ 彼此之间不相关)，$S_x(\vec{a})$，$S_y(\vec{b})$，$S_z(\vec{c})$可以分别最小化。$S_x(\vec{a})$的最小化产生 $\vec{a}$ 的最优值，$S_y(\vec{b})$的最小化产生 $\vec{b}$ 的最优值，$S_z(\vec{c})$的最小化产生 $\vec{c}$ 的最优值。换句话说，拟合成为 3 个独立的过程，分别对应每一个分量。

第 6 章

非线性最小二乘估计

6.1 引言

第 5 章讨论了如何通过最小二乘法(或最大似然)用与其系数为线性关系的函数来拟合数据。如果函数与其系数为非线性关系，那么似然公式(公式 5-8)与其系数通常也为非线性的，那么第 5 章中描述的用来求解它们的基础方法将会失效。下面的例子展示了即使对简单如求两个指数函数的和的例子，正则方程都无法给出解析解。

示例：假设我们希望用最小二乘法拟合函数

$$y = \exp[-a_0 x] + \exp[-a_1 x]$$

到 n 个同权重的数据点(x_i，y_i)。残差的平方和是

$$S = \sum_i (y_i - \exp[-a_0 x_i] - \exp[-a_1 x_i])^2$$

为了找到最小化 S 的 a_0 和 a_1 的值，令 S 对于 a_0 和 a_1 的导数分别为零：

$$0 = \frac{\partial S}{\partial a_0} = 2\sum_i x_i \exp[-\hat{a}_0 x_i](y_i - \exp[-\hat{a}_0 x_i] - \exp[-\hat{a}_1 x_i])$$

$$0 = \frac{\partial S}{\partial a_1} = 2\sum_i x_i \exp[-\hat{a}_1 x_i](y_i - \exp[-\hat{a}_0 x_i] - \exp[-\hat{a}_1 x_i])$$

这里，按照第 5 章的惯例，带帽符的 a_0 和 a_1 为拟合的值。这些方程关于 $\hat{a}_0$ 和 $\hat{a}_1$ 是非线性的，因此无法解析地求解。

困难之处不仅仅局限于计算。在线性最小二乘法里，拟合参数有唯一解。然而，如果拟合函数与其系数非线性，会有不止一组系数给出最优拟合。图 6-1 展示了 57 个数据点(x_i，y_i)被一个大间隔分成了两个团块。它们被正弦曲线 $y=a_0\sin(a_1x+a_2)$拟合。正弦曲线关于 a_0 线性，并且关于 a_2 的非线性可以通过展开这个正弦移除(参见 5.5.1 节中最后的例子)，但是关于 a_1 的非线性无法避免。尽管有很多的数据点，两个不同的 a_1 都能给出很好的拟合，一个值使正弦函数在间隔处产生 6 个循环，另一个产生 7 个。两个拟合对应于两个不同的 S 的最小值点，叫作*局部最小值点*。找到所有的局部最小值点然后决定哪一个才是最小的可能很有挑战性。

最后，在最小二乘法中，协方差矩阵等于或者成比例于正则公式(公式 5-117)矩阵的逆阵。只需很少额外的工作，正则矩阵的公式就能给出拟合参数的方差和协方差。而绝大

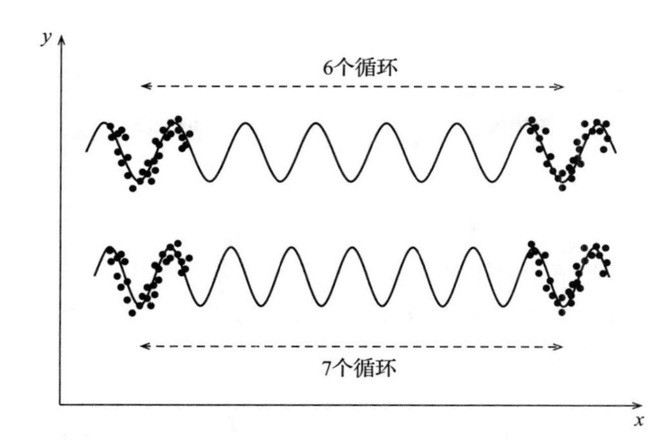

图 6-1 一组数据点(x_i, y_i)被一个大间隔分成两组，并用正弦曲线 $y=a_0\sin(a_1x+a_2)$ 拟合。正弦曲线关于 a_1 非线性。两个不同的 a_1 都能给出数据很好的拟合，一个值在间隔处产生 6 个循环，另一个产生 7 个。为了更清楚地展示这两个拟合，数据垂直平移以后被复制了一遍

多数寻找非线性最小二乘拟合参数的方法都无法给出协方差矩阵。它必须分开计算，有时会极大地增加计算负担。

这一章的主题是非线性最小二乘估计。目标是通过最小二乘法用函数 $f(x,a_1,a_2,\cdots,a_m)=f(x,\vec{a})$ 来拟合数据，这里 $\vec{a}$ 是要拟合的系数，并且函数和系数为非线性关系。如果 $f(x,\vec{a})$ 在 S 的最小值附近的行为很好，那么通常可以将一个非线性拟合转化为一个线性拟合，通过把函数关于 $\vec{a}$ 泰勒展开，并只保留一阶项。6.2 节会讨论非线性拟合的线性化。当拟合不能被线性化或这一方法表现得很糟，必须使用其他寻找使 S 最小化系数的方法。6.3 节会讨论最速下降法、牛顿法以及马夸特方法，它们都使用相关的技巧，通过对 S 泰勒展开而不是 $f(x,\vec{a})$。这一节还将涵盖穷举格点映射、单纯形优化以及模拟退火，它们都彻底规避求导。6.4 节将讨论计算系数协方差矩阵的方法，而 6.5 节讨论置信极限。最后，到目前为止，我们都假设 x 坐标下的误差小到可以忽略。6.6 节会讨论两个坐标下都有误差的最简单例子。

6.2 非线性拟合的线性化

一种绕过非线性二乘拟合复杂性的方法是将它转化为线性最小二乘拟合，这个过程称作线性化。线性化假设拟合参数的初始猜测可用。你可以将用来拟合的函数在猜测值附近泰勒展开。扔掉这个展开高于一阶的项，这样原始的函数被替换为一个关于系数线性的函数，当然只在猜测值附近有效。因为它关于系数线性，这个逼近函数可以通过第 5 章中推导的线性最小二乘法来拟合数据。线性化有着可观的优势，它在给出系数估计的同时给出了它们的协方差矩阵。

可以从一个简单的无权重单系数拟合里看出线性化最小二乘优化的本质特征。假设我们希望拟合函数 $f(x,a)$ 到 n 个数据点(x_i,y_i)。或更进一步来说，我们希望找到 $\hat{a}$，一个可以最小化下列平方和的 a 的值

$$S=\sum_{i=1}^{n}[y_i-f(x_i,a)]^2 \tag{6-1}$$

这个过程如下：

1. 对 $\hat{a}$ 作一个初始猜测，记这个猜测为 a_g。把函数关于 a_g 展开成泰勒级数：

$$f(x,a) = f(x,a_g) + \left.\frac{df(x,a)}{da}\right|_{\Delta g} \Delta a + \cdots \tag{6-2}$$

这里

$$\Delta a = a - a_g \tag{6-3}$$

注意 $f(x, a)$是关于 a 而不是 x 展开

2. 如果 a_g 是一个比较好的猜测，公式 6-2 的高阶项可以被忽略，$f(x, a)$变得关于 a 线性。残差的平方和变为

$$S = \sum_i \left[y_i - f(x_i,a_g) - \left.\frac{df(x_i,a)}{da}\right|_{a_g} \Delta a \right]^2 \tag{6-4}$$

3. 通过使得 S 关于 Δa 的导数等于 0 来找到 S 的最小值：

$$0 = \frac{\partial S}{\partial \Delta a} = -2\sum_i \left.\frac{df(x_i,a)}{da}\right|_{a_g} \left[y_i - f(x_i,a_g) - \left.\frac{df(x_i,a)}{da}\right|_{a_g} \Delta \hat{a} \right] \tag{6-5}$$

这里 $\Delta\hat{a} = \hat{a} - a_g$

4. 公式 6-5 关于 $\Delta\hat{a}$ 线性，并且能简单地求解：

$$\Delta\hat{a} = \left\{ \sum_i \left.\frac{df(x_i,a)}{da}\right|_{a_g} [y_i - f(x_i,a_g)] \right\} \Big/ \sum_i \left[\left.\frac{df(x_i,a)}{da}\right|_{a_g} \right]^2 \tag{6-6}$$

5. 改进 $\hat{a}$ 的猜测为

$$\hat{a} = a_g + \Delta\hat{a} \tag{6-7}$$

6. 改进后的 $\hat{a}$ 值并不完全正确，因为泰勒级数展开的高阶项被丢掉了。然而它应该比 a_g 更接近于正确值。为了找到一个更接近正确值的值，设 $a_g = \hat{a}$，回到第 3 步，迭代直到 $\hat{a}$ 的变化足够小。

下面的例子展示了怎样线性化一个指数函数的拟合。

示例：指数函数的泰勒级数展开是

$$f(x,a) = \exp[-ax] = \exp[-a_g x] - x\exp[-a_g x]\Delta a + \cdots$$

同样地，函数是对 a 在 a_g 处展开，而不是对 x。扔掉展开里的高阶项后，剩余误差的平方和变为

$$S = \sum_i (y_i - \exp[-a_g x_i] + x_i \exp[-a_g x_i]\Delta a)^2$$

通过令其关于 Δa 的导数等于 0，找到 S 的最小值点，得到

$$0 = \frac{\partial S}{\partial \Delta a} = 2\sum_i x_i \exp[-a_g x_i](y_i - \exp[-a_g x_i] + x_i \exp[-a_g x_i]\Delta\hat{a})$$

解出 $\Delta\hat{a}$

$$\Delta\hat{a} = -\frac{\sum_i x_i \exp[-a_g x_i](y_i - \exp[-a_g x_i])}{\sum_i x_i^2 \exp[-2a_g x_i]}$$

改进后的 $\hat{a}$ 的猜测为

$$\hat{a} = a_g + \Delta\hat{a}$$

如果需要，设置 $a_g = \hat{a}$ 并重复拟合。

6.2.1 数据含有不相关测量误差

我们现在推广到含有测量误差的数据以及有 $m+1$ 个系数的函数拟合。数据点为(x_i, y_i, σ_i)，$i=1, \cdots, n$，并且用来拟合数据的函数为 $f(x, a_0, a_1, \cdots, a_m)=f(x,\vec{a})$。我们希望调整拟合的系数使得加权剩余误差的和最小

$$S = \sum_{i=1}^{n} w_i [y_i - f(x_i, \vec{a})]^2 \tag{6-8}$$

这里 $w_i=1/\sigma_i^2$ 是权重。系数的猜测值为 $\vec{a}_g$。$f(x,\vec{a})$在 $\vec{a}_g$ 处的泰勒系数展开为

$$f(x,\vec{a}) = f(x,\vec{a}_g) + \sum_{j=0}^{m} \left.\frac{\partial f(x,\vec{a})}{\partial a_j}\right|_{\vec{a}_g} \Delta a_j + \cdots \tag{6-9}$$

这里 $\Delta a_j = a_j - a_{j_g}$，而 a_{j_g} 是 $\hat{a}_j$ 的初始猜测。只保留展开了的一阶项，剩余误差的加权平方和变为

$$S = \sum_{i=1}^{n} w_i \left[y_i - f(x_i, \vec{a}_g) - \sum_{j=0}^{m} \left.\frac{\partial f(x_i, \vec{a})}{\partial a_j}\right|_{\vec{a}_g} \Delta a_j \right] \tag{6-10}$$

为了最小化 S，令它的 $m+1$ 个关于 Δa_k 的偏导数为 0：

$$0 = \frac{\partial S}{\partial \Delta a_k} = -2 \sum_{i=1}^{n} w_i \left.\frac{\partial f(x_i, \vec{a})}{\partial a_k}\right|_{\vec{a}_g} \left[y_i - f(x_i, \vec{a}_g) - \sum_{j=0}^{m} \left.\frac{\partial f(x_i, \vec{a})}{\partial a_j}\right|_{\vec{a}_g} \Delta \hat{a}_j \right] \tag{6-11}$$

展开这个公式，我们有

$$0 = \sum_{i=1}^{n} w_i \left.\frac{\partial f(x_i, \vec{a})}{\partial a_k}\right|_{\vec{a}_g} [y_i - f(x_i, \vec{a}_g)] - \sum_{i=1}^{n} w_i \left.\frac{\partial f(x_i, \vec{a})}{\partial a_k}\right|_{\vec{a}_g} \left(\sum_{j=0}^{m} \left.\frac{\partial f(x_i, \vec{a})}{\partial a_j}\right|_{\vec{a}_g} \Delta \hat{a}_j \right) \tag{6-12}$$

然后交换右端最后一项的求和顺序，我们得到了想要的正则方程组：

$$\sum_{j=0}^{m} \left(\sum_{i=1}^{n} w_i \left.\frac{\partial f(x_i, \vec{a})}{\partial a_k}\right|_{\vec{a}_g} \left.\frac{\partial f(x_i, \vec{a})}{\partial a_j}\right|_{\vec{a}_g} \right) \Delta \hat{a}_j = \sum_{i=1}^{n} w_i [y_i - f(x_i, \vec{a}_j)] \left.\frac{\partial f(x_i, \vec{a})}{\partial a_k}\right|_{\vec{a}_g} \tag{6-13}$$

这可以改写为矩阵方程

$$\begin{pmatrix} \sum_i w_i \frac{\partial f(x_i)}{\partial a_0} \frac{\partial f(x_i)}{\partial a_0} & \sum_i w_i \frac{\partial f(x_i)}{\partial a_0} \frac{\partial f(x_i)}{\partial a_1} & \cdots & \sum_i w_i \frac{\partial f(x_i)}{\partial a_0} \frac{\partial f(x_i)}{\partial a_m} \\ \sum_i w_i \frac{\partial f(x_i)}{\partial a_1} \frac{\partial f(x_i)}{\partial a_0} & \sum_i w_i \frac{\partial f(x_i)}{\partial a_1} \frac{\partial f(x_i)}{\partial a_1} & \cdots & \sum_i w_i \frac{\partial f(x_i)}{\partial a_1} \frac{\partial f(x_i)}{\partial a_m} \\ \vdots & \vdots & & \vdots \\ \sum_i w_i \frac{\partial f(x_i)}{\partial a_m} \frac{\partial f(x_i)}{\partial a_0} & \sum_i w_i \frac{\partial f(x_i)}{\partial a_m} \frac{\partial f(x_i)}{\partial a_1} & \cdots & \sum_i w_i \frac{\partial f(x_i)}{\partial a_m} \frac{\partial f(x_i)}{\partial a_m} \end{pmatrix} \begin{pmatrix} \Delta \hat{a}_0 \\ \Delta \hat{a}_1 \\ \vdots \\ \Delta \hat{a}_m \end{pmatrix}$$

$$= \begin{pmatrix} \sum_i w_i [y_i - f(x_i, \vec{a}_g)] \frac{\partial f(x_i)}{\partial a_0} \\ \sum_i w_i [y_i - f(x_i, \vec{a}_g)] \frac{\partial f(x_i)}{\partial a_1} \\ \vdots \\ \sum_i w_i [y_i - f(x_i, \vec{a}_g)] \frac{\partial f(x_i)}{\partial a_m} \end{pmatrix} \tag{6-14}$$

这里偏导数可以被理解为在 $\vec{a}_g$ 处的值，并且关于 i 的求和是从 1 到 n。使用矩阵符号，正则方程组压缩为

$$\boldsymbol{N}\Delta\hat{\boldsymbol{a}} = \boldsymbol{Y} \tag{6-15}$$

这里 $\boldsymbol{N}$、$\boldsymbol{Y}$ 及 $\Delta\hat{\boldsymbol{a}}=\hat{\boldsymbol{a}}-\boldsymbol{a}_g$ 的项为

$$(\boldsymbol{N})_{jk} = \sum_{i=1}^{n} w_i \left.\frac{\partial f(x_i,\vec{a})}{\partial a_j}\right|_{\vec{a}_g} \left.\frac{\partial f(x_i,\vec{a})}{\partial a_k}\right|_{\vec{a}_g} \tag{6-16}$$

$$(\boldsymbol{Y})_k = \sum_{i=1}^{n} w_i[y_i - f(x_i,\vec{a}_g)] \left.\frac{\partial f(x_i,\vec{a})}{\partial a_k}\right|_{\vec{a}_g} \tag{6-17}$$

并且

$$\Delta\hat{\boldsymbol{a}} = \begin{pmatrix} \Delta\hat{a}_0 \\ \Delta\hat{a}_1 \\ \vdots \\ \Delta\hat{a}_m \end{pmatrix},\ \hat{\boldsymbol{a}} = \begin{pmatrix} \hat{a}_0 \\ \hat{a}_1 \\ \vdots \\ \hat{a}_m \end{pmatrix},\ \boldsymbol{a}_g = \begin{pmatrix} a_{0g} \\ a_{1g} \\ \vdots \\ a_{m_g} \end{pmatrix} \tag{6-18}$$

$\Delta\hat{\boldsymbol{a}}$ 的解为

$$\Delta\hat{\boldsymbol{a}} = (\boldsymbol{N})^{-1}\boldsymbol{Y} \tag{6-19}$$

而改进了的拟合参数为

$$\hat{\boldsymbol{a}} = a_g + \Delta\hat{\boldsymbol{a}} \tag{6-20}$$

如果还需要进一步改进，令 $a_g=\hat{a}$，重复这个求解过程。

伴随着解收敛，a_g 趋向于 $\hat{a}$，一阶泰勒级数展开成为 $f(x,\ \hat{a}_0,\ \hat{a}_1,\ \cdots,\ \hat{a}_m)$渐渐变好的逼近。在这些条件下，用来计算线性最小二乘协方差矩阵的公式也能作用在线性化最小二乘法的场合。协方差矩阵为

$$\boldsymbol{C} = (\boldsymbol{N})^{-1} \tag{6-21}$$

严格地讲，这是 $\Delta\hat{a}_j$ 的协方差矩阵，但同时也是 $\hat{a}_j$ 的协方差矩阵，因为 $\Delta\hat{a}_j$ 上的一个小误差会导致 $\hat{a}_j$ 上一个相同的误差。如果认为测量误差的估计不正确，人们需要用

$$\hat{\boldsymbol{C}} = \frac{S_{\min}}{n-m-1}(\boldsymbol{N})^{-1} \tag{6-22}$$

（见 5.2.3 节），这里$(m+1)$是拟合参数的个数[⊖]，并且

$$S_{\min} = \sum_i w_i[y_i - f(x_i,\hat{a}_0,\hat{a}_1,\cdots,\hat{a}_m)]^2 \tag{6-23}$$

6.2.2 数据含有相关测量误差

假设现在测量误差是相关的，所以 $\sigma_{ij}\neq 0$。按照 5.5.2 节里的讨论，权重矩阵为

$$W = \begin{pmatrix} w_{11} & w_{12} & \cdots & w_{1n} \\ w_{21} & w_{22} & \cdots & w_{2n} \\ \vdots & \vdots & & \vdots \\ w_{n1} & w_{n2} & \cdots & w_{nn} \end{pmatrix} = \begin{pmatrix} \sigma_{11} & \sigma_{12} & \cdots & \sigma_{1n} \\ \sigma_{21} & \sigma_{22} & \cdots & \sigma_{2n} \\ \vdots & \vdots & & \vdots \\ \sigma_{n1} & \sigma_{n2} & \cdots & \sigma_{nn} \end{pmatrix} \tag{6-24}$$

让向量 $\boldsymbol{f}$ 和 $\boldsymbol{y}$ 为

⊖ 人们通常在分母上看到 $n-m$，而不是 $n-m-1$，目的是在 n 里减掉自由度。对于我们来说，自由度个数为 $m+1$，因为系数从 a_0 到 a_m 编号。

$$\boldsymbol{y} = \begin{pmatrix} y_1 \\ y_2 \\ \vdots \\ y_n \end{pmatrix} \quad 且 \quad \boldsymbol{f} = \begin{pmatrix} f(x_1,\vec{a}) \\ f(x_2,\vec{a}) \\ \vdots \\ f(x_n,\vec{a}) \end{pmatrix} \tag{6-25}$$

我们希望最小化

$$S = (\boldsymbol{y}-\boldsymbol{f})^{\mathrm{T}}\boldsymbol{W}(\boldsymbol{y}-\boldsymbol{f}) \tag{6-26}$$

通过在 $\vec{a}_g$ 处展开 $\boldsymbol{f}$ 到一阶项来线性化

$$f(x,\vec{a}) = f(x,\vec{a}_g) + \sum_{j=0}^{m}\frac{\partial f(x,\vec{a})}{\partial a_j}\Delta a_j \tag{6-27}$$

$\boldsymbol{f}$ 变为

$$\boldsymbol{f} = \begin{pmatrix} f(x_1,\vec{a}_g) + \sum_j \dfrac{\partial f(x_1,\vec{a})}{\partial a_j}\Delta a_j \\ f(x_2,\vec{a}_g) + \sum_j \dfrac{\partial f(x_2,\vec{a})}{\partial a_j}\Delta a_j \\ \vdots \\ f(x_n,\vec{a}_g) + \sum_j \dfrac{\partial f(x_n,\vec{a})}{\partial a_j}\Delta a_j \end{pmatrix} \tag{6-28}$$

令 S 在每一个 Δa_k 处的偏导数为 0。经过一些代数变换，正则方程变为

$$(\boldsymbol{F}^{\mathrm{T}}\boldsymbol{W}\boldsymbol{F})\Delta\hat{\boldsymbol{a}} = \boldsymbol{F}^{\mathrm{T}}\boldsymbol{W}(\boldsymbol{y}-\boldsymbol{f}) \tag{6-29}$$

这里$(m+1)\times n$ 矩阵 $\boldsymbol{F}$ 是

$$\boldsymbol{F} = \begin{pmatrix} \left.\dfrac{\partial f(x_1,\vec{a})}{\partial a_0}\right|_{\vec{a}_g} & \left.\dfrac{\partial f(x_1,\vec{a})}{\partial a_1}\right|_{\vec{a}_g} & \cdots & \left.\dfrac{\partial f(x_1,\vec{a})}{\partial a_m}\right|_{\vec{a}_g} \\ \left.\dfrac{\partial f(x_2,\vec{a})}{\partial a_0}\right|_{\vec{a}_g} & \left.\dfrac{\partial f(x_2,\vec{a})}{\partial a_1}\right|_{\vec{a}_g} & \cdots & \left.\dfrac{\partial f(x_2,\vec{a})}{\partial a_m}\right|_{\vec{a}_g} \\ \vdots & \vdots & & \vdots \\ \left.\dfrac{\partial f(x_n,\vec{a})}{\partial a_0}\right|_{\vec{a}_g} & \left.\dfrac{\partial f(x_n,\vec{a})}{\partial a_1}\right|_{\vec{a}_g} & \cdots & \left.\dfrac{\partial f(x_n,\vec{a})}{\partial a_m}\right|_{\vec{a}_g} \end{pmatrix} \tag{6-30}$$

并且正则矩阵为

$$\boldsymbol{N} = \boldsymbol{F}^{\mathrm{T}}\boldsymbol{W}\boldsymbol{F} \tag{6-31}$$

记住当用来拟合的函数关于它的系数是线性时，$\boldsymbol{F}$ 的这个定义会简化为公式(5-140)所给出的定义。$\Delta\hat{\boldsymbol{a}}$ 的解为

$$\Delta\hat{\boldsymbol{a}} = (\boldsymbol{F}^{\mathrm{T}}\boldsymbol{W}\boldsymbol{F})^{-1}\boldsymbol{F}^{\mathrm{T}}\boldsymbol{W}(\boldsymbol{y}-\boldsymbol{f}) \tag{6-32}$$

而改进了的拟合系数为

$$\hat{\boldsymbol{a}} = \boldsymbol{a}_g + \Delta\hat{\boldsymbol{a}} \tag{6-33}$$

如果还需要进一步改进，令 $\boldsymbol{a}_g=\hat{\boldsymbol{a}}$，重复这个求解过程。

回顾我们在 5.5.2 节中关于含有相关测量误差的线性最小二乘估计的讨论，我们可以通过观察写下协方差矩阵

$$\boldsymbol{C} = (\boldsymbol{F}^{\mathrm{T}}\boldsymbol{W}\boldsymbol{F})^{-1} \tag{6-34}$$

同样地，如果测量误差的估计被认为是不正确的，人们可能会用(参见 5.2.3 节中关于协方差矩阵估计的讨论以及公式 6-22 的脚注)

$$\hat{\boldsymbol{C}} = \frac{S_{\min}}{n-m-1}(\boldsymbol{F}^{\mathrm{T}}\boldsymbol{W}\boldsymbol{F})^{-1} \tag{6-35}$$

这里

$$S_{\min} = (\boldsymbol{y} - \hat{\boldsymbol{f}})^{\mathrm{T}} \boldsymbol{W} (\boldsymbol{y} - \hat{\boldsymbol{f}}) \tag{6-36}$$

并且这里符号 $\hat{\boldsymbol{f}}$ 表示 $\boldsymbol{f}$ 在 $\hat{\boldsymbol{a}}$ 处的值。

6.2.3 实际考量

如果 S 有超过一个极小值点，那么它会有鞍点。在那些地方 S 的一个或多个偏导数为 0，并且在那些坐标上 S 在局部最大值点上。正则矩阵 $\boldsymbol{N}$ 或者 $\boldsymbol{F}^{\mathrm{T}}\boldsymbol{WF}$ 在鞍点上是奇异的。在鞍点的附近，它们的逆会有很大(或无限大)的项，并且用来改进的向量 $\Delta\hat{\boldsymbol{a}}$ 也能变得很大，使得解离正确值很远，并可能趋于 S 的错误极小值点。更一般地，如果拟合参数的初始猜测离 S 最下面的极小值点不够近，解可能趋于一个错误的局部极小值点。因此必须小心选取初始猜测 $\boldsymbol{a}_g$。更严重的是，如果 S 有几个差不多小的极值点，数据里的噪声可能会引入哪个极小值点才是真正的极小值点的不确定性。必须深入理解 S 的性质才能处理这些状况。

非线性最小二乘求解可能收敛得很慢，或者产生震荡的 $\hat{\boldsymbol{a}}$，甚至是发散的 $\hat{\boldsymbol{a}}$。产生这些的一个原因是 $\Delta\hat{\boldsymbol{a}}$ 经常指着正确的方向但长度太大了，从而错过了最小值点。必须在每个迭代步骤后检查 S 的值确保它变小。一种处理这一坏现象的办法是只用 $\Delta\hat{\boldsymbol{a}}$ 的一部分更新 $\hat{\boldsymbol{a}}$：

$$\hat{\boldsymbol{a}} = \boldsymbol{a}_g + \alpha\Delta\hat{\boldsymbol{a}} \tag{6-37}$$

这里 α 是一个小于 1 的常数。通常 α 取 0.1～0.5 是可行的，但偶尔也需要更小的 α。

没有唯一最好的收敛准则。也许最可行的准则是迭代直到对所有 k，$\Delta\hat{a}_k$ 都远远小于 $\sigma_{\hat{a}_k}$；也就是说，到 $\hat{a}_k$ 的改变远远小于它的不确定性为止。你也可以考虑迭代到 S 的改变量远远小于 S。然而这两个准则都不是万无一失的，因为即使很小的 Δa_k 或者 S 在很多步迭代后都可以累加成很大的总体变化。

6.3 其他最小化 S 的方法

在 6.2 节中讨论的线性化方法是基于 $f(x,\vec{a})$ 的泰勒级数展开的。如果 $f(x,\vec{a})$ 关于拟合参数的一阶导数解析形式已知或者能简单地进行数值计算，那么线性化通常是首选，因为它能自动给出协方差矩阵。如果导数难以计算，线性化就不太可能是一个好的选择了。同时当 S 有很多局部最小值点的复杂拓扑结构，或者需要很多迭代才能找到最小值的病态拓扑结构时(例如 S 的最小值点在一个紧密缠绕的螺旋状山谷的某处)，线性化也是一个较差的选择。

这一节将描述几个线性化 $f(x,\vec{a})$ 的有用替代。回忆一下我们的目标是找到最小化 S 的 $\vec{a}$。这是更一般有着大量文献[⊖]的求函数最小问题的一个特例。这里描述的最小化方法是那些能很好适应最小二乘问题的方法。穷尽网格法计算上没效率，但是能展示 S 的几何结构，同时可能也是找到 S 最小的极小值必需的一步。最速下降法、牛顿法以及马夸特法是几个相关的使用 S 而不是 $f(x,\vec{a})$ 的导数寻找 S 最小值的方法。它们易于理解并且一起提供了一个有效的工具集。它们的不足是，它们需要 S 的导数，通常这只能进行数值计算。单纯形法避免使用任何导数，使得它对数值不稳定有很好的容错性。这一节也包含对

⊖ 参见，例如，Press 等人(2007)。

模拟退火的简单讨论。虽然模拟退火不能保证找到最好的拟合，它能在寻找最佳拟合十分困难或者不可能的时候找到不错的拟合。它也是用来寻找值得进一步研究的局部最小值点的有效工具。

这些替代方法不能自动产生协方差矩阵，所以需要另外计算拟合参数的方差和协方差。6.4 节将描述几个计算它们的方法。

6.3.1　网格映射法

图 6-2 展示了一个曲面 S，它真正的最小值点被包围在一圈局部最小值点中。那些只检视 S 局部值寻找最小值点的方法，比如马夸特法或单纯形法(参见 6.32 节及 6.33 节)，会陷入某个局部最小值点。它们甚至会不收敛，因为局部最小值点构成了一个在 S 上有着完全相同值的封闭的圈。现在想象这个曲面上下颠倒下来，最下面的最小值点自身就是一个环，这样目前为止讨论的所有最小化方法都不成立。理解 S 的几何结构将不可替代。

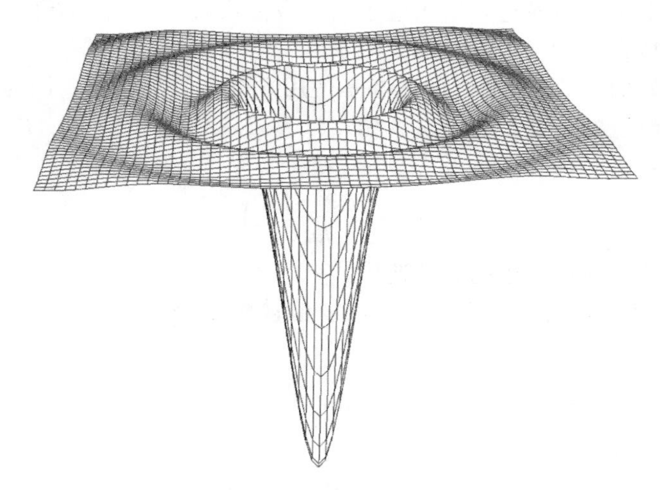

图 6-2　一个病态 S 的例子，这里 $S=1-\sin(r)/r$，且 $r=(x^2+y^2)^{1/2}$。S 真正的最小值点被包围在环状的局部最小值点里。通过检视 S 局部值(例如，单纯形法)或计算局部梯度(例如，最速下降法)来寻找 S 最小值的技巧会陷于某个局部最小值

如果有一个足够强大的计算机，那么通过覆盖一个格点网来映射参数空间中感兴趣的部分并计算 S 在每一个格点上的值将是可能的，甚至是渴望的。因为网格搜索能在网格足够细的时候映射 S 的特质，当对 S 的本质缺乏了解时，这是值得推荐的。当参数空间很大或者有很多参数时，计算 S 完整的映射即使对于很强大的计算机也是不可能的。

6.3.2　最速下降法、牛顿法以及马夸特法

最速下降法：我们希望找到 $\vec{a}$ 的值使得残差平方加权和最小

$$S=\sum_{i=1}^{n}w_i[y_i-f(x_i,a_0,a_1,\cdots,a_m)]^2 \tag{6-38}$$

在最速下降法、牛顿法以及马夸特法里，S 被看作一个由拟合参数$(a_0,a_1,\cdots,a_m)$为坐标轴的$(m+1)$维空间之上$(m+2)$维空间里的一个曲面。参数的最佳拟合值是这个曲面最下面的最小值。

在最速下降法(也叫作梯度搜索法)中，我们从参数空间里一个方便的位置开始，具体

来说从一个拟合参数的初始猜测 $\vec{a}_g$ 开始，然后在曲面上沿着它减小最快的方向移动。把 S 关于 $\vec{a}$ 在 $\vec{a}_g$ 处泰勒展开，只保留一阶项，我们有

$$S = S(\vec{a}_g) + \sum_{j=0}^{m} \frac{\partial S}{\partial a_j}\bigg|_{\vec{a}_g} \Delta a_j \tag{6-39}$$

这里 $\Delta a_j = a_j - a_{jg}$。公式(6－39)可以写成向量形式

$$S = S(\vec{a}_g) + \Delta \boldsymbol{a}^{\mathrm{T}} \nabla S \tag{6-40}$$

这里 ∇S 是 S 的梯度。S 减小最快的方向(最速下降)是 $-\nabla S$，所以修正 $\vec{a}_g$ 最速下降量为 $\Delta \boldsymbol{a} \propto -\nabla S$ 或者

$$\Delta a_j = -\alpha \frac{\partial S}{\partial a_j}\bigg|_{\vec{a}_g} \tag{6-41}$$

这里 α 是修正向量具体的长度。修正了的参数值则为 $a_j = a_{j_g} + \Delta a_j$。因为公式 6-40 只是一个 S 与拟合参数相关性的一个逼近，修正了的参数也只是它们在 S 真正最小值点的一个逼近。为了找到一个更好的逼近，用改进了的参数值代替 $\vec{a}_g$，计算新的改进，重复这个循环直到得到满意的拟合。

不存在唯一最好的 α。一个通常的选择是使用 S 的二阶导数值，因为它们决定了曲率，也因此决定了参数改进的长度。为了这么做，计算二阶导数 $\partial^2 S/\partial a_j^2$ 并且令 α 等于最大的二阶偏导数的倒数：

$$\alpha = \min\left[\left(\frac{\partial^2 S}{\partial a_j^2}\bigg|_{\vec{a}_g}\right)^{-1}\right] \tag{6-42}$$

可以上下调整 α 的值来获得希望的收敛速度。

在修改了的最速下降法版本中，不同的 α 值被赋给公式 6-41 中 $m+1$ 个单独方程，所以

$$\Delta a_j = -\alpha_j \frac{\partial S}{\partial a_j}\bigg|_{\vec{a}_g} \tag{6-43}$$

这里

$$\alpha_j = \alpha\left(\frac{\partial^2 S}{\partial a_j^2}\bigg|_{\vec{a}_g}\right)^{-1} \tag{6-44}$$

α 是个常数。公式 6-43 和 6-44 的要点是使得在参数空间每一个方向上移动的距离反比于那个方向上的曲率。人们通常由 $\alpha \approx 1$ 开始，根据需求增加或者减小 α 来改进收敛性。

牛顿法：最速下降法当参数的初始猜测离开 S 最小值点很远的时候很有效率。但是接近最小值时，最速下降法往往变得无效，它会采用曲折的步骤并且需要很多步迭代。牛顿法通常在参数接近 S 最小值点时给出很好的结果，因为这个方法以平方速度收敛到最小值点。就像最速下降法一样，牛顿法从参数的初始猜测 $\vec{a}_g$ 开始，但是接下来在 $\vec{a}_g$ 的一个领域里沿着一个抛物面逼近 S。修正了的参数值是它们在抛物线上的最小值点。

为了应用牛顿法，将 S 关于 $\vec{a}$ 在 $\vec{a}_g$ 处泰勒展开并舍去高于二阶的项：

$$S = S(\hat{a}_g) + \sum_{j=0}^{m} \frac{\partial S}{\partial a_i}\bigg|_{\vec{a}_g} \Delta a_i + \frac{1}{2}\sum_{i=0}^{m}\sum_{j=0}^{m} \frac{\partial^2 S}{\partial a_i\, \partial a_j}\bigg|_{\vec{a}_g} \Delta a_i \Delta a_j \tag{6-45}$$

这是一个在 $\vec{a}_g$ 附近逼近 S 的抛物面。为了找到抛物面的最小值点，令 S 关于 Δa_k 的导数为 0：

$$\frac{\partial S}{\partial \Delta a_k} = 0 = \frac{\partial S}{\partial a_k}\bigg|_{\vec{a}_g} + \sum_{j=0}^{m} \frac{\partial^2 S}{\partial a_k\, \partial a_j}\bigg|_{\vec{a}_g} \Delta \hat{a}_j \tag{6-46}$$

公式 6-46 等价于矩阵公式

$$\begin{pmatrix} \frac{\partial^2 S}{\partial a_0\,\partial a_0} & \cdots & \frac{\partial^2 S}{\partial a_0\,\partial a_m} \\ \vdots & & \vdots \\ \frac{\partial^2 S}{\partial a_m\,\partial a_0} & \cdots & \frac{\partial^2 S}{\partial a_m\,\partial a_m} \end{pmatrix} \begin{pmatrix} \Delta\hat{a}_0 \\ \cdots \\ \Delta\hat{a}_m \end{pmatrix} = - \begin{pmatrix} \frac{\partial S}{\partial a_0} \\ \vdots \\ \frac{\partial S}{\partial a_m} \end{pmatrix} \tag{6-47}$$

这里所有的导数都取 $\vec{a}_g$ 处的值。一个函数二阶导数的矩阵叫作海森矩阵。海森矩阵对称并在 S 最小值附近有非负的行列式。公式 6-46 右端项正是 S 的梯度。如果我们令：

$$H = \begin{pmatrix} \frac{\partial^2 S}{\partial a_0\,\partial a_0} & \cdots & \frac{\partial^2 S}{\partial a_0\,\partial a_m} \\ \vdots & & \vdots \\ \frac{\partial^2 S}{\partial a_m\,\partial a_0} & \cdots & \frac{\partial^2 S}{\partial a_m\,\partial a_m} \end{pmatrix} \text{ 且 } \nabla S = \begin{pmatrix} \frac{\partial S}{\partial a_0} \\ \vdots \\ \frac{\partial S}{\partial a_m} \end{pmatrix} \tag{6-48}$$

公式 6-45 及 6-47 可以写成更紧凑的形式

$$S = S(\vec{a}_g) + \Delta\boldsymbol{a}^{\mathrm{T}} \nabla S + \frac{1}{2} \Delta\boldsymbol{a}^{\mathrm{T}} \boldsymbol{H} \Delta\boldsymbol{a} \tag{6-49}$$

及

$$\boldsymbol{H} \Delta\hat{\boldsymbol{a}} = - \nabla S \tag{6-50}$$

猜测了的拟合参数修正量为

$$\Delta\hat{\boldsymbol{a}} = - \boldsymbol{H}^{-1} \nabla S \tag{6-51}$$

改进了的拟合参数为 $\hat{\boldsymbol{a}} = \boldsymbol{a}_g + \Delta\hat{\boldsymbol{a}}$ 。

虽然抛物面对于最速下降法中的线性逼近是一个对 S 形状的更好逼近，抛物面上的最小值点不太可能真的就是 S 的最小值点，所以改进了的参数也只是最佳拟合值的逼近。为了找到更好的逼近，用改进了的拟合参数代替 $\vec{a}_g$ 并按需要循环重复这个拟合过程。收敛的速度有时可以使用通过缩小的 $\Delta\hat{\boldsymbol{a}}$ 修正参数来改进，

$$\hat{\boldsymbol{a}} = \boldsymbol{a}_g + \alpha \Delta\hat{\boldsymbol{a}} \tag{6-52}$$

这里 $\alpha < 1$。

马夸特方法：牛顿法通常在 $\vec{a}_g$ 接近最佳值时给出很好的结果，而最速下降法通常在离开 S 最小值很远时给出好的结果。马夸特法是简单地将两者的好处结合到一起的方法。

$$(\boldsymbol{H}')_{jk} = \begin{cases} (\boldsymbol{H})_{jk}(1+\alpha), & j = k \\ (\boldsymbol{H})_{jk}, & j \neq k \end{cases} \tag{6-53}$$

并计算 $\vec{a}_g$ 的改进量

$$\Delta\hat{\boldsymbol{a}} = - (\boldsymbol{H}')^{-1} \nabla S \tag{6-54}$$

当常数 α 很大时，公式 6-54 简化为 m 个独立的公式

$$\Delta a_j \approx \frac{1}{1+\alpha} \left(\frac{\partial^2 S}{\partial a_j^2} \right)^{-1} \frac{\partial S}{\partial a_j} \tag{6-55}$$

公式 6-55 与合在一起的公式 6-43 和公式 6-44 有相同的形式，这就是改进版本的最速下降法。当 α 很小时，$\boldsymbol{H}' \approx \boldsymbol{H}$，公式 6-64 简化成 $\Delta\hat{\boldsymbol{a}} = -(\boldsymbol{H})^{-1} \nabla S$，这正是牛顿法（公式 6-50）。

马夸特[⊖]及其他一些人建议从一个小的 α 值开始，例如，$\alpha \approx 0.01$。然后不断增大或减

⊖ D. W. Marquardt. 1963. "An Algorithm for Least-Squares Estimation of Nonlinear Parameters". *Journal of the Society of Industrial and Applied Mathematics* vol. 11, p. 431.

小 α 值来促进收敛。远离收敛时需要比较大的 α 值，接近收敛时需要比较小的 α 值。

最速下降法、牛顿法以及马夸特法都需要 S 的导数。导数通常必须进行数值计算，例如

$$\frac{\partial S}{\partial a_j} \approx \frac{S(a_j+\delta_j)-S(a_j-\delta_j)}{2\delta_j} \tag{6-56}$$

$$\frac{\partial^2 S}{\partial a_j^2} \approx \frac{S(a_j+\delta_j)-2S(a_j)+S(a_j-\delta_j)}{\delta_j^2} \tag{6-57}$$

$$\frac{\partial^2 S}{\partial a_j\,\partial a_k} \approx \frac{S(a_j+\delta_j,a_k+\delta_k)-S(a_j+\delta_j,a_k+\delta_k)-S(a_j+\delta_j,a_k-\delta_k)+S(a_j-\delta_j,a_k-\delta_k)}{4\delta_j\delta_k} \tag{6-58}$$

这里 δ_j 和 δ_k 是 a_j 和 a_k 方向上小的增量。如果计算 S 的值时存在任何噪声，数值导数的计算会有不稳定的风险，必须格外小心。

6.3.3　单纯形优化

同样地，把 S 看成在以$(a_0,\ a_1,\ \cdots,\ a_m)$为坐标的$(m+1)$维参数空间上的$(m+2)$维曲面。单纯形优化在某种程度上像是在曲面上放一条阿米巴虫，并让它向下爬到最小值点。这个算法用单纯形代替阿米巴虫，单纯形概括了一般化二维空间三角形或三维空间三面体到高维空间的几何形状。正式来讲，一个单纯形式$(m+1)$维空间上有 $m+2$ 个顶点的最小的凸曲面。就我们的目的而言，我们可以忽略它内含的曲面而只专注在它的顶点上。

定义初始单纯形的 $m+2$ 个顶点必须放得离 S 上最低的最小值点足够近以避免单纯形迁移落到比较浅的极小值点上。这些顶点也必须能跨越这个$(m+1)$维参数空间。一种满足这些限制的方法是将第一个点选在期望的最小值点附近。称这个地方为$(a_{0_0},a_{1_0},\cdots,a_{m_0})$，剩下的 $m+1$ 个点，每一个轮流在一个参数方向上增加一个小量ϵ_j，组成$(a_{0_0}+\epsilon_0,a_{1_0},\cdots,a_{m_0})$、$(a_{0_0},a_{1_0},\cdots,a_{m_0}+\epsilon_m)$等。

单纯形通过一系列的操作迁移到 S 的最小值点。这些操作包括反射、扩张、压缩以及缩放。在单纯形的每一个顶点上对 S 估值，并记录给出最大(最差)以及最小(最好)S 值的点(参见图 6-3)。找到除了最差点外其他点的算数平均值，即几何中心。现在找一个新点来替换最差的点。第一个尝试的地方是最差的点关于中心的对称点。如果 S 在对称点的值比最差的点小，用对称点替换最差点，形成一个新的单纯形。如果 S 在对称点的值比最好点的值好，在同样的方向上离开中点两倍距离的地方尝试第二个点，如果 S 在这个点的值更小，就用这个点代替对称点，形成一个扩张了的单纯形。

如果上面两种情形都不成立，测试第三个，最差点到中心的中点。如果 S 在这第三个点的值比最差点好，就用这第三个点替换最差值点，形成一个压缩了的单纯形。如果之前三个点都不能改进 S 的值，缩放这个单纯形。从中心到单纯形顶点的向量同时加倍或者减半，扩大或者缩小单纯形 2 倍。使用者可以决定到底是扩张还是缩小。扩大单纯形使得被搜索的参数空间变大，缩小使得复杂的 S 结构被更仔细地检索。

无论这些操作的结果如何，都会形成一个新的单纯形，在新单纯形上重复再寻找一个能给出更好 S 上估值的点。迭代直到满足收敛条件。可行的收敛条件和牛顿法一样，但是要符合常识。例如，如果前三个试验点不能改进 S，单纯形必须被扩大或缩小，一个基于 S 的条件可能会错误地宣称收敛了。

6.3.4 模拟退火法

一些最小二乘问题可以打败寻找单个最佳拟合最佳的方法。例如，这可能发生在有很多参数要拟合，而 S 又有很多很接近的局部极小值点。如果你愿意接受一个比较好的拟合，而不是单一的最佳拟合，有很多可行的拟合方法。模拟退火是其中最有吸引力的。

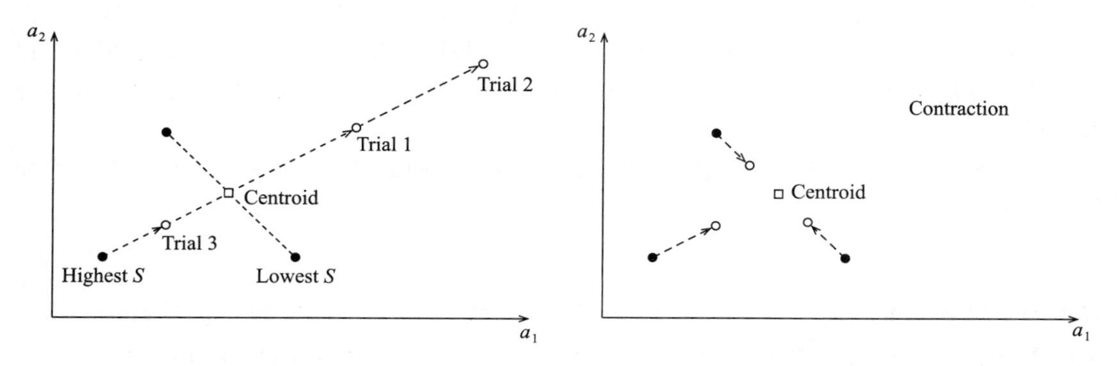

图 6-3　有两个参数的单纯形优化的操作。上图中三个实心圆是参数空间(a_0，a_1)上的初始点；它们定义了最初的单纯形。给出最大和最小 S 估值的点被标记出来。空心方块是除了最大 S 估值点外所有点的平均位置(几何中心)。空心圆是三个尝试替换最大 S 估值点中的第一个，如果三个尝试点中没有一个在 S 上的值比最大 S 估值点小，单纯形或者向中心压缩(如下图中所示)或者背向中心扩张

模拟退火的灵感源自退火的物理过程。一个物理系统发现自己处在能量为 E 状态的概率和波尔茨曼因子成比例

$$f(E) \propto \exp[-E/kT] \tag{6-59}$$

这里 T 是温度，k 是波尔茨曼常数。温度越高，系统处在高能量状态的概率越高。材料通过升高它们的温度退火，直到它们的分子有足够的能量来克服限制它们在原处的粘合能量。分子可以单个或整体地开始迁移，并且随着时间的变化可以有很多不同的形态。当物体冷却下来，分子只要少量能量而又被限制在了原地。如果给予足够的时间，分子可以着落在能量比初始低的状态。

模拟退火指的是那些迭代方法，它们的一轮迭代里新的拟合参数部分由算法确定性地给出，而另一部分由随机噪声给出。在较早的迭代中，随机噪声很大，但随着迭代的进行，噪声不断减少，最终只剩下确定性的过程通向最小值点。随机噪声的作用是使拟合跳出 S 较浅的局部最小值点，从而提供找到一个更深拟合的机会。随着噪声的音量减小，拟合会被限制在一小部分最小值点的附近的区域，并且更可能是在较深的最小值点附近。当噪声趋向于 0 时，拟合被限制在一个单一的最小值点附近的区域，找出那个最小值点最深的部分。

打个比方，振动一个上面有许多凹坑的桌子，在桌子上面放一个小钢球。当振幅大的时候，钢球会在整个桌面上跳动。随着振幅减小，球也越少跳动，更趋向于待在凹坑里。当振幅很小时，很有可能钢球会停留在某一个较深的凹坑里。当振动完全停止，球会滚到它当时所在凹坑的最底部。如果重复这个试验很多次，钢球最终会落在那些最深凹坑中的一个里，但不一定是它们中最深的那一个。

人们提出过很多实现模拟退火的方法。[⊖] Press 等人(2007) 建议在单纯形优化的基础上实现。在标准的单纯形法里，S 在单纯形每一个顶点上的值都被记录了，而 S 在每一个尝试点上的值都与记录了的 S 上的值作比较。在模拟退火版本的单纯形法中，不同的随机数被加到记录了的 S 的值上，而尝试点上则减去不同的随机数。单纯形的移动由含有随机噪声的 S 的值来决定，而不是真正的 S 的值。在尝试点上减去随机数意味着有些 S 上值较高的点，可能看起来比较低，单纯形会移向它。实际上，单纯形有时可能向上爬。向上爬的量由噪声的音量决定。从大噪声开始，使得单纯形可以在 S 上大范围地移动，然后慢慢减小噪声，逐渐限制单纯形的移动，最终关掉噪声使得单纯形移向最近的最小值点。这个算法必须重复运行很多次，选择不同的初始单纯形来保证 S 的最小值点被很好地取样。

为了保持与物理退火的相似性，添加到 S 记录值上和尝试点上被减去的随机数 ϵ_s 符合指数分布

$$f(\epsilon_s) = \frac{1}{KT}\exp[-\epsilon_s/kT] \tag{6-60}$$

噪声的音量和温度相关。当 T 大的时候，音量就大，当 T 小的时候，音量就小。从一个较大的 T 开始拟合，然后慢慢缩小 T。模拟退火的效率敏感地依赖于冷却的过程以及重复的次数。几乎没有如何选取这两者的准则。使用者必须根据问题的特点自己试验决定。

6.4 误差估计

因为 6.3 节中讨论的最小化方法并不能自动给出一个协方差矩阵，拟合参数的方差及协方差必须分开计算。很多研究者采用蛮力蒙特卡罗误差分析。这有时是不必要的。一个计算协方差矩阵的简单方法是用公式 6-16 及 6-31 计算正则矩阵，即使正则矩阵并没有用来优化参数。协方差矩阵就是正则矩阵的逆阵。

在这一节中，我们描述两种额外计算协方差矩阵的方法，它们都不显式地计算正则矩阵。一个通过黑塞矩阵的逆阵计算协方差矩阵。第二个是一个直接但简洁的计算协方差矩阵的方法。本章最后会讨论置信界限。

6.4.1 黑塞矩阵的逆阵

我们从残差的加权平方和开始

$$S = \sum_{i=1}^{n} w_i[y_i - f(x_i, \vec{a})]^2 \tag{6-61}$$

假设最小化 S 的值 $\hat{a}_j$ 已经被找到。在那些值处，我们有

$$S = S_{\min} = \sum_i w_i[y_i - f(x_i, \vec{\hat{a}})]^2 \tag{6-62}$$

将 $f(x, \vec{a})$在 $\hat{a}_j$ 处泰勒展开到第一阶，我们有

⊖ P. J. M. van Laarhoven and E. H. L. Aarts. 1987. *Simulated Annealing: Theory and Applications*. New York: Springer; P. Salamon, P. Sibani, and R. Frost. 2002. *Facts, Conjectures, and Improvements for Simulated Annealing*. Philadelphia: SIAM Press.

$$f(x,\vec{a})=f(x,\vec{a})+\sum_{j=0}^{m}\frac{\partial f(x,\vec{a})}{\partial a_j}\bigg|_{\vec{a}}(a_j-\hat{a}_j)$$
$$=f(x,\vec{\hat{a}})+\sum_{j=0}^{m}\frac{\partial f(x,\vec{a})}{\partial a_j}\Delta a_j \tag{6-63}$$

这里 $\Delta a_j=a_j-\hat{a}_j$。从这里开始，$f(x,\vec{a})$的偏导数都指的是在$\hat{a}_j$处的值。把这个表达式插到公式 6-61 中并展开，我们有

$$S=\sum_i w_i\Big[y_i-f(x_i,\vec{\hat{a}})-\sum_{j=0}^{m}\frac{\partial f(x_i,\vec{a})}{\partial a_j}\Delta a_j\Big]^2$$
$$=\sum_i w_i[y_i-f(x_i,\vec{\hat{a}})]^2-2\sum_j\Big\{w_i[y_i-f(x_i,\vec{\hat{a}})]\sum_{j=0}\frac{\partial f(x_i,\vec{a})}{\partial a_j}\Delta a_j\Big\}$$
$$+\sum_i w_i\Big(\sum_{j=0}^{m}\frac{\partial f(x_i,\vec{a})}{\partial a_j}\Delta a_j\Big)^2 \tag{6-64}$$

公式 6-64 右端第一项是$S_{\min}$。因为 $\Delta a_j=0$ 是 S 的最小值点，在那里 S 的导数都为 0：

$$0=\frac{\partial S}{\partial\Delta a_j}\bigg|_{\Delta a_j=0}=\sum_i w_i[y_i-f(x_i,\vec{\hat{a}})]\frac{\partial f(x_i,\vec{a})}{\partial a_j} \tag{6-65}$$

因此公式 6-65 右端第二项对所有 j 均为 0，公式 6-64 简化为

$$S=S_{\min}+\sum_i w_i\Big[\sum_j\frac{\partial f(x_i,\vec{a})}{\partial a_j}\Delta a_j\Big]^2 \tag{6-66}$$

展开公式 6-66 并重新排列，我们发现

$$S=S_{\min}+\sum_j\sum_k\Delta a_j\Delta a_k\Big[\sum_i w_i\frac{\partial f(x_i,\vec{a})}{\partial a_j}\frac{\partial f(x_i,\vec{a})}{\partial a_k}\Big]=S_{\min}+\Delta\boldsymbol{a}^{\mathrm{T}}\boldsymbol{N}\Delta\boldsymbol{a} \tag{6-67}$$

这里我们认出在大中括号里的量正是正则矩阵 N 的项，$f(x,\vec{a})$在收敛点 $\hat{a}_j$ 处的导数值(参见公式 6-16)。

现在假设 S 的最小值已经由 6.3 节所描述的迭代方法之一找到。随着迭代趋向 $S_{\min}$，公式(6-63)里的线性展开变成一个越来越好的逼近。非线性问题变成一个线性问题，于是可以用线性最小二乘拟合相同的公式。在线性最小二乘拟合中，协方差矩阵是正则矩阵的逆，$C=N^{-1}$，并且当解收敛到 $S_{\min}$时，对于非线性最小二乘也是一样适用的。这背后的逻辑和推导公式 6-21 及 6-34 一样。然而，这里假设我们不能或者不愿意由 $f(x,\vec{a})$的导数计算 N。不过我们知道如何计算作为$\vec{a}$函数 S 的值，并能以此计算 N。比较公式 6-49(在$\vec{\hat{a}}_j$处的值)和公式 6-67 并且记住在 $S_{\min}$处$\nabla S=0$，我们可以写出

$$\frac{1}{2}\Delta\boldsymbol{a}^{\mathrm{T}}\boldsymbol{H}\Delta\boldsymbol{a}=\Delta\boldsymbol{a}^{\mathrm{T}}\boldsymbol{N}\Delta\boldsymbol{a} \tag{6-68}$$

因为 Δa 是一个自由变量，只有当正则矩阵是黑塞矩阵一半的时候这才能成立：

$$\boldsymbol{N}=\frac{1}{2}\boldsymbol{H} \tag{6-69}$$

我们现在能概述如何计算协方差矩阵了，如果 S 的最小值已经用牛顿法或者马夸特法找到，那么黑塞矩阵已知，能按如下公式计算协方差矩阵

$$\boldsymbol{C}=\boldsymbol{N}^{-1}=2\boldsymbol{H}^{-1} \tag{6-70}$$

如果黑塞矩阵未知，计算 S 的所有二阶导数，例如，用公式 6-57 及公式 6-58。H 的项正是这些二阶导数

$$(\boldsymbol{H})_{jk} = \frac{\partial^2 S}{\partial \Delta a_j \, \partial \Delta a_k} \tag{6-71}$$

于是协方差矩阵还是 $\boldsymbol{C}=2\boldsymbol{H}^{-1}$。

6.4.2 直接计算协方差矩阵

有时人们可能更想直接地计算方差和协方差。这样做的方法是取 a_k 为它的最佳拟合值 $\hat{a}_k$ 加上一个小量 ϵ_k，通过自由改变其他 a_i 再次优化 S，然后通过 S 的改变量来确定方差。图 6-4 中说明了为何需要再次优化 S，图中展示了对于两个变量 a_1 和 a_2 拟合时 S 的等高线图。最佳拟合值 $S_{\min}$ 落在一个狭长的山谷内。在左图中，当 a_1 位移 ϵ_1 后 S 快速增大，因为这个移动正好爬上了峡谷的侧壁。这个快速增大表明必须将 a_1 限制在一个小的范围内，并且误差很小。实际上，a_1 位移 ϵ_1 而不使得 S 增加很多是可能的，这能通过同时位移 a_2 使得 S 在峡谷底下移动。因为 S 在峡谷底下增加很慢，a_1 的方差很大。在通过正则矩阵或黑塞矩阵计算协方差矩阵的时候，非对角元素自动包含了这一效果。在直接计算协方差矩阵时，这个效果通过再次优化 S 获得。

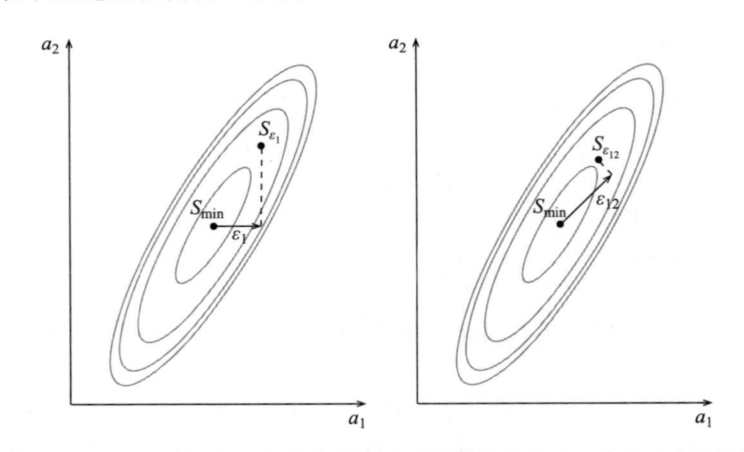

图 6-4　两个变量 a_1 和 a_2 拟合时 S 的等高线图。最佳拟合值 $S_{\min}$ 落在一个狭长的山谷内。当 a_1 位移 ϵ_1 并不允许 a_2 位移，如左图所示，路径就爬上了峡谷的侧壁，S 快速增大，这也表明 a_2 的方差很小。然而位移 a_1 而不使 S 增加很多是可能的，只要沿着峡谷底下移动就可以。因为 S 沿着峡谷底下增长缓慢，a_1 的方差很大。右图显示了一个类似效果，a_1 和 a_2 总共移动了 ϵ_{12}

一个选取单个参数进行误差分析的简单方法是使用 δ_k 向量，δ_k 除了第 k 个元素为 1 外全为 0：

$$\delta_k = \begin{pmatrix} 0 \\ 0 \\ \vdots \\ 1 \\ \vdots \\ 0 \end{pmatrix} \tag{6-72}$$

下面的公式将 a_k 从 $\hat{a}_k$ 位移 ϵ_k 的同时不限制其他参数的值：

$$\delta_k^{\mathrm{T}} \Delta \boldsymbol{a} = \epsilon_k \tag{6-73}$$

我们现在再最小化

$$S = S_{\min} + \Delta\boldsymbol{a}^{\mathrm{T}}\boldsymbol{N}\Delta\boldsymbol{a} \tag{6-74}$$

（公式 6-67），在约束：

$$g(\Delta\boldsymbol{a}) = \boldsymbol{\delta}_k^{\mathrm{T}}\Delta\boldsymbol{a} - \epsilon_k = 0 \tag{6-75}$$

这个问题可以用拉格朗日乘数法求解。令 S 和 g 的导数互相成比例，我们有

$$\Delta\boldsymbol{a}^{\mathrm{T}}\boldsymbol{N} = \lambda\boldsymbol{\delta}_k^{\mathrm{T}} \tag{6-76}$$

$$\Delta\boldsymbol{a}^{\mathrm{T}} = \lambda\boldsymbol{\delta}_k^{\mathrm{T}}\boldsymbol{N}^{-1} \tag{6-77}$$

$$\Delta\boldsymbol{a} = \lambda(\boldsymbol{N}^{-1})^{\mathrm{T}}\boldsymbol{\delta}_k = \lambda\boldsymbol{N}^{-1}\boldsymbol{\delta}_k \tag{6-78}$$

这里 λ 是未知乘数，最后一个公式因为 $\boldsymbol{N}^{-1}$ 对称而成立。把这些结果代回约束条件，我们有

$$\lambda\boldsymbol{\delta}_k^{\mathrm{T}}\boldsymbol{N}^{-1}\boldsymbol{\delta}_k = \epsilon_k \tag{6-79}$$

得到

$$\lambda = \frac{\epsilon_k}{\boldsymbol{\delta}_k^{\mathrm{T}}\boldsymbol{N}^{-1}\boldsymbol{\delta}_k} \tag{6-80}$$

代入公式 6-77 和 6-78，Δa^{T} 和 Δa 变为

$$\Delta\boldsymbol{a} = \boldsymbol{N}^{-1}\boldsymbol{\delta}_k \frac{\epsilon_k}{\boldsymbol{\delta}_k^{\mathrm{T}}\boldsymbol{N}^{-1}\boldsymbol{\delta}_k} \tag{6-81}$$

$$\Delta\boldsymbol{a}^{\mathrm{T}} = \boldsymbol{\delta}_k^{\mathrm{T}}\boldsymbol{N}^{-1} \frac{\epsilon_k}{\boldsymbol{\delta}_k^{\mathrm{T}}\boldsymbol{N}^{-1}\boldsymbol{\delta}_k} \tag{6-82}$$

记再次优化了的 S 的值为 S_{ϵ_k}。将公式 6-81 和 6-82 代入公式 6-74，我们发现

$$S_{\epsilon_k} = S_{\min} + \boldsymbol{\delta}_k^{\mathrm{T}}\boldsymbol{N}^{-1}\boldsymbol{N}\boldsymbol{N}^{-1}\boldsymbol{\delta}_k\left(\frac{\epsilon_k}{\boldsymbol{\delta}_k^{\mathrm{T}}\boldsymbol{N}^{-1}\boldsymbol{\delta}_k}\right)^2 = S_{\min} + \frac{\epsilon_k^2}{\boldsymbol{\delta}_k^{\mathrm{T}}\boldsymbol{N}^{-1}\boldsymbol{\delta}_k}$$

或

$$\delta_k^{\mathrm{T}}\boldsymbol{N}^{-1}\boldsymbol{\delta}_k = \frac{\epsilon_k^2}{S_{\epsilon_k} - S_{\min}} \tag{6-83}$$

记住协方差矩阵是 $\boldsymbol{C} = \boldsymbol{N}^{-1}$，我们有

$$\boldsymbol{\delta}_k^{\mathrm{T}}\boldsymbol{C}\boldsymbol{\delta}_k = \frac{\epsilon_k^2}{S_{\epsilon_k} - S_{\min}} \tag{6-84}$$

注意 $\boldsymbol{\delta}_k^{\mathrm{T}}\boldsymbol{C}\boldsymbol{\delta}_k$ 是 $\boldsymbol{C}$ 的第 k 个对角元

$$\boldsymbol{\delta}_k^{\mathrm{T}}\boldsymbol{C}\boldsymbol{\delta}_k = \sigma_{\hat{k}}^2 \tag{6-85}$$

这就是想要的 $\hat{a}_k$ 的方差。最终的结果是

$$\sigma_{\hat{k}}^2 = \frac{\epsilon_k^2}{S_{\epsilon_k} - S_{\min}} \tag{6-86}$$

这个关系用起来不如看起来那么简单，因为再次优化 S 可能需要大量的计算，并且 S 必须对于每一个方差和协方差再优化。

为了找到协方差 $\sigma_{\hat{k}\hat{j}}^2$，转换到一个新的变量集 $\Delta a_i'$，这里 $\Delta a_i' = \Delta a_i$ 除了

$$\Delta a_k' = (\Delta a_k + \Delta a_j)/\sqrt{2} \tag{6-87}$$

$$\Delta a_j' = (\Delta a_k - \Delta a_j)/\sqrt{2} \tag{6-88}$$

像以前一样，当所有 $\Delta a_i' = 0$ 时，$S = S_{\min}$。现在令 $\Delta a_k' = \epsilon_k'$（或者等价地，令 $a_k + a_j = \epsilon_k'$，如图 6-4 所示）。用和以前一样的逻辑，再次最优化 S，其他变量（包括 $\Delta a_j'$）可以自由变化，得到

$$(\sigma_{\hat{k}}')^2 = \frac{(\epsilon_k')^2}{S_{\epsilon_k'} - S_{\min}} \tag{6-89}$$

这里$(\sigma'_{\hat{k}})^2$是$\Delta a'_k$的方差，$S_{\epsilon'_k}$是再优化了的S的值。从误差传递的标准结果，我们有

$$(\sigma'_{\hat{k}})^2 = \frac{1}{2}(\sigma_{\hat{k}}^2 + 2\sigma_{\hat{k}\hat{j}} + \sigma_{\hat{j}}^2) \tag{6-90}$$

所以希望得到的Δa_k和Δa_j协方差表达式为

$$\sigma_{\hat{k}\hat{j}} = (\sigma'_{\hat{k}})^2 - \frac{1}{2}(\sigma_{\hat{k}}^2 + \sigma_{\hat{j}}^2) = \frac{(\epsilon'_k)^2}{S_{\epsilon'_k} - S_{\min}} - \frac{1}{2}(\sigma_{\hat{k}}^2 + \sigma_{\hat{k}}^2) \tag{6-91}$$

6.4.3　总结以及估计的协方差矩阵

我们给出了4种计算非线性最小二乘问题中协方差矩阵的方法：

1. 如果有时间并有足够强大的电脑，使用蒙特卡罗误差分析。
2. 如果准备从$f(x, \vec{a})$的一阶导数计算正则矩阵，使用公式6-16或者6-31计算N的各项。协方差矩阵是N的逆。即使最佳拟合参数是由例如单纯形法找到时，也可以使用这个方法。
3. 或者，有可能计算S的二阶导数比较容易，如果那样就用公式6-48计算黑塞矩阵的各项。协方差矩阵是黑塞矩阵的逆的两倍(公式6-70)。
4. 避免数值计算S的二阶导数，而直接用公式6-86和6-91计算协方差矩阵。代价是，在这第4种方法里，S必须针对每一个方差和协方差被重新优化。

所有4种计算协方差矩阵的方法都假设原始数据点的方差正确。如果它们不正确，那么协方差矩阵就不正确。为了弥补可能不正确的方差，通常我们必须使用估计了的协方差矩阵$\hat{\boldsymbol{C}}$(参见5.2.3节中关于估计了的协方差矩阵以及公式6-22后的脚注)，

$$\hat{C} = \frac{S_{\min}}{n-m-1}\boldsymbol{C} \tag{6-92}$$

这里n是数据点的个数，$(m+1)$是拟合了的参数个数。

6.5　置信极限

假设一个试验对于参数真实值a给出了一个估计$\hat{a}_{\text{obs}}$。如果$\hat{a}_{\text{obs}}$是一个连续的变量，那么它正好等于a的概率是零！要想有非零的概率，必须特别指出一个可能含有a的取值范围。一个典型的做法是使用标准差$\hat{\sigma}_{\hat{a}}$。但是我们如何解读$\hat{\sigma}_{\hat{a}}$甚至其他的值的范围？在贝叶斯统计里，后验概率分布可以对此给出这样的论述：“有90%的概率a的真实值落在a_1和a_2之间。”a_1到a_2的区间称为置信区间(参见7.3.5节)。这样的论述不可能存在于频率论统计里。对于频率论者而言，一个参数只可能存在一个真实值，即使它未知，所以讨论它的概率分布是没有意义的。所以人们必须转而讨论一个围绕真实值的取值范围，也叫作置信极限。打个比方，我们可以将置信极限比作在昏暗亮光下进行的花园投环比赛。在花园投环比赛里，一个木桩被放在地上，选手投掷线圈，希望能够套在木桩上。那个木桩代表唯一的真实值，而线圈则表示由测量值推算出的置信极限。人们问：“线圈套住木桩的概率有多大?”推导置信极限会产生数个问题。首先，参数的真实值未知；第二，$\hat{a}$的概率分布可能并不准确；第三，$\hat{\sigma}_{\hat{a}}$只是标准差的一个估计值。我们必须处理这些问题。

令$g(\hat{a}\,|\,a)$为真实值为a的参数估计$\hat{a}$的概率分布。因为我们试验的目的是估计a，它的值未知，但是至少在开始时，我们假设$g(\hat{a}\,|\,a)$的形式已知。图6-5显示了$g(\hat{a}\,|\,a)$对于不同a值可能的样子。阴影部分是分布函数的积分。它们代表了$\hat{a}$小于$\hat{a}_\alpha$的概率α，

以及 $\hat{a}$ 大于$\hat{a}_\beta$ 的概率 β：

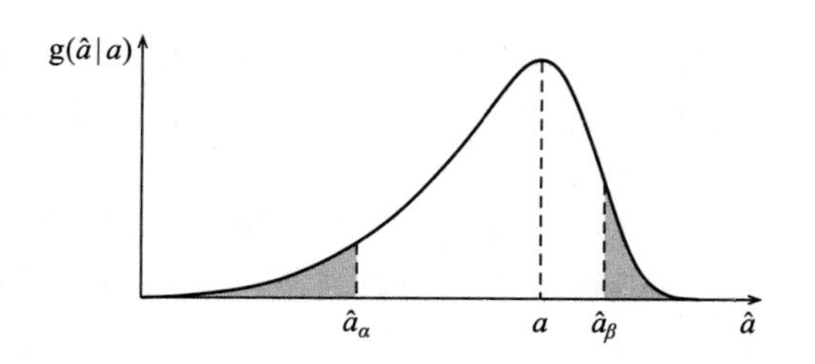

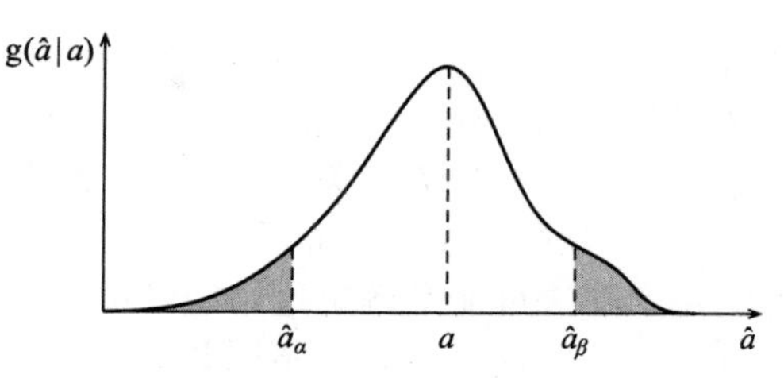

图 6-5 真实值为 a 的参数估计 $\hat{a}$ 的概率分布 $g(\hat{a}\mid a)$。通常这个分布会与 a 相关。我们假设 a 未知，但是这个概率分布与 a 的关系已知。上图和下图展示了对于不同 a 值概率分布可能的样子。阴影部分是分布函数的积分，它们代表了 $\hat{a}$ 小于$\hat{a}_\alpha$的概率 α，以及 $\hat{a}$ 大于$\hat{a}_\beta$的概率 β。注意$\hat{a}_\alpha$ 和$\hat{a}_\beta$ 依赖于 a。$\hat{a}$ 落在非阴影区域的概率为 $P(\hat{a}_\alpha<\hat{a}<\hat{a}_\beta)=1-\alpha-\beta$

$$\alpha = P(\hat{a} \leqslant \hat{a}_\alpha) = \int_{-\infty}^{\hat{a}_\alpha} g(\hat{a}\mid a)\mathrm{d}\hat{a} \tag{6-93}$$

$$\beta = P(\hat{a} \geqslant \hat{a}_\beta) = \int_{\hat{a}_\beta}^{\infty} g(\hat{a}\mid a)\mathrm{d}\hat{a} \tag{6-94}$$

$\hat{a}$ 落在非阴影区域的概率为

$$P(\hat{a}_\alpha \leqslant \hat{a} \leqslant \hat{a}_\beta) = 1-\alpha-\beta \tag{6-95}$$

在目前的情况下，当概率 α 和 β 给定，公式 6-93 和 6-94 变为关于 $\hat{a}_\alpha$ 和 $\hat{a}_\beta$ 的隐式方程。这两个极限与 a 相关。图 6-6 展示了 $\hat{a}_\alpha$ 和 $\hat{a}_\beta$ 作为 a 的函数的图示。它们之间的区域叫作置信带。

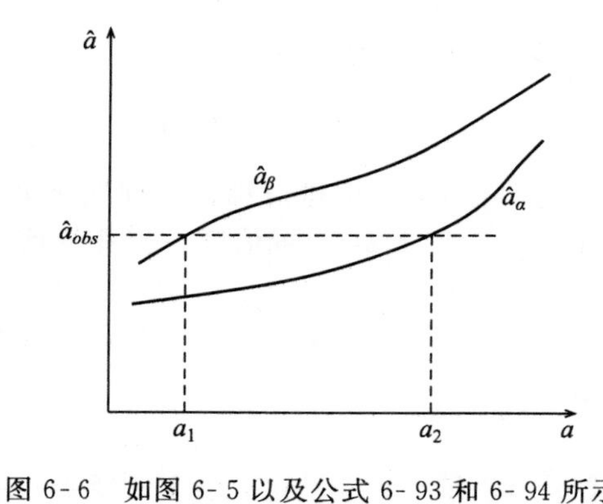

图 6-6 如图 6-5 以及公式 6-93 和 6-94 所示，$\hat{a}_\alpha$ 和 $\hat{a}_\beta$ 和真实值 a 相关。实曲线表示 $\hat{a}_\alpha$ 和 $\hat{a}_\beta$ 关于 a 的变化。它们之间的区域叫作置信带。水平虚线标识了 $\hat{a}_{obs}$，参数的一个单一估计。它与 $\hat{a}_\beta$ 交于 a_1，与 $\hat{a}_\alpha$ 交于 a_2。a 的置信区间为 a_1 到 a_2

假设有人做试验并得到参数估计值 $\hat{a}_{obs}$。这在图 6-6 里由水平虚线表示。这条线与 $\hat{a}_\beta$ 在 $a=a_1$ 处相交，与 $\hat{a}_\alpha$ 在 $a=a_2$ 处相交。如果 a 小于 a_1，那么 $\hat{a}_{obs}$必然比 $\hat{a}_\beta$ 大，它发生的概率为 β，所以

$$P(a \leqslant a_1) = \beta \tag{6-96}$$

如果 a 大于 a_2，那么 $\hat{a}_{obs}$必然比 $\hat{a}_\alpha$ 小，它发生的概率为 α，所以

$$P(a \geqslant a_2) = \alpha \tag{6-97}$$

这些公式一起给出

$$P(a_1 \leqslant a \leqslant a_2) = 1-\alpha-\beta \tag{6-98}$$

区间[a_1，a_2]叫作置信区间，a_1 和 a_2 叫作置信极限。注意用来导出公式 6-98 的随机变量是 $\hat{a}_{obs}$，不是 a 所以对 a_1 和 a_2 也是这样。如果这个试验被重复了很多次，a 会以 $1-\alpha-\beta$ 的频率落在 a_1 和 a_2 之间。

图 6-6 中所图形化构造的解析形式可以通过设置与 $\hat{a}_\alpha=\hat{a}_{obs}$的相交点在 $a=a_2$，及在 $\hat{a}_\beta=\hat{a}_{obs}$的相交点在 $a=a_1$ 获得，使得公式 6-93 和公式 6-94 变为：

$$\alpha = \int_{-\infty}^{\hat{a}_{obs}} g(\hat{a}\mid a_2)\mathrm{d}\hat{a} \tag{6-99}$$

$$\beta = \int_{\hat{a}_{obs}}^{\infty} g(\hat{a} \mid a_1) d\hat{a} \tag{6-100}$$

这些现在可以理解为关于 a_1 和 a_2 的隐式方程。实践者可以自由选择 α 和 β 的值。一个典型的选择是 $\alpha=\beta$，例如 $\alpha=\beta=0.025$，会给出一个 95%置信区间。公式 6-99 和 6-100 并不与未知的真实参数值相关，所以我们绕开了第一个问题。

第二个问题是 $g(\hat{a} \mid a)$的形式通常也是未知的。如果未知，并且有人愿意进行大量计算，蒙特卡罗法可能是解决这个问题的一个方法。创造很多人为的数据集，它们的误差和真实数据一致，这使得 a 在不同数据集上不同。求出每个数据集上的 $\hat{a}_{obs}$。这些 $\hat{a}_{obs}$的分布可以勾勒出 $g(\hat{a} \mid a)$。

然而在实际操作中，受中心极限定理以及计算结果方便的启发，人们经常假设分布是高斯分布。设 $g(\hat{a} \mid a)$符合高斯分布

$$g(\hat{a} \mid a) = \frac{1}{\sqrt{2\pi}\sigma_{\hat{a}}} \exp\left[-\frac{1}{2}\frac{(\hat{a}-a)^2}{\sigma_{\hat{a}}^2}\right] \tag{6-101}$$

这一刻，我们用真实的方差 $\sigma_{\hat{a}}^2$ 而不是估计了的方差 $\hat{\sigma}_{\hat{a}}^2$。公式 6-99 和 6-100 变为

$$\alpha = \frac{1}{\sqrt{2\pi}\sigma_{\hat{a}}}\int_{-\infty}^{\hat{a}_{obs}} \exp\left[-\frac{1}{2}\frac{(\hat{a}-a_2)^2}{\sigma_{\hat{a}}^2}\right] d\hat{a} = \frac{1}{\sqrt{2\pi}\sigma_{\hat{a}}}\int_{-\infty}^{\hat{a}_{obs}-a_2} \exp\left[-\frac{1}{2}\frac{x^2}{\sigma_{\hat{a}}^2}\right] d\hat{x} \tag{6-102}$$

$$\beta = \frac{1}{\sqrt{2\pi}\sigma_{\hat{a}}}\int_{\hat{a}_{obs}}^{\infty} \exp\left[-\frac{1}{2}\frac{(\hat{a}-a_1)^2}{\sigma_{\hat{a}}^2}\right] d\hat{a} = \frac{1}{\sqrt{2\pi}\sigma_{\hat{a}}}\int_{\hat{a}_{obs}-\hat{a}_1}^{\infty} \exp\left[-\frac{1}{2}\frac{x^2}{\sigma_{\hat{a}}^2}\right] d\hat{x} \tag{6-103}$$

这些可以合并为一个单独公式：

$$1-\alpha-\beta = \frac{1}{\sqrt{2\pi}\sigma_{\hat{a}}}\int_{\hat{a}_{obs}-a_2}^{\hat{a}_{obs}-a_1} \exp\left[-\frac{1}{2}\frac{x^2}{\sigma_{\hat{a}}^2}\right] dx \tag{6-104}$$

因为高斯分布关于中点对称，合理地，可以设 $\alpha=\beta$ 使得这个积分关于 $x=0$ 是对称的。令 $Q=1-\alpha-\beta=1-2\alpha$ 为置信度。计算置信区间简化为计算 Δx 的值，它是

$$Q = \frac{1}{\sqrt{2\pi}\sigma_{\hat{a}}}\int_{-\Delta x=\hat{a}_{obs}-a_2}^{+\Delta x=\hat{a}_{obs}-a_1} \exp\left[-\frac{1}{2}\frac{x^2}{\sigma_{\hat{a}}^2}\right] dx \tag{6-105}$$

置信极限是

$$[a_1, a_2] = [\hat{a}_{obs} - \Delta x, \hat{a}_{obs} + \Delta x] \tag{6-106}$$

公式 6-105 和 6-106 是这一设定所期望的结果，它们易于使用。选择一个置信极限 Q。从高斯分布的积分表中找到 Δx，使得 $-\Delta x$ 到 Δx 的积分等于 Q。例如，68.3%($Q=0.683$)的置信区间为$[a_1, a_2]=[\hat{a}_{obs}-\sigma_{\hat{a}}, \hat{a}_{obs}+\sigma_{\hat{a}}]$，95.4%的置信区间是$[\hat{a}_{obs}-2\sigma_{\hat{a}}, \hat{a}_{obs}+2\sigma_{\hat{a}}]$。

第三个问题是我们通常不知道真实的方差 $\sigma_{\hat{a}}^2$。默认的方法是认为估计了的方差是真实方差的一个良好的逼近，令 $\sigma_{\hat{a}}^2=\hat{\sigma}_{\hat{a}}^2$。例如，95%的置信区间变为

$$[a_1, a_2] = [\hat{a}_{obs} - 2\hat{\sigma}_{\hat{a}}, \hat{a}_{obs} + 2\hat{\sigma}_{\hat{a}}] \tag{6-107}$$

对于小样本，这可能不是一个很好的逼近(见 4.5 节)。如果不好，可能还是需要回去使用蒙特卡罗法计算。

公式 6-105 和 6-106 简单而直观。它们背后的逻辑不是别的，正像肯德尔所论述的：

> 刚刚接触这一方法的读者可能会问：但是这难道不是一个用标准误差设置极限来估计均值的近似方法吗？从某个角度上讲的确是这样。事实上，我们所做的……展示了使用正太样本均值的标准误差的逻辑基础就是那些概率理论所带的原则，而不需要用其他新的推论。特别的，我们不需要使用贝叶斯假定。⊖

⊖ M. G. Kendall. (1969), p. 64.

如果被测量的参数的分布是一个多变量高斯分布，那么置信极限从一个参数推广到多个参数相对简单。让 $g(\hat{a}\mid a)$的多变量一般化形式为

$$g(\hat{\boldsymbol{a}}\mid\boldsymbol{a})=\frac{1}{(2\pi)^{n/2}\mid\boldsymbol{C}\mid^{1/2}}\exp\left[-\frac{1}{2}(\hat{\boldsymbol{a}}-\boldsymbol{a})^{\mathrm{T}}\boldsymbol{C}^{-1}(\hat{\boldsymbol{a}}-\boldsymbol{a})\right] \tag{6-108}$$

这里 $\hat{\boldsymbol{a}}$ 是参数测量值的向量，$\boldsymbol{a}$ 是它们对应的真实值，而 C 是协方差矩阵(参见 2.5 节)。如果 G 是常数，表达式

$$G=(\hat{\boldsymbol{a}}-\boldsymbol{a})^{\mathrm{T}}\boldsymbol{C}^{-1}(\hat{\boldsymbol{a}}-\boldsymbol{a}) \tag{6-109}$$

定义了一个多维空间上以 a 为中心的椭球面。如果 $\hat{\boldsymbol{a}}_{\mathrm{obs}}$是参数实际测量的向量，那么

$$G=(\hat{\boldsymbol{a}}-\hat{\boldsymbol{a}}_{\mathrm{obs}})^{\mathrm{T}}\boldsymbol{C}^{-1}(\hat{\boldsymbol{a}}-\hat{\boldsymbol{a}}_{\mathrm{obs}}) \tag{6-110}$$

定义了一个多维空间上以 $\hat{\boldsymbol{a}}_{\mathrm{obs}}$为中心的椭球面。$g(\hat{\boldsymbol{a}}\mid\hat{\boldsymbol{a}}_{\mathrm{obs}})$在 V_G 上的体积分上界为

$$\int_{V_G} g(\hat{\boldsymbol{a}}\mid\hat{\boldsymbol{a}}_{\mathrm{obs}})\mathrm{d}\hat{\boldsymbol{a}}$$

为了将一个变量的例子推广到多个变量的例子，令 Q 为置信度。我们的目标是找到 G_Q，使得 $g(\hat{\boldsymbol{a}}\mid\hat{\boldsymbol{a}}_{\mathrm{obs}})$在 V_{G_Q}上的多维积分等于 Q：

$$Q=\int_{V_{G_Q}} g(\hat{\boldsymbol{a}}\mid\hat{\boldsymbol{a}}_{\mathrm{obs}})\mathrm{d}\hat{\boldsymbol{a}} \tag{6-111}$$

为了化简这个公式，注意到 G 是一个自由度为 $m+1$ 的 χ^2 变量，这里 $m+1$ 是参数的个数(见 2.6 节)。公式 6-111 于是可以重写为一个一维积分

$$Q=\int_0^{G_Q} f_{m+1}(\chi^2)\mathrm{d}(\chi^2) \tag{6-112}$$

这里 $f_{m+1}(\chi^2)$是自由度为 $m+1$ 的 χ^2 分布。像以前一样，这是一个关于 G_Q 的隐式方程，但与公式 6-111 不同，可以用已有的 χ^2 分布积分表计算它。置信区域是被这个曲面所包含的体积

$$G_Q=(\hat{\boldsymbol{a}}-\hat{\boldsymbol{a}}_{\mathrm{obs}})^{\mathrm{T}}\boldsymbol{C}^{-1}(\hat{\boldsymbol{a}}-\hat{\boldsymbol{a}}_{\mathrm{obs}}) \tag{6-113}$$

对于一维的例子，真实的协方差矩阵未知，所以人们通常用估计了的协方差矩阵 $\hat{\mathbf{C}}$ 代替 $\mathbf{C}$。为了照顾到人类对高维空间的视觉限制，人们通常只同时绘制两个或三个参数的置信区域。这些二维或三维置信区域是多维置信区域的投影而不是横切面。如果置信区域像这里一样是个椭球体，则这个投影便于计算。[⊖]

我们现在可以一般化这些结果。假设有人通过最小化 $\chi^2(\boldsymbol{a})$拟合了一个有 $m+1$ 个参数 $\boldsymbol{a}$ 的模型。如果 χ^2 的最小值是 $\chi^2_{\min}$，参数的最佳拟合是 $\hat{\boldsymbol{a}}$，那么$\chi^2{}_{\min}=\chi^2(\hat{\boldsymbol{a}})$。即使我们不再假设 $\chi^2(\boldsymbol{a})$是一多维分布，公式 6-112 还是有效的。再次令 Q 为置信度，我们选择一个 Q 的值然后写出

$$Q=\int_0^{\chi_Q^2} f_{m+1}(\chi^2)\mathrm{d}(\chi^2) \tag{6-114}$$

这可以被理解为一个 χ^2_Q 的隐式方程。公式 6-113 现在可以被替换为约束

$$\chi^2_Q=\chi^2(\boldsymbol{a}) \tag{6-115}$$

这个公式定义了一个$(m+1)$维空间里的常数曲面 χ^2_Q。被这个曲面所包围的体积就是 $\boldsymbol{a}$ 置信度为 Q 的置信区域。因为置信区域不再是一个椭球体，计算投影可能会比较困难。

最后的一般化是寻找对数似然函数不简单相关于 χ^2 的最大似然拟合。这些例子通常

⊖ Press 等人(2007)，p. 815。

必须通过数值处理。一个较好的方法是将似然函数看作一个非正太概率分布，并用蒙特卡罗抽样来获取它的性质。这里我们比较关心的两个性质是那些常数似然曲面以及包含在那些等高线里部分概率（Q 的值）的大小。实际操作的人先选择 Q 的值，它然后限制那些等高线。

6.6 自变量和因变量都含有误差的拟合

在两个坐标轴上都有误差的最小二乘估计惊人得复杂，并且这个问题直到 1980 才被杰弗里斯圆满解决。[⊖]这里我们只描述一条直线的拟合。这是杰弗里斯所给出方法的简化版本。

6.6.1 含有不相关误差的数据

考虑 n 个含有在两个坐标轴上都有不相关误差（σ_{x_i}，σ_{y_i}）的数据点（x_i，y_i），如图 6-7 所示。我们希望用如下的一条直线的拟合数据

$$y = a_0 + a_1 x \tag{6-116}$$

这里的复杂性是测量值 x_i 和 y_i 由于测量误差 ϵ_{x_i} 和 ϵ_{y_i} 与它们的真实值 x_{t_i} 和 y_{t_i} 都不同：

$$x_{t_i} = x_i + \epsilon_{x_i} \tag{6-117}$$

$$y_{t_i} = y_i + \epsilon_{y_i} \tag{6-118}$$

更进一步，我们只能获得那些坐标的测量值，而不是真实值，所以我们被迫去拟合

$$y_i + \epsilon_{y_i} = a_0 + a_1(x_i + \epsilon_{x_i}) \tag{6-119}$$

这条线离开数据点的距离事前未知，所以事实上这个问题有 $2n+2$ 个未知数：$2n$ 个 ϵ_{x_i} 和 ϵ_{y_i}，加上 a_0 和 a_1。

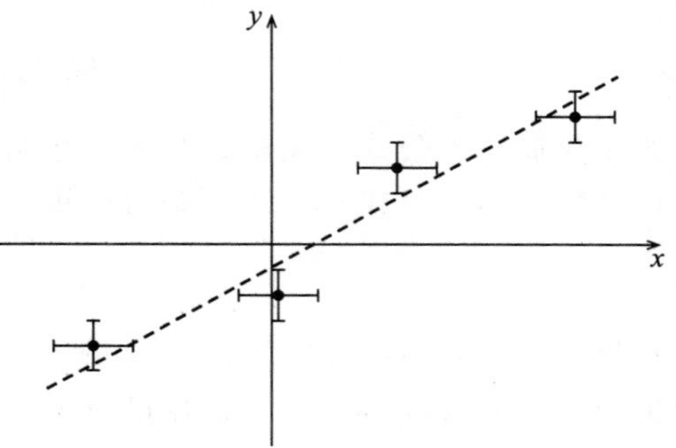

图 6-7　点和它们的误差条代表 n 个含有不相关误差（σ_{x_i}，σ_{y_i}）的数据点（x_i，y_i）。虚线 $y=a_0+a_1x$ 是数据的拟合

人们可以沿用最大似然法，通过假设 ϵ_{x_i} 和 ϵ_{y_i} 符合多维高斯分布，方差相应地分别为 $\sigma_{x_i}^2$ 和 $\sigma_{y_i}^2$，并且协方差 $\langle\epsilon_{x_i}\epsilon_{y_i}\rangle=\sigma_{xy_i}$ 都为 0。基于这些假设，a_0 和 a_1 的最大似然值正是对数似然函数的最大值点

$$\ell = -\frac{1}{2}\sum_{i=1}^{n}\left(\frac{\epsilon_{x_i}^2}{\sigma_{x_i}^2} + \frac{\epsilon_{y_i}^2}{\sigma_{y_i}^2}\right) \tag{6-120}$$

或者，我们也可以简单地沿用最小二乘的公式并且最小化下式

$$S = \sum_{i=1}^{n}\left(\frac{\epsilon_{x_i}^2}{\sigma_{x_i}^2} + \frac{\epsilon_{y_i}^2}{\sigma_{y_i}^2}\right) \tag{6-121}$$

于是我们希望在满足如下 n 个约束的情况下最小化 S

$$g_j(\epsilon_{x_j}, \epsilon_{y_j}) = y_j + \epsilon_{y_j} - a_0 - a_1(x_j + \epsilon_{x_j}) = 0 \tag{6-122}$$

这使得所有的 ϵ_{x_i} 和 ϵ_{y_i} 一致满足于以 a_0 和 a_1 为参数的直线。

我们用拉格朗日乘数法（参见附录 B）求解这一问题。在这里，公式 B.7 变为 $2n$ 个

[⊖] W. H. Jefferys. 1980. "On the Method of Least Squares." *Astronomical Journal* vol. 85, p. 177; W. H. Jefferys. 1981. "On the Method of Least Squares. II." *Astronomical Journal* vol. 86, p. 149.

方程

$$\frac{\partial S}{\partial \epsilon_{x_i}} + \sum_{j=1}^{n} \lambda_j \frac{\partial g_j(\epsilon_{x_j}, \epsilon_{y_j})}{\partial \epsilon_{x_i}} = 0 \tag{6-123}$$

$$\frac{\partial S}{\partial \epsilon_{y_i}} + \sum_{j=1}^{n} \lambda_j \frac{\partial g_j(\epsilon_{x_j}, \epsilon_{y_j})}{\partial \epsilon_{y_i}} = 0 \tag{6-124}$$

这里 λ_j 是拉格朗日乘数。公式 6-123 和 6-124 的解给出了以 λ_j 表示的ϵ_{x_i}和ϵ_{y_i}的估计。从公式 6-122，我们有

$$\frac{\partial g_j(\epsilon_{x_j}, \epsilon_{y_j})}{\partial \epsilon_{x_i}} = -a_1 \delta_j^i \tag{6-125}$$

$$\frac{\partial g_j(\epsilon_{x_j}, \epsilon_{y_j})}{\partial \epsilon_{y_i}} = \delta_j^i \tag{6-126}$$

这里 δ_j^i 是克罗内克增量，于是公式 6-123 和 6-124 变为

$$2 \frac{1}{\sigma_{x_i}^2} \hat{\epsilon}_{x_i} - a_1 \lambda_i = 0 \tag{6-127}$$

$$2 \frac{1}{\sigma_{y_i}^2} \hat{\epsilon}_{y_i} + \lambda_i = 0 \tag{6-128}$$

因为它们现在是估计值，我们在误差符号上加了尖帽号。求解$\hat{\epsilon}_{x_i}$和$\hat{\epsilon}_{y_i}$，我们得到

$$\hat{\epsilon}_{x_i} = \frac{1}{2} a_1 \sigma_{x_i}^2 \lambda_i \tag{6-129}$$

$$\hat{\epsilon}_{y_i} = -\frac{1}{2} \sigma_{y_i}^2 \lambda_i \tag{6-130}$$

把这些估计代回约束方程 6-122，我们有

$$y_i - \frac{1}{2} \sigma_{y_i}^2 \lambda_i = a_0 + a_1 \left(x_i + \frac{1}{2} \sigma_{x_i}^2 a_1 \lambda_i \right) \tag{6-131}$$

然后求解 λ_i，我们得到

$$\lambda_i = \frac{2}{\sigma_{y_i}^2 + a_1^2 \sigma_{x_i}^2} (y_i - a_0 - a_1 x_i) \tag{6-132}$$

误差的估计变为

$$\hat{\epsilon}_{x_i} = \frac{a_1 \sigma_{x_i}^2}{\sigma_{y_i}^2 + a_1^2 \sigma_{x_i}^2} (y_i - a_0 - a_1 x_i) \tag{6-133}$$

$$\hat{\epsilon}_{y_i} = -\frac{\sigma_{y_i}^2}{\sigma_{y_i}^2 + a_1^2 \sigma_{x_i}^2} (y_i - a_0 - a_1 x_i) \tag{6-134}$$

我们用这些估计除去 S 表达式(公式 6-121)中的ϵ_{x_i}和ϵ_{y_i}，得到

$$S = \sum_{i=1}^{n} \left\{ \frac{1}{\sigma_{x_i}^2} \left[\frac{a_1 \sigma_{x_i}^2}{\sigma_{y_i}^2 + a_1^2 \sigma_{x_i}^2} (y_i - a_0 - a_1 x_i) \right]^2 + \frac{1}{\sigma_{y_i}^2} \left[\frac{\sigma_{y_i}^2}{\sigma_{y_i}^2 + a_1^2 \sigma_{x_i}^2} (y_i - a_0 - a_1 x_i) \right]^2 \right\} \tag{6-135}$$

$$S = \sum_{i=1}^{n} \frac{1}{\sigma_{y_i}^2 + a_1^2 \sigma_{x_i}^2} (y_i - a_0 - a_1 x_i)^2 \tag{6-136}$$

公式 6-136 现在给出 S 关于 a_0 和 a_1 及其他已知量的函数。它关于未知量ϵ_{x_i}和ϵ_{y_i}的关系

被消除了。注意，如果在 x_i 上没有误差(例如，如果 $\sigma_{x_i}^2=0$)，公式 6-136 简化为

$$S=\sum_{i=1}^{n}\frac{1}{\sigma_{y_i}^2}(y_i-a_0-a_1x_i)^2 \tag{6-137}$$

如果在 x_i 上有误差，在 y_i(例如，如果 $\sigma_{y_i}^2=0$)没有误差，公式 6-137 简化为

$$S=\sum_{i=1}^{n}\frac{1}{\sigma_{x_i}^2}(y_i-b_0-b_1y_i)^2 \tag{6-138}$$

这里 $b_0=-a_0/a_1$，$b_1=1/a_1$，它们都是 S 表达式的正确值。

a_0 和 a_1 和最小二乘估计，也是它们的最大似然估计，正是那些最小化公式 6-136 所给出的 S 的值。注意研究者仍然有很多要做！人们仍然需要找到最小化 S 的 a_0 和 a_1 的值，并且即使在这个最简单的例子中，这个拟合也是非线性的，因为 a_1 出现在这个和式的分母上。在这一章的前面，我们花费了相当多的精力求解非线性最小二乘问题。它们中的任何一个都应该能最小化 S 并决定 a_0 和 a_1。同样地，在 6.4 节中介绍的计算协方差矩阵的方法也有效。

6.6.2　含有相关误差的数据

公式 6-121 假设在 S 中 x_i 和 y_i 的误差不相关。实际上，数据点误差椭球的长短轴和坐标轴平行。但有可能误差是相关的，误差椭球是偏斜的。这时 $\sigma_{xy_i}\neq 0$，并且数据的误差由协方差矩阵描述

$$\boldsymbol{\sigma}_i=\begin{pmatrix}\sigma_{x_i}^2 & \sigma_{xy_i}\\ \sigma_{xy_i} & \sigma_{y_i}^2\end{pmatrix} \tag{6-139}$$

平方项的加权和，或者，如果想特别指出，对数似然函数，变为(参见第 2 章关于多维高斯分布的讨论，特别是公式 2-80～2-83)

$$S=\sum_{i=1}^{n}(w_{x_i}\epsilon_{x_i}^2+2w_{xy_i}\epsilon_{x_i}\epsilon_{y_i}+w_{y_i}\epsilon_{y_i}^2)=-2\ell \tag{6-140}$$

这里第 i 个点的权重是权重矩阵的各项

$$\boldsymbol{w}_i=\begin{pmatrix}w_{x_i} & w_{xy_i}\\ w_{xy_i} & w_{y_i}\end{pmatrix}=(\boldsymbol{\sigma}_i)^{-1} \tag{6-141}$$

我们用和含不相关误差相同的方法处理(但需要用更多的代数!)。公式 6-127 和 6-128 变为

$$2w_{x_i}\epsilon_{x_1}+2w_{xy_i}\hat{\epsilon}_{y_i}-a_1\lambda_i=0 \tag{6-142}$$

$$2w_{x_i}\hat{\epsilon}_{y_i}+2w_{xy_i}\hat{\epsilon}_{x_i}+\lambda_i=0 \tag{6-143}$$

公式 6-129 和 6-130 变为

$$\hat{\epsilon}_{x_i}=\frac{1}{2}\frac{w_{xy_i}+w_{y_i}a_1}{w_{x_i}w_{y_i}-w_{xy_i}^2}\lambda_i \tag{6-144}$$

$$\hat{\epsilon}_{y_i}=-\frac{1}{2}\frac{w_{x_i}+w_{xy_i}a_1}{w_{x_i}w_{y_i}-w_{xy_i}^2}\lambda_i \tag{6-145}$$

把这些 $\hat{\epsilon}_{x_i}$ 和 $\hat{\epsilon}_{y_i}$ 的表达式代入约束方程并解出 λ_i，我们得到

$$\lambda_i=\frac{2(w_{x_i}w_{y_i}-w_{xy_i}^2)}{w_{x_i}+2w_{xy_i}a_1+w_{y_i}a_1^2}(y_i-a_0-a_1x_i) \tag{6-146}$$

然后公式 6-133 和 6-134 变为

$$\hat{\epsilon}_{x_i}=\frac{w_{xy_i}+w_{y_i}a_i}{w_{x_i}+2w_{xy_i}a_1+w_{y_i}a_1^2}(y_i-a_0-a_1x_i) \tag{6-147}$$

$$\hat{\epsilon}_{y_i}=-\frac{w_{x_i}+w_{xy_i}a_1}{w_{x_i}+2w_{xy_i}a_1+w_{y_i}a_1^2}(y_i-a_0-a_1x_i) \tag{6-148}$$

在公式 6-140 用这些表达式消去ϵ_{x_i}和ϵ_{y_i}，我们得到

$$S=\sum_{i=1}^{n}\frac{w_{x_i}w_{y_i}-w_{xy_i}^2}{w_{x_i}+2w_{xy_i}a_1+w_{y_i}a_1^2}(y_i-a_0-a_1x_i)^2 \tag{6-149}$$

最后，因为权重矩阵的逆阵为

$$\boldsymbol{w}_i=\frac{1}{w_{x_i}w_{y_i}-w_{xy_i}^2}\begin{pmatrix} w_{y_i} & -w_{xy_i} \\ -w_{xy_i} & w_{x_i}\end{pmatrix}=\sigma_i \tag{6-150}$$

公式 6-149 简化为

$$S=\sum_{i=1}^{n}\frac{1}{\sigma_{y_i}^2-2\sigma_{xy_i}a_1+\sigma_{x_i}^2a_1^2}(y_i-a_0-a_1x_i)^2 \tag{6-151}$$

注意公式 6-151 能正确地简化为公式 6-136，如果数据中的误差是不相关的，$\sigma_{xy_i}=0$。

公式 6-151 正是想要的结果。像以前一样，研究者还是需要做很多工作。这个公式是 S 关于 a_0 和 a_1 的表达式。公式 6-151，像公式 6-136 一样，在拟合参数中非线性，但也和公式 6-136 一样，也一样能由该章前面讨论的方法求解。

第 7 章

贝叶斯统计

7.1 贝叶斯统计简介

贝叶斯定理在前面章节中描述频率统计方法中所起的作用不大。本章介绍贝叶斯统计，一种统计方法，其中贝叶斯定理占主导，定义概率为一个频率的方程 4-2 失去了根本的作用。改变不仅仅是数学上的。该贝叶斯定理的使用意味着人们对概率和统计意义的感知发生了变化。

我们从贝叶斯定理开始讨论。图 7-1 中的维恩图显示了集合 S 中包含的两个集合 A 和 B 之间的重叠 $A\cap B$。集合 S 的一个元素落入重叠区域的概率可以用两种方式写下：

$$P(A\cap B)=P(B|A)P(A) \tag{7-1}$$

$$P(A\cap B)=P(A|B)P(B) \tag{7-2}$$

替代 $P(A\cap B)$ 并重新排列，我们发现

$$P(B|A)=\frac{P(A|B)P(B)}{P(A)} \tag{7-3}$$

现在让 $A=D$ 作为一个实验的结果(D 代表数据!)，并且让集合 B 有一个有限的离散元素 B_j。公式 7-3 成为

$$P(B_j|D)=\frac{P(D|B_j)P(B_j)}{P(D)} \tag{7-4}$$

如果 D 只有在 B_j 发生时才会发生，那么发生 D 的概率是

$$P(D)=\sum_k P(D|B_k)P(B_k) \tag{7-5}$$

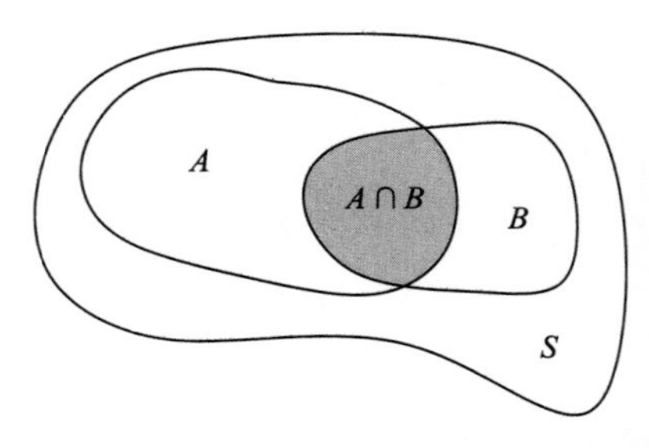

图 7-1 集合 A 和 B 是集合 S 的子集。阴影区域是 $P(A\cap B)$，即 A 和 B 的交集

使用这个关系来取代方程 7-4 中的 $P(D)$，我们得到了贝叶斯定理的一个标准形式：

$$P(B_j|D)=\frac{P(D|B_j)P(B_j)}{\sum_k P(D|B_k)P(B_k)} \tag{7-6}$$

贝叶斯统计的基本对象是概率分布。公式 7-6 描述随着可以使用的新数据增多，概率分布是如何演变的。分布 $P(B_j)$ 是 B_j 基于已有知识的概率。它被称为先验概率分布或者只是先验。新的数据出现在条件概率 $P(D|B_j)$中，如果 B_j 发生，实验将产生结果 D 的概率。它和最大似然计算使用的似然函数(参见 5.2 节)是一样的，被称为似然。条件概率 $P(B_j|D)$是修正后的概率，即事件 B_j 将根据新的数据 D 发生。它被称为后验概率分布或者只是后

验。概率 $P(D)$是 D 出现的总概率；它充当一个标准化因子。

如果 B 是连续的，贝叶斯定理就采取以下形式

$$f_1(B|D)=\frac{L(D|B)f_0(B)}{\int L(D|B)f_0(B)dB} \tag{7-7}$$

其中 $L(D|B)$是可能性，$f_0(B)$是先验，$f_1(B|D)$是后验，下标已经被添加来强调 f_0 和 f_1 是不同的分布。我们不用担心 $L(D|B)$通常没有归一化，因为归一化因子被抵消了。正如在任何概率分布中，取决于应用，公式 7-6 中的 B_j 和公式 7-7 中的 B 可以有很多不同的含义。它们可以是数值参数，可以是状态，甚至像在假设检验中一样，可以是逻辑陈述。

下面的基本例子强调了贝叶斯统计和频率统计的区别。

示例：假设在 0.01%的年轻人中发生一种疾病。该疾病最初无症状，所以不进行测试就不可能知道有人是否有这种疾病。因此一个年轻的成人有这种疾病的先验概率是

$$P(\text{患病})=0.0001$$
$$P(\text{健康})=0.9999$$

还假设有一个该疾病的诊断测试，测试比较准确但不是完全可靠。它在 99%的时间给出正确的答案，但 1%会是错误的，错误是随机发生的。诊断测试的条件概率是

$$P(\text{阳性}|\text{患病})=0.99$$
$$P(\text{阴性}|\text{患病})=0.01$$
$$P(\text{阳性}|\text{健康})=0.01$$
$$P(\text{阴性}|\text{健康})=0.99$$

“阳性”和“阴性”是指人们有或没有该疾病。

假设一个年轻的成年人(我们称这个人为丹纳)为这种疾病进行测试，而且测试结果是阳性的。丹纳真的有这种病的可能性是多少？很多人将会试图说，丹纳有这种疾病的可能性是 99%。贝叶斯统计给出了不同的答案。根据方程 7-6，丹纳有这个病的后验概率是

$$\begin{aligned}P(\text{患病}|\text{阳性})&=\frac{P(\text{阳性}|\text{患病})P(\text{患病})}{P(\text{阳性}|\text{患病})P(\text{患病})+P(\text{阳性}|\text{健康})P(\text{健康})}\\&=\frac{0.99\times 0.0001}{0.99\times 0.0001+0.01\times 0.9999}\\&=0.01\end{aligned}$$

尽管丹纳在一个高度可靠的测试中测试出阳性，但是只有百分之一的可能丹纳会得这种病！

对很多人来说，这可能是违反直觉的结果。为了更好地理解这意味着什么，让我们修改示例，使之适合频率论的思维。奥斯汀的得克萨斯大学大约有 5 万名学生，大部分是年轻人。因为患病的可能性是 10^{-4}，我们预计大约有 5 个学生有这个疾病。假设大学管理部门要求所有 5 万名学生做检测，因为测试有 1%的假阳性率，约有 500 名学生的测试结果是阳性，但这些学生中的 495 个没有这种疾病！那么，这里只有 1%的机会，对于这个疾病检测呈阳性的学生会患病。这就是贝叶斯统计告诉我们的。但请注意，贝叶斯统计允许我们从单个学生的单个测试中计算出一个有效的概率。

在看到第一次测试的结果后，丹纳决定再次参加测试。这次又是阳性的。先验概率已经改变，现在是

$$P(\text{患病})=0.01$$
$$P(\text{健康})=0.99$$

所以后验概率是

$$P(\text{患病}\mid\text{阳性})=\frac{0.99\times0.01}{0.99\times0.01+0.01\times0.99}=0.50$$

现在有二分之一的机会丹纳会有这种疾病，这个概率比之前高很多。但是，即使在测试两个阳性的结果之后，这个概率仍然远离确定性。

前面的例子显示了贝叶斯统计的几个重要特征。第一，贝叶斯定理指定如何整合新信息与现有知识以产生新的概率分布。它可以被看作是对归纳逻辑赋予的含义，使归纳逻辑成为一个明确的定量程序。

第二，贝叶斯引导迫使人们评估、量化和使用预先存在的知识。并入已有的知识有两种方式。必须有一个先验概率分布函数 $P(B_j)$，并且必须能够计算似然函数 $P(D|B_j)$。贝叶斯统计不能没有这两个。

第三，任何数量的新数据，甚至是一个单一的测量，都可以用来修改概率分布函数。没有必要测量发生的频率，尽管知识经常通过重复测量而得到改善。

第四，没有必要预先指定一个实验或一组实验的结束点。数据在可用时被合并，并且每当看到拟合的时候可以终止实验。图7-2描述了如何继续将新的数据整合到现有的数据中，直到对结果满意为止。本质上，我们用后验概率分布 $P(B_j|D)$ 取代了先验概率分布 $P(B_j)$，然后获得新的数据，按需要经常进行循环。

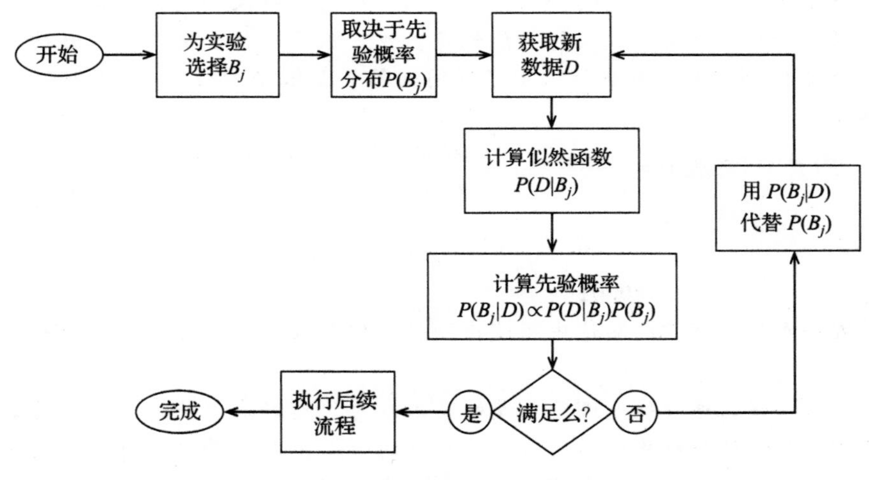

图7-2 贝叶斯统计的流程图

7.2 单参数估计：均值、众数和方差

7.2.1 引言

与频率统计相比，贝叶斯统计中的参数估计遵循不同的逻辑路径。为了估计一个连续

的参数，我们重写公式 7-7

$$f_1(a|D)=\frac{L(D|a)f_0(a)}{\int L(D|a)f_0(a)da} \tag{7-8}$$

其中 a 是要估计的参数。先验概率分布 $f_0(a)$应该是在获得任何新数据之前包括所有关于 a 的知识。可能性 $L(D|a)$看起来就像它应该被理解为给定一个值 a 获得数据 D 的概率。事实上，虽然其意义是相反的：数据已给出，但 a 没有，所以这是一个可能性给出了测量数据 D。贝叶斯计算的结果是后验概率分布函数 $f_1(a|D)$。这是修正后的概率分布数据。如果数据由 a 的 n 个测量数据 x_i 和标准偏差 σ_i 构成，则后验数据概率分布可以重写为

$$f_1(a|\vec{x},\vec{\sigma})=\frac{L(\vec{x},\vec{\sigma}|a)f_0(a)}{\int L(\vec{x},\vec{\sigma}|a)f_0(a)da} \tag{7-9}$$

其中 $\vec{x}$ 代表 x_1，x_2，…，x_n，$\vec{\sigma}$ 代表 σ_1，σ_2，…，σ_n。

贝叶斯定理给出了 a 的后验概率分布，而不是明确的估计。后验分布包含有关参数的所有可用信息，事实上，任何将信息提炼成例如单一特征数的尝试都减少了信息量。尽管如此，人们通常的确需要通过几个数字表征分布，或许是参数的均值及其标准差或是可信区间。这些必须通过额外的计算从后验概率分布中提取。这是以通常的方式完成的。a 的均值由以下公式给出

$$\hat{a}=\langle a\rangle=\int af_1(a|D)da \tag{7-10}$$

方差由下式给出

$$\sigma_{\hat{a}}^2=\langle a^2\rangle-\langle a\rangle^2 \tag{7-11}$$

其中

$$\langle a^2\rangle=\int a^2 f_1(a|D)da \tag{7-12}$$

正如我们将在下面的章节中看到的，如果先验和可能性都是高斯分布，则贝叶斯定理给出了直观合理的结果。其他分布的结果则比较少，有时少得多。

7.2.2 高斯先验和似然函数

如果似然和先验都是高斯分布，贝叶斯统计中的单参数估计是简单的。以下是一个明显的贝叶斯的例子：修改给定一个先验值的参数的估计值和参数单一的新的测量值。

示例：星系距离的目录值是 $\mu_0=1000$ 万 parsecs(Mpc)，标准偏差 $\sigma_0=\pm 2$Mpc。假设我们做一个新的距离测量，找到 d_1 的标准差 σ_{d1}。假设的概率分布均为高斯分布，距离的先验概率分布为

$$f_0(d)=\frac{1}{\sqrt{2\pi}\sigma_0}\exp\left[-\frac{1}{2}\frac{(d-\mu_0)^2}{\sigma_0^2}\right]$$

相应的似然函数是

$$L(d_1,\sigma_{d_1}|d)=\frac{1}{\sqrt{2\pi}\sigma_{d_1}}\exp\left[-\frac{1}{2}\frac{(d_1-d)^2}{\sigma_{d_1}^2}\right]$$

未标准化的后验概率分布为

$$f_1(d|d_1,\sigma_{d_1})\propto L(d_1,\sigma_{d_1}|d)f_0(d)$$

$$\propto\frac{1}{\sqrt{2\pi}\sigma_{d_1}}\exp\left[-\frac{1}{2}\frac{(d_1-d)^2}{\sigma_{d_1}^2}\right]\frac{1}{\sqrt{2\pi}\sigma_0}\exp\left[-\frac{1}{2}\frac{(d-\mu_0)^2}{\sigma_0^2}\right]$$

两个高斯的乘积是高斯(见附录C的C.2节)，所以我们可以重写后验概率分布

$$f_1(d|d_1,\sigma_{d_1})=\frac{1}{\sqrt{2\pi}\sigma_1}\exp\left[-\frac{1}{2}\frac{(d-\mu_1)^2}{\sigma_1^2}\right]$$

其中

$$\mu_1=\frac{w_0\mu_0+w_{d_1}d_1}{w_0+w_{d_1}}=\frac{\sigma_{d_1}^2\mu_0+\sigma_0^2d_1}{\sigma_0^2+\sigma_{d_1}^2}$$

$$\sigma_1^2=\frac{1}{w_0+w_{d_1}}=\frac{\sigma_0^2\sigma_{d_1}^2}{\sigma_{d_1}^2+\sigma_{d_1}^2}$$

权重为 $w_0=1/\sigma_0^2$ 和 $w_{d_1}=1/\sigma_{d_1}^2$。因为后验分布是一个高斯分布，d 的均值和标准差可以通过检查从后验中提取：$\langle d\rangle\pm\sigma_d=\mu_1\pm\sigma_1$。因此，平均数是先验值的加权平均数和新的测量值。

具体来说，让新的测量值为 $d_1=16$Mpc。如果新的测量与目录值具有相同的误差，$\sigma_{d_1}=\pm2$Mpc，距离的修正值是 13±1.4Mpc。如果新的测量值比目录值更可靠，$\sigma_{d_1}=\pm0.5$Mpc，距离的修正值为 15.6±0.5Mpc。

我们现在推广到参数的许多测量。假设数据由 n 个独立测量值组成，各个测量值分别为 x_i，测量误差为 σ_i，误差为高斯分布。似然函数是

$$L(\vec{x},\vec{\sigma}|a)=\prod_{i=1}^{n}\frac{1}{\sqrt{2\pi}\sigma_i}\exp\left[-\frac{1}{2}\frac{(x_i-a)^2}{\sigma_i^2}\right] \tag{7-13}$$

也假定 a 的先验知识可以被编码为高斯分布，均值 a_0 和标准差 σ_{a_0}。先验概率分布函数是

$$f_0(a)=\frac{1}{\sqrt{2\pi}\sigma_{a_0}}\exp\left[-\frac{1}{2}\frac{(a-a_0)^2}{\sigma_{a_0}^2}\right] \tag{7-14}$$

未标准化的后验概率分布为

$$f_1(a|\vec{x},\vec{a})\propto\left\{\prod_{i=1}^{n}\frac{1}{\sqrt{2\pi}\sigma_i}\exp\left[-\frac{1}{2}\frac{(x_i-a)^2}{\sigma_i^2}\right]\right\}\frac{1}{\sqrt{2\pi}\sigma_{a_0}}\exp\left[-\frac{1}{2}\frac{(a-a_0)^2}{\sigma_{a_0}^2}\right] \tag{7-15}$$

许多高斯概率分布的乘积是另一个高斯(参见附录C的C.2节)，所以我们可以将后验概率分布改写为

$$f_1(a|\vec{x},\vec{a})=\frac{1}{\sqrt{2\pi}\sigma_{a_1}}\exp\left[-\frac{1}{2}\frac{(a-a_1)^2}{\sigma_{a_1}^2}\right] \tag{7-16}$$

其中

$$a_1=\left(w_{a_0}a_0+\sum_{i=1}^{n}w_ix_i\right)/\left(w_{a_0}+\sum_{i=1}^{n}w_i\right) \tag{7-17}$$

$$\sigma_{a_1}^2=1/\left(w_{a_0}+\sum_{i=1}^{n}w_i\right) \tag{7-18}$$

权重是 $w_{a_0}=1/\sigma_{a_0}^2$ 和 $w_i=1/\sigma_i^2$ 。通过检查，修改后的 a 的平均值和标准差为 $\langle a\rangle\pm\sigma_a=a_1\pm\sigma_{a_1}$ 。

等式 7-17 和等式 7-18 几乎相同，与加权等式 4-55 和等式 4-57 意味着频率统计中的差异。不同之处在于，等式 7-17 和等式 7-18 中的总和包括由 w_{a_0} 加权的 a_0，因此，先验值被精确地包括好像它是另一种测量。如果 a_0 不为人知，如果 σ_{a_0} 很大，则 w_{a_0} 很小，而 a_0 对 a 的后验平均值影响不大。在 w_{a_0} 趋近于 0 时，等式 7-17 和等式 7-18 与频率论统计中的平均值的表达式相同。

7.2.3 二项分布和贝塔分布

只有两种可能的实验结果时，二项式和贝塔分布才是合适的，例如硬币翻转的正面或反面，从一个装有白色或黑色两种球的容器中拿出一个球。下面的例子将这两个分布应用于百吉饼的翻转：百吉饼统计。

示例：与硬币不同，百吉饼是不对称的。翻面时，百吉饼的两面不会以相等概率落下。假设根据先前的经验，我们认为一个百吉饼掉下来圆面朝上的概率是 $u_0=1/4$，且该数字的置信度是 $\sigma_{u_0}=1/8$ 或 $\sigma_{u_0}^2=1/64$。假设百吉饼翻转 $n=20$ 次，然后落下时圆面朝上 $k_1=12$ 次。百吉饼将它的圆面朝上翻转一次的后验概率是多少？

可以用二项概率分布来描述百吉饼翻转。概率从 n 次试验中获得圆面朝上的 k 个翻转的方法是

$$P(k)\propto u^k(1-u)^{n-k}$$

其中 u 是百吉饼翻转一次圆面朝上的概率。该似然函数就是

$$L(k_1|u)\propto u^{k_1}(1-u)^{n-k_1}$$

也就是说，$L(k_1|u)$ 是一个特定值 u 的似然，因为百吉饼被观察到在 n 次翻转中落下时圆面朝上 k_1 次。

Beta 函数(参见 2.7 节)是描述 u 的先验概率分布的一种便捷方式。Beta 函数是

$$\beta(u)\propto u^{a-1}(1-u)^{b-1}$$

其中 u 在 $0\leqslant u\leqslant 1$ 的范围内，a 和 b 是正整数。设 $f_0(u)=\beta(u)$ 并选择 a 和 b 的值，使得 $\langle u\rangle=u_0$ 且 $\sigma_u^2=\sigma_{u_0}^2$。从等式 2-133 和等式 2-134，我们有

$$a=u_0\left[\frac{u_0(1-u_0)}{\sigma_{u_0}^2}-1\right]$$

$$b=a\,\frac{1-u_0}{u_0}$$

u 的后验概率分布函数变成

$$f_1(u|k_1)\propto L(k_1|u)f_0(u)\propto u^{k_1}(1-u)^{n-k_1}u^{a-1}(1-u)^{b-1}$$
$$\propto u^{k_1+a-1}(1-u)^{n-k_1+b-1}$$

我们认识到 $f_1(u|k_1)$ 也是一个贝塔函数，所以 u 的后验均值和方差可以使用等式 2-131 和等式 2-132 来计算

$$u_1=\langle u\rangle=\frac{a+k_1}{a+b+n}$$

$$\sigma_{u_1}^2=\frac{(a+k_1)(n+b-k_1)}{(a+b+n)^2(a+b+n+1)}$$

对于 $u_0=1/4$ 和 $\sigma_{u_0}^2=1/64$，以前的常量值是 $a\approx3$ 和 $b\approx9$。其中 $n=20$，$k_1=12$，落下时圆面朝上的概率的修正后的估计

$$u_1=\frac{3+12}{3+9+20}=0.47$$

和

$$\sigma_{u_1}^2=\frac{(3+12)(20+9-12)}{(3+9+20)^2(3+9+20+1)}=7.55\times10^{-3}$$

$$\sigma_{u_1}=0.087$$

谁会想到，计算翻转百吉饼的概率是这样的复杂！

在前面的例子中，一个频率主义者可能计算了 $u_1=k_1/n\pm\sqrt{k_1}/n=12/20\pm\sqrt{12}/20=0.60\pm0.17$，与贝叶斯计算的结果完全不同。随着 k_1 和 n 变大，该贝叶斯估计确实接近频率主义者的估计，因为

$$\lim_{n,k_1\gg a,b}\langle u\rangle=\lim_{n,k_1\gg a,b}\frac{a+k_1}{a+b+n}=\frac{k_1}{n} \tag{7-19}$$

但是，如果 k_1 和 n 不比 a 和 b 大得多，贝叶斯估计和频率主义者的估计之间的差异可以是实质性的，就像在例子中那样。

假设有人想用贝叶斯计算的结果来预测一个新实验的结果，比如说，相同的百吉饼在 r 次抛掷中 m 次圆面朝上的概率。人们很轻易地就会使用具有后验均值 $\langle u\rangle=u_1$ 的二项概率分布来表示 m 的概率分布

$$P(m)=\binom{r}{m}u_1^m(1-u_1)^{r-m}?? \tag{7-20}$$

这是不正确的，因为贝叶斯计算给出了 u 的概率分布。平均值仅仅是完整分布的一个数字表征。采取下式的方法更好

$$\begin{aligned}P_1(m)&=\int_{u=0}^1 P(m)f_1(u|k_1)du\\&=A\int_{u=0}^1 u^m(1-u)^{r-m}u^{k_1+a-1}(1-u)^{n-k_1+b-1}du\end{aligned} \tag{7-21}$$

其中 A 是后验概率分布的归一化常数。我们把这个积分作为读者的一个练习，但是比较容易评估，因为被积函数仅仅是贝塔函数。

7.2.4 泊松分布和一致的先验

当实验只能产生整数时，泊松分布通常是合适的似然函数。当没有之前信息但需要先验概率的时候，均匀分布是有用的。以下示例显示当没有先验信息时，如何将贝叶斯统计应用到从泊松分布中得出的一个整数的单个测量。

示例：假设一个实验产生数据 k_1，一个从泊松分布得出的整数。k 平均值的后验概率分布是什么？从均值 μ 的泊松分布中获得 k 的概率是

$$P(k)=\frac{\mu^k}{k!}\exp[-\mu]$$

其中 μ 是 k 的平均值。具体样本 k_1 的似然函数是

$$L(k_1 \mid \mu)=\frac{\mu^{k_1}}{k_1 !}\exp[-\mu]$$

让我们假设我们对 μ 一无所知，除了它大于或等于 0。我们可以用 μ 的平坦的先验概率分布函数来表示这个信息：

$$f_0(\mu)=1/A, \quad 0\leqslant\mu\leqslant A$$

由于 k_1 和 μ 是不受限制的，我们必须允许 A 很大。贝叶斯定理中的分母是

$$\int L(k_1 \mid \mu) f_0(\mu) d\mu = \int_0^A \frac{1}{A}\frac{\mu^{k_1}}{k_1 !}\exp[-\mu] d\mu = \frac{1}{A k_1 !}\int_0^A \mu^{k_1}\exp[-\mu] d\mu$$

对 $A>>k_1$，积分逼近 Γ 函数(见附录 A)，所以分母接近

$$\int L(k_1 \mid \mu) f_0(\mu) d\mu = \frac{1}{A k_1 !}\Gamma(k_1+1) = \frac{1}{A}$$

并且归一化的后验概率分布变成

$$f_1(\mu \mid k_1)=A\frac{\mu^{k_1}}{k_1 !}\exp[-\mu]\frac{1}{A}=\frac{\mu^{k_1}}{k_1 !}\exp[-\mu]$$

尽管 $f_1(\mu|k_1)$ 具有与泊松分布相同的形式，但它有一个不同的意义：给定 k_1 的 μ 的概率，而不是给定 μ 的 k_1 的概率。请注意，只要 A 很大，它的确切值是不重要的，因为它取消了最终的结果。

让我们将前面的例子推广到许多测量。假设我们有 n 个独立测量 k_i，全部从相同的泊松分布中采样。该似然函数是

$$L(\vec{k} \mid \mu) = \prod_{i=1}^{n}\frac{\mu^{k_i}}{k_i !}\exp[-\mu] = \frac{\mu^{\sum k_i}}{\prod k_i !}\exp[-n\mu] \tag{7-22}$$

如前所述，我们对 μ 没有任何先验知识，并且采用了平坦的先验概率分布

$$f_0(\mu) = 1/A, \quad 0 < \mu \leqslant A$$

贝叶斯定理中的分母是

$$\int L(\vec{k} \mid \mu) f_0(\mu) d\mu = \int_0^A \frac{1}{A}\frac{\mu^{\sum k_i}}{\prod k_i !}\exp[-n\mu] d\mu \tag{7-23}$$

为了方便起见，设置 $K=\sum k_i$。我们有

$$\int L(\vec{k} \mid \mu) f_0(\mu) d\mu = \frac{1}{A\prod k_i !}\int_0^A \mu^k \exp[-n\mu] d\mu$$

$$= \frac{1}{n^{(K+1)} A\prod k_i !}\int_0^A (n\mu)^K \exp[-n\mu] d(n\mu) \tag{7-24}$$

如果我们设置 $t=n\mu$ 并让 A 变大，积分逼近 Γ 函数，且

$$\int L(\vec{k} \mid \mu) f_0(\mu) d\mu = \frac{1}{n^{(K+1)} A\prod k_i !}\Gamma(K+1) = \frac{K!}{n^{(K+1)} A\prod k_i !} \tag{7-25}$$

归一化的后验概率分布变为

$$f_1(\mu \mid \vec{k}) = \frac{L(\vec{k} \mid \mu) f_0(\mu)}{\int L(\vec{k} \mid \mu) f_0(\mu) d\mu} = \frac{n^{(K+1)} A\prod k_i !}{K!}\frac{1}{A}\frac{\mu^K}{\prod k_i !}\exp[-n\mu]$$

$$= n\frac{(n\mu)^K}{K!}\exp[-n\mu] \tag{7-26}$$

虽然后验概率看起来像泊松分布，但它是 μ 的概率分布函数，而不是 K。μ 的平均值是

$$\begin{aligned}\langle\mu\rangle &= \int \mu f_1(\mu|\vec{k})d\mu = \int_0^\infty \mu n\frac{(n\mu)^K}{K!}\exp[-n\mu]d\mu \\ &= \frac{1}{nK!}\int(n\mu)^{K+1}\exp[-n\mu]d(n\mu) = \frac{1}{nK!}\Gamma(K+2) = \frac{1}{nK}(K+1)! \\ &= \frac{K+1}{n} = \frac{1+\sum k_i}{n}\end{aligned} \tag{7-27}$$

这是一个奇怪的结果。如果我们只有一个测量值 k_1，那么估计的均值就是 $\langle\mu\rangle=k_1+1$。频率主义的方法给了 $\langle\mu\rangle=\sum k_i/n$（见 5.2.2 节中的最后一个例子）。贝叶斯总和加 1。为了计算方差，我们需要 $\langle\mu^2\rangle$。留给读者一些步骤，我们发现

$$\langle\mu^2\rangle = \int\mu^2 f_1(\mu|\vec{k})d\mu = \frac{1}{n^2K!}\Gamma(K+3) = \frac{(K+1)(K+2)}{n^2}$$

方差是

$$\begin{aligned}\sigma_\mu^2 &= \langle\mu^2\rangle - \langle\mu\rangle^2 = \frac{(K+1)(K+2)}{n^2} - \left(\frac{K+1}{n}\right)^2 = \frac{K+1}{n^2} \\ &= \frac{1+\sum_i k_i}{n^2}\end{aligned} \tag{7-28}$$

再次，这是一个相当奇怪的结果，因为贝叶斯分析总和加 1。

然而，分布的均值只是通过单个数字表征一个分布的几种方法之一。如果我们决定使用模式作为方程 7-26 的单数特征，我们有

$$\left.\frac{df_1(\mu|\vec{k})}{d\mu}\right|_{\mu_{\text{mode}}} = 0 \tag{7-29}$$

很容易计算和生成该导数

$$\mu_{\text{mode}} = \frac{\sum k_i}{n} \tag{7-30}$$

比平均值的结果更直观。

7.2.5 关于先验概率分布的更多信息

先验概率分布的选择不可避免地存在主观方面。不同的人可以合理地对现有知识进行不同的评估并合理选择不同的先验。即使每个人都选择同一种先验形式，也许是高斯先验，他们可能会为高斯选择不同的均值和方差。这些导致了不同的后验分布，以及不同的后验均值和方差，如等式 7-17 和等式 7-18 所示。虽然有时被视为贝叶斯统计的缺陷，先验的主观性实际上是一种力量。贝叶斯统计强迫人们认识和处理先验知识的不确定性。也许处理不确定性最好的办法是调查人员讨论和聚合一个通用的先验。如果做不到这一点，应该考虑采样足够的新数据，以便确保各种先验之间的区别对后验分布影响不大。

在 7.2.4 节对泊松似然函数的讨论中引用的统一的先验是特殊的。该先验应该代表完全缺乏关于参数的信息，应该是从 0 到无限的平坦分布。但这样的分布不能正常化；这是一个“不恰当的分布”，该先验被选为宽度比似然函数宽度大得多的平坦分布。归一化后的宽度被划分出来，所以先验有限的宽度并没有影响后验分布。另一种处理平坦先验的方法从有限宽度的归一化平坦先验开始，用有限宽度先验计算后验概率，然后让宽度达到无穷

大。限制的后验概率分布通常会表现得很好。

但是，我们应该认识到，平坦性不是概率分布的不变性质。非线性坐标变换破坏平坦性。在哪个坐标系中先验应该是平坦的可能不清楚。例如：假设你想承认先验中参数的 σ 常常不能很好地确定而且想要先给 σ 自己的概率分布。如果你想要它的先验分布是平坦的，在 σ 或 σ^2 中应该是平坦的吗？上下文通常可以提供答案，但并不总是如此。

只要正确地描述了先验知识，就可以为先验选择任何函数。但是选择一个简化后验分布的先验是值得的。对于 7.2.2 节讨论的高斯似然函数，高斯先验产生高斯后验，很容易解释，并产生直观合理的结果。对于 7.2.3 节中讨论的二项似然函数，对于先验来说，beta 分布是比高斯分布更好的选择，beta 分布很容易把 u 必须在 0 和 1 之间的限制结合起来，这也导致了易于计算均值和方差。在这两种情况下，先验具有与似然函数相同的函数形式。与似然函数具有相同的形式的概率分布函数被称为**共轭分布**。共轭分布通常用于贝叶斯统计。尽管在 7.2.4 节讨论泊松可能性时我们选择了平坦先验分布，泊松分布确实有一个共轭分布，称为伽玛分布(不要与伽玛函数混淆)。伽马分布可以写成

$$f(x)=\frac{1}{\Gamma(k)\theta^k}x^{k-1}\exp\left[-\frac{x}{\theta}\right] \tag{7-31}$$

其中 $f(x)$ 是 x 的概率分布，k 和 θ 是自由参数。x 的均值和方差是 $\langle x\rangle=k\theta$ 和 $\sigma_x^2=k\theta^2$。如果给出了平均值和方差的先验值，并希望使用先验的伽马分布，可以反转这些方程来为 k 和 θ 找到合适的值。

7.3　多参数估计

7.3.1　问题的形式描述

我们现在推广到从 n 个数据点(x_i，y_i，σ_i)中估计 $m+1$ 个参数 a_j，其中 σ_i 是 y_i 上的测量误差。在实践中，这通常意味着拟合一个函数 $y=g(x, a_0, a_1, \cdots, a_m)$到数据。贝叶斯定理可以重写为

$$f_1(\vec{a}\,|\,D)=f_1(\vec{a}\,|\,\vec{x},\vec{y},\vec{\sigma})=\frac{L(\vec{x},\vec{y},\vec{\sigma}\,|\,\vec{a})f_0(\vec{a})}{\int_{a_0}\cdots\int_{a_m}L(\vec{x},\vec{y},\vec{\sigma}\,|\,\vec{a})f_0(\vec{a})da_0\cdots da_m} \tag{7-32}$$

其中已经使用箭头强调的写法来更紧凑地写出方程(例如，$\vec{x}=x_1, x_2, \cdots, x_n$ 和 $\vec{a}=a_0, a_1, \cdots, a_m$)。分母中的多重积分归一化后验分布。下面的例子明确地扩展了方程 7-32 双参数与高斯似然和先验拟合的情况。

示例：假设我们希望拟合双参数函数 $y=g(x, a_0, a_1)$到 n 个数据点(x_i，y_i，σ_i)。假设拟合的残差具有高斯分布。还假定两个参数的先验概率分布是具有均值($\bar{a}_0$，$\bar{\sigma}_0^2$)和方差($\bar{a}_1$，$\bar{\sigma}_{a_1}^2$)的高斯分布。

先验概率分布是

$$f_0(\vec{a})\propto\exp\left[-\frac{1}{2}\frac{(a_0-\bar{a}_0)^2}{\bar{\sigma}_{a_0}^2}\right]\exp\left[-\frac{1}{2}\frac{(a_1-\bar{a}_1)^2}{\bar{\sigma}_{a_1}^2}\right]$$

似然函数是

$$L(\vec{x},\vec{y},\vec{\sigma}^2\,|\,\vec{a})\propto\prod_{i=1}^{n}\exp\left[-\frac{1}{2}\frac{[y_i-g(x_i,a_0,a_1)]^2}{\sigma_i^2}\right]$$

所以后验概率分布是

$$f_1(\vec{a}\,|\,\vec{x},\vec{y},\vec{\sigma}) \propto \left\{\prod_{i=1}^{n} \exp\left[-\frac{1}{2}\frac{[y_i - g(x_i,a_0,a_1)]^2}{\sigma_i^2}\right]\right\}\exp\left[-\frac{1}{2}\frac{(a_0-\bar{a}_0)^2}{\bar{\sigma}_{a_0}^2}\right]$$
$$\times \exp\left[-\frac{1}{2}\frac{(a_1-\bar{a}_1)^2}{\bar{\sigma}_{a_1}^2}\right]$$

后验分布包含所有关于参数的信息，但是它往往不被理解。可以通过从后验分布中提取它们的平均值和标准偏差或可能通过计算可信区间提供有关参数的信息。在相信任何这些数量之前，应该检查单个参数的边际概率分布，其中边际分布是

$$f(a_j) = \int_{a_0}\cdots\int_{a_{j-1}}\int_{a_{j+1}}\int_{a_m} f_1(\vec{a}\,|\,\vec{x},\vec{y},\vec{\sigma})\,da_0\cdots da_{j-1}\,da_{j+1}\cdots da_m \tag{7-33}$$

计算二元边际分布以确定任何参数之间是否存在强协方差，是有用的。对于两个参数 a_j 和 a_r，二元边际分布是

$$f(a_j,a_r) = \int_{a_0}\cdots\int_{a_{j-1}}\int_{a_{j+1}}\cdots\int_{a_{r-1}}\int_{a_{r+1}}\cdots\int_{a_m} f_1(\vec{a}\,|\,\vec{x},\vec{y},\vec{\sigma})$$
$$\times\, da_0\cdots da_{j-1}\,da_{j+1}\cdots da_{r-1}\,da_{r+1}\cdots da_m \tag{7-34}$$

不幸的是，计算这些积分往往是困难的或耗时的。事实上，计算方程 7-32 分母中的归一化积分非常困难。因此，大部分多参数贝叶斯统计都围绕着从后验分布中提取有意义的信息的方法，即使它没有被合适地归一化。

本节的其余部分讨论了从后验概率分布提取信息的两种方法。首先是拉普拉斯近似(7.3.2 节)，它适合后验分布最高峰的多元高斯分布。该拉普拉斯近似也导致了对频率论者和贝叶斯多参数估计之间关系的更深入的认识(7.3.3 节)。第二个是蒙特卡罗后验分布采样(7.3.4 节)。这两个都避免了需要规范后验分布。本节以对可信区间的讨论结束(7.3.5 节)，它是频率主义者置信区间的贝叶斯等价物。

7.3.2　拉普拉斯近似

单参数拉普拉斯近似：假设后验概率分布由单参数贝叶斯分析得到

$$f_1(a\,|\,\vec{x}) = AL(\vec{x}\,|\,a)f_0(a) \tag{7-35}$$

其中 A 是未知的归一化常数。进一步假设后验分布是由比任何其他高峰高得多单一的高峰主导。那么可以将后验分布近似为以高峰为中心的高斯分布。后验分布的峰值出现在分布对数峰值的相同位置，

$$\ell = \ln f_1(a\,|\,\vec{x}) = \ln[L(\vec{x}\,|\,a)f_0(a)] + \ln A \tag{7-36}$$

所以可以通过将 ℓ 的导数设定为 0 找到峰值的位置，

$$\left.\frac{\partial \ell}{\partial a}\right|_{\hat{a}} = 0 \tag{7-37}$$

然后解决 $\hat{a}$。峰值的位置与标准化常数无关。要找到方差，请围绕 $\hat{a}$ 在泰勒级数中展开 ℓ：

$$\ell = \ell(\hat{a}\,|\,\vec{x}) + \left.\frac{\partial \ell}{\partial a}\right|_{\hat{a}}(a-\hat{a}) + \frac{1}{2}\left.\frac{\partial^2 \ell}{\partial a^2}\right|_{\hat{a}}(a-\hat{a})^2 + \cdots \tag{7-38}$$

从方程 7-37 可以看出，在 $a=\hat{a}$ 时 ℓ 的导数为 0，所以方程 7-38 右边的第二项是 0。因此在 $\hat{a}$ 附近后验概率分布是

$$f_1(a|\vec{x}) = \exp[\ell] = \exp[\ell(\hat{a}\ |\vec{x})]\exp\left[\frac{1}{2}\ \frac{\partial^2 \ell}{\partial a^2}\bigg|_{\hat{a}}(a-\hat{a}\ )^2\right]\times(\text{高阶项}) \tag{7-39}$$

删除高阶项，并注意 $\exp[\ell(\hat{a}\ |\vec{x})]$ 与 a 无关，后验可以近似为

$$f_1(a|\vec{x}) \propto \exp\left[\frac{1}{2}\ \frac{\partial^2 \ell}{\partial a^2}\bigg|_{\hat{a}}(a-\hat{a}\ )^2\right] \tag{7-40}$$

这是具有方差的高斯分布

$$\sigma_{\hat{a}}^2 = -\left(\frac{\partial^2 \ell}{\partial a^2}\bigg|_{\hat{a}}\right)^{-1} \tag{7-41}$$

公式 7-40 用公式 7-37 给出 $\hat{a}$，公式 7-41 给出 σ^2，是后验分布的拉普拉斯近似。由于近似是高斯的分布，通过检验，a 的均值和标准差是 $\hat{a} \pm \sigma_{\hat{a}}$

示例：让我们回到在 7.2.4 节中讨论过的具有统一先验的泊松分布的情况。给定 n 的后验概率分布测量 k_i 是

$$f_1(\mu|\vec{k}) = n\frac{(n\mu)^K}{K!}\exp[-n\mu]$$

（见公式 7-26）其中 $K=\sum k_i$。从这种分布中提取 μ 的均值和方差很麻烦，结果是奇怪的：$\langle\mu\rangle = (1+\sum_i k_i)/n$ 和 $\sigma^2 = (1+\sum_i k_i)/n^2$（方程 7-27 和 7-28）。

为了应用拉普拉斯近似，我们首先采用后验分布对数：

$$\ell = \ln f_1(\mu|\vec{k}) = \ln\left(\frac{n}{K!}\right) + K\ln(n\mu) - n\mu$$

后验的最大值出现在

$$0 = \frac{\partial \ell}{\partial \mu}\bigg|_{\hat{\mu}} = \frac{K}{\mu} - n$$

或者

$$\hat{\mu} = \frac{K}{n} = \frac{\sum_{i=1}^{n} k_i}{n}$$

要计算方差，我们首先需要

$$\frac{\partial^2 \ell}{\partial \mu^2}\bigg|_{\hat{\mu}} = \frac{\partial}{\partial \mu}\left(\frac{K}{\mu} - n\right)\bigg|_{\hat{\mu}} = -\frac{K}{\hat{\mu}^2}$$

并随着这个方差变为

$$\sigma_{\hat{\mu}}^2 = -\left(\frac{\partial^2 \ell}{\partial \mu^2}\bigg|_{\hat{\mu}}\right)^{-1} = \frac{\hat{\mu}^2}{K} = \frac{K}{n^2} = \frac{1}{n^2}\sum_{i=1}^{n} k_i$$

请注意 $\hat{\mu}$ 和 $\sigma_{\hat{\mu}}^2$ 已经失去了添加到这个总和的奇怪的 1。

多参数拉普拉斯近似：我们现在将拉普拉斯近似推广到多参数的情况。多参数后验分布的对数为

$$\ell(\vec{a}|\vec{x},\vec{y},\vec{\sigma}) = \ln f_1(\vec{a}|\vec{x},\vec{y},\vec{\sigma}) = \ln L(\vec{x},\vec{y},\vec{\sigma}|\vec{a}) + \ln f_0(\vec{a}) + \text{常数} \tag{7-42}$$

由于 $f_1(\vec{a}|\vec{x},\vec{y},\vec{\sigma})$ 的最大值与 $\ell(\vec{a}|\vec{x},\vec{y},\vec{\sigma})$ 的最大值处于同一位置，最大的位置是通过设定 $\ell(\vec{a}|\vec{x},\vec{y},\vec{\sigma})$ 的 $m+1$ 导数等于 0 找到的：

$$\frac{\partial \ell(\vec{a}|\vec{x},\vec{y},\vec{\sigma})}{\partial a_j}\bigg|_{\hat{a}} = 0 \tag{7-43}$$

其中满足这些方程的 a_j 的值由 $\hat{a}_j$ 表示。值得注意的是相对于 a_j 的 $\ell(\vec{a}\,|\,\vec{x},\ \vec{y},\ \vec{\sigma})$ 的导数也出现在频率主义统计量的最大似然估计中(见公式5-8)，但现在 $\ell(\vec{a}\,|\,\vec{x},\ \vec{y},\ \vec{\sigma})$ 包含先验概率分布 $f_0(\vec{a})$，所以导数不会产生与最大似然技术相同的方程，虽然我们会看到它们可以是相似的。

让我们假设方程7-43已经解决了，并且我们有 $\hat{a}_j$ 的值。要找到 $\hat{a}_j$ 的方差和协方差，在泰勒级数中关于 $\hat{a}_j$ 展开 $\ell(\vec{a}\,|\,\vec{x},\ \vec{y},\ \vec{\sigma})$，抛弃高于二次方的项：

$$\ell(\vec{a})=\ell(\vec{\hat{a}})+\sum_{j=0}^{m}\left.\frac{\partial\ell(\vec{a})}{\partial a_j}\right|_{\hat{a}}(a_j-\hat{a}_j)+\frac{1}{2}+\sum_{j=0}^{m}\sum_{k=0}^{m}\left.\frac{\partial^2\ell(\vec{a})}{\partial a_j\,\partial a_k}\right|_{\hat{a}}(a_j-\hat{a}_j)(a_k-\hat{a}_k) \quad (7\text{-}44)$$

为了紧凑，我们通过 $\ell(\vec{a})$ 来缩写 $\ell(\vec{a}\,|\,\vec{x},\ \vec{y},\ \vec{\sigma})$，通过 $\ell(\vec{\hat{a}})$ 来缩写 $\ell(\vec{\hat{a}}\,|\,\vec{x},\ \vec{y},\ \vec{\sigma})$。认识到 $\ell(\vec{a})$ 的一阶导数在 $\vec{a}=\vec{\hat{a}}$ 时都等于0，我们有

$$\ell(\vec{a})=\ell(\vec{\hat{a}})+\frac{1}{2}\sum_{j=0}^{m}\sum_{k=0}^{m}\left.\frac{\partial^2\ell(\vec{a})}{\partial a_j\,\partial a_k}\right|_{\hat{a}}(a_j-\hat{a}_j)(a_k-\hat{a}_k) \quad (7\text{-}45)$$

这个等式可以使用矩阵符号有一个更简洁的形式。让矩阵 $\boldsymbol{Q}$ 的组件是

$$(\boldsymbol{Q})_{jk}=-\left.\frac{\partial^2\ell(\vec{a})}{\partial a_j\,\partial a_k}\right|_{\hat{a}} \quad (7\text{-}46)$$

并让列矢量 $\Delta\hat{\boldsymbol{a}}$ 是

$$\Delta\hat{\boldsymbol{a}}=\begin{pmatrix} a_0-\hat{a}_0 \\ a_1-\hat{a}_1 \\ \vdots \\ a_m-\hat{a}_m \end{pmatrix} \quad (7\text{-}47)$$

公式7-45可以写成

$$\ell(\vec{a})=\ell(\vec{\hat{a}})-\frac{1}{2}\Delta\hat{\boldsymbol{a}}^{\mathrm{T}}\boldsymbol{Q}\Delta\hat{\boldsymbol{a}} \quad (7\text{-}48)$$

回到 $f_1(\vec{a}\,|\,\vec{x},\ \vec{y},\ \vec{\sigma})$，我们有

$$f_1(\vec{a}\,|\,\vec{x},\vec{y},\vec{\sigma})=\exp[\ell(\vec{a})]\propto\exp\left(-\frac{1}{2}\Delta\hat{\boldsymbol{a}}^{\mathrm{T}}\boldsymbol{Q}\Delta\hat{\boldsymbol{a}}\right) \quad (7\text{-}49)$$

我们认识到这是一个多元高斯分布。从我们以前的多元高斯分布工作，可以知道如果 $\boldsymbol{C}$ 是参数的协方差矩阵，多元高斯可以写成

$$f_1(\vec{a}\,|\,\vec{x},\vec{y},\vec{\sigma})\propto\exp\left(-\frac{1}{2}\Delta\hat{\boldsymbol{a}}^{\mathrm{T}}\boldsymbol{C}^{-1}\Delta\hat{\boldsymbol{a}}\right) \quad (7\text{-}50)$$

所以我们确定 $\boldsymbol{C}^{-1}=\boldsymbol{Q}$，或者

$$\boldsymbol{C}=\boldsymbol{Q}^{-1} \quad (7\text{-}51)$$

公式7-50与公式7-43、7-46、7-47和7-51一起构成多参数拉普拉斯近似。

7.3.3　高斯似然函数和先验：与最小二乘的联系

因为在贝叶斯统计中多参数拟合的可能性和先验都是高斯分布是很常见的，因为它们清晰地显示了到普通最小二乘估计的连接，让我们更详细地讨论这个案例。

假设有 n 个数据点 $(x_i,\ y_i,\ \sigma_i)$，其中 σ_i 是 y_i 上不相关的测量误差，并且想要将函数 $g(x,\ \vec{a})$ 拟合到数据上。函数和数据之间的残差是 $\epsilon_i=y_i-g(x_i,\ \vec{a})$。如果残差有方差为 σ_i^2 的高斯分布，似然函数是

$$L(\vec{x},\vec{y},\vec{\sigma}|\vec{a}) \propto \prod_{i=1}^{n}\exp\left[-\frac{1}{2}\frac{\epsilon_i^2}{\sigma_i^2}\right]=\prod_{i=1}^{n}\exp\left[-\frac{1}{2}\frac{(y_i-g(x_i,\vec{a}))^2}{\sigma_i^2}\right] \tag{7-52}$$

让我们也假设先前的参数信息可以被编码为带有平均值 $\bar{a}_i$ 和标准偏差 $\bar{\sigma}_{a_i}^2$ 的高斯分布。先验成为

$$f_0(\vec{a}) \propto \prod_{j=0}^{m}\exp\left[-\frac{1}{2}\frac{(a_i-\bar{a}_i)}{\bar{\sigma}_{a_i}^2}\right] \tag{7-53}$$

后验分布是

$$f_1(\vec{a}|\vec{x},\vec{y},\vec{\sigma}) \propto \prod_{i=1}^{n}\exp\left[-\frac{1}{2}\frac{(y_i-g(x_1,\vec{a}))^2}{\sigma_i^2}\right]\prod_{j=0}^{m}\exp\left[-\frac{1}{2}\frac{(a_i-\bar{a}_i)^2}{\bar{\sigma}_{a_i}^2}\right] \tag{7-54}$$

后验分布的对数是

$$\ell(\vec{a}|\vec{x},\vec{y},\vec{\sigma})=-\frac{1}{2}\sum_{i=1}^{n}w_i[y_i-g(x_i,\vec{a})]^2-\frac{1}{2}\sum_{j=0}^{m}\overline{w}_{a_i}(a_i-\bar{a}_i)^2+\text{constant} \tag{7-55}$$

权重为 $w_i=1/\sigma_i^2$ 和 $\overline{w}_{a_i}=1/\bar{\sigma}_{a_i}^2$。最大后验概率分布处 a_j 的值是通过设定 $\ell(\vec{a}|\vec{x},\vec{y},\vec{\sigma})$ 的导数等于 0 给出的：

$$\left.\frac{\partial\ell(\vec{a})}{\partial a_j}\right|_{\hat{a}}=0=\sum_{i=1}^{n}w_i\left.\frac{\partial g(x_i,\vec{a})}{\partial a_j}\right|_{\hat{a}}[y_i-g(\vec{\hat{a}},x_i)]-\overline{w}_{a_i}-(a_i-\bar{a}_i) \tag{7-56}$$

除了求和的时候涉及 a_j，公式 7-55 中的最小二乘估计与公式 6-8 相同；而方程 7-56 与最小二乘中的正规方程相同，除了项 $\overline{w}_{a_i}(a_i-\bar{a}_i)$ 已被添加到每个方程之外。

如果 $g(x_i, \vec{a})$ 在参数中是非线性的，则后验分布是可以用高斯来近似可能没有保证。后部的属性应该进行更充分的调查，也许通过 MCMC 采样，然后再继续。但是，如果在参数中 $g(x_i, \vec{a})$ 是线性的，则拉普拉斯近似是完全正确的。方程 7-56 的解与线性最小二乘法中的正规方程的解几乎相同。直线到数据的拟合说明了这些原则。

示例：使用贝叶斯统计将直线 $y=a_0+a_1x$ 拟合到 n 个数据点 (x_i, y_i, σ_i)。

从方程 7-52 得，似然函数是

$$L(\vec{x},\vec{y},\vec{\sigma}|a_0,a_1) \propto \prod_{i=1}^{n}\exp\left[-\frac{1}{2}\frac{(y_i-a_0-a_1x_i)^2}{\sigma_i^2}\right] \tag{7-57}$$

从方程 7-53 得，先验概率分布是

$$f_0(a_0,a_1) \propto \exp\left[-\frac{1}{2}\frac{(a_0-\bar{a}_0)^2}{\bar{\sigma}_{a_0}^2}\right]\exp\left[-\frac{1}{2}\frac{(a_1-\bar{a}_1)^2}{\bar{\sigma}_{a_1}^2}\right] \tag{7-58}$$

a_0 和 a_1 的后验概率分布为

$$f_1(a_0,a_1|\vec{x},\vec{y},\vec{\sigma}) \propto \prod_{i=1}^{n}\exp\left[-\frac{1}{2}\frac{(y_i-a_0-a_1x_i)^2}{\sigma_i^2}\right] \times\exp\left[-\frac{1}{2}\frac{(a_0-\bar{a}_0)^2}{\bar{\sigma}_{a_0}^2}\right]\exp\left[-\frac{1}{2}\frac{(a_1-\bar{a}_1)^2}{\bar{\sigma}_{a_1}^2}\right] \tag{7-59}$$

并且后验分布的对数(忽略添加的常数)是

$$\ell(a_0,a_1|\vec{x},\vec{y},\vec{\sigma})=-\frac{1}{2}\sum_{i=1}^{n}w_i(y_i-a_0-a_1x_i)^2-\frac{1}{2}\overline{w}_{a_0}(a_0-\bar{a}_0)^2-\frac{1}{2}\overline{w}_{a_1}(a_1-\bar{a}_1)^2 \tag{7-60}$$

后验以($\hat{a}_0$，$\hat{a}_1$)为中心，由方程的解给出

$$0=\frac{\partial \ell}{\partial a_0}=\sum_i w_i(y_i-\hat{a}_0-\hat{a}_1 x_i)-\overline{w}_{a_0}(\hat{a}_0-\overline{a}_0) \tag{7-61}$$

$$0=\frac{\partial \ell}{\partial a_1}=\sum_i w_i x_i(y_i-\hat{a}_0-\hat{a}_1 x_i)-\overline{w}_{a_1}(\hat{a}_1-\overline{a}_1) \tag{7-62}$$

重排之后，这些方程就变成了

$$\hat{a}_0\left(\overline{w}_{a_0}+\sum_i w_i\right)+\hat{a}_1\sum_i w_i x_i=\overline{w}_{a_0}\overline{a}_0+\sum_i w_i y_i \tag{7-63}$$

$$\hat{a}_0\sum_i w_i x_i+\hat{a}_1\left(\overline{w}_{a_1}+\sum_i w_i x_i^2\right)=\overline{w}_{a_1}\overline{a}_1+\sum_i w_i x_i y_i \tag{7-64}$$

或者以矩阵的形式

$$\begin{bmatrix} (\overline{w}_{a_0}+\sum_i w_i) & \sum_i w_i x_i \\ \sum_i w_i x_i & (\overline{w}_{a_1}+\sum_i w_i x_i^2) \end{bmatrix}\begin{bmatrix}\hat{a}_0\\ \hat{a}_1\end{bmatrix}\begin{bmatrix}\overline{w}_{a_0}\overline{a}_0+\sum_i w_i y_i \\ \overline{w}_{a_1}\overline{a}_1+\sum_i w_i x_i y_i\end{bmatrix} \tag{7-65}$$

有一个明显的表示法，这个等式可以用以下形式

$$\boldsymbol{N}\hat{\boldsymbol{a}}=\boldsymbol{Y} \tag{7-66}$$

其中有解决办法

$$\hat{\boldsymbol{a}}=\boldsymbol{N}^{-1}\boldsymbol{Y} \tag{7-67}$$

为了找到协方差矩阵，我们从$\ell(a_0, a_1 \mid \vec{x}, \vec{y}, \vec{\sigma})$的二阶导数开始，

$$\frac{\partial^2 \ell}{\partial a_0\,\partial a_0}=-\overline{w}_{a_0}-\sum_i w_i \tag{7-68}$$

$$\frac{\partial^2 \ell}{\partial a_0\,\partial a_1}=-\sum_i w_i x_i \tag{7-69}$$

$$\frac{\partial^2 \ell}{\partial a_1\,\partial a_1}=-\overline{w}_{a_1}-\sum_i w_i x_i^2 \tag{7-70}$$

矩阵$\boldsymbol{Q}$是

$$\boldsymbol{Q}=\begin{bmatrix} (\overline{w}_{a_0}+\sum_i w_i) & \sum_i w_i x_i \\ \sum_i w_i x_i & (\overline{w}_{a_1}+\sum_i w_i x_i^2) \end{bmatrix}=\boldsymbol{N} \tag{7-71}$$

所以协方差矩阵是

$$\boldsymbol{C}=\begin{bmatrix}\sigma_{\hat{0}}^2 & \sigma_{\hat{0}\hat{1}} \\ \sigma_{\hat{0}\hat{1}} & \sigma_{\hat{1}}^2\end{bmatrix}=\boldsymbol{Q}^{-1}=\boldsymbol{N}^{-1} \tag{7-72}$$

方程7-65、7-71和7-72与频率统计数据中的直线的最小二乘拟合等价方程之间的唯一差别是一些涉及($\overline{a}_0$，$\overline{w}_{a_0}$)和($\overline{a}_1$，$\overline{w}_{a_1}$)额外的项。在这种情况下，从频率主义者的计算到贝叶斯计算是非常容易的。

假设我们之前例子中的参数的先验知识很差。我们会将大的值分配给$\bar{\sigma}_{a_0}$和$\bar{\sigma}_{a_1}$，或等

价地将低的值分配给 ϖ_{a_0} 和 ϖ_{a_1}。当权重趋近于零，等式 7-65 接近

$$\begin{pmatrix} \sum_i w_i & \sum_i w_i x_i \\ \sum_i w_i x_i & \sum_i w_i x_i^2 \end{pmatrix} \begin{pmatrix} \hat{a}_0 \\ \hat{a}_1 \end{pmatrix} \begin{pmatrix} \sum_i w_i y_i \\ \sum_i w_i x_i y_i \end{pmatrix} \tag{7-73}$$

现在与频率统计中的最小二乘拟合方程相同。同样，协方差矩阵的方程 7-71 和 7-72 与在频率统计中协方差矩阵的方程 5-45 和 5-98 相似，但贝叶斯版本包含额外的涉及($\bar{a}_0$，ϖ_{a_0})和($\bar{a}_1$，ϖ_{a_1})的项。如前所述，如果权重在参数先前的估计中趋近于 0，协方差矩阵变为

$$\boldsymbol{C} = \begin{pmatrix} \sum_i w_i & \sum_i w_i x_i \\ \sum_i w_i x_i & \sum_i w_i x_i^2 \end{pmatrix}^{-1} \tag{7-74}$$

这与频率统计中的协方差矩阵是一致的。

这是更一般的事实。如果先验是如此宽泛以至于基本不变，那么实际变为

$$\ell(\vec{a}\,|\,\vec{x},\vec{y},\vec{\sigma}) = \ln L(\vec{x},\vec{y},\vec{\sigma}\,|\,\vec{a}) + \text{constant} \tag{7-75}$$

这与最大似然方法中的 $\ell(\vec{a})$ 的定义是相同的。那么贝叶斯统计就会生成与最大似然值或最小值平方估计相同的参数值。不过，贝叶斯统计和这些频率主义的技巧之间的观点存在根本差异，即使数学是相同的。在贝叶斯统计中，真实的现实是后验概率分布 $f_1(\vec{a}\,|\,\vec{x}, \vec{y}, \vec{\sigma})$。参数的最大似然值仅仅是表征分布的方便的单数方法。

协方差矩阵凸显了贝叶斯和频率论者统计之间的另一个区别。频率主义统计通常可以舒适地处理其中 σ_i 是不正确的数据。它是通过假设 σ_i 与真实误差成正比，然后通过例如等式 5-99 和 5-100(见 5.2.3 节)计算估计的协方差矩阵完成的。这是一个相对温和的数据滥用，因为只有协方差矩阵改变，参数的估计值保持不变。在贝叶斯统计中滥用是不良的，因为改变 σ_i 的值改变了先验和似然函数的相对权重。参数的估计值确实改变了。虽然可能包括先验中的 σ_i 值的不确定性，更典型的贝叶斯方法是要求数据中的误差是正确的。

以下扩展示例说明了这些问题。这个例子显示了利用贝叶斯统计和拉普拉斯近似将直线拟合到数据，这个例子是完全足够的。这个例子中的数据和在 5.2 节中广泛讨论的例子中的数据是一样的，它引入了线性最小二乘法。这会鼓励读者比较那个示例中的(频率主义)最小二乘拟合与这里的贝叶斯拟合。

示例：使用贝叶斯统计和拉普拉斯近似拟合直线

$$y = a_0 + a_1 x$$

到表 7-1 中列出的数据点。与一般的最小二乘拟合不同，贝叶斯方法需要知道这个误差的概率分布。我们指定分布是方差为 σ_i^2 的高斯分布。因此似然函数由方程 7-57 给出。

让我们假设这两个参数的先验概率分布是独立的高斯分布，所以联合先验分布是单独分布的乘积(方程 7-58)。指定之前的参数平均值是

$$\bar{a}_0 = 1.0$$

$$\bar{a}_1 = 0.125$$

表 7-1　拟合直线的数据点

x_i	y_i	σ_i	x_i	y_i	σ_i	x_i	y_i	σ_i
4.41	0.43	0.08	5.32	1.26	0.32	6.60	2.75	0.18
4.60	0.99	0.15	5.81	0.95	0.40	6.99	2.64	0.08
4.95	0.87	0.22	5.89	1.79	0.35	7.13	3.01	0.05
5.28	2.09	0.32	6.36	2.00	0.25	7.22	1.97	0.99

数据点及其误差条和线的图

$$y=\bar{a}_0+\bar{a}_1 x=1.0+0.125x$$

显示在图 7-3 的左图中。

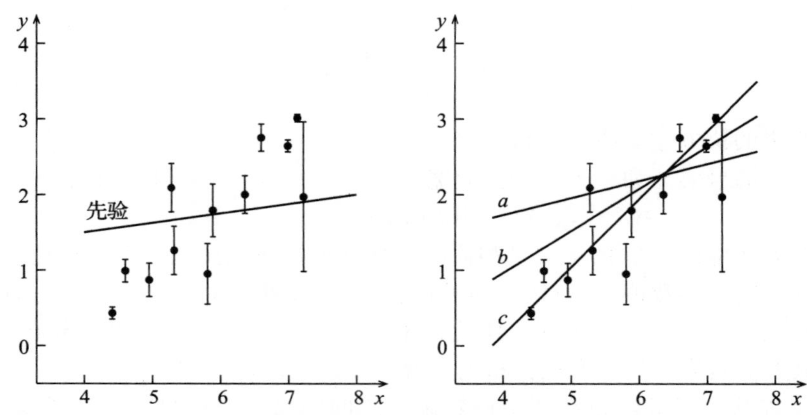

图 7-3　使用贝叶斯统计和拉普拉斯近似拟合数据的一条直线。数据点和误差条在两个图中是相同的。标有"先验"的线在左图中是 $y=\bar{a}_0+\bar{a}_1 x$，其中 $\bar{a}_0$ 和 $\bar{a}_1$ 是先验概率分布中 a_0 和 a_1 的平均值。右图显示了线 $y=\hat{a}_0+\hat{a}_1 x$ 的三个版本，其中 $\hat{a}_0$ 和 $\hat{a}_1$ 是从后验概率分布确定的平均值。标记为"a"的线为参数的先验值给予高权重，标记为"b"的线给予先验值中间权重。标记为"c"的线给予先验值低权重并且与 5.2 节讨论的最小二乘拟合基本相同

对这个数字的检查表明，新的数据没有被先验描述得很好而且参数需要更新。我们将计算三个案例，一个对应于参数先验值的高置信度，一个对应于中间的置信度，一个对应于低置信度。

案例一：参数的先验值具有高置信度。这种情况对应先验值的小标准偏差：

$$\bar{a}_0\pm\bar{\sigma}_{a0}=1.00\pm0.1000$$

$$\bar{a}_1\pm\bar{\sigma}_{a1}=0.125\pm0.0125$$

正态矩阵是(方程 7-65)

$$\boldsymbol{N}=\begin{pmatrix}(\bar{w}_{a_0}+\sum_i w_i) & \sum_i w_i x_i \\ \sum_i w_i x_i & (\bar{w}_{a_1}+\sum_i w_i x_i^2)\end{pmatrix}$$

$$=\begin{pmatrix}100.00+859.43 & 5440.707 \\ 5440.707 & 6400.00+35\ 542.25\end{pmatrix}=\begin{pmatrix}959.43 & 5440.707 \\ 5440.707 & 41\ 942.25\end{pmatrix}$$

Y 矢量是(公式 7-65)

$$\boldsymbol{Y}=\begin{bmatrix}\overline{w}_{a_0}\overline{a}_0+\sum_i w_i y_i\\ \overline{w}_{a_1}\overline{a}_1+\sum_i w_i x_i y_i\end{bmatrix}=\begin{pmatrix}100.00+1917.81\\800.00+13\,127.58\end{pmatrix}=\begin{pmatrix}2017.81\\13\,927.58\end{pmatrix}$$

参数的后验概率分布是带有均值的多元高斯分布分布

$$\begin{bmatrix}\hat{a}_0\\ \hat{a}_1\end{bmatrix}=\hat{\boldsymbol{a}}=\boldsymbol{N}^{-1}\boldsymbol{Y}\begin{pmatrix}0.832\\0.2241\end{pmatrix}$$

后验分布的协方差矩阵是(方程 7-72)

$$\boldsymbol{C}=\boldsymbol{N}^{-1}=\begin{pmatrix}3.942\times10^{-3} & -5.114\times10^{-4}\\ -5.114\times10^{-4} & 9.018\times10^{-5}\end{pmatrix}$$

与往常一样，完全的后验概率分布才是贝叶斯分析的真实输出，但有人可能想用参数的均值和标准偏差报告这种分析的结果：

$$\hat{a}_0\pm\hat{\sigma}_{\hat{0}}=0.832\pm0.063$$

$$\hat{a}_1\pm\hat{\sigma}_{\hat{1}}=0.224\pm0.009$$

该线

$$y=\hat{a}_0+\hat{a}_1=0.832+0.224x$$

被绘制在图 7-3 的右图中，标签为“a”。

案例二：对参数的先验值有一定的置信度。这个案例对应于先验值的中等标准偏差：

$$\bar{a}_0\pm\bar{\sigma}_{a0}=1.00\pm0.333$$

$$\bar{a}_1\pm\bar{\sigma}_{a1}=0.125\pm0.04167$$

我们发现

$$\boldsymbol{N}=\begin{pmatrix}868.43 & 5440.707\\5440.707 & 36\,118.25\end{pmatrix},\quad \boldsymbol{Y}=\begin{pmatrix}1926.81\\13\,199.58\end{pmatrix}$$

且

$$\boldsymbol{C}=\boldsymbol{N}^{-1}=\begin{pmatrix}2.046\times10^{-2} & -3.082\times10^{-3}\\ -3.082\times10^{-3} & 4.920\times10^{-4}\end{pmatrix}$$

这产生了参数：

$$\hat{a}_0\pm\hat{\sigma}_{\hat{0}}=-1.26\pm0.14$$

$$\hat{a}_1\pm\hat{\sigma}_{\hat{1}}=0.555\pm0.022$$

该线

$$y=\hat{a}_0+\hat{a}_1=-1.26+0.555x$$

被绘制在图 7-3 的右图中，标签为“b”。

案例三：在参数的先验值中的低置信度。这种情况相对应先验值的大标准偏差：

$$\bar{a}_0\pm\bar{\sigma}_{a0}=1.00\pm10.0$$

$$\bar{a}_1\pm\bar{\sigma}_{a1}=0.125\pm1.25$$

由此产生的拟合的参数和它们的方差是

$$\hat{a}_0\pm\hat{\sigma}_{\hat{0}}=-3.45\pm0.19$$

$$\hat{a}_1\pm\hat{\sigma}_{\hat{1}}=0.897\pm0.030$$

该线

$$y=\hat{a}_0+\hat{a}_1=-3.45+0.897x$$

被绘制在图7-3的右图中，标有“c”。

这个例子有几点值得注意。首先，尽管有如此凌乱的数学背景，拉普拉斯近似很容易实现。很容易修改现有的计算(频率)线性最小二乘的计算机代码来做贝叶斯拟合的拉普拉斯近似。一个巨大的后验概率分布的MCMC分析是不需要的。

其次是后验分布对先验参数值方差的敏感性。参数本身的先验值是对于所有三种情况都是一样的，但是后验值差别很大，因为先验值的方差是不同的。在案例一中，后验分布几乎完全由先验分布主宰。在案例三中，后验几乎完全由数据点主宰，参数平均值基本上的确与5.3.1节讨论的普通最小二乘拟合的值相同。这种对先验可靠性的敏感性是贝叶斯统计的先天特征，而不是拉普拉斯近似。敏感性并不令人鼓舞，因为在实际应用中差异是强制性的估计的方差，而不是真正的方差。正如4.5节中的讨论清楚地表明的那样，估计的方差往往是高度不确定的。

最后，当用普通的最小二乘拟合这些相同的数据点时，我们发现数据点的标准偏差可能太小了，因此拟合参数的标准偏差可能太小。我们增加了拟合参数的方差来抵消太小的数据错误(参见5.3.3节中的讨论以及该节末尾的例子)。认识到事后调整的数据错误在贝叶斯分析中存在问题，我们没有调整当前例子中的后验分布。因此，案例三中拟合参数的后验标准偏差与未调整的普通最小二乘法的标准偏差相同。

直线的拟合很容易扩展到广义线性最小二乘的贝叶斯等价，假设我们希望用x的$m+1$个函数$g_j(x)$的线性组合来拟合n个数据点(x_i，y_i，σ_i)：

$$y=g(x,\vec{a})=a_0g_0(x)+a_1g_1(x)+\cdots+a_mg_m(x) \tag{7-76}$$

例如，如果想要将多项式拟合到数据中，函数是$g_j(x)=x^j$。该似然函数是

$$L(\vec{x},\vec{y},\vec{\sigma}\mid\vec{a})\propto\prod_{i=1}^{n}\exp\left\{-\frac{1}{2}\frac{[y_i-a_0g_0(x_i)-a_1g_1(x_i)-\cdots-a_mg_m(x_i)]^2}{\sigma_i^2}\right\} \tag{7-77}$$

先验概率分布函数是

$$f_0(\vec{a})\propto\prod_{j=0}^{m}\exp\left[-\frac{1}{2}\frac{(a_j-\bar{a}_j)^2}{\bar{\sigma}_{a_j}^2}\right] \tag{7-78}$$

并且后验概率分布的对数是

$$\ell(\vec{a}\mid\vec{x},\vec{y},\vec{\sigma})=-\frac{1}{2}\sum_{i=1}^{n}w_i[y_i-a_0g_0(x_i)-a_1g_1(x_i)-\cdots-a_mg_m(x_i)]^2-\frac{1}{2}\sum_{j=0}^{m}\bar{w}_{a_j}(a_j-\bar{a}_j)^2 \tag{7-79}$$

权重为$w_i=1/\sigma_i^2$和$\bar{w}_{a_j}=1/\bar{\sigma}_j^2$。正归矩阵是

$$\boldsymbol{N}=\begin{pmatrix}(\bar{w}_{a_0}+\sum w_ig_0(x_i)g_0(x_i)) & \sum w_ig_0(x_i)g_1(x_i) & \cdots & \sum w_ig_0(x_i)g_m(x_i)\\ \sum w_ig_1(x_i)g_0(x_i) & (\bar{w}_{a_1}+\sum w_ig_1(x_i)g_1(x_i)) & \cdots & \sum w_ig_1(x_i)g_m(x_i)\\ \vdots & \vdots & & \vdots\\ \sum w_ig_m(x_i)g_0(a_i) & \sum w_ig_m(x_i)g_1(x_i) & \cdots & (\bar{w}_{a_m}+\sum w_ig_m(x_i)g_m(x_i))\end{pmatrix} \tag{7-80}$$

且$\hat{\boldsymbol{a}}$和$\boldsymbol{Y}$向量是

$$\hat{\boldsymbol{a}} = \begin{pmatrix} \hat{a}_0 \\ \hat{a}_1 \\ \cdots \\ \hat{a}_m \end{pmatrix}, \quad \boldsymbol{Y} = \begin{pmatrix} \overline{w}_{a_0}\bar{a}_0 + \sum w_i g_0(x_i) y_i \\ \overline{w}_{a_1}\bar{a}_1 + \sum w_i g_1(x_i) y_i \\ \vdots \\ \overline{w}_{a_m}\bar{a}_m + \sum w_i g_m(x_i) y_i \end{pmatrix} \tag{7-81}$$

其中所有的和都是在 n 个数据点上进行的。对于 $\hat{a}_j$ 的解是

$$\hat{\boldsymbol{a}} = \boldsymbol{N}^{-1}\boldsymbol{Y} \tag{7-82}$$

协方差矩阵是

$$\boldsymbol{C} = \boldsymbol{N}^{-1} \tag{7-83}$$

这些方程与广义线性最小二乘中的正规方程惊人地相似(见 5.5 节)。唯一的区别是涉及先验均值的附加因素和参数的权重。即使对于这个更一般的情况，从频率论计算到计算贝叶斯计算仍然很容易。然而，一个巨大的变化是对于估计的协方差矩阵没有方程 5-92 的等价。

7.3.4 困难的后验分布：马尔可夫链蒙特卡罗采样

假设用贝叶斯方法对数据 D 拟合了一个函数 $g(x, \vec{a})$，生成参数 $\vec{a}$ 的后验概率分布函数 $f_1(\vec{a}|D)$。当 $g(x, \vec{a})$在参数中是线性的且先验和似然函数都呈高斯分布时，拉普拉斯近似是从后验中提取信息的好方法。如果这些条件不成立，则对于后验这可能不是好的近似。在极端情况下，后验会变得如此复杂，以至于不论是分析还是数值的整合都可行。可使用 MCMC 技术来救援。MCMC 采样可以有效地从后验分布产生随机的偏差，而且至关重要。即使后验不规范，MCMC 采样也会产生偏差。偏差然后可以用于后处理分布。

例如，假设一个马尔可夫链已经从 $f_1(\vec{a}|D)$生成，并且链由 N 个状态 $s^{(j)} = (u_0^{(j)}, u_1^{(j)}, \cdots, u_m^{(j)})$，其中 $u_k^{(j)}$ 是参数 a_k 的第 j 个偏差(读者可能会发现在这里复习 3.4 节和 3.5 节是有用的)。在一个链条中产生 10^6 个或更多的状态是很正常的。如果数量 $h(a_0, a_1, \cdots, a_m)$是该参数的函数，其平均值可以从下式计算

$$\langle h(\vec{a})\rangle \approx \frac{1}{N}\sum_{j=1}^{N} h(u_0^{(j)}, u_1^{(j)}, \cdots, u_m^{(j)}) \tag{7-84}$$

近似的准确度随着 N 的增加而提高。因此，要计算参数 a_k 的均值，设 $h(\vec{a}) = a_k$。然后

$$\langle a_k\rangle \approx \frac{1}{N}\sum_{j=1}^{N} u_k^{(j)} \tag{7-85}$$

可以由 $\sigma_{a_k}^2 = \langle\sigma_k^2\rangle - \langle\sigma_k\rangle^2$ 计算$\langle a_k\rangle$的标准方差

$$\langle a_k^2\rangle \approx \frac{1}{N}\sum_{j=1}^{N} [u_k^{(j)}]^2 \tag{7-86}$$

边际分布很容易从马尔可夫链中提取出来。参数 a_k 的边际分布就是 $u_k^{(j)}$ 的直方图，每个 bin 中偏差的数量除以 N，使得所有 bin 的总和等于 1。a_k 的累积分布函数可以从归一化的边际分布中通过将 bin 加到一起来计算。二元边际分布也很容易从马尔可夫链中提取出来。参数 a_k 和 a_r 的二元边际分布是偏差对$(u_k^{(j)}, u_r^{(j)})$的二维直方图，再除以 N 归一化。

7.3.5 可信区间

在贝叶斯统计中，允许做出这样的表述：“参数 a 位于 a_1 和 a_2 之间有 90%的概率。”间隔 $a_1 < a < a_2$ 被称为可信区间，在这种情况下是 90%的可信区间。可信区间取代置信区间在频率统计中使用(尽管存在混淆的风险，贝叶斯统计的一些实践者使用术语“置信区

间”来表示真正的可信区间）。

为了形式化可信区间，假设参数 a 具有后验概率分布 $f_1(a)$。我们选择一个概率 Q，然后希望确定两个值 a_1 和 a_2，这样 $a_1<a<a_2$ 的概率是 Q。如果 a 位于 a_1 和 a_2 之间的概率是 $P(a_1<a<a_2)$，可信区间的界限由下式隐式得到

$$Q = P(a_1 < a < a_2) = \int_{a_1}^{a_2} f_1(a)da \tag{7-87}$$

公式 7-87 不足以唯一地定义一个可信区间，因为它可以被许多不同的 a_1 和 a_2 的值满足。充分界定可信区间最典型的方式如下。

1. 把间隔 a_c 的中心点放在 a 的平均值、中位数或模上，设置间隔的半宽等于 $\Delta a=(a_2-a_1)/2$。可信区间的极限区间由下式隐式地给出

$$Q = \int_{a_c-\Delta_a}^{a_c+\Delta_a} f_1(a)da \tag{7-88}$$

2. 设置区间的界限，以使 a 低于该区间的概率等于它位于区间之上的概率：

$$\frac{1}{2}(1-Q) = P(a < a_1) = \int_{-\infty}^{a_1} f_1(a)da \tag{7-89}$$

且

$$\frac{1}{2}(1-Q) = P(a > a_2) = \int_{a_2}^{\infty} f_1(a)da \tag{7-90}$$

3. 为 a_1 和 a_2 选择最小化区间宽度的值。如果后验概率分布仅由一个高峰主导，则最小宽度界限的位置的表达简单直观。假设在方程 7-87 中积分的界限由小量的 da_1 和 da_2 更改。对综合概率的更改是

$$\delta P = f_1(a_2)da_2 - f_1(a_1)da_1 \tag{7-91}$$

在那里，因为变化是无穷小的，我们可以忽略概率分布的斜率引入的二阶效应。因为在可信区间内整合的总概率是固定的，对 a_1 和 a_2 的更改必须保持概率不变，所以我们施加约束 $\delta P=0$ 且方程 7-91 变为

$$f_1(a_2)da_2 = f_1(a_1)da_1 \tag{7-92}$$

令 $w=a_2-a_1$ 为区间的宽度。当满足这个约束条件的对 da_1 和 da_2 的小更改不会改变区间的宽度时，区间的宽度处于极值，这意味着 $dw=da_2-da_1=0$ 或 $da_2=da_1$。因此，最小宽度可信区间出现在

$$f_1(a_2) = f_1(a_1) \tag{7-93}$$

图 7-4 显示了相同概率分布上两个可能的 90%可信区间。图中的左图显示了通过设置 $f_1(a_1)=f_1(a_2)$定义的 90%可信区间符合定义 3。右图显示由 $P(x<a_1)=P(x-a_2)=0.05$ 定义的 90%可信区间符合定义 2。

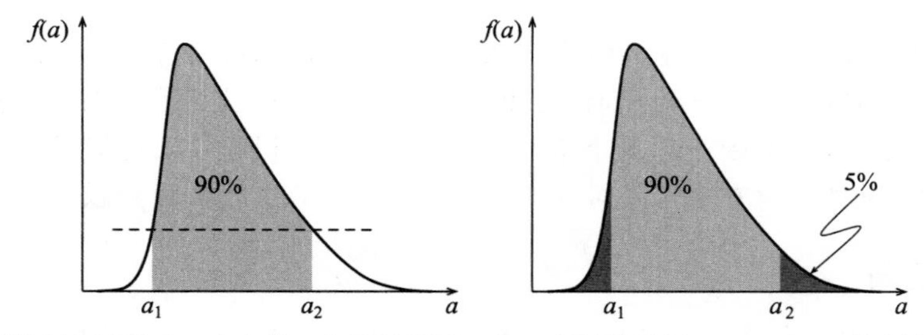

图 7-4　可信区间不是唯一定义的。左图显示了一个 90%可信区间 $a_1<a<a_2$，是由设置 $f(a_1)=f(a_2)$来给出最小宽度的可信区间。该右图显示由 $P(a<a_1)=P(a>a_2)=0.05$ 定义的 90%可信间隔。左图对应于更常用的定义

可信区间的定义没有一个明显好于其他的定义。定义 1 易于应用，可以将它推广到多参数分布：可信区间成为以 a_c 为中心的多维球体可信区域。然而，这个定义对于复杂或不对称的分布是有误导性的。定义 2 易于应用，适用于任何分布，但不能直接推广到多参数分布。多参数分布必须首先是边缘化到一个单一的参数。定义 3 也容易推广到多维分布。如果多参数拟合的后验概率分布是 $f_1(\vec{a})$，可信区域是 $f_1(\vec{a})=$常数的曲面内部的体积。因此，可信区域是等级轮廓内的体积。另外，如果后验分布可以通过多参数高斯分布近似，计算可信区间将大大简化，变得与频率统计中的多参数高斯分布的可信区间的计算相同(见伴随公式 6-111～6-113 的讨论)。

虽然定义 3 很吸引人，但它也有缺陷。如果概率分布具有许多几乎相等的峰值级别轮廓可能会令人困惑或不适用。如果后验分布必须由蒙特卡罗技术采样，确定水平轮廓的精确位置可能需要大量的样本。

7.4 假设检验

为了使贝叶斯定理对检验假设有用，我们用以下形式重申它

$$P_1(H_i \mid D) = \frac{P(D \mid H_i)P_0(H_i)}{\sum_k P(D \mid H_k)P_0(H_k)} \tag{7-94}$$

其中 H_i 是假设 i 且 D 是新的数据。以这种形式，贝叶斯定理认为“根据新数据 D，假设 H_i 是正确的概率是与当 H_i 是正确的情况下获得数据 D 的概率和 H_i 是正确的概率的乘积成正比的。”假设不应该孤立地进行测试。应该比较两个或更多的假设决定哪一个更可能是真实的。通过比较它们是正确的后验概率来比较假设 H_i 和 H_j。如果 $P_1(H_i \mid D)$大于 $P_1(H_j \mid D)$，那么假设 H_i 比 H_j 更可能是正确的，反之亦然。

为了避免估计方程 7-94 中分母的总和，通常使用概率比率，它被称为比值比：

$$\frac{P_1(H_i \mid D)}{P_1(H_j \mid D)} = \frac{P(D \mid H_i)P_0(H_i)}{P(D \mid H_j)P_0(H_j)} \tag{7-95}$$

比值比可以定性地解释为平均值

$$\frac{P_1(H_i \mid D)}{P_1(H_j \mid D)} > 1 \Rightarrow \text{更倾向假设 } H_i$$

$$\frac{P_1(H_i \mid D)}{P_1(H_j \mid D)} < 1 \Rightarrow \text{更倾向假设 } H_j \tag{7-96}$$

比值比也适用于定量解释。例如，如果后验概率的比例是 2，我们说赞成假设 H_i 的比值是 2∶1。一般来说，把比值转化为绝对概率是错误的。如果赞成假设 H_i 的比值是 2∶1，说假设 H_i 是正确的概率是 67%，假设 H_j 是正确的概率是 33%，除非 H_i 和 H_j 是唯一的两个假设可能。

示例：假设西红柿只有两种类型。一种是有机的天然种植西红柿，这种西红柿的大小相当小，而且大小不一。它们的平均直径是 2.00 英寸，其尺寸的标准偏差是 1.00 英寸。我们可以用高斯概率分布描述它们的直径 d 的分布：

$$f(d \mid \text{organic}) = \frac{1}{\sqrt{2\pi}1.0}\exp\left[-\frac{1}{2}\left(\frac{d-2.0}{1.0}\right)^2\right] \tag{7-97}$$

另一种是水培生长的转基因番茄，它们体积更大，更均匀。它们的平均直径是3.00英寸，其尺寸的标准偏差是0.1英寸。我们可以用第二高斯概率分布描述它们的分布直径 d：

$$f(d\,|\,\mathrm{GM}) = \frac{1}{\sqrt{2\pi}0.1}\exp\left[-\frac{1}{2}\left(\frac{d-3.0}{0.1}\right)^2\right] \tag{7-98}$$

这两个高斯图如图7-5所示。

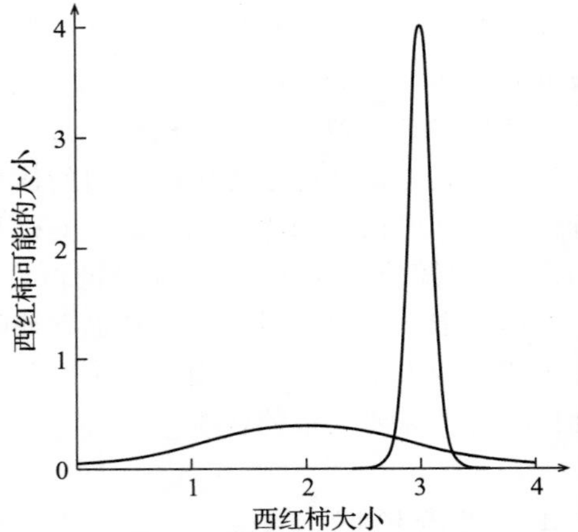

图7-5　两种西红柿大小的分布。广泛的分布对应于有机生长的西红柿，狭窄的分布对应于化学生长的，通常是转基因西红柿

当你碰巧走过一个杂货店，一个店员站出来递给你一个番茄，说："在这里，尝试我们的新番茄。你会喜欢它们的！"出于好奇，你想知道这些西红柿是有机的还是转基因的。作为一个专门的经验主义者，你拉出你的卡尺(随身携带)，并测量番茄的大小。它的直径是2.97英寸。可以从方程7-97和7-98计算似然函数

$$L(2.97\,|\,\mathrm{organic}) = f(2.97\,|\,\mathrm{organic}) = 0.249$$

$$L(2.97\,|\,\mathrm{GM}) = f(2.97\,|\,\mathrm{GM}) = 3.814$$

在这一点上，频率论可能会计算似然比

$$\mathrm{LR} = \frac{L(2.97\,|\,\mathrm{GM})}{L(2.97\,|\,\mathrm{organic})} = \frac{3.814}{0.249} = 15.3$$

并认定这是一种转基因番茄。这足以让贝叶斯总结出来是转基因番茄吗？不是！专门的贝叶斯必须评估番茄是一种或另一种的先验概率，然后，使用贝叶斯定理来找到后验概率。下面比较两个可能的案例。

案例一：这家商店是一家销售有机和转基因西红柿的主流杂货店。没有任何额外的信息，你将相等的先验概率分配给两个假设：

$$P_0(\mathrm{organic}) = 0.5$$

$$P_0(\mathrm{GM}) = 0.5$$

计算它是转基因番茄的可能性

$$\frac{P_1(\mathrm{GM}\,|\,2.97)}{P_1(\mathrm{organic}\,|\,2.97)} = \frac{L(2.97\,|\,\mathrm{GM})P_0(\mathrm{GM})}{L(2.97\,|\,\mathrm{organic})P_0(\mathrm{organic})} = \frac{3.814\times0.5}{0.249\times0.5} = 15.3$$

所以番茄是经过基因改造的可能性是15.3∶1。这当然与频率论的结果相同。

案例二：该店专门从事有机食品，并声称只销售有机食品产品。在这种情况下，番茄是转基因的先验概率是低。分配番茄是转基因的一个概率为0.01，不是一个更小的数且肯定不是0，因为总有一个机会，商店中有人犯了错误，或者商店被供应商误导。先验概率是

$$P_0(\mathrm{organic}) = 0.99$$

$$P_0(\mathrm{GM}) = 0.01$$

它是转基因番茄的可能性成为

$$\frac{P_1(\mathrm{GM}\,|\,2.97)}{P_1(\mathrm{organic}\,|\,2.97)} = \frac{L(2.97\,|\,\mathrm{GM})P_0(\mathrm{GM})}{L(2.97\,|\,\mathrm{organic})P_0(\mathrm{organic})} = \frac{3.814\times0.01}{0.249\times0.99} = 0.155$$

现在番茄是一种有机番茄的可能性是6∶1。

你可能要测量第二个番茄，因为 6：1 的可能性不够说服你番茄是有机的。如果第二个番茄的直径是 3.03 英寸，现在的后验概率成为

$$\frac{P_1(\mathrm{GM}\mid 3.03)}{P_1(\mathrm{organic}\mid 3.03)}=\frac{3.814}{0.234}\times 0.155=2.5$$

所以它们是转基因西红柿的概率是 2.5：1。两个西红柿足以克服你对有机食品店只有有机番茄的强烈偏见。

前面的例子再一次证明了贝叶斯统计可以从小样本派生出有意义的结果，并显示贝叶斯统计如何允许添加更多新的数据，直到对结果满意为止。这个例子也说明了在假设检验中一个深刻的危险——一个不限于贝叶斯统计的危险。我们也应该考虑关于番茄直径的第三个假设：也许店员急于给顾客一个好的体验，从一大堆有机西红柿中选择了大小相同而美观的西红柿！与基因西红柿的明显相似可能是员工选择的结果，而不是西红柿 DNA 的结果。在比值计算中包含这个假设肯定会影响我们的结论。根据之前的情况，结果可能不那么确定，甚至可能将案例二中的几率恢复为有机。当进行正确的测试时，必须小心包括所有可行的假设。

7.5 讨论

7.5.1 先验概率分布

贝叶斯统计需要先验概率分布来编码所有现有的关于正在分析的问题的知识。如果现有的知识已经确立，则先验可以主宰后验分布。考虑 7.1 节中的例子。尽管高度可靠的测试表明丹纳有这种疾病，丹纳患病的后验概率保持在低水平，因为先验概率很低。如果某个结果的先验概率为 0，则即使这个结果出现了后验概率仍保持为 0，如果某个结果的先验概率是 0，那么即使结果发生，后验概率仍然为 0——这是一个很好的理由来怀疑在参数的所有可能范围内都可以达到 0 的先验概率。

额外的数据会稀释先验对后验分布的影响。对于很多新数据，先验效应趋于 0，且贝叶斯统计频论统计之间的差异逐渐消失。这一点是有针对性的，因为一个实验科学家通常可以选择获取更多的数据。但获得更多数据并不总是可能的，Kamiokande 实验仅从在大麦哲伦星云[⊖]中超新星 1987a 中检测到了约 11 个中微子。虽然从更多的超新星观察中微子是很好的，但从另一个附近超新星观察可能需要等待几十年，也许几代人。

7.5.2 似然函数

贝叶斯统计需要一个似然函数。贝叶斯统计中关于先验信息的讨论通常关注先验概率分布，但是似然函数的选择也依赖于先验信息，而不正确的选择可以产生完全错误的结果。再次考虑 7.4 节中的番茄示例。假设该员工给你一个直径为 1.0 英寸的番茄。贝叶斯分析给出了巨大的概率(约 10^{86})番茄是有机的，无论它是来自于什么样的商店，而且不会有额外的样本来确定西红柿性质。实际上，店员发放的所有番茄直径都接近 1.0 英寸。西

⊖ W. D. Arnett, J. N. Bahcall, R. P. Kirshner, and S. E. Woosley. 1989. "Supernova 1987a." *Annual Review of Astronomy and Astrophysics* vol. 27, p. 629.

红柿是一个樱桃番茄，它被转基因了。贝叶斯分析给出了错误的答案。

什么地方出了错？依靠对转基因西红柿的不正确认识，似然函数 $L(d|GM)$ 只包括一种转基因西红柿，那些直径接近3英寸的西红柿。它没有包括其他种类的转基因西红柿。包括转基因樱桃西红柿的可能性的概率分布可能是

$$P(d|\mathrm{GM}) = \frac{0.5}{\sqrt{2\pi}0.1}\exp\left[-\frac{1}{2}\left(\frac{d-3.0}{0.1}\right)^2\right]+\frac{0.5}{\sqrt{2\pi}0.1}\exp\left[-\frac{1}{2}\left(\frac{d-1.0}{0.1}\right)^2\right] \tag{7-99}$$

使用这种分布来计算似然函数将产生更合理的概率。人们一定会注意到一个频率论购物者会想要抽样几个西红柿，而不只是一个，并有更好的机会发现1.0英寸的西红柿是转基因的。

7.5.3　后验分布函数

贝叶斯分析的输出是后验概率分布函数。它编码来自先验知识和新数据的所有可用信息。通过几个数字对后验的任何表征通常比分布本身具有更少的信息。然而，人们通常想要更简洁地描述后验，或许是通过其边际分布，或者通过均值和标准偏差或参数的可信区间。这是完全可以接受的，但应该永远记住贝叶斯统计的基本对象是分布，而不是参数。参数的值可以由于一个实验结果而改变，但只是间接的，且只是因为后验分布的变化。在计算参数的函数时这个是明显的。假设给定数据 D 的单个参数 a 的后验分布为 $f_1(a|D)$，并且从后验导出的 a 的平均值是 $\hat{a}$。设数量 g 是参数 $g=g(a)$ 的函数。g 的均值肯定不是 $g(\hat{a})$，它是 $\int g(a)f_1(a|D)da$。

7.5.4　概率的含义

第4章以概率的频率定义开始：如果观察到事件 A 在 n 次试验中出现 k 次，A 的后验概率（见公式4-2）

$$P(A) = \lim_{n\to\infty}\frac{k}{n} \tag{7-100}$$

比率 k/n 是一个频率。相反，贝叶斯统计允许概率分布在单一事件的单个测量的基础上进行修改。它愉快地回答这样的问题：进行单一的正面测试后，一个特定的年轻成年人真正生病的可能性是多少？一个特定的美国总统候选人被选中的概率是多少？处理单个事件时用频率来解释概率是毫无意义的。频率主义统计有时可以通过发明集合、大量虚构的类似系统来处理这样的问题。例如，统计力学的组合概念已经非常成功地产生可靠的预测，但是这些合奏并不真实存在。更糟的是，在处理真正独特的事件时，如选出一名特别候选人担任主席合奏的概念就失去了意义。

在贝叶斯统计中概率被解释为合理性，而不是频率。合理性可以（往往）被认为是强调概率主观性的“可信程度”，并导致一些人称之为“主观概率”。合理性也可以被认为是一种“知识的状态”，它具有更客观的感觉，并暗示着与熵概念的亲密关系。客观性只是显而易见的。两个不同的人将贝叶斯推断应用于相同数据的人可能会发现不同的后验概率，因为他们从不同的先验开始。

7.5.5　思考

在作者看来，频率论者在贝叶斯统计中关于概率论的担忧是合法的。尽管如此，对先验的知识的包含，归纳逻辑的形式化，作为后验概率分布结果的表达，使得贝叶斯统计具

有压倒性的吸引力。不幸的是，对于可靠的贝叶斯分析的要求是严格的，而且往往不能实现。似然函数和先验概率分布真正的功能形式很少是已知的。像俘虏一样，大多数从业者只是强迫数据和预先存在的知识适合假设的可能性和先验。选择的可能性很小或先验可以严重地危害贝叶斯分析。当然，没有良好判断的事先选择只会造成纯粹的偏见。

如果不可能进行完整的贝叶斯分析，那么似然统计将提供第一个回退位置。在实践中，可能性统计本质上是没有先验的贝叶斯统计。如果可能性函数是未知的，频率论统计提供了最后的避风港。在第 4 章和第 5 章中讨论的大部分技术都不需要知道底层概率分布，并没有明确要求使用先验知识。存在均值、方差和协方差就足够了。使用频率论技术的缺点是对统计结果的逻辑意义的不确定性的引入。作为补偿，即使非专业人士也对均值和标准偏差有直观的理解。

最后，对于一个实验科学家来说，后验概率分布应该被作为一个挑战，而不是一个答案。许多事情可能会出错——先验概率分布可能被错误地选择，或者似然函数可能被错误地选择，或者新的数据可能是有缺陷的。挑战在于决定后验分布是否真的是正确的。后验分布附加许多不同的可能事件的概率。测试后验分布的好方法是做很多测量，足以测试事件是否发生在适当的比例。这是频率论。贝叶斯统计可能不能完全脱离频率统计。

第 8 章

傅里叶分析导论

8.1 引言

傅里叶分析将函数分解成正弦和余弦。它在序列数据分析中扮演着重要的角色，特别是周期序列或者拟周期序列。傅里叶分析也与卷积、自相关、互相关有着密切的关系。所有这些在非周期性的和随机的数据序列研究中起着重要的作用。

本节介绍傅里叶分析，为第 9 章和第 10 章奠定了基础，其中涵盖对序列数据的分析。本节一开始介绍完备的标准正交函数集合，正弦函数和余弦函数就是一个例子。然后覆盖傅里叶级数、傅里叶变换和离散傅里叶变换，顺带引入功率谱。最后，本节涵盖卷积和卷积定理，把卷积和傅里叶变换联系起来。

8.2 完备的标准正交函数集合

我们首先简要回顾一下标准正交函数和完备集。两个连续的实函数 $f(x)$和 $g(x)$的内积被定义为

$$\int_{x_1}^{x_2} f(x)g(x)dx \tag{8-1}$$

其中积分的上下限取决于函数。如果它们的内积等于 0，那这两个函数是彼此正交的。

$$\int_{x_1}^{x_2} f(x)g(x)dx = 0 \tag{8-2}$$

如果这个函数和它自身的内积等于 1，那么这个函数是标准化的，

$$\int_{x_1}^{x_2} f(x)f(x)dx = 1 \tag{8-3}$$

如果两个函数是相互正交并且标准化的，它们被称为相互标准正交。更一般地，函数 $h_j(x)$是标准正交，如果

$$\int_{x_1}^{x_2} h_j(x)h_k(x)dx = \delta_{jk} \tag{8-4}$$

其中 δ_{jk}是克罗内克 δ 函数。两个复变函数的内积是

$$\int_{x_1}^{x_2} f^*(x)g(x)dx \tag{8-5}$$

这里 $f^*(x)$是 $f(x)$ 的复共轭函数。一组复变函数的正交关系是

$$\int_{x_1}^{x_2} h_j^*(x)h_k(x)dx = \delta_{jk} \tag{8-6}$$

示例：让两个函数是

$$f(x)=A\sin(x)$$
$$g(x)=B\sin(2x)$$

并将其内积定义在区间 $0\leqslant x\leqslant 2\pi$。这两个函数的内积是

$$\int_0^{2\pi}A\sin(x)B\sin(2x)dx=AB\int_0^{2\pi}\sin(x)\times 2\sin(x)\cos(x)dx$$
$$=2AB\int_0^{2\pi}\sin^2(x)d[\sin(x)]=\frac{2}{3}AB\sin^3 x\Big|_0^{2\pi}$$
$$=0$$

因此这两个函数是正交的。图 8-1 说明了是 $f(x)$和 $g(x)$的对称性导致它们是正交的。

将 $f(x)$标准化的 A 的值由以下式子给出

$$1=\int_0^{2\pi}A^2\sin^2(x)dx=A^2\int_0^{2\pi}\frac{1}{2}[1-\cos(2x)]dx$$
$$=\frac{A^2}{4}[2x-\sin(2x)]\Big|_0^{2\pi}=\pi A^2$$

因此 $A=1/\sqrt{\pi}$。通过类似的逻辑，$g(x)$的标准化常数是 $B=1/\sqrt{\pi}$，所以函数

$$f(x)=\frac{1}{\sqrt{\pi}}\sin(x)$$
$$g(x)=\frac{1}{\sqrt{\pi}}\sin(2x)$$

是区间 $0\leqslant x\leqslant 2\pi$ 上的正交对。读者可以很容易验证这两个函数在任何宽度为 2π 的区间上是正交的。

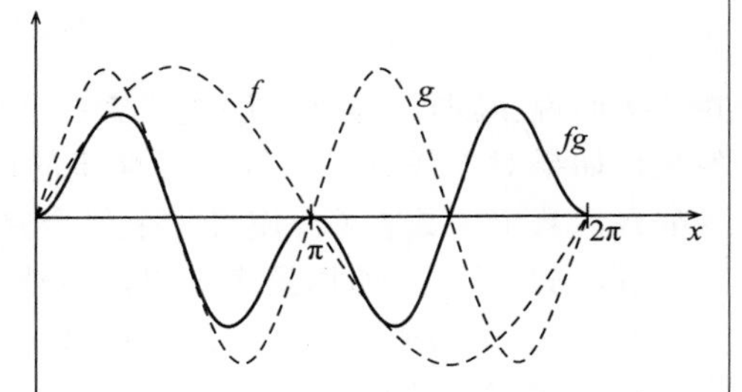

图 8-1　函数 $f=\sin(x)$，$g=\sin(2x)$和它们的乘积 fg。这个乘积在区间 $0\leqslant x\leqslant\pi$ 对于 $\pi/2$ 反对称，也在区间 $\pi\leqslant x\leqslant 2\pi$ 对于 $3\pi/2$ 反对称。因此 fg 在整个区间上的积分是 0

示例：让 $f(x)$和 $g(x)$是两个复变函数

$$f=\frac{1}{\sqrt{2\pi}}\exp[ix]$$
$$g=\frac{1}{\sqrt{2\pi}}\exp[i2x]$$

此处，$i=\sqrt{-1}$。两个函数都在区间 $0\leqslant x\leqslant 2\pi$ 上标准化了，例如

$$\int_0^{2\pi}g^*(x)g(x)dx=\int_0^{2\pi}\frac{1}{\sqrt{2\pi}}\exp[-i2x]\frac{1}{\sqrt{2\pi}}\exp[i2x]dx$$
$$=\frac{1}{2\pi}\int_0^{2\pi}dx=1$$

两个函数的内积是

$$\int_0^{2\pi}f^*(x)g(x)dx=\int_0^{2\pi}\frac{1}{\sqrt{2\pi}}\exp[-ix]\frac{1}{\sqrt{2\pi}}\exp[i2x]dx$$
$$=\frac{1}{2\pi}\int_0^{2\pi}\exp[ix]dx=\frac{1}{2\pi i}\exp[ix]\Big|_0^{2\pi}$$

因为 $\exp[0]=\exp[i2\pi]=1$，所以这个内积等于

$$\int_{x_1}^{x_2}f(x)g^*(x)dx=0$$

并且函数是正交的。再次，这两个函数在任意宽度为 2π 的区间上是正交的。

让函数 $h_j(x)$ 定义在区间 $x_1 \leqslant x \leqslant x_2$ 上，并设 $f(x)$ 是定义在相同区间上的另一个函数。考虑积分

$$R = \int_{x_1}^{x_2} \left(f - \sum_j a_j h_j\right)^2 dx \tag{8-7}$$

这里 a_j 是常数。括号内的数量是 $f(x)$ 和 $h_j(x)$ 的线性组合的差额。当这个数量被平方时，它总是0或者正值，所以如果 $\sum_j a_j h_j$ 在区间内有任何一个地方与 $f(x)$ 不匹配的话，R 就会是正数。相反，$f(x)$ 和 $h_j(x)$ 的线性组合之间的完美拟合将产生

$$R = \int_{x_1}^{x_2} \left(f - \sum_j a_j h_j\right)^2 dx = \int_{x_1}^{x_2} 0 dx = 0 \tag{8-8}$$

当满足等式8-8时

$$f(x) = \sum_j a_j h_j(x) \tag{8-9}$$

并且我们说 $f(x)$ 已经被分解成或者扩展到函数 $h_j(x)$ 里去了。这一组函数 $h_j(x)$ 被称为完备集，如果对于任意一个有良好性质的函数 $f(x)$，存在一组数字 a_j 使得等式8-8成立。通常有无数个函数 $h_j(x)$ 使得一个集合是完备的，但是没有必要使用所有的 $h_j(x)$ 来分解一个特定的 $f(x)$，所以这个和可能有或者没有无限项。

如果 $h_j(x)$ 是标准正交的，则常数 a_j 是唯一的并且相对容易计算。为了表明这一点，让常数 c_j 是 $f(x)$ 和 $h_j(x)$ 的内积

$$c_j = \int_{x_1}^{x_2} f(x) h_j(x) dx \tag{8-10}$$

现在考虑等式8-7的展开

$$R = \int_{x_1}^{x_2} f^2 dx - 2\int_{x_1}^{x_2} \left(f \sum_j a_j h_j\right) dx + \int_{x_1}^{x_2} \left(\sum_j \sum_k a_j a_k h_j h_k\right) dx \tag{8-11}$$

等式右边的第二项是

$$-2\int_{x_1}^{x_2} \left(f \sum_j a_j h_j\right) dx = -2\sum_j a_j \int_{x_1}^{x_2} f h_j dx = -2\sum_j a_j c_j \tag{8-12}$$

而且右边第三项是

$$\int_{x_1}^{x_2} \left(\sum_j \sum_k a_j a_k h_j h_k\right) dx = \sum_j \sum_k a_j a_k \int_{x_1}^{x_2} h_j h_k dx = \sum_j \sum_k a_j a_k \delta_{jk} = \sum_j a_j^2 \tag{8-13}$$

等式8-11就变成

$$R = \int_{x_1}^{x_2} f^2 dx - 2\sum_j a_j c_j + \sum_j a_j^2 \tag{8-14}$$

在这个式子右边加上和减去 $\sum_j c_j^2$，并且重新排列一下发现

$$R = \int_{x_1}^{x_2} f^2 dx + \sum_j (a_j - c_j)^2 - \sum_j a_j^2 \tag{8-15}$$

由于 $(a_j - c_j)^2$ 总是非负数，R 的最小值出现在当对于所有的 j 满足 $a_j = c_j$ 的时候。换句话说，a_j 的最佳值是

$$a_j = c_j = \int_{x_1}^{x_2} f(x) h_j(x) dx \tag{8-16}$$

注意这个结果明显依赖于 $h_j(x)$ 的标准正交性。

当 a_j 被设置为等于 c_j 但是没有足够的项被包括进来给出一个完美的拟合，等式8-15右边的第二项等于零，但是 R 不是零，所以

$$R = \int_{x_1}^{x_2} f^2 dx - \sum_{j=0}^{n} c_j^2 \geqslant 0 \tag{8-17}$$

或者

$$\int_{x_1}^{x_2} f^2 dx \geqslant \sum_{j=0}^{n} c_j^2 \tag{8-18}$$

等式 8-18 称为贝塞尔不等式。它保证了在最小二乘意义上不会过拟合 $f(x)$。当把函数分解成标准正交函数时，添加更多项总是能提高拟合度，且永不降低。c_j 的值是独立的，跟 n 不相关，所以不管求和里有多少项，我们总是用相同的 c_j 值。c_j 值是唯一的。这也使得标准正交函数如此重要。

示例：根据定义，一个解析函数 $f(x)$在 x_1 附近能展开成一个围绕 x_1 的泰勒级数：

$$f(x) = f(x_1) + \left.\frac{\partial f(x)}{\partial x}\right|_{x_1}(x - x_1) + \frac{1}{2}\left.\frac{\partial^2 f(x)}{\partial x^2}\right|_{x_1}(x - x_1)^2 + \cdots$$

$$= a_0 + a_1 x + a_2 x^2 + \cdots = \sum_{j=0}^{\infty} a_j x^j$$

因此，多项式 p_j，

$$p_0 = 1, \quad p_1 = x, \quad p_2 = x^2, \cdots$$

组成一个解析函数的完备集。这组特定的多项式既不是标准化的也不是正交的，但是可以用它们的线性组合来构造一些标准正交的 p_j。一个例子是勒让德多项式的变形，它们在区间 $-1 \leqslant x \leqslant 1$ 上是正交的。前三项是

$$p_0 = \sqrt{1/2}, \quad p_1 = \sqrt{3/2}\,x, \quad p_2 = \frac{\sqrt{5/2}}{2}(3x^2 - 1)$$

8.3 傅里叶级数

我们以正弦和余弦函数的正交关系来开始对傅里叶分析的讨论。考虑在区间上 $-\pi \leqslant x \leqslant \pi$ 的整数周期的正弦和余弦函数

$$\cos(nx), \quad n = 0, \cdots, \infty \tag{8-19}$$

$$\sin(mx), \quad m = 1, \cdots, \infty \tag{8-20}$$

这里我们按照习惯让 n 从零开始但是 m 从 1 开始。这里有三个正交关系。首先，任何余弦和任何正弦的内积是

$$\int_{-\pi}^{\pi} \cos(nx)\sin(mx)dx = \frac{1}{2}\int_{-\pi}^{\pi}\{\sin([m+n]x) + \sin([m-n]x)\}dx \tag{8-21}$$

因为 $\sin([m+n]x)$和 $\sin(([m-n]x)$要么同时等于 0，要么有一个 2π 的整数周期的积分，它们的积分在 2π 上是 0，所以

$$\int_{-\pi}^{\pi} \cos(nx)\sin(mx)dx = 0 \tag{8-22}$$

其次，一个正弦和另一个正弦的内积是

$$\int_{-\pi}^{\pi} \sin(nx)\sin(mx)dx = \frac{1}{2}\int_{-\pi}^{\pi}\{\cos([m-n]x) - \cos([m+n]x)\}dx \tag{8-23}$$

如果 $m \neq n$，$\cos([m-n]x)$和 $\cos([m+n]x)$都有 2π 的整数个周期，并且它们的积分是 0。

如果 $m=n$，积分变成

$$\int_{-\pi}^{\pi}\sin(nx)\sin(mx)dx = \frac{1}{2}\int_{-\pi}^{\pi}\{\cos(0x)-\cos(2mx)\}dx = \pi \tag{8-24}$$

最后，一个余弦和另一个余弦的内积是

$$\int_{-\pi}^{\pi}\cos(nx)\cos(mx)dx = \frac{1}{2}\int_{-\pi}^{\pi}\{\cos([m-n]x)+\cos[m+n]x)\}dx \tag{8-25}$$

如前所述，如果 $m\neq n$，$\cos([m-n]x)$和 $\cos([m+n]x)$都有 2π 的整数个周期，并且它们的积分是 0。如果 $m=n$，内积变成

$$\int_{-\pi}^{\pi}\cos(nx)\cos(mx)dx = \frac{1}{2}\int_{-\pi}^{\pi}\{\cos(0x)+\cos(2mx)\}dx \tag{8-26}$$

对于 $m=n=0$，积分等于 2π；对于 $m=n\neq 0$，它等于 π。

正交关系一般可以总结并写成以下形式

$$\frac{1}{\pi}\int_{-\pi}^{\pi}\cos(nx)\sin(mx)dx = 0 \tag{8-27}$$

$$\frac{1}{\pi}\int_{-\pi}^{\pi}\sin(nx)\sin(mx)dx = \begin{cases}0, & m\neq n\\ 1, & m=n\end{cases} \tag{8-28}$$

$$\frac{1}{\pi}\int_{-\pi}^{\pi}\cos(nx)\cos(mx)dx = \begin{cases}0, & m\neq n\\ 1, & m=n\neq 0\\ 2, & m=n=0\end{cases} \tag{8-29}$$

因此，标准化的正弦和余弦是

$$\frac{1}{\sqrt{2\pi}},\ \frac{1}{\sqrt{\pi}}\cos(nx),\ \frac{1}{\sqrt{\pi}},\ \sin(mx),\quad n,m=1,\cdots,\infty \tag{8-30}$$

正弦和余弦也构成一个完备集合。很容易证明任何函数能展开成多项式(参见 Courant 和 Hilbert(1989)，第一卷，第 2 章)。实际上，更广泛意义上的函数也能被分解成正弦和余弦。任何函数满足(1)可以在区间 $x_1\leqslant x\leqslant x_2$ 上积分，(2)在区间内具有有限数量的最大值和最小值，并且(3)具有有限数量的不连续跳跃性，都可以被分解成正弦和余弦(见图 8-2)。这个函数甚至不需要在所有点上有限。Delta 函数和 delta 的函数的线性组合也可以分解成正弦和余弦。本质上，所有具有物理兴趣的函数都满足这些温和的条件。⊖ 读者应该咨询关于傅里叶分析的专著来了解更一般陈述的证明。

让函数 $f(x)$定义在区间$-\pi\leqslant x\leqslant\pi$ 上。由于正弦和余弦是一个完备的正交集，等式 8-9 和 8-16 就变成

$$f(x) = \frac{A_0}{2\sqrt{\pi}}+\frac{1}{\sqrt{\pi}}\sum_{n=1}^{\infty}[A_n\cos(nx)+B_n\sin(nx)] \tag{8-31}$$

这里

$$A_n = \frac{1}{\sqrt{\pi}}\int_{-\pi}^{\pi}f(x)\cos(nx)dx \tag{8-32}$$

$$B_n = \frac{1}{\sqrt{\pi}}\int_{-\pi}^{\pi}f(x)\sin(nx)dx \tag{8-33}$$

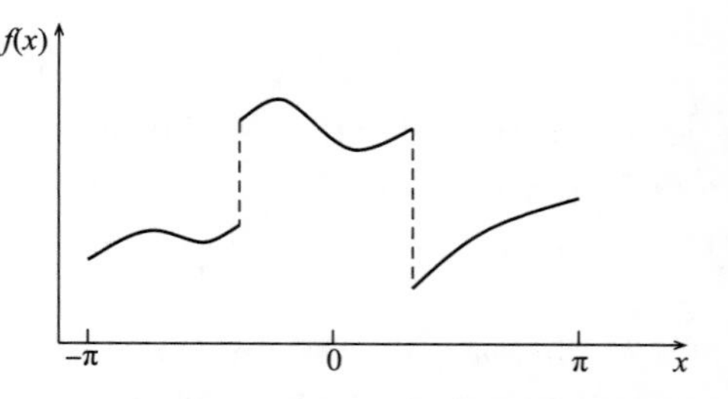

图 8-2　函数 $f(x)$是有限的，但是在区间$-\pi\leqslant x\leqslant\pi$ 上是不连续的。只要它有有限数量的不连续性，它就可以被分解成傅里叶级数

⊖　$f(x)=1/\sin(1/x)$是一个不满足约束条件的函数例子。

等式 8-31 中 $f(x)$的展开式以 Jean-Baptiste Joseph Fourier(1768—1830)被命名为傅里叶级数，并且 A_n 和 B_n 是傅里叶系数。等式 8-31 或者 8-32 和 8-33 中的因子 $1/\pi$ 有时候会被结合成单个 $1/\pi$，但这样会隐藏 $f(x)$被一系列标准正交函数展开的事实。

要理解傅里叶级数需要正弦和余弦的原因，我们来展开一个具有任意幅度 α 和相位 β 的正弦函数：

$$\begin{aligned}\alpha\sin(nx+\beta) &= \alpha\sin(\beta)\cos(nx)+\alpha\cos(\beta)\sin(nx)\\ &= A\cos(nx)+B\sin(nx)\end{aligned} \tag{8-34}$$

其中 $A=\alpha\sin(\beta)$ 且 $B=\alpha\cos(\beta)$。因此在考虑正弦的相位和幅度时需要两个常数 A 和 B。一个傅里叶级数里分量 n 的幅度和相位可以表示成

$$\alpha=\frac{1}{\sqrt{\pi}}(A_n^2+B_n^2)^{1/2} \tag{8-35}$$

$$\beta=\tan^{-1}\left(\frac{A_n}{B_n}\right) \tag{8-36}$$

注意 β 在正确的象限内。

由于方程 8-32 和 8-33 中 A_n 和 B_n 的积分是在区间 $-\pi\leqslant x\leqslant\pi$ 上计算得到的。严格意义上来讲，等式 8-31 给出的 $f(x)$的重构仅限于此区间。等式中的正弦和余弦仍然可以在区间外有定义。通过检查，我们可以看到，对于任何整数 m，$f(x+2m\pi)=f(x)$，所以在原始的区间之外，该级数仅仅是以周期为 2π 地重复 $f(x)$。这个性质可以用来分解无限长度的周期函数：这个分解是周期函数一个周期的傅里叶级数。周期为 2π 的项叫作基本项，而剩余的项叫作维度或者谐波。以下的例子就是将方波展开成傅里叶级数。

示例：图 8-3 显示了周期性方波的一个周期。方波可以用傅里叶级数展开，尽管它有不连续性和无限长度。从等式 8-32 和 8-33 得，傅里叶系数是

$$\begin{aligned}A_n &= \frac{1}{\sqrt{\pi}}\int_{-\pi}^{0}(-1)\cos(nx)dx+\frac{1}{\sqrt{\pi}}\int_{0}^{\pi}(+1)\cos(nx)dx\\ &=-\frac{1}{\sqrt{\pi}}\int_{0}^{\pi}\cos(nx)dx+\frac{1}{\sqrt{\pi}}\int_{0}^{\pi}\cos(nx)dx=0\end{aligned}$$

且

$$\begin{aligned}B_n &= \frac{1}{\sqrt{\pi}}\int_{-\pi}^{0}(-1)\sin(nx)dx+\frac{1}{\sqrt{\pi}}\int_{0}^{\pi}(+1)\sin(nx)dx\\ &=-\frac{1}{\sqrt{\pi}}\int_{0}^{\pi}\sin(nx)dx+\frac{1}{\sqrt{\pi}}\int_{0}^{\pi}\sin(nx)dx=\frac{2}{\sqrt{\pi}}\int_{0}^{\pi}\sin(nx)dx\\ &=-\frac{2}{\sqrt{\pi}}\left[\frac{1}{n}\cos(nx)\right|_{0}^{\pi}\\ &=\frac{2}{n\sqrt{\pi}}[1-\cos(n\pi)]\end{aligned}$$

如果 n 是零或者偶数，则 $\cos(n\pi)=1$ 且 $B_n=0$。如果 n 是奇数，则 $\cos(n\pi)=-1$ 且 $B_n=4/n\sqrt{\pi}$。根据等式 8-31，方波的傅里叶级数展开就是

$$\begin{aligned}f(x) &=\frac{1}{\sqrt{\pi}}\left[\frac{4}{\sqrt{\pi}}\sin(x)+\frac{4}{3\sqrt{\pi}}\sin(3x)+\frac{4}{5\sqrt{\pi}}\sin(5x)+\cdots\right]\\ &=\frac{4}{\pi}\left[\sin(x)+\frac{1}{3}\sin(3x)+\frac{1}{5}\sin(5x)+\cdots\right]\end{aligned}$$

图 8-4 显示了傅里叶级数的前两项的绘图在方波上重叠。图 8-5 显示了前两项和前十项的总和的绘图在方波上重叠。

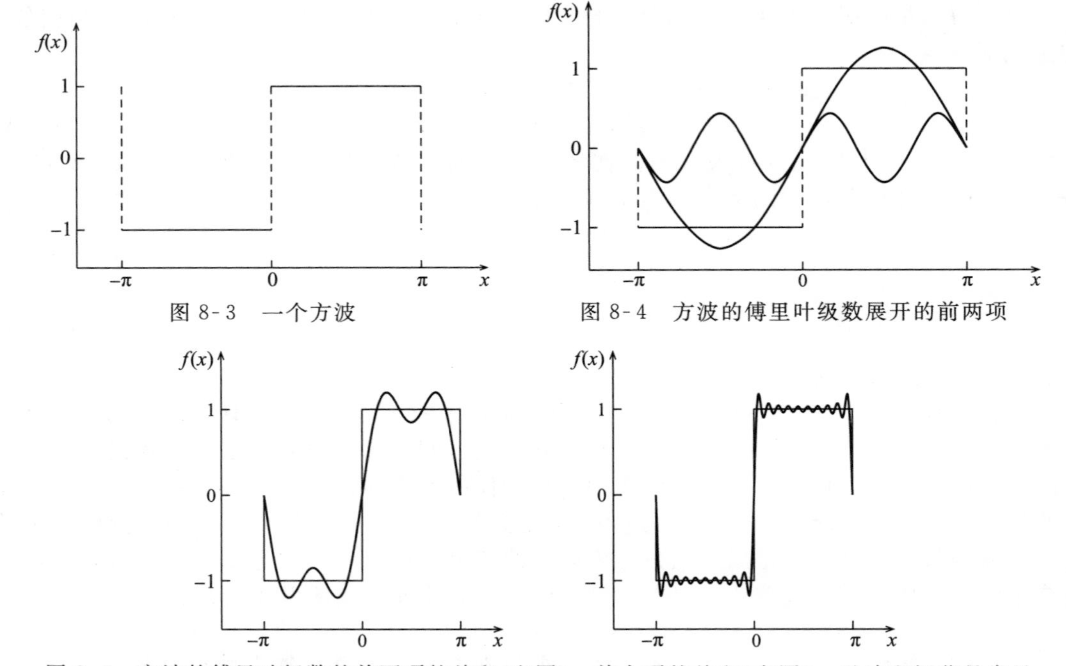

图 8-3　一个方波

图 8-4　方波的傅里叶级数展开的前两项

图 8-5　方波的傅里叶级数的前两项的总和(左图)。前十项的总和(右图)。过冲和振荡是常见的现象，并非方波特有。振荡是由傅里叶级数的截断造成的。过冲称为吉布斯现象，是由不连续性引起的

注意图 8-5 中的过冲和振荡。振荡是只使用一个无穷级数的前几项造成的产物；当级数的更多项被包含进来时，振荡就会变得更小且具有更高的频率。过冲，又称为吉布斯现象，会变得更窄但不会消失，即使傅里叶级数的更多项被包含进来，而且是趋近于方波的峰值到峰值的幅度的 18%的过冲。吉布斯现象出现在不连续处，并且始终存在。

通常将傅里叶系数显示为一个对 n 的图 $P_n = A_n^2 + B_n^2$ 是有帮助的。这个图叫作功率谱，类似于一个交流电电路中的功率，其中功率与正弦函数的振幅的平方成正比。也可以通过绘制对 n 的图 $\sqrt{P_n/\pi}$ 来以振幅显示这个系数。一个振幅为 $\sqrt{\pi}/4$ 的方波的振幅谱如图 8-6 所示。

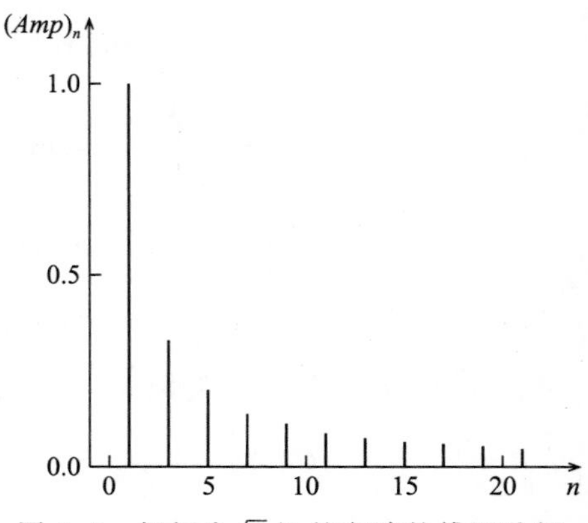

图 8-6　振幅为 $\sqrt{\pi}/4$ 的方波的傅里叶级数的振幅谱

在等式 8-27～8-29 的帮助下，可以很容易推导出傅里叶级数的贝塞尔不等式。

$$\int_{-\pi}^{\pi} f^2(x)dx \geqslant \frac{A_0^2}{2} + \sum_{n=1}^{m}(A_n^2 + B_n^2)$$

$$= \frac{1}{2}P_0 + \sum_{n=1}^{m} P_n \qquad (8\text{-}37)$$

当 m 趋向正无穷的时候，这个就会变成

$$\int_{-\pi}^{\pi} f^2(x)dx = \frac{A_0^2}{2} + \sum_{n=1}^{\infty}(A_n^2 + B_n^2) = \frac{1}{2}P_0 + \sum_{n=1}^{\infty}P_n \tag{8-38}$$

这是因为正弦和余弦是一个完备集。等式 8-38 是帕塞瓦耳定理。它是说一个函数的功率等于该函数傅里叶级数的各个单独组件的功率的总和。

通常以复数形式表达傅里叶级数是有帮助的。让复数傅里叶系数为

$$C_n = A_n - iB_n \tag{8-39}$$

那么从等式 8-32 和 8-33 得，

$$C_n = \frac{1}{\sqrt{\pi}}\int_{-\pi}^{\pi} f(x)[\cos(nx) - i\sin(nx)]dx \tag{8-40}$$

$$= \frac{1}{\sqrt{\pi}}\int_{-\pi}^{\pi} f(x)\exp[-inx]dx \tag{8-41}$$

如果 $f(x)$是实数，则

$$C_{-n} = \frac{1}{\sqrt{\pi}}\int_{-\pi}^{\pi} f(x)\exp[inx]dx = C_n^* \tag{8-42}$$

$$C_0 = \frac{1}{\sqrt{\pi}}\int_{-\pi}^{\pi} f(x)dx = C_n^* \tag{8-43}$$

傅里叶级数的单独项就变成

$$\begin{aligned} A_n\cos(nx) + B_n\sin(nx) &= \frac{1}{2}(C_n + C_n^*)\ \frac{1}{2}(\exp[inx] + \exp[-inx]) \\ &\quad + \frac{(-1)}{2i}(C_n - C_n^*)\ \frac{1}{2i}(\exp[inx] - \exp[inx]) \\ &= \frac{1}{2}C_n\exp[inx] + \frac{1}{2}C_n^*\exp[-inx] \\ &= \frac{1}{2}C_n\exp[inx] + \frac{1}{2}C_{-n}\exp[-inx] \end{aligned} \tag{8-44}$$

因此 $f(x)$的傅里叶展开是

$$\begin{aligned} f(x) &= \frac{C_0}{2\sqrt{\pi}} + \frac{1}{2\sqrt{\pi}}\sum_{n=1}^{\infty}(C_n\exp[inx] + C_{-n}\exp[-inx]) \\ &= \frac{1}{2\sqrt{\pi}}\sum_{n=-\infty}^{\infty} C_n\exp[inx] \end{aligned} \tag{8-45}$$

总而言之，一个实函数的傅里叶级数的复数形式是

$$f(x) = \frac{1}{2\sqrt{\pi}}\sum_{n=-\infty}^{\infty} C_n\exp[inx] \tag{8-46}$$

$$C_n = \frac{1}{\sqrt{\pi}}\int_{-\pi}^{\pi} f(x)\exp[-inx]dx \tag{8-47}$$

如前所述，因子 $1/2\pi$ 可以在两个方程之间随意重新分配。一个常见的形式是让两个方程具有相同的因子 $1/2\sqrt{\pi}$。

由于 $A_n^2 + B_n^2 = C_n^* C_n = |C_n|^2$，帕塞瓦耳定理有个特别优雅的复数表示：

$$\int_{-\pi}^{\pi} |f(x)|^2 dx = \frac{1}{2}\sum_{n=-\infty}^{\infty} |C_n|^2 \tag{8-48}$$

如果 $f(x)$是一个实函数，帕塞瓦耳定理可以写成

$$\int_{-\pi}^{\pi} f^2(x)dx = \frac{C_0^2}{2} + \sum_{n=1}^{\infty} |C_n|^2 \tag{8-49}$$

功率谱一般定义为

$$P_n = \frac{1}{2}|C_n|^2 \tag{8-50}$$

但是如果 $f(x)$是一个实函数，则功率可以被定义为

$$P_n = |C_n|^2, \quad n \geqslant 1 \tag{8-51}$$

$$P_0 = \frac{1}{2}C_0^2 \tag{8-52}$$

这个有时被称为单侧功率谱，以区别于通常情况的功率谱。

最后，通过适当的变量变化，之前所有的结果都可以保持在有限的区间上，不仅仅是 $-\pi$ 到 π。使区间变成从 $-T/2$ 到 $T/2$，以后会更方便。通过变换 $x=2\pi t/T$ 和 $dx=(2\pi T)dt$，等式 8-31～8-33 变成

$$f(t)=\frac{A_0}{2\sqrt{\pi}}+\frac{1}{\sqrt{\pi}}\sum_{n=1}^{\infty}\left[A_n\cos\left(\frac{2\pi nt}{T}\right)+B_n\sin\left(\frac{2\pi nt}{T}\right)\right] \tag{8-53}$$

$$A_n=\frac{2\sqrt{\pi}}{T}\int_{-T/2}^{T/2} f(t)\cos\left(\frac{2\pi nt}{T}\right)dt \tag{8-54}$$

$$B_n=\frac{2\sqrt{\pi}}{T}\int_{-T/2}^{T/2} f(t)\sin\left(\frac{2\pi nt}{T}\right)dt \tag{8-55}$$

且等式 8-46 和 8-47 会变成

$$f(t)=\frac{1}{2\sqrt{\pi}}\sum_{n=-\infty}^{\infty} C_n\exp\left[i\,\frac{2\pi nt}{T}\right] \tag{8-56}$$

$$C_n=\frac{2\sqrt{\pi}}{T}\int_{-T/2}^{T/2} f(t)\exp\left[-i\,\frac{2\pi nt}{T}\right]dt \tag{8-57}$$

8.4 傅里叶变换

等式 8-56 和 8-57 给出了定义在有限区间 $-T/2$ 到 $T/2$ 上的函数的傅里叶级数。傅里叶变换是当区间趋于无穷时的傅里叶级数的极限。为了计算这个极限，定义

$$v = \frac{n}{T}, \quad \Delta v = \frac{1}{T} \tag{8-58}$$

然后定义离散函数 $F(v)$为：

$$F(v) = \frac{T}{2\sqrt{\pi}}C_n = \int_{-T/2}^{T/2} f(t)\exp[-i2\pi vt]dt \tag{8-59}$$

然后将等式 8-56 乘以 T/T，傅里叶级数变为

$$\begin{aligned} f(t) &= \sum_{n=-\infty}^{\infty}\left(\frac{T}{2\sqrt{\pi}}C_n\right)\exp[i2\pi vt]\,\frac{1}{T} \\ &= \sum_{n=-\infty}^{\infty} F(v)\exp[i2\pi vt]\Delta v \end{aligned} \tag{8-60}$$

现在让 T 趋于无穷。在极限中，$\Delta v \to dv$，求和变成积分，并且 $F(v)$变得连续，就有

$$f(t)=\int_{-\infty}^{\infty}F(v)\exp[i2\pi vt]dv \tag{8-61}$$

$$F(v)=\int_{-\infty}^{\infty}f(t)\exp[-i2\pi vt]dt \tag{8-62}$$

函数 $F(v)$被称为 $f(t)$的傅里叶变换，$F(v)$和 $f(t)$被称为傅里叶变换对。按照惯例，等式 8-62 称为正向变换，而等式 8-61 称为反向变换。这两者以指数的符号来区分。如果 t 是时间，v 可以用频率来标识，但是用其他的标识也是可以的，特别是距离和波数。

$f(at+b)$的傅里叶变换是

$$\begin{aligned}G(v)&=\int_{-\infty}^{\infty}f(at+b)\exp[-i2\pi vt]dt\\&=\frac{1}{a}\exp\left[i2\pi\frac{v}{a}t\right]\int_{-\infty}^{\infty}f(at+b)\exp\left[-i2\pi\frac{v}{a}(at+b)\right]d(at+b)\\&=\frac{1}{a}\exp\left[i2\pi\frac{v}{a}b\right]F\left(\frac{v}{a}\right)\end{aligned} \tag{8-63}$$

因此，$f(at)$变换为 $F(v/a)$。随着 $f(at)$变得更宽，$F(v/a)$成比例地变窄。傅里叶变换是一个线性运算，所以如果 $f(t)$是两个函数的线性组合

$$f(t)=a_1f_1(t)+a_2f_2(t) \tag{8-64}$$

那么 $f(t)$的傅里叶变换是这两个函数单独傅里叶变换的相同的线性组合：

$$F(v)=a_1F_1(v)+a_2F_2(v) \tag{8-65}$$

用复数符号，帕塞瓦耳定理变成

$$\int_{-\infty}^{\infty}|f(t)|^2dt=\int_{-\infty}^{\infty}F^*(v)F(v)dv \tag{8-66}$$

功率谱就变成 $P(v)=|F(v)|^2$ 的图，尽管 $P(v)$是个连续的函数，但是该图有时称为功率密度谱。如果 $f(t)$是实数，则 $F(-v)=F^*(v)$和 $F^*(-v)=F(v)$，使得

$$P(-v)=P(v) \tag{8-67}$$

因此，人们经常使用单侧功率谱：

$$P_1(v)=2P(v),\quad v>0 \tag{8-68}$$

8.4.1 傅里叶变换对

有关傅里叶变换的文献散布着很长的傅里叶变换对的表格。以下这些变换对将对我们特别有用，它们被总结在本节末尾的长表格里。

对称指数函数：对称指数函数

$$f(t)=\exp[-|t|] \tag{8-69}$$

的傅里叶变换是

$$\begin{aligned}F(v)&=\int_{-\infty}^{\infty}f(t)\exp[-i2\pi vt]dt\\&=\int_{-\infty}^{\infty}\exp[-|t|]\exp[-i2\pi vt]dt\\&=\int_{-\infty}^{0}\exp[t]\exp[-i2\pi vt]dt+\int_{0}^{\infty}\exp[-t]\exp[-i2\pi vt]dt\\&=\frac{1}{1-i2\pi v}+\frac{1}{1+i2\pi v}\\&=\frac{2}{1+(2\pi v)^2}\end{aligned} \tag{8-70}$$

这是洛伦兹函数(见图 8-7)。

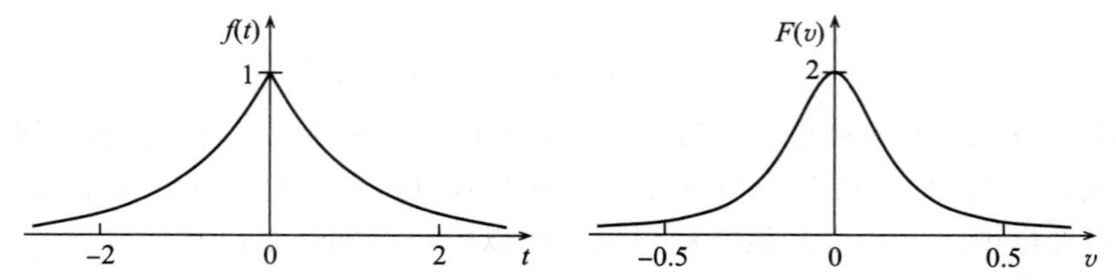

图 8-7 傅里叶变换对 $f(t)=\exp[-|t|]$(上图)和 $F(v)=2/[1+(2\pi v)^2]$(下图)

高斯函数：高斯函数

$$f(t) = \exp[-\pi t^2] \tag{8-71}$$

的傅里叶变换是

$$\begin{aligned}F(v) &= \int_{-\infty}^{\infty}\exp[-\pi t^2]\exp[-i2\pi vt]dt = \int_{-\infty}^{\infty}\exp[-\pi t^2 - i2\pi vt]dt \\ &= \exp[-\pi v^2]\int_{-\infty}^{\infty}\exp[-\pi(t^2 + i2vt - v^2]dt \\ &= \exp[-\pi v^2]\int_{-\infty}^{\infty}\exp[-\pi(t + iv)^2]dt\end{aligned} \tag{8-72}$$

做一个变量变换 $x=t+iv$，等式 8-72 变成

$$F(v) = \exp[-\pi v^2]\int_{-\infty}^{\infty}\exp[-\pi x^2]dx \tag{8-73}$$

此积分等于 1(见附录 C)。那么高斯函数的傅里叶变换就是

$$F(v) = \exp[-\pi v^2] \tag{8-74}$$

因此一个高斯函数的傅里叶变换也是一个高斯函数(见图 8-8)。

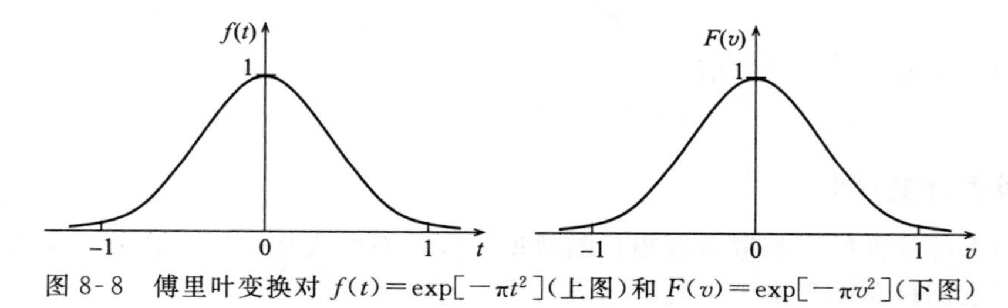

图 8-8 傅里叶变换对 $f(t)=\exp[-\pi t^2]$(上图)和 $F(v)=\exp[-\pi v^2]$(下图)

矩形函数：矩形函数

$$f(t) = \begin{cases}1, & |t| \leqslant b/2 \\ 0, & |t| > b/2\end{cases} \tag{8-75}$$

的傅里叶变换是

$$\begin{aligned}F(v) &= \int_{-b/2}^{b/2}\exp[-i2\pi vt]dt = \frac{1}{i2\pi v}\Big[\exp[-i2\pi vt]\Big|_{-b/2}^{b/2} \\ &= -\frac{1}{i2\pi v}(\exp[-i\pi vb] - \exp[i\pi vb]) = \frac{1}{i2\pi v}2i\sin(\pi vb) \\ &= b\,\frac{\sin(\pi vbt)}{\pi vbt}\end{aligned} \tag{8-76}$$

矩形函数的傅里叶变换称为 sin*c* 函数(见图 8-9)。当 v 趋于 0 时，$F(v)$的极限存在且是

$$\lim_{v\to 0}F(v) = b \tag{8-77}$$

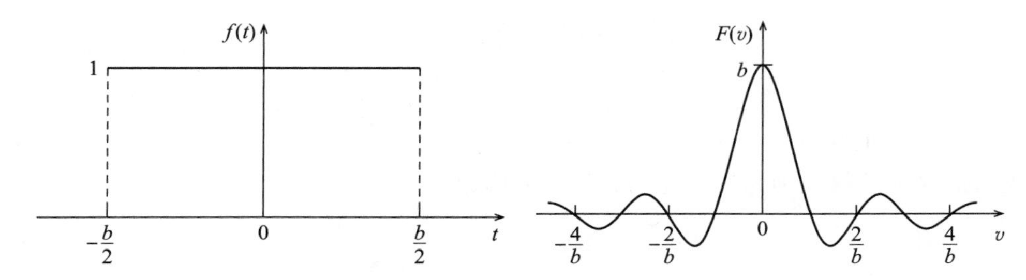

图 8-9　矩形函数(左图)和它的傅里叶变换 $F(v)=b\sin(\pi vb)\pi vb$(右图)

(要看到这一点，要么展开 $\sin(\pi vb)$成泰勒级数，要么应用洛必达法则)。sinc 函数在$\pi vb=\pm n\pi$时等于 0，所以

$$v=\pm\frac{n}{b},\quad n\neq 0 \tag{8-78}$$

在零点之间，它在正值和负值之间振荡，每次振荡的极值下降 $1/v$。

三角函数：三角函数

$$f(t)=\begin{cases}1-|t|/b, & |t|\leqslant b\\ 0, & |t|>b\end{cases} \tag{8-79}$$

的傅里叶变换是

$$\begin{aligned}F(v)&=\int_{-b}^{b}\left(1-\frac{|t|}{b}\right)\exp[-i2\pi vt]dt\\&=\int_{-b}^{0}\left(1+\frac{t}{b}\right)\exp[-i2\pi vt]dt+\int_{0}^{b}\left(1-\frac{t}{b}\right)\exp[-i2\pi vt]dt\\&=\int_{0}^{b}\left(1-\frac{t}{b}\right)\{\exp[+i2\pi vt]+\exp[-i2\pi vt]\}dt=2\int_{0}^{b}\left(1-\frac{t}{b}\right)\cos[2\pi vt]dt\\&=\frac{\sin(2\pi vb)}{\pi v}-\frac{2}{b}\int_{0}^{b}t\cos(2\pi vt)dt\end{aligned} \tag{8-80}$$

认识到 $\theta\cos(\theta)d\theta=d[\theta\sin(\theta)]-\sin(\theta)d\theta$，我们可以通过分部积分得到

$$\begin{aligned}F(v)&=\frac{\sin(2\pi vb)}{\pi v}-\frac{2}{b}\frac{1}{(2\pi v)^2}\left\{(2\pi vt)\sin(2\pi vt)\Big|_0^b+\cos(2\pi vt)\Big|_0^b\right\}\\&=\frac{\sin(2\pi vb)}{\pi v}-\frac{\sin(2\pi vb)}{\pi v}+\frac{2}{b}\frac{1}{(2\pi v)^2}\{1-\cos(2\pi vb)\}\\&=\frac{2}{b}\frac{1}{(2\pi v)^2}2\sin^2(\pi vb)=b\frac{\sin^2(\pi vb)}{(\pi vb)^2}\end{aligned} \tag{8-81}$$

这是 sinc 函数的平方，只用卷积定理(见 8.6 节)一两行就可以推导出来这个结果。

常数函数：常数函数 $f(t)=1$ 的傅里叶变换可以通过让矩形函数里的宽度 b 趋于无穷来得到。矩形函数的傅里叶变换是 sinc 函数。sinc 函数的中心波瓣的宽度减小为 $1/b$，其旁瓣的幅度减小为 $1/vb$。在极限 $b\to\infty$时，sinc 函数的宽度变为 0，其幅度变为无穷大。可以证明(见附录 A)

$$\int_{-\infty}^{\infty}\frac{\sin x}{x}dx=\pi \tag{8-82}$$

因此矩形函数的傅里叶变换在所有 v 上的积分是

$$\int_{-\infty}^{\infty}F(v)dv=\int_{-\infty}^{\infty}b\frac{\sin(\pi vb)}{\pi vb}dv$$

$$= \frac{1}{\pi}\int_{-\infty}^{\infty} \frac{\sin(\pi v b)}{\pi v b} d(\pi v b) = \frac{1}{\pi}\pi$$

$$= 1 \tag{8-83}$$

因此，$F(v)$对 v 的积分是与矩形函数的宽度无关的。

我们把这个函数识别为标准化的狄拉克 δ 函数[⊖]：

$$F(v) = \delta(v) = \begin{cases} 0, & v \neq 0 \\ \infty, & v = 0 \end{cases} \tag{8-84}$$

且

$$\int_{-\infty}^{\infty} F(v)dv = \int_{-\infty}^{\infty} \delta(v)dv = 1 \tag{8-85}$$

正弦和余弦函数：一个截断的频率为 v_0 的余弦函数

$$f(t) = \begin{cases} \cos(2\pi v_0 t), & |t| \leqslant b/2 \\ 0, & |t| > b/2 \end{cases} \tag{8-86}$$

的傅里叶变换是

$$\begin{aligned} F(v) &= \int_{-b/2}^{b/2} \cos(2\pi v_0 t)\exp[-i2\pi v t]dt \\ &= \int_{-b/2}^{b/2} \frac{1}{2}(\exp[i2\pi v_0 t] + \exp[-i2\pi v_0 t])\exp[-i2\pi v t]dt \\ &= \frac{1}{2}\int_{-b/2}^{b/2} \exp[-i2\pi(v - v_0)t]dt + \frac{1}{2}\int_{-b/2}^{b/2} \exp[-i2\pi(v + v_0)t]dt \\ &= \frac{b}{2}\frac{\sin(\pi[v - v_0]b)}{\pi[v - v_0]b} + \frac{b}{2}\frac{\sin(\pi[v + v_0]b)}{\pi[v + v_0]b} \end{aligned} \tag{8-87}$$

这是两个 sinc 函数的总和，一个以 $v=v_0$ 为中心，另一个以 $v=-v_0$ 为中心，如图 8-10 所示。

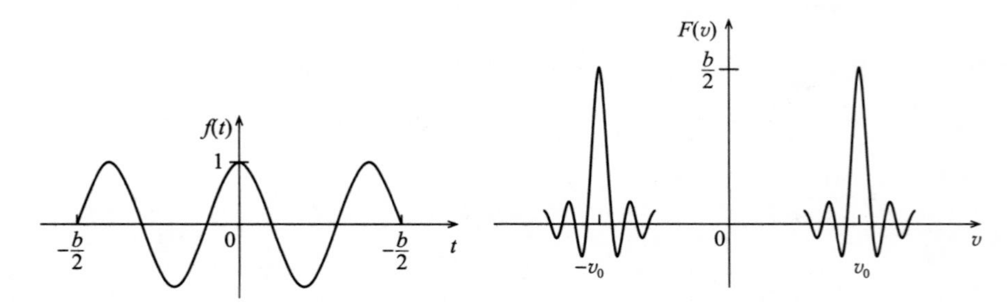

图 8-10　截断余弦函数 $f(t)=\cos(2\pi v_0 t)$，$|t| \leqslant b/2$ 的傅里叶变换(上图)。它是一对 sinc 函数，一个以 $v=v_0$ 为中心，另一个以 $v=-v_0$ 为中心(下图)

通过检查，具有频率 v_0 的截断正弦函数的傅里叶变换是

$$F(v) = -\frac{ib}{2}\frac{\sin(\pi[v - v_0]b)}{\pi[v - v_0]b} + \frac{ib}{2}\frac{\sin(\pi[v + v_0]b)}{\pi[v + v_0]b} \tag{8-88}$$

如前所述，随着 $b \to \infty$，sinc 函数变成 δ 函数。无限余弦函数 $f(t)=\cos(2\pi v_0 t)$的傅里叶变换是

$$F(v) = \frac{1}{2}\delta(v - v_0) + \frac{1}{2}\delta(v + v_0) \tag{8-89}$$

⊖　为了完整起见，我们还需要证明 sinc 的极限满足等式 1-28。这个证明可以在傅里叶分析的教材里找到。

无限余弦函数 $f(t)=\sin(2\pi v_0 t)$ 的傅里叶变换是

$$F(v) = -\frac{i}{2}\delta(v-v_0)+\frac{i}{2}\delta(v+v_0) \tag{8-90}$$

δ 函数：虽然从前面的例子中可以明显看到结果，但是 δ 函数 $\delta(t-t_0)$ 的傅里叶变换值得明确陈述：

$$F(v) = \int_{-\infty}^{\infty}\delta(t-t_0)\exp[-i2\pi vt]dt = \exp[-i2\pi vt_0] \tag{8-91}$$

δ 函数的功率谱是

$$|F(v)|^2 = 1 \tag{8-92}$$

注意到 $\delta(t)$（如 δ 函数在 $t_0=0$ 处）的傅里叶变换是 $\exp[0]=1$。

梳状函数：让 $f(t)$ 是被 Δt 间隔的无数个 δ 函数组成的函数

$$f(t) = \sum_{n=-\infty}^{\infty}\delta(t-n\Delta t) \tag{8-93}$$

这个函数有时被称为*梳状函数*。梳状函数的傅里叶变换是

$$\begin{aligned} F(v) &= \int_{-\infty}^{\infty}\left[\sum_{n=-\infty}^{\infty}\delta(t-n\Delta t)\right]\exp[-i2\pi vt]dt \\ &= \sum_{n=-\infty}^{\infty}\exp[-i2\pi vn\Delta t] \end{aligned} \tag{8-94}$$

不适合直接评估这个表达式。相反，我们对以下数量进行评估

$$\mathrm{F}(v) = \sum_{n=-N}^{N}\exp[-i2\pi vn\Delta t] \tag{8-95}$$

然后让 $N\to\infty$，那么 $\mathrm{F}(v)\to F(v)$。记住展开式

$$\frac{1-a^s}{1-a} = 1+a+a^2+\cdots+a^{s-1} \tag{8-96}$$

使用一些索引操作，我们发现

$$\begin{aligned} \mathrm{F}(v) &= \exp[i2\pi vN\Delta t]\sum_{k=0}^{2N}\exp[-i2\pi vk\Delta t] \\ &= \exp[i2\pi vN\Delta t]\,\frac{1-\exp[-i2\pi v(2N+1)\Delta t]}{1-\exp[-i2\pi v\Delta t]} \\ &= \frac{\exp[i2\pi vN\Delta t]-\exp[-i2\pi v(N+1)\Delta t]}{1-\exp[-i2\pi v\Delta t]} \end{aligned} \tag{8-97}$$

把等式 8-98 的分子和分母乘以 $1+\exp[i2\pi v\Delta t]$，我们得到

$$\begin{aligned} \mathrm{F}(v) &= \frac{\sin(2\pi vN\Delta t)+\sin(2\pi v[N+1]\Delta t)}{\sin(2\pi v\Delta t)} \\ &= \frac{2\sin(2\pi v[N+1/2]\Delta t)\cos(\pi v\Delta t)}{2\sin(\pi v\Delta t)\cos(\pi v\Delta t)} \\ &= \frac{\sin(\pi v[2N+1]\Delta t)}{\sin(\pi v\Delta t)} \\ &= (2N+1)\left\{\frac{\sin(\pi v[2N+1]\Delta t)}{\pi v[2N+1]\Delta t}\right\}\left\{\frac{\pi v\Delta t}{\sin(\pi v\Delta t)}\right\} \end{aligned} \tag{8-98}$$

我们把 $\mathrm{F}(v)$ 看成是一个快速振荡的 sinc 函数除以一个缓慢振荡的 sinc 函数。尽管看起来如此，在 $\sin(\pi v\Delta t)=0$ 时它是有限的。为了看到这一点，对等式 8-98 应用洛必达法则且发现当 $v\Delta t$ 是整数时 $\mathrm{F}(v)=2N+1$。图 8-11 显示了 $\mathrm{F}(v)$ 的一个图。这个函数有更大的峰

值等距分布间隔 $1/\Delta t$，高度等于 $2N+1$ 且到第一个零点的半宽是 $1/([2N+1]\Delta t)$。它的高度乘以宽度是 $1/\Delta t$。在峰值之间，$F(v)$振荡迅速。

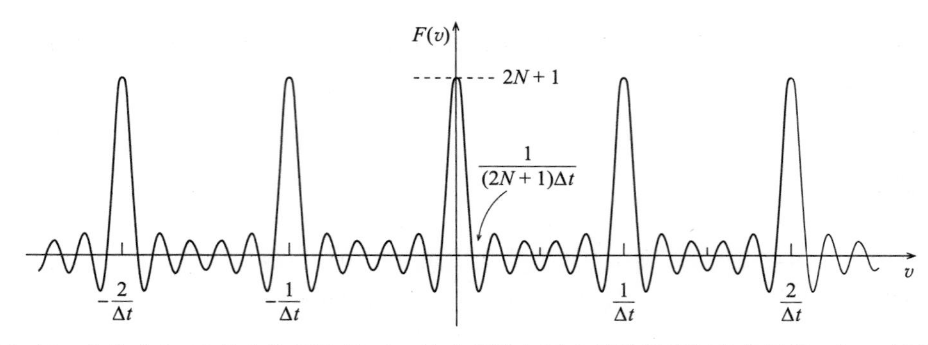

图 8-11　由等式 8-98 给出的函数 $F(v)$。这个函数有更大的峰值等距分布间隔 $1/\Delta t$。峰值的高度是 $2N+1$，且它们到第一个零点的半宽是 $1/([2N+1]\Delta t)$

现在保持 Δt 不变让 $N\to\infty$。峰值的高度趋于无穷，它们的宽度趋于 0 但是它们的高度乘以宽度保持恒定。快速振荡会迅速消失，所以 $F(v)$在峰值之间趋于 0。我们认识到这是一系列以间距 $\Delta v=k/\Delta t$ 均匀间隔的脉冲函数，所以

$$F(v)=\sum_{k=-\infty}^{\infty}\delta(v-k/\Delta t) \tag{8-99}$$

注意对称性：$f(t)$和 $F(v)$都是均匀间隔的 δ 函数的无限串。

8.4.2　有用的傅里叶变换对的总结

在本节中讨论的傅里叶变换对在表 8-1 中进行了总结。

表 8-1　一些傅里叶变换对

函数名称	函　　数	傅里叶变换
一般函数 f	$f(t)=\int_{-\infty}^{\infty}F(v)\exp[i2\pi vt]dv$	$F(v)=\int_{-\infty}^{\infty}f(t)\exp[-i2\pi vt]dt$
对称指数函数	$\exp[-\|t\|]$	$\frac{1}{1+(2\pi v)^2}$
高斯函数	$\exp[-\pi t^2]$	$\exp[-\pi v^2]$
矩形函数	$\begin{cases}1, & \|t\|\leqslant b/2\\ 0, & \|t\|>b/2\end{cases}$	$b\frac{\sin(\pi vb)}{\pi vb}$
三角函数	$\begin{cases}1-\|t\|/b, & \|t\|\leqslant b\\ 0, & \|t\|>b\end{cases}$	$b\frac{\sin^2(\pi vb)}{(\pi vb)^2}$
常数函数	1	$\delta(v)$
截断余弦函数	$\begin{cases}\cos(2\pi v_0 t), & \|t\|\leqslant b/2\\ 0, & \|t\|>b/2\end{cases}$	$\frac{b}{2}\frac{\sin(n\pi[v-v_0]b)}{\pi[v-v_0]b}+\frac{b}{2}\frac{\sin(\pi[v+v_0]b)}{\pi[v+v_0]b}$
余弦函数	$\cos(2\pi v_0 t)$	$\frac{1}{2}\delta(v-v_0)+\frac{1}{2}\delta(v+v_0)$
截断正弦函数	$\begin{cases}\sin(2\pi v_0 t), & \|t\|\leqslant b/2\\ 0, & \|t\|>b/2\end{cases}$	$-\frac{ib}{2}\frac{\sin(\pi[v-v_0]b)}{\pi[v-v_0]b}+\frac{ib}{2}\frac{\sin(\pi[v+v_0]b)}{\pi[v+v_0]b}$
正弦函数	$\sin(2\pi v_0 t)$	$-\frac{i}{2}\delta(v-v_0)+\frac{i}{2}\delta(v+v_0)$
脉冲函数	$\delta(t-t_0)$	$\exp[-i2\pi vt_o]$
梳状函数	$\sum_{n=-\infty}^{\infty}\delta(t-n\Delta t)$	$\sum_{k=-\infty}^{\infty}\delta\left(v-\frac{k}{\Delta t}\right)$

8.5 离散傅里叶变换

假设一个函数 $f(t)$ 以相等的间隔 Δt 采样 N 次，如图 8-12 所示。为了数学形式上的方便，我们假设有偶数个样本 $N=2n$，

样本点编号从 $r=-n$ 到 $n-1$ 且 $t=r\Delta t$。在样本点 r 的 $f(t)$ 的值是

$$f(r\Delta t)-a_r \tag{8-100}$$

这些样本可以分解为一个 $\sin(2\pi mr/N)$ 和 $\cos(2\pi mr/N)$ 形式的 N 个正弦和余弦的有限长度的级数，m 是 0 和 $n-1$ 之间的整数。该分解被称为离散傅里叶变换。对于离散傅里叶变换有两种常见的方法，一个是作为连续傅里叶变换的特殊情况，另一个以离散采样的正弦和余弦函数的正交关系开始。

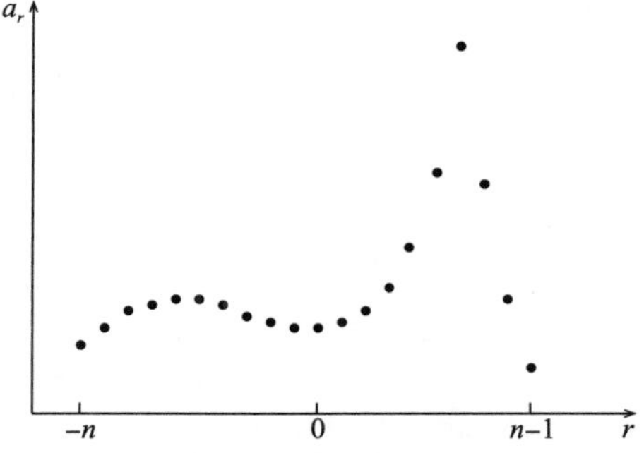

图 8-12　函数以相等的间隔 Δt 取值 N 次。有偶数个点 $N=2n$，这些点从 $r=-n$ 到 $n-1$ 编号。在 r 点的函数值是 $a_r=f(r\Delta t)$

8.5.1 从连续傅里叶变换推导

函数 $f(t)$ 可以用幅度为 a_r 的脉冲函数的和表示：

$$f(t)=\sum_{r=-n}^{n-1}a_r\delta(t-r\Delta t) \tag{8-101}$$

$f(t)$ 的傅里叶变换是

$$\begin{aligned}F(v)&=\int_{-\infty}^{\infty}f(t)\exp[-i2\pi vt]dt=\int_{-\infty}^{\infty}\left\{\sum_{r=-n}^{n-1}a_r\delta(t-r\Delta t)\right\}\exp[-i2\pi vt]dt\\&=\sum_{r=-n}^{n-1}a_r\left\{\int_{-\infty}^{\infty}\delta(t-r\Delta t)\exp[-i2\pi vt]dt\right\}\\&=\sum_{r=-n}^{n-1}a_r\exp[-i2\pi vr\Delta t]\end{aligned} \tag{8-102}$$

等式 8-102 低估了 $F(v)$，因为 $F(v)$ 是个连续函数，但确实是从有限数量的离散点计算出来的。可以通过添加额外的约束来完全确定它。一种方法是使 $f(t)$ 变成周期为 N，使得 $f(r\Delta t)=f([r+N]\Delta t)$。这个边界条件要求

$$\begin{aligned}\exp[-i2\pi vr\Delta t]&=\exp[-i2\pi v(r+N)\Delta t]\\1&=\exp[-i2\pi vN\Delta t]\\2\pi vN\Delta t&=2m\pi\\v\Delta t&=\frac{m}{N}\end{aligned} \tag{8-103}$$

其中 m 是一个整数，其范围是 $-n\leqslant m\leqslant(n-1)$。我们可以把等式 8-103 解释为 $F(v)$ 只存在于 $v_m=m/(N\Delta t)$ 处的频率。有了这个约束，等式 8-102 就变成离散傅里叶变换：

$$F_m=\frac{F(v_m)}{N}=\frac{1}{N}\sum_{r=-n}^{n-1}a_r\exp\left[-i\frac{2\pi m}{N}r\right] \tag{8-104}$$

或者，可以将 $F(v)$ 表示为由一系列在 $v_m=m/N\Delta t$ 取值的 δ 函数 F_m 组成幅度的和的一个连续函数：

$$F(v) = \sum_{m=-n}^{n-1} F_m \delta\left(v - \frac{m}{N\Delta t}\right) \tag{8-105}$$

在任何一种情况下，时间上均匀间隔的一系列离散点的变换是一系列频率上均匀分布的离散点。它的逆变换是

$$\begin{aligned} f(t) &= \int_{-\infty}^{\infty} F(v)\exp[i2\pi vt]dv = \int_{-\infty}^{\infty}\left\{\sum_{m=-n}^{n-1} F_m \delta\left(v - \frac{m}{N\Delta t}\right)\right\}\exp[i2\pi vt]dv \\ &= \sum_{m=-n}^{n-1} F_m \left\{\int_{-\infty}^{\infty} \delta\left(v - \frac{m}{N\Delta t}\right)\exp[i2\pi vt]dv\right\} \\ &= \sum_{m=-n}^{n-1} F_m \exp\left[i2\pi \frac{m}{N\Delta t}t\right] \end{aligned} \tag{8-106}$$

在 $t=r\Delta t$ 处，$f(t)$是

$$f(r\Delta t) = a_r = \sum_{m=-n}^{n-1} F_m \exp\left[i\frac{2\pi m}{N}r\right] \tag{8-107}$$

总之，离散傅里叶变换的方程式是(等式 8-104 和等式 8-107)

$$a_r = \sum_{m=-n}^{n-1} F_m \exp\left[i\frac{2\pi m}{N}r\right] \tag{8-108}$$

$$F_m = \frac{1}{N}\sum_{r=-n}^{n-1} a_r \exp\left[-i\frac{2\pi m}{N}r\right] \tag{8-109}$$

将 a_r 和 F_m 表示成脉冲函数通常是有用的，在这种情况下，离散傅里叶变换被写成

$$f(t) = \sum_{r=-n}^{n-1} a_r \delta(t - r\Delta t) \tag{8-110}$$

$$F(v) = \sum_{m=-n}^{n-1} F_m \delta\left(v - \frac{m}{N\Delta t}\right) \tag{8-111}$$

F_m 和 a_r 的值还是由等式 8-108 和 8-109 来计算的。

8.5.2 从离散取样的正弦和余弦函数的正交关系推导

考虑求和

$$S = \sum_{r=-n}^{n-1} \exp\left[i\frac{2\pi k}{N}r\right]^* \exp\left[i\frac{2\pi m}{N}r\right] \tag{8-112}$$

其中 $N=2n$，k 和 m 或是正数或是负数或是 0。要计算这个求和，首先要做个变量变换 $q=r+n$。然后我们有

$$\begin{aligned} S &= \sum_{q=0}^{2n-1} \exp\left[i\frac{2\pi k}{N}q\right]^* \exp\left[i\frac{2\pi m}{N}q\right]\exp[-i\pi k]^* \exp[-i\pi m] \\ &= (-1)^{(m-k)} \sum_{q=0}^{2n-1} \exp\left[i\frac{2\pi(m-k)}{N}q\right] \end{aligned} \tag{8-113}$$

这里我们使用了 $\exp[-i\pi(m-k)] = (-1)^{m-k}$。当 $m=k$ 时，这个和变成

$$S = (-1)^0 \sum_{q=0}^{2n-1} \exp[0] = 2n = N \tag{8-114}$$

要计算 $m \neq k$ 的情况，使用以下恒等式

$$\frac{1-a^s}{1-a}=1+a+a^2+\cdots+a^{s-1} \tag{8-115}$$

有了这个扩展，求和就变成

$$\begin{aligned} S &= (-1)^{(m-k)}\sum_{q=0}^{2n-1}\left(\exp\left[i\,\frac{2\pi(m-k)}{N}\right]\right)^q \\ &= (-1)^{(m-k)}\,\frac{1-\exp[i2\pi(m-k)]}{1-\exp[i2\pi(m-k)/N]} \end{aligned} \tag{8-116}$$

当 $m\neq k$ 时，分子是零。因此我们推导出正交关系

$$\begin{aligned} \sum_{r=-n}^{n-1}\exp\left[i\,\frac{2\pi k}{N}r\right]^*\exp\left[i\,\frac{2\pi m}{N}r\right] &= \begin{cases}0, & m\neq k\\ N, & m=k\end{cases} \\ &= N\delta_{mk} \end{aligned} \tag{8-117}$$

如果一个人使用傅里叶级数的复数表示，那么等式 8-117 表达的正交关系是唯一需要的。如果一个人使用正弦和余弦来表示的话，所需要的正交关系是

$$\sum_{r=-n}^{n-1}\sin\left(\frac{2\pi kr}{N}\right)\cos\left(\frac{2\pi mr}{N}\right)=0 \tag{8-118}$$

$$\sum_{r=-n}^{n-1}\sin\left(\frac{2\pi kr}{N}\right)\sin\left(\frac{2\pi mr}{N}\right)=\begin{cases}0, & k\neq m\\ 0, & k \text{ or } m=0,n\\ N/2, & k=m\neq 0,n\end{cases} \tag{8-119}$$

$$\sum_{r=-n}^{n-1}\cos\left(\frac{2\pi kr}{N}\right)\cos\left(\frac{2\pi mr}{N}\right)=\begin{cases}0, & k\neq m\\ N, & k=m=0,n\\ N/2, & k=m\neq 0,n\end{cases} \tag{8-120}$$

再次，这里 $N=2n$。我们只推导方程 8-119；其他方程可以用类似的方法推导。有三种情况：k 或者 m 等于 0 或 n、$k\neq m$ 和 $k=m$。

情形Ⅰ(k 或 $m=0$，n)：等式 8-119 中一个或者多个正弦的值对所有的 r 都是 0，所以这个求和是 0。

为了评估剩下的两种情况，用复数形式来表示正弦函数：

$$\begin{aligned} &\sum_{r=-n}^{n-1}\sin\left(\frac{2\pi kr}{N}\right)\sin\left(\frac{2\pi mr}{N}\right) \\ &=\sum_{r=-n}^{n-1}\frac{i}{2i}\left\{\exp\left[i\,\frac{2\pi k}{N}r\right]-\exp\left[-i\,\frac{2\pi k}{N}r\right]\right\}\frac{i}{2i}\left\{\exp\left[i\,\frac{2\pi m}{N}r\right]-\exp\left[-i\,\frac{2\pi m}{N}r\right]\right\} \\ &=-\frac{1}{4}\sum_{r=-n}^{n-1}\left\{\exp\left[i\,\frac{2\pi k}{N}r\right]\exp\left[i\,\frac{2\pi m}{N}r\right]-\exp\left[i\,\frac{2\pi k}{N}r\right]\exp\left[-i\,\frac{2\pi m}{N}r\right]\right. \\ &\quad\left.-\exp\left[-i\,\frac{2\pi k}{N}r\right]\exp\left[i\,\frac{2\pi m}{N}r\right]+\exp\left[-i\,\frac{2\pi k}{N}r\right]\exp\left[-i\,\frac{2\pi m}{N}r\right]\right\} \end{aligned} \tag{8-121}$$

在这个等式里，四个项中的每一个都有一个形式允许我们直接应用等式 8-117。

情形Ⅱ($m\neq k$)：根据等式 8-117，所有的和都是 0。

情形Ⅲ($m=k\neq 0$，n)：由于等式 8-117 中的复共轭，等式 8-121 中唯一有贡献的项是第二个和第三个，其中 k 和 m 有相反的符号。这两项的和是 $-N$，所以总和是 $-(1/4)(0-N-N-0)=N/2$。

现在我们假设等式 8-118～8-120 中的正弦和余弦函数构成完备集。因此离散的样本

值 a_r 可以用和来表示

$$a_r = A_0 + 2\sum_{m=1}^{n}\left\{A_m\cos\left(\frac{2\pi mr}{N}\right) + B_m\sin\left(\frac{2\pi mr}{N}\right)\right\} \tag{8-122}$$

注意，对于 $m=n$，$\sin(2\pi mr/N)=\sin(\pi r)=0$，所以 B_n 是不相关的。因此等式 8-122 用 N 个正弦和余弦及它们的 N 个系数来表示 a_r 的 N 个值。

要找到一个特定的 B_k，对等式 8-122 乘以 $\sin(2\pi kr/N)$并且对 r 求和：

$$\sum_{r=-n}^{n-1} a_r\sin\left(\frac{2\pi kr}{N}\right) = \sum_{r=-n}^{n-1} A_0\sin\left(\frac{2\pi kr}{N}\right)$$

$$+\sum_{r=-n}^{n-1}\left[2\sum_{m=1}^{n}\left\{A_m\cos\left(\frac{2\pi mr}{N}\right) + B_m\sin\left(\frac{2\pi mr}{N}\right)\right\}\right]\sin\left(\frac{2\pi kr}{N}\right) \tag{8-123}$$

在等式 8-123 的右边含有 A_0 的项本质上是在 $m=0$ 时的等式 8-118，所以这一项等于 0。在剩下的项中调转求和的顺序，并应用等式 8-118 和 8-119 会发现

$$\sum_{r=-n}^{n-1} a_r\sin\left(\frac{2\pi kr}{N}\right) = 2\sum_{m=1}^{n}\left[\sum_{r=-n}^{n-1} A_m\cos\left(\frac{2\pi mr}{N}\right)\sin\left(\frac{2\pi kr}{N}\right)\right]$$

$$+2\sum_{m=1}^{n}\left[\sum_{r=-n}^{n-1} B_m\sin\left(\frac{2\pi mr}{N}\right)\sin\left(\frac{2\pi kr}{N}\right)\right]$$

$$=2\sum_{m=1}^{n} B_m\left(\frac{N}{2}\right)\delta_{km} \tag{8-124}$$

$$=NB_k \tag{8-125}$$

要找到 a_k，等式 8-122 乘以 $\cos(2\pi kr/N)$并对 r 求和。总之，A_k 和 B_k 离散傅里叶变换的方程是

$$a_r = A_0 + 2\sum_{m=1}^{n}\left\{A_m\cos\left(\frac{2\pi mr}{N}\right) + B_m\sin\left(\frac{2\pi mr}{N}\right)\right\} \tag{8-126}$$

$$A_k = \frac{1}{N}\sum_{r=-n}^{n-1} a_r\cos\left(\frac{2\pi kr}{N}\right) \tag{8-127}$$

$$B_k = \frac{1}{N}\sum_{r=-n}^{n-1} a_r\sin\left(\frac{2\pi kr}{N}\right) \tag{8-128}$$

其中 $N=2n$。注意 A_0 是 a_r 的平均值，且 B_0 和 B_n 总是 0。只要稍微做点额外工作，我们可以设 $F_k=A_k-iB_k$ 且把等式 8-126～8-128 转换成复数方程 8-108 和 8-109。

8.5.3 帕塞瓦尔定理和功率谱

从等式 8-109 出发，对于离散傅里叶变换，最容易推导出帕塞瓦尔定理。$|F_m|^2$ 对 m 的求和是

$$\sum_{m=-n}^{n-1}|F_m|^2 = \sum_{m=-n}^{n-1}\left\{\frac{1}{N^2}\left(\sum_{r=-n}^{n-1} a_r^*\exp\left[i\frac{2\pi m}{N}r\right]\right)\left(\sum_{q=-n}^{n-1} a_q\exp\left[-i\frac{2\pi m}{N}q\right]\right)\right\}$$

$$=\frac{1}{N^2}\sum_{r=-n}^{n-1}\sum_{q=-n}^{n-1} a_r^* a_q\left\{\sum_{m=-n}^{n-1}\exp\left[i\frac{2\pi m}{N}r\right]\exp\left[-i\frac{2\pi m}{N}q\right]\right\} \tag{8-129}$$

从(等式 8-117)正交关系知，花括号内的表达式是 $N\delta_{rq}$，所以等式 8-129 变成

$$\sum_{m=-n}^{n-1}|F_m|^2 = \frac{1}{N^2}\sum_{r=-n}^{n-1}\sum_{q=-n}^{n-1} a_r^* a_q N\delta_{rq} = \frac{1}{N}\sum_{r=-n}^{n-1}|a_r|^2 \tag{8-130}$$

这就是帕塞瓦尔定理。

如果所有的 a_r 都是实数，那么 $|F_m|^2=|F-m|^2=A_m^2+B_m^2$，且帕塞瓦尔定理可以被写成

$$A_0^2+2\sum_{m=1}^{n}(A_m^2+B_m^2)=\frac{1}{N}\sum_{r=-n}^{n-1}a_r^2 \tag{8-131}$$

在单边光谱中频率 m 的功率是

$$P_m=\begin{cases}A_0^2, & m=0\\ 2(A_m^2+B_m^2), & 1\leqslant m\leqslant N/2\end{cases} \tag{8-132}$$

如果只有频率 m 对该序列有贡献，那么等式 8-126 就变成

$$a_r=2A_m\cos\left(\frac{2\pi mr}{N}\right)+2B_m\sin\left(\frac{2\pi mr}{N}\right) \tag{8-133}$$

所以频率 m 处的幅度是(跟等式 8-35 比较)

$$\alpha_m=\sqrt{4(A_m^2+B_m^2)}=\sqrt{2P_m} \tag{8-134}$$

等式 8-131 引入了对帕塞瓦尔定理的另一种有趣的解释。注意到

$$\frac{1}{N}\sum_{r=-n}^{n-1}a_r^2=\langle a^2\rangle \tag{8-135}$$

并注意到

$$A_0=\frac{1}{N}\sum_{r=-n}^{n-1}a_r\cos(0)=\frac{1}{N}\sum_{r=-n}^{n-1}a_r=\langle a\rangle \tag{8-136}$$

因此等式 8-131 可以写成以下形式

$$2\sum_{m=1}^{n}(A_m^2+B_m^2)=\langle a^2\rangle-\langle a\rangle^2 \tag{8-137}$$

$$\sum_{m=1}^{n}P_m=\sigma_a^2 \tag{8-138}$$

因此，在大于 0 的频率上的功率的总和等于原始信号的方差。这一结果将有助于解释噪声的功率谱。

8.6 卷积和卷积定理

8.6.1 卷积

如果 $f(t)$ 和 $g(t)$ 是两个函数，则它们的卷积 $y(\tau)$ 被定义为

$$y(\tau)=\int_{-\infty}^{\infty}f(t)g(\tau-t)dt \tag{8-139}$$

注意到这个积分有 $g(\tau-t)$，不是 $g(\tau+t)$，所以 $g(t)$ 是逆向进入卷积积分的。在 $\tau=0$ 时，它关于原点镜像反射进入积分。另外注意即使 $f(t)$ 和 $g(t)$ 是复函数，这里也没有复共轭。如果 f_j 和 g_j 是在相同的均匀间隔采样的离散的序列，它们的卷积是

$$y_n=\sum_{j=-\infty}^{\infty}f_jg_{n-j} \tag{8-140}$$

如果有需要的话，这可以用矩阵符号来表示。设矩阵 $\mathfrak{G}$ 的分量是

$$(\mathfrak{G})_{nj}=\mathfrak{g}_{nj}=g_{n-j} \tag{8-141}$$

实际上，$\mathfrak{G}$ 的每一行都以相反的顺序重复 g_j，并偏移 n 个元素的位置。等式 8-140 可以写成 $y_n = \sum_j \mathfrak{g}_{nj} f_j$，或者以矩阵符号，

$$\mathbf{y} = \mathfrak{G}\mathbf{f} \tag{8-142}$$

这里 $\mathbf{y}$ 和 $\mathbf{f}$ 是包含元素 y_n 和 f_j 的向量。

尽管表面上看不出来，卷积在 $f(t)$ 和 $g(t)$ 之间是对称的。为了看到这一点，从 t 到 $u=\tau-t$ 做一个变量变换。由于 $dt=-du$，我们有

$$\begin{aligned} y(\tau) &= \int_{t=-\infty}^{\infty} f(t)g(\tau-t)dt = -\int_{u=\infty}^{\infty} f(\tau-u)g(u)du \\ &= \int_{u=-\infty}^{\infty} f(\tau-u)g(u)du \end{aligned} \tag{8-143}$$

并且对称性是明显的。这是时间上的反转产生的对称性。在第 10 章中要讨论的交叉协方差函数，本质上是一个没有时间反转的卷积。它在两个输入函数之间是不对称的。

令 $f(t)$ 是两个其他函数的线性组合：

$$f(t) = a_1 f_1(t) + a_2 f_2(t) \tag{8-144}$$

$f(t)$ 和 $g(t)$ 的卷积是

$$\begin{aligned} y(\tau) &= \int_{-\infty}^{\infty} [a_1 f_1(t) + a_2 f_2(t)]g(\tau-t)dt \\ &= a_1\int_{-\infty}^{\infty} f_1(t)g(\tau-t)dt + a_2\int_{-\infty}^{\infty} f_1(t)g(\tau-t)dt \end{aligned} \tag{8-145}$$

因此，卷积是一个线性操作。实际上它是一个双线性操作，因为它对 $f(t)$ 和 $g(t)$ 都是线性的。

有几种方法可以理解卷积。如果 $f(t)$ 仅在一个很小的范围上非零，卷积就是近似地复制 $g(t)$，再把这个复制转移到 $f(t)$ 非零的地方。图 8-13 显示了一个极端的例子，当 $f(t)$ 是一个脉冲函数时

$$f(t) = a_1\delta(t-t_1) \tag{8-146}$$

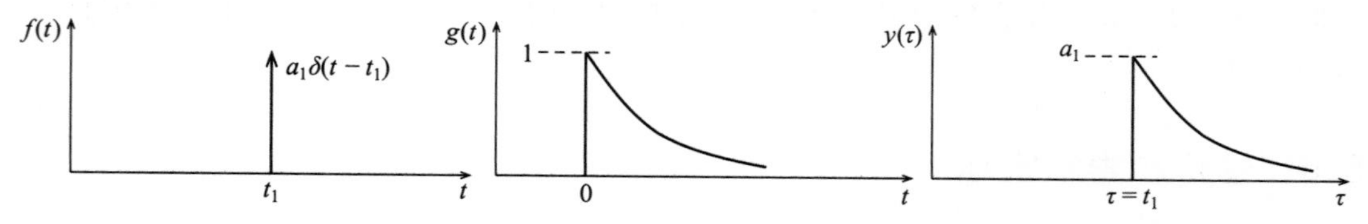

图 8-13　脉冲函数 $a_1\delta(t-t_1)$（上图），指数函数 $\exp[-t]$（$t\geqslant 0$（中图））以及两者的卷积（下图）。指数函数乘以了 a_1 并且它的原点移动到了 $\tau=t_1$

而 $g(t)$ 是指数函数

$$g(t) = \begin{cases} 0, & t < 0 \\ \exp[-t], & t \geqslant 0 \end{cases} \tag{8-147}$$

它们的卷积是

$$\begin{aligned} y(\tau) &= \int_{-\infty}^{\infty} f(t)g(\tau-t)dt = \int_{-\infty}^{\infty} a_1\delta(t-t_1)\exp[-(\tau-t)]dt \\ &= \begin{cases} 0, & \tau < t_1 \\ a_1\exp[-(\tau-t_1)], & \tau \geqslant t_1 \end{cases} \end{aligned} \tag{8-148}$$

也就是 $g(t)$ 乘以 a_1，并随时间转移到脉冲函数的位置上。值得注意的是，即使 $g(t)$ 是逆

时间进入卷积积分的，但在 $y(\tau)$上没有显示反转。

如果 $f(t)$是一个连续函数，可以把卷积看作是复制 $g(t)$很多次然后把所有的复制加在一起。要看到这一点，把 t 分成很小的连续的宽度为 Δt 的间隔，如图 8-14 所示。$f(t)$在 Δt 上的积分在 t_i 上大约是 $f(t_i)\Delta t$。每一个区间都贡献一个量

$$y(\tau_i) \approx g(\tau - t_i)f(t_i)\Delta t \tag{8-149}$$

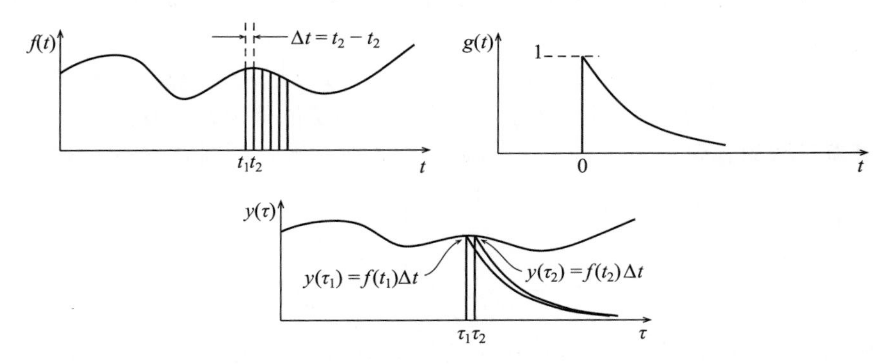

图 8-14　连续函数 $f(t)$(上图)。$f(t)$在很小一个区间 Δt 上的积分在 t_i 上大约是 $f(t_i)\Delta t$。指数函数(中图)。$f(t)$和指数函数的卷积(下图)大约是很多指数函数的和，每一个指数函数乘以 $f(t_i)\Delta t$，然后转移到 t_i

到卷积积分，因此卷积大约等于

$$y(\tau) \approx \sum_i g(\tau - t_i)f(t_i)\Delta t \tag{8-150}$$

图 8-14 显示了当 $g(t)$是指数函数时卷积是如何工作的。在极限 $\Delta t \to 0$ 时，这个和就变成了 $g(t)$和 $f(t)$的卷积。

卷积也可以被认为是一个平滑的过程或者一个运动平均。假设 $f(t)$是一个快速变化的函数，$g(t)$是一个宽度为 T、高度为 $1/T$ 的矩形函数(见图 8-15)。在特定的点 $\tau = t_1$ 上，两者的卷积是

$$y(\tau = t_1) = \frac{1}{T}\int_{t_1 - T/2}^{t_1 + T/2} f(t)dt \tag{8-151}$$

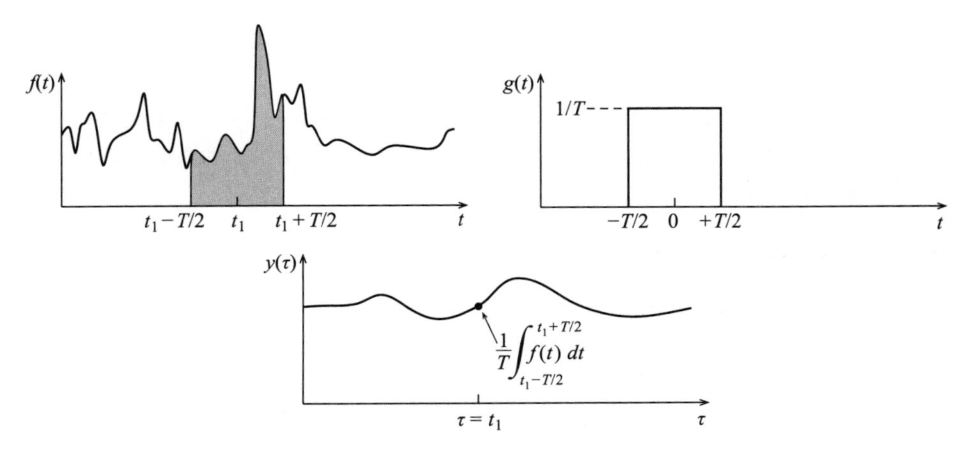

图 8-15　快速变化的函数 $f(t)$(上图)，一个矩形函数(中图)和这两者的卷积(下图)。卷积在 $\tau = t_1$ 处的值等于 $f(t)$在以 t_1 为中心、宽度为 T 的区间上的平均值

这是 $f(t)$在以 t_1 为中心、宽度为 T 的区间上的平均值。

为了方便，我们引入新的符号。让符号⊗代表卷积，因此卷积积分可以紧凑地写成

$$y(\tau)=\int_{-\infty}^{\infty} f(t)g(\tau-t)dt = f(t)\otimes g(t) \tag{8-152}$$

因为卷积在 $f(t)$和 $g(t)$之间是对称的，所以不需要指定哪一个函数在时间上逆行。卷积的线性现在可以写成

$$[a_1 f_1(t)+a_2 f_2(t)]\otimes g(t) = a_1 f_1(t)\otimes g(t)+a_2 f_2(t)\otimes g(t) \tag{8-153}$$

第 9 章和第 10 章有很多卷积的具体例子，但有几个例子值得现在提及。

两个高斯函数的卷积：让 $f(t)$和 $g(t)$是两个高斯函数，分别有方差 σ_1^2和 σ_2^2：

$$f(t)=\frac{1}{\sqrt{2\pi}\sigma_1}\exp\left[-\frac{1}{2}\frac{t^2}{\sigma_1^2}\right] \tag{8-154}$$

$$g(t)=\frac{1}{\sqrt{2\pi}\sigma_2}\exp\left[-\frac{1}{2}\frac{t^2}{\sigma_2^2}\right] \tag{8-155}$$

它们的卷积也是一个高斯函数(见附录 C 中的 C. 3 节)，且它的方差是 $\sigma_1^2+\sigma_2^2$：

$$y(\tau)=f(t)\otimes g(t)=\frac{1}{\sqrt{2\pi}(\sigma_1^2+\sigma_2^2)^{1/2}}\exp\left[-\frac{1}{2}\frac{\tau^2}{\sigma_1^2+\sigma_2^2}\right] \tag{8-156}$$

两个矩形函数的卷积：让 $f(t)$和 $g(t)$是两个矩形函数

$$f(t)=\begin{cases}1, & -a\leqslant t\leqslant a\\ 0, & |t|>a\end{cases} \tag{8-157}$$

$$g(t)=\begin{cases}1, & -b\leqslant t\leqslant b\\ 0, & |t|>b\end{cases} \tag{8-158}$$

它们的卷积是如图 8-16 所示的梯形函数。如果两个矩形有相同的宽度($a=b$)，则梯形变为宽度 $2a$ 的三角形。

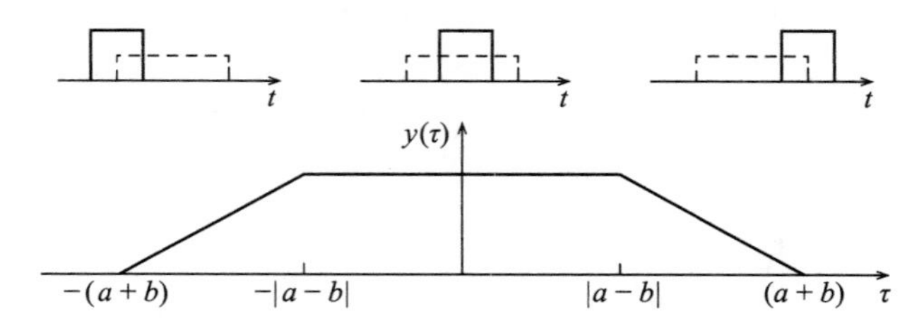

图 8-16　宽度分别为 a 和 b 的两个矩形函数的卷积是一个梯形函数(下图)。这三个图(上图)显示了对应于梯形函数的三个部分的两个矩形函数的方向。如果 $a=b$，则梯形函数变成宽度为 $2a$ 的三角形

正弦曲线和矩形函数的卷积：让 $f(t)$是一个矩形函数

$$f(t)=\begin{cases}1/2a, & -a\leqslant t\leqslant a\\ 0, & |t|>a\end{cases} \tag{8-159}$$

且让 $g(t)=\sin(\omega t)$。它们的卷积是

$$y(\tau)=\frac{1}{2a}\int_{-a}^{a}\sin\omega(\tau-t)dt = \frac{1}{2a}\int_{-a}^{a}[\sin(\omega\tau)\cos(\omega t)-\cos(\omega\tau)\sin(\omega t)]dt \tag{8-160}$$

方括号内的第二项的积分是 0，因为 $\sin(\omega t)$是关于 $t=0$ 反对称的，所以我们有

$$y(\tau)=\frac{1}{2a}\sin(\omega\tau)\int_{-a}^{a}\cos(\omega t)dt=\frac{1}{2a}\sin(\omega\tau)\frac{1}{\omega}\sin(\omega t)\Big|_{-a}^{a}$$
$$=\frac{\sin(\omega a)}{\omega a}\sin(\omega\tau) \tag{8-161}$$

这是一条正弦曲线，其频率和原始正弦曲线相同，但振幅由 sinc 函数 $\sin(\omega a)/\omega a$ 给出。

8.6.2 卷积定理

在 8.4 节中，我们看到一个矩形函数乘以一个正弦曲线的傅里叶变换是一个 sinc 函数（见等式 8-87）；前面的例子显示了一个矩形函数和一个正弦曲线的卷积是振幅为 sinc 函数的正弦曲线。这表明了傅里叶变换和卷积之间的联系。精确的联系由我们现在要推导的卷积定理给出。让两个函数 $f_1(t)$和 $f_2(t)$分别有傅里叶变换 $F_1(v)$和 $F_2(v)$。这两个傅里叶变换的乘积(没有复共轭)是

$$F_1(v)F_2(v)=\left[\int_{t=-\infty}^{\infty}f_1(t)\exp[-i2\pi vt]dt\right]\left[\int_{u=-\infty}^{\infty}f_2(u)\exp[-i2\pi vu]du\right]$$
$$=\int_{t=-\infty}^{\infty}\int_{u=-\infty}^{\infty}f_1(t)f_2(u)\exp[-i2\pi v(t+u)]dtdu \tag{8-162}$$

从(t, u)到(t, τ)做变量变换，其中 $\tau=t+u$。从 $dtdu$ 到 $dtd\tau$ 的变换由雅克比矩阵给出

$$dtdu=\left|\frac{\partial(t, u)}{\partial(t, \tau)}\right|dtd\tau=\begin{vmatrix}1 & -1\\0 & 1\end{vmatrix}dtd\tau=dtd\tau \tag{8-163}$$

因此积分变成

$$F_1(v)F_2(v)=\int_{\tau=-\infty}^{\infty}\left[\int_{t=-\infty}^{\infty}f_1(t)f_2(\tau-t)dt\right]\exp[-i2\pi vt]d\tau$$
$$=\int_{\tau=-\infty}^{\infty}[f_1(t)\otimes f_2(t)]\exp[-i2\pi v\tau]d\tau \tag{8-164}$$

这个非凡的等式说明了两个函数的傅里叶变换的乘积等于这两个函数的卷积的傅里叶变换。通过相同的逻辑，可以得出同样显著的结果：

$$F_1(v)\otimes F_2(v)=\int F_1(v')F_2(v-v')dv'=\int_{t=-\infty}^{\infty}f_1(t)f_2(t)\exp[-i2\pi vt]dt \tag{8-165}$$

这个等式说明两个函数的傅里叶变换的卷积等于这两个函数的乘积的傅里叶变换。等式 8-165 和 8-164 是卷积定理的可代替形式。

第 9 章

序列分析：功率谱和周期图

9.1 引言

序列是对象的一个有序集合。星光的光谱是一个单色光通量按波长或频率排列的序列，DNA 分子的碱基也构成一个序列，同样地，10 号州际公路的出口按它们到公路东面尽头的距离排列也构成一个序列。最普遍的序列类型之一是时间序列，这里某些量按时间先后排列。一个星星明亮的变化、制导导弹的速度以及标普 500 股票指数的记录都是时间序列。这些都是单维序列，当然多维序列也很普遍。数字图像是一个明显的例子：在二维空间中，像素点必须正确地排列才能使得图像看上去有意义。通常可以将多维数据看成序列的序列。一个矩形的数字图像可以被看作线条的序列，每一个线条则是光亮的序列。天空中宇宙微波背景图是一个序列集，其中微波通量按照一个角度排列(可能从左向右变大)，然后这些序列自己又按另一个角度排列(可能从大到小)。在这种情况下，序列的头尾光滑地连在一起。

这一章将介绍序列的分析。主要的工具是功率谱和周期图，它们都擅长于分析含有周期性或近周期性信号的序列。第 10 章将继续介绍卷积以及自协方差和互系协方差函数，它们对分析非周期及准周期信号序列更有用。

9.2 连续序列：数据窗口、谱窗口以及混叠

功率谱很明显能用来分析周期信号主导的序列，它们对分析周期围绕平均周期不规则变化的信号也很有用。如果序列按照某些特定的时间或长度变化，它们甚至对分析某些不具周期性的序列也很有用。这也使得功率谱成为分析序列的主要工具之一。我们从计算不含噪声序列的功率谱来开始讨论。为了方便起见，我们通常使用 t 和 v 来表示傅里叶变换对，分别表示时间和频率，但正如前面说明的，别的理解也是可能的，常见的有长度和波数。

9.2.1 数据窗口和谱窗口

设 $s(t)$是一个连续序列，我们希望测量它的功率谱。通常，只有 $s(t)$的一部分而不是整个序列被取样了，而且取样的方法将极大影响功率谱的测量。图 9-1 展示了一个常见的情况。序列 $s(t)$只在 t_1 到 t_2 区间上可知。观测到的序列 $f(t)$可以看作 $s(t)$和一个从 t_1 到 t_2 矩形函数窗口 $w(t)$的乘积：

$$w(t)=\begin{cases}0, & t<t_1\\ 1, & t_1\leqslant t\leqslant t_2\\ 0, & t_2<t\end{cases} \tag{9-1}$$

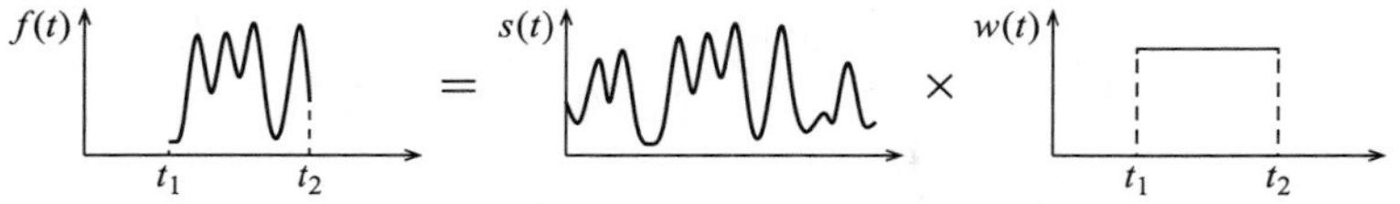

图 9-1　中图展示了一个序列 $s(t)$。观测到的序列 $f(t)$（左图）可以看作 $s(t)$ 和一个从 t_1 到 t_2 矩形数据窗口 $w(t)$（右图）的乘积

函数 $w(t)$ 叫作**数据窗口**。可以通过卷积理论（参见 8.6.2 节）计算观测到的序列的傅里叶变换：

$$F(v)=\int f(t)\exp[-i2\pi vt]dt=\int s(t)w(t)\exp[-i2\pi vt]dt$$
$$=S(v)\otimes W(v) \tag{9-2}$$

这里 $S(v)$ 和 $W(v)$ 分别是 $s(t)$ 和 $w(t)$ 的傅里叶变换。[⊖] 数据窗口的傅里叶变化叫作谱窗口。公式 9-2 表明观测到序列的傅里叶变换是谱窗口和原始无限长序列的傅里叶变换的卷积。

下面是一个具体的例子，假设余弦函数 $s(t)=\cos(2\pi v_0 t)$ 在区间 $-b/2\leqslant t\leqslant b/2$ 上被观测。余弦函数的傅里叶变换是在 v_0 和 $-v_0$ 处的一对狄拉克 δ 函数（参见公式 8-89）：

$$S(v)=\frac{1}{2}\delta(v-v_0)+\frac{1}{2}\delta(v+v_0) \tag{9-3}$$

而矩形函数的傅里叶变换是辛格函数（参见公式 8-76）。$f(t)$ 的傅里叶变换则是

$$F(v)=S(v)\otimes W(v)$$
$$=\left[\frac{1}{2}\delta(v-v_0)+\frac{1}{2}\delta(v+v_0)\right]\otimes b\,\frac{\sin(\pi vb)}{\pi vb}$$
$$=\frac{b}{2}\,\frac{\sin(\pi[v-v_0]b)}{\pi[v-v_0]b}+\frac{b}{2}\,\frac{\sin(\pi[v+v_0]b)}{\pi[v+v_0]b} \tag{9-4}$$

图 9-2 展示了 $f(t)$ 和 $F(v)$。在 $s(t)$ 有限的长度上取样的结果是将两个狄拉克 δ 函数扩展成了两个辛格函数，它们到最近零点的宽度是 $\Delta v=2/b$。如果 $v_0\gg\Delta v$，两个辛格函数可以很好地区隔开，功率谱变成两个平方辛格函数。有正频率的那个是

$$P(v)=|F(v)|^2=\frac{b^2}{4}\left\{\frac{\sin(\pi[v-v_0]b)}{\pi[v-v_0]b}\right\}^2 \tag{9-5}$$

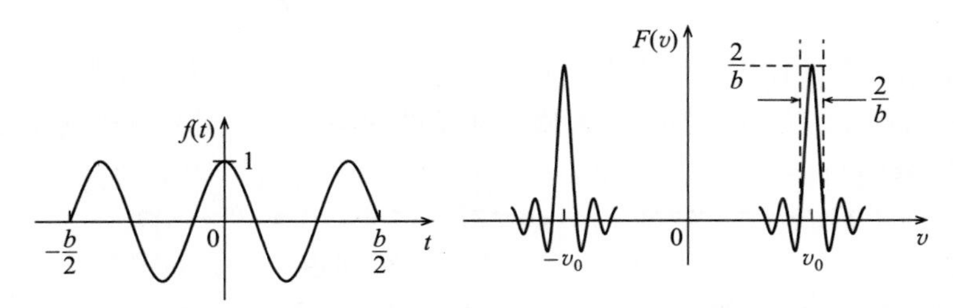

图 9-2　函数 $f(t)$ 是余弦函数 $\cos(2\pi v_0 t)$ 和 $t=-b/2$ 到 $t=b/2$ 矩形数据窗口的乘积（上图）。余弦函数的傅里叶变换是两个狄拉克 δ 函数，一个在 $v=-v_0$ 处，一个在 $v=v_0$ 处。矩形窗口函数的傅里叶变换是辛格函数。$f(t)$ 的傅里叶变换是两个狄拉克 δ 函数与辛格函数的卷积，产生两个辛格函数，一个以 $v=-v_0$ 为中心，一个以为在 $v=v_0$ 中心（下图）

⊖ 公式 9-2 用了一个简记符号表示实际上有两步的过程：首先卷积 $F(\tau)=S(v)\otimes W(v)$，然后再通过令 $\tau=v$ 重新映射 $F(\tau)\rightarrow F(v)$。这个简记应该不会造成困惑并且这一章都会这么使用。

就像图 9-3 中显示的那样。功率谱有一个以 v_0 为中心的中央峰以及一系列叫作旁瓣、在中央峰两侧对称展开的波峰。第一个和第二个旁瓣的高度分别是中央峰高度的 4.7%和 1.6%。剩下的波峰的高度基本以 $1/(v-v_0)^2$ 递减。

矩形数据窗口对功率谱有几个有害的效果。第一，变换的解析度下降了。两个不同频率的信号可能再也无法由功率谱中两个单独的波峰区分。假设 $f(t)$是由两个频率 v_1 和 v_2 的余弦函数之和再乘以矩形数据窗口 $w(t)$构成：

$$f(t) = w(t) = [\cos(2\pi v_1 t) + \cos(2\pi v_2 t)] \tag{9-6}$$

$f(t)$的傅里叶变换是两个辛格函数的和，一个以 v_1 为中心，一个以 v_2 为中心。图 9-4 展示了 $v_1=1.0$、$v_2=1.15$ 的特例和从 $t=-5$ 到 $t=5$ 矩形数据窗口的傅里叶变换。两个辛格函数混在一起，之间只有一个浅浅的凹陷。如果 $v_2=1.13$，那么连小凹陷都不会有。图中两条竖虚线标出了 v_1 和 v_2。注意，波峰不再精确地在两个构成余弦函数的频率处。

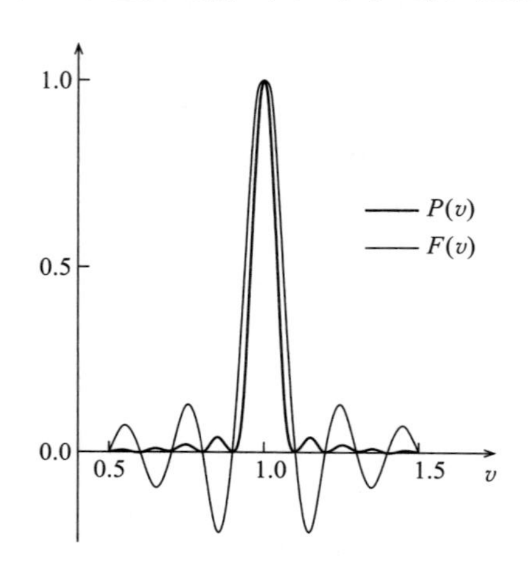

图 9-3　细线 $F(v)$是余弦函数 $\cos(2\pi vt)(v=1)$ 乘以从 $t=-5$ 到 $t=5$ 的矩形数据窗口的傅里叶变换。粗线是 $P(v)=|F(v)|^2$ 的功率谱。两者都在 $v=1$ 处被归一化

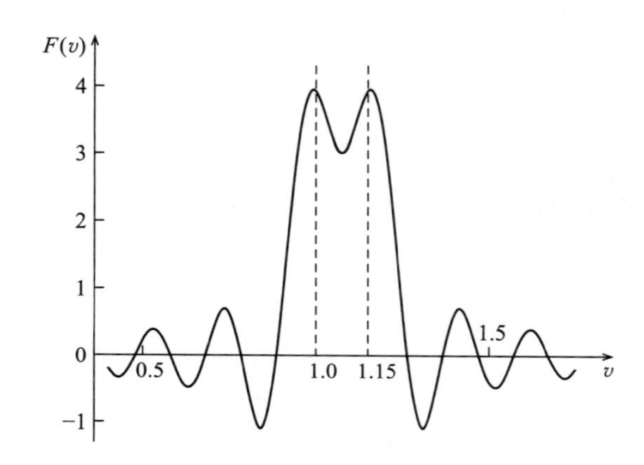

图 9-4　实线是下面两个余弦函数之和 $f(t)=\cos(2\pi v_1 t)+\cos(2\pi v_2 t)$，其中 $v_1=1.0$、$v_2=1.15$，乘以从 $t=-5$ 到 $t=5$ 矩形数据窗口的傅里叶变换。两个频率几乎不能被识别，并且波峰不在原始的频率上

数据窗口的第二个坏作用是谱泄漏：信号中一个频率处的功率会扩散到别的频率上去。一个强力信号的谱泄漏可能扭曲甚至剔除附近频率处的弱信号。图 9-5 验证了这个效果。

它展示了函数的功率谱

$$f(t) = w(t) = [1.0\cos(2\pi v_1 t) + 0.1\cos(2\pi v_2 t)] \tag{9-7}$$

其中 $v_1=1.0$、$v_2=1.5$ 和从 $t=-5$ 到 $t=5$ 的矩形数据窗口。$f(t)$的傅里叶变换是在 $v=1.0$ 和 $v=1.5$ 处的辛格函数的和。在 $v=1.5$ 处的辛格函数被谱泄漏所淹没，并且恰好以在 $v=1.0$ 处的辛格函数的旁叶大小背离它原本的样子。

人们可以通过各种方法改善数据窗口造成的后果。可能最重要的方法是重新设计实验！例如，谱窗口的宽度和数据序列的长度成反比。取更多数据使得序列长度变长两倍可以提升频谱上两倍的解析度。

虽然谱泄漏由于数据窗口长度有限而无法避免，但是泄漏的量和旁瓣的波幅与数据窗口的形状相关。由于在它的两端都不连续，矩形数据窗口是一个典型的坏选择。没有间断的数据窗口会有更少的泄漏和更小的旁瓣。图 9-6 比较了余弦函数乘以矩形数据窗口和余

弦函数乘以三角形窗口：

$$w(t)=\begin{cases}1-\dfrac{|t|}{b/2}, & |t|\leqslant b/2\\ 0, & |t|>b/2\end{cases}\tag{9-8}$$

余弦曲线乘以三角形窗口的波幅逐渐平滑地变到0。图中也比较了两个序列的功率谱。方形窗口的功率谱是辛格函数的平方，但三角窗口的功率谱是辛格函数的四次方：

$$P(v)=|W(v)|^2=\frac{b^2}{4}\left[\frac{\sin(\pi vb/2)}{\pi vb/2}\right]^4\tag{9-9}$$

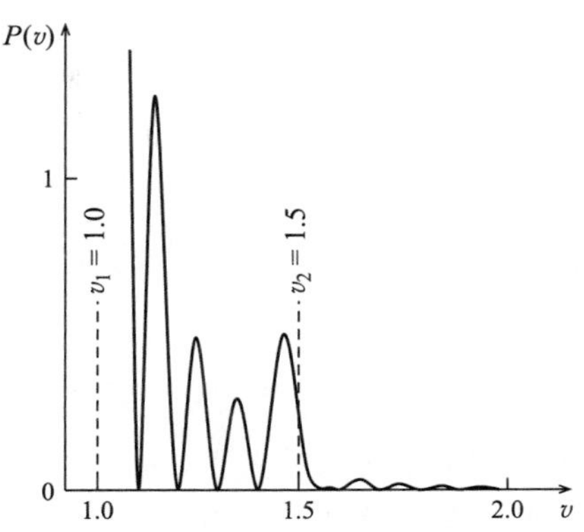

图 9-5 函数 $f(t)=\sin(2\pi v_1 t)+0.1\sin(2\pi v_2 t)$ ($v_1=1.0$，$v_2=1.5$)乘以 $t=-5$ 到 $t=5$ 矩形数据窗口的功率谱。傅里叶变换是两个辛格函数的和，一个以 $v=1.0$ 为中心，另一个以 $v=\pm 1.5$ 为中心。功率谱在 v_1 的波峰达到 $F(v_1)=25$，但这里为了节省空间被截去了。在 $v=1.5$ 处的波峰被谱泄漏所淹没，并且恰好在第一个余弦的旁瓣扭曲的附近背离它原本的样子

三角形数据窗口的功率谱旁瓣会比方形数据窗口功率谱旁瓣下降快速很多。即使是第一个旁瓣也下多降了一个数量级。但是用因子 $b/2$ 而不是 b 使得解析度下降了：三角谱窗口中间波峰的宽度是方形窗口中间波峰宽度的两倍。

因此另一个减小谱泄漏的方法就是改变数据窗口的形状。只通过向数据应用一个线性渐弱，方形数据窗口可以简单地转变成三角数据窗口。三角数据窗口还远远不是最佳选择，因为它两端的导数不连续(窗口两端的顶点)而造成泄漏和扰动。很多其他的数据窗口被提出，其中最好的是“割余弦铃铛”数据窗口，它在数据窗口两端以一个余弦函数逐渐光滑变小。如图9-7所示，这个窗口定义如下：

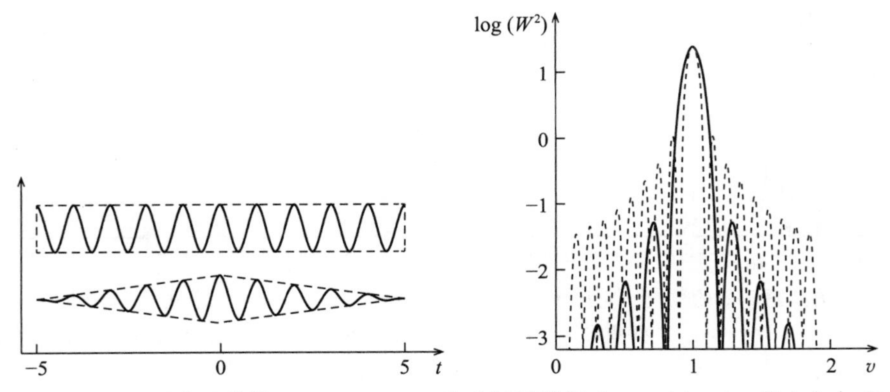

图 9-6 左图展示了余弦曲线 $s(t)=\cos(2\pi t)$ 乘以矩形数据窗口 $w(t)=1$，其中 $|t|\leqslant 5$，以及乘以三角形数据窗口 $w(t)=1-|t|/5$。右图展示了两个序列的功率谱，细虚线是对应方形数据窗口，实线对应三角形数据窗口

$$w(t)=\begin{cases}0.5-0.5\cos\left(\pi\dfrac{b/2+t}{[1-\alpha]b/2}\right), & -b/2\leqslant t<-\alpha b/2\\ 1, & -\alpha b/2\leqslant t\leqslant \alpha b/2\\ 0.5-0.5\cos\left(\pi\dfrac{b/2-t}{[1-\alpha]b/2}\right), & \alpha b/2<t\leqslant b/2\end{cases}\tag{9-10}$$

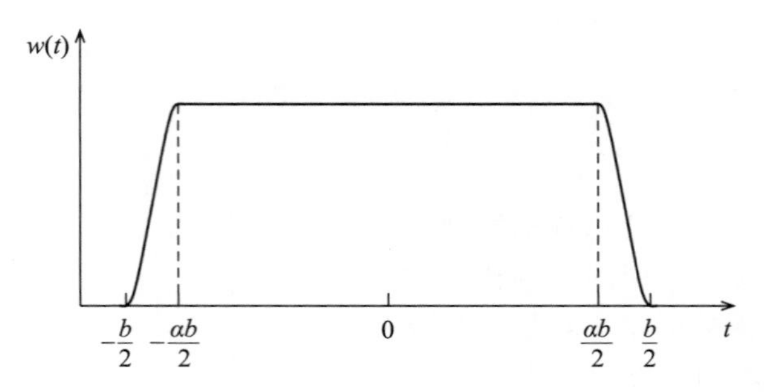

图 9-7　分割余弦数据窗口(公式 9-10)。这个窗口 $\alpha=0.2$，在窗口两端各给出 10%的逐渐变小区域

这里 α 决定渐小区域的大小，$\alpha=0.2$ 给出两端 10%的渐小区域。这个窗口的任何导数都连续，从而最小化扰动。可以根据具体问题选择 α 的值。较小的 α 导致更小的泄漏但更差的解析度。

第三个处理谱泄漏的方法是"预白化"频谱。预白化的过程是从原始的序列里先除去一个大信号，这样去掉了它在功率谱里的泄漏量并使得较弱的信号能被探测到。

图 9-5 在图 9-8 中被重复了一遍。它展示了两个余弦曲线和的功率谱，一个在 $v=1.0$ 处，另一个在 $v=1.5$ 处，并且波幅是前一个的 1/10。右图是当 $v=1.0$ 时的余弦在序列中被减去后的功率谱。现在容易看到波幅小的余弦函数。在实际操作中，人们经常先计算功率谱去找到最强的信号。光曲线通过减去这个强信号进行预白化，然后再次计算功率谱寻找较弱的信号。

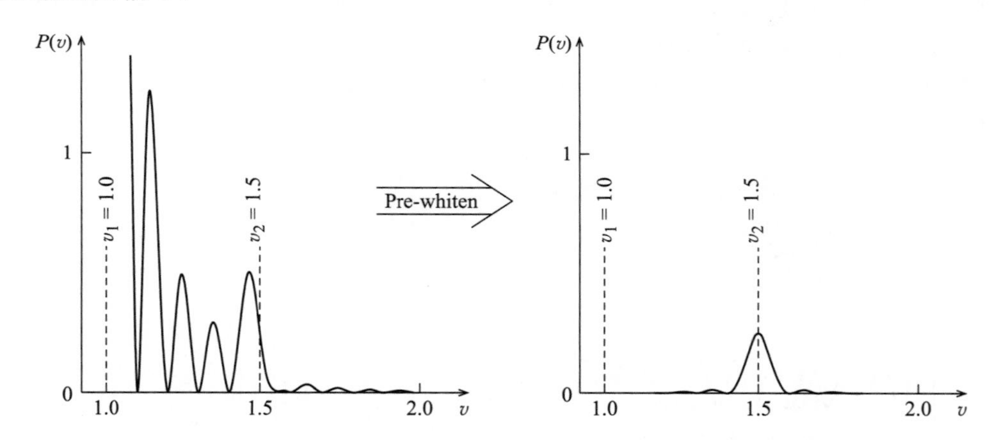

图 9-8　左图是图 9-5 的重复。它展示了两个余弦曲线和的功率谱，一个在 $v=1.0$ 处，另一个在 $v=1.5$ 处并且波幅是前一个的 1/10。右图是当 $v=1.0$ 时的余弦在序列中被减去后的功率谱。现在容易看到波幅小的余弦函数

假设序列是余弦和一个常数的和，

$$s(t)=A+B\cos(2\pi v_0 t) \tag{9-11}$$

数据窗口是从 $t=-b/2$ 到 $t=b/2$ 的矩形窗口。余弦的傅里叶变换是两个在 $\pm v_0$ 处辛格函数的和，其波峰波幅是 $Bb/2$(参见公式 9-4)，再加上在零频率的第三个辛格函数：

$$F(v)=Ab\frac{\sin(\pi v b)}{\pi v b} \tag{9-12}$$

在零频率的辛格函数有像其他辛格函数一样的旁瓣谱泄漏。在实际操作中，A 远远大于 B，所以零频率的泄漏可以大大改变频率谱。这个零频率必须通过预白化被移除，在这个

例子里就是减去序列的平均值。序列中缓慢的趋势或者别缓慢变化同样也会造成破坏，因为它们能在序列尾部引入间断，在变换中造成扰动。人们常常从序列里减去一个序列的低阶多项式拟合。

总之，计算序列功率谱的最低要求是减去序列的平均值和变化趋势，并在序列两端加上逐渐变小的区域，也就是在数据窗口上加上逐渐变小区域。如果信号有多个周期，进一步预白化处理也很有用。

9.2.2 混叠

混叠是谱泄漏的一种极端情况，这时泄漏到一个或更多的频率上的功率和真实频率的功率差不多大。图 9-9 展示了一种产生混叠的典型情况。真实的序列是余弦函数

$$s(t) = \cos(2\pi v_0 t) \tag{9-13}$$

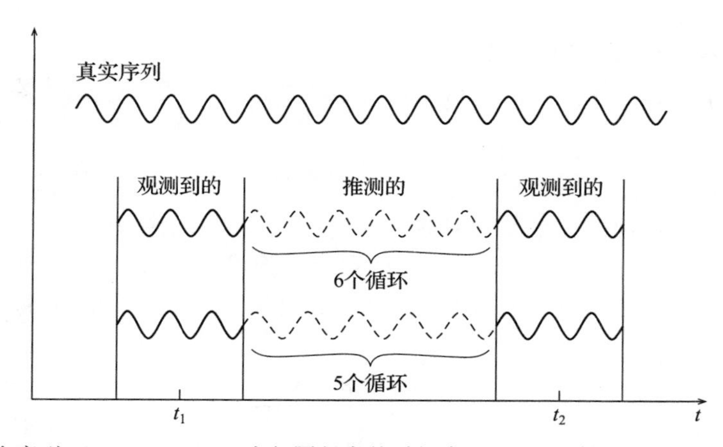

图 9-9　一个序列 $s(t)=\cos(2\pi v_0 t)$在相隔很大的时间点 t_1 和 t_2 上被取样，如图中标有“观测到的”实曲线所示。虚线代表由观测到序列外插到未观测到区间而推测出的序列。图中显示了两个可能的推测序列，一个在序列未观测部分有 5 个循环而另一个有 6 个循环。这两个可能的推测周期互相是对方的混叠

序列在相隔很大的两个时间点上被取样，就像图中竖线之间标有“观测到的”的实曲线。虚线代表由观测到序列外插到未观测区间而推测出的序列。几个不同的推测序列几乎能一样好地拟合数据，它们在序列未观测部分循环的整数数目彼此不同。图中展示了两个可能的推测序列，一个在未观测部分有 5 个循环而另一个有 6 个循环。这些代表了余弦函数被推测了的不同周期。这两个可能的推测周期互相是对方的混叠。

这个例子简单到足以能解析地分析。观测到的序列 $f(t)$是 $s(t)$和数据窗口 $w(t)$的乘积：

$$f(t) = s(t)w(t) \tag{9-14}$$

这里数据窗口由两个以 t_1 和 t_2 为中心的矩形函数组成。我们用一个矩形和两个狄拉克函数的卷积表示这个窗口：

$$w(t) = r(t) \otimes [\delta(t-t_1) + \delta(t-t_2)] \tag{9-15}$$

$$r(t) = \begin{cases} 1, & |t| \leqslant b/2 \\ 0, & |t| > b/2 \end{cases} \tag{9-16}$$

由卷积理论得，观测到的序列的傅里叶变换是

$$F(v) = S(v) \otimes W(v) \tag{9-17}$$

这里 $S(v)=\delta(v-v_0)$，而 $W(v)$是 $w(t)$的傅里叶变换。矩形函数的傅里叶变换是辛格函数，所以，同样由卷积理论得，频谱窗口是

$$W(v) = b\frac{\sin(2\pi vb)}{2\pi vb}D(v) \tag{9-18}$$

这里 $D(v)$是这对狄拉克函数的傅里叶变换：

$$D(v) = \int_{-\infty}^{\infty}[\delta(t-t_1)+\delta(t-t_2)]\exp[-i2\pi vt]dt$$

$$\exp = [-i2\pi vt_1] + \exp[-i2\pi vt_2] \tag{9-19}$$

可以通过绝对值的平方简单理解 $D(v)$：

$$\begin{aligned}|D(v)|^2 &= |\exp[-i2\pi vt_1]+\exp[-i2\pi vt_2]|^2 \\ &= 2+2\cos[2\pi v(t_2-t_1)] \\ &= 4\cos^2[\pi v(t_2-t_1)]\end{aligned} \tag{9-20}$$

如果 t_2-t_1 远远大于 b，$f(t)$的功率谱是

$$\begin{aligned}P(v) = |F(v)|^2 &= \left|\delta(v-v_0)\otimes\left\{b\frac{\sin(2\pi vb)}{2\pi vb}D(v)\right\}\right|^2 \\ &\approx \left\{b\frac{\sin(2\pi[v-v_0]b)}{2\pi[v-v_0]b}\right\}^2\cos^2(\pi[v-v_0][t_2-t_1])\end{aligned} \tag{9-21}$$

公式 9-21 绘制在图 9-10 中，它可以被理解为由一个快速振动的函数 $\cos^2(\pi[v-v_0][t_1-t_2])$加上一个辛格函数平方给出的缓慢变化的振幅所构成。由 $\Delta v=1/(t_1-t_2)$分隔的多个狭窄波峰叫作混叠。在这么多几乎相等的波峰中决定哪一个才是真正的周期是很困难的。

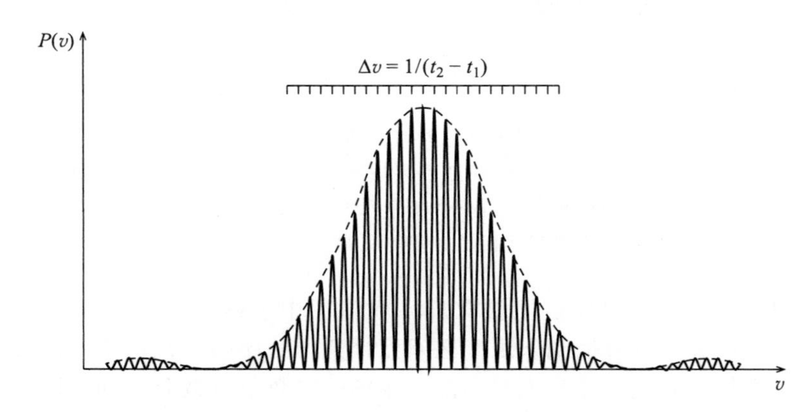

图 9-10　公式 9-21 的绘制。它可以被理解为由一个快速振动的函数 $\cos^2(\pi v[t_2-t_1])$加上一个辛格函数平方给出的缓慢变化的振幅所构成

9.2.3 任意的数据窗口

接下来的讨论揭示了了解数据窗口和计算相应频谱窗口的重要性。数据窗口通常很复杂，从而使得计算相应的频谱窗口几乎不可能。考虑一个天文学的实际例子。一颗脉动星的变化只能在夜间观测到，测量的光量曲线每 24 小时有很大的间隔。观测可能只在一些特定月相进行，每 29 天产生一些间隔。观测也可能只在一年中的某些时间进行，从而引入以一年为重复区间的间隔。多云的天气产生一些额外的间隔。必须复杂数据窗口的频谱窗口进行数值计算。过程通常是：

1. 创建一个由纯余弦曲线 $s(t)=\cos(2\pi v_0 t)$构成的虚构的序列。
2. 用已知的数据窗口乘以这个余弦序列得到 $f(t)=s(t)w(t)$。
3. 数值计算 $f(t)$的傅里叶变换得到

$$F(v) = S(v) \otimes W(v) = \delta(v - v_0) \otimes W(v) = W(v - v_0) \tag{9-22}$$

那么这个虚拟序列的傅里叶变换就是位移到 v_0 的频谱窗口。对于所有最简单的频谱窗口，绘制 $|W(v-v_0)|^2$ 是一个不错的方法。

9.3 离散序列

在 9.2 节中，序列是连续的，但是实际上数据序列几乎总是离散的，从而引入额外的复杂度。令 a_r 为一个由 $N=2n$ 个等距 Δt 所取的函数 $f(t)$的值构成的序列。a_r 的傅里叶变换以及傅里叶各项的逆变换(参见公式 8-108 及 8-109)为

$$F_m = \frac{1}{N}\sum_{r=-n}^{n-1} a_r \exp\left[-i\frac{2\pi m}{N}r\right] \tag{9-23}$$

$$a_r = \sum_{m=-n}^{n-1} F_m \exp\left[i\frac{2\pi m}{N}r\right] \tag{9-24}$$

所以，序列 a_r 可以由 F_m 的 N 个值完全重构。

9.3.1 过量采样 F_m 的必要性

虽然 F_m 含有重构 a_r 的所有信息，但是 F_m 的特征可能并不完全清楚，因为它是离散取样的。考虑在 $a_r=\cos(2\pi v_0 r\Delta t)$处取样的特别的例子 $f(t)=\cos(2\pi v_0 t)$。傅里叶变换是 $b=N\Delta t$ 及 $v=m/(N\Delta t)$时的公式 9-4。为了简单起见只保留 $v-v_0$ 项：

$$F_m = F(v_m) = \frac{N\Delta t}{2}\frac{\sin(\pi[m/(N\Delta t) - v_0]N\Delta t)}{\pi[m/(N\Delta t) - v_0]N\Delta t} \tag{9-25}$$

这是一个以 v_0 为中心、以频率区间 $\Delta v=1/(N\Delta t)$采样的正弦函数。如果 v_0 是 Δv 的整数倍则 $v_0=n\Delta v=n(N\Delta t)$，那么

$$\begin{aligned}\sin(\pi[m/(N\Delta t) - v_0]N\Delta t) &= \sin(\pi[m/(N\Delta t) - n/(N\Delta t)]N\Delta t)\\ &= \sin(\pi[m - n]) = 0\end{aligned} \tag{9-26}$$

那么，在除了 v_0 本身外，所有傅里叶变换计算了的点 $F_m=0$，在 v_0 处 $F_m=1/2$。(其他 1/2 的因子伴随 $v+v_0$ 项，我们已经忽略它们。)这个傅里叶变换显示在图 9-11 的右图中。在 v_0 处，它有一个单独的最高点，并且看起来没有旁瓣，没有谱泄漏！

这个辛格函数还在，它将表现在除 Δv 整数倍以外的所有频率上。例如，假设，那个 v_0 是半整数倍 $v_0=(n+1/2)/(N\Delta t)$。那么

$$\begin{aligned}\sin(\pi[m/(N\Delta t) - v_0]N\Delta t) &= \sin(\pi[m/(N\Delta t) - (n + 1/2)/(N\Delta t)]N\Delta t)\\ &= \sin(\pi[m - n - 1/2)] = \pm 1\end{aligned} \tag{9-27}$$

现在这个傅里叶变换是

$$F_m = \frac{\pm 1}{2\pi(n - m - 1/2)} \tag{9-28}$$

这个傅里叶变换显示在图 9-11 的左图中。改变正弦曲线的频率 $\Delta v/2$ 剧烈地改变了傅里叶变换的样子。更糟的是，没有任意一个 F_m 给出了原来余弦的正确振幅。这个例子显示了人们必须在更多频率上计算傅里叶变换和功率谱，而不仅仅是在重建原序列必须的那些频

率上。以两倍因子过量采样通常是合适的。这可以通过在 $F_{m+1/2}$ 和 F_m 处计算傅里叶变换轻松获得。只需用 F_m 重构原来的序列。

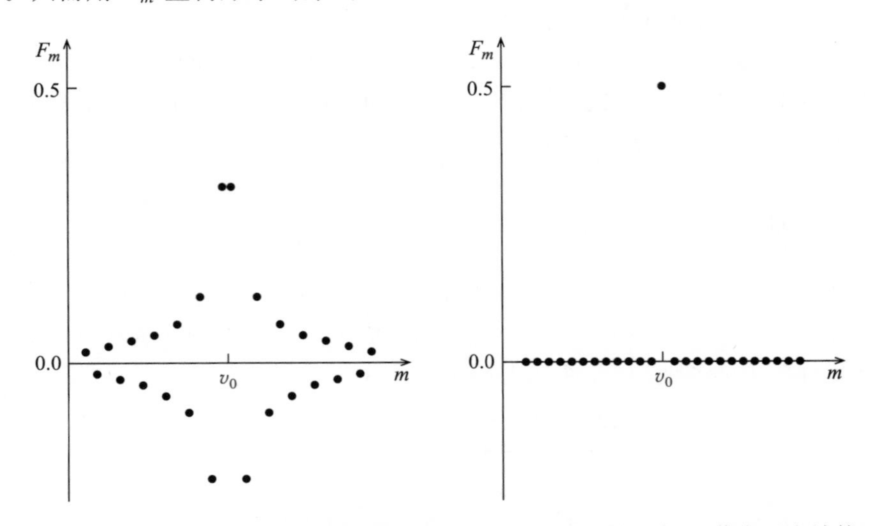

图 9-11　公式 9-25 离散取样余弦曲线的傅里叶变换。左图显示了当 v_0 落在两个计算 F_m 取样点中间时的傅里叶变换。右图显示了当 v_0 正好落在一个计算 F_m 取样点上的傅里叶变换

9.3.2　奈奎斯特频率

假设一个连续的序列 $s(t)$ 以区间 Δt 采样。令 $d(t)$ 为

$$d(t) = \sum_{n=-\infty}^{\infty} \delta(t - n\Delta t) \tag{9-29}$$

这是一串以 Δt 分隔的无穷多个狄拉克函数。取样的信号可以表示为

$$f(t) = s(t)d(t) \tag{9-30}$$

$f(t)$ 的傅里叶变换是

$$F(v) = S(v) \otimes D(v) \tag{9-31}$$

这里 $D(v)$ 是 $d(t)$ 的傅里叶变换。这个变换在第 8 章推导过(参见公式 8-99)，结果是

$$D(v) = \sum_{k=-\infty}^{\infty} \delta(v - k/\Delta t) \tag{9-32}$$

公式 9-31 变为

$$\begin{aligned} F(v) &= S(v') \otimes \sum_{k=-\infty}^{\infty} \delta(v' - k/\Delta t) \\ &= \sum_{k=-\infty}^{\infty} S(v - k/\Delta t) \end{aligned} \tag{9-33}$$

这是 $s(t)$ 的傅里叶变换，重复无穷多次，每次位移 $k/\Delta t$。

如果 $|S(v)|$ 是一个有带宽限制的函数，它在频率大于 $1/2\Delta t$ 时恒等于 0，如图 9-12 所示。那么后继 $S(v)$ 的复本之间都不重叠。所以这个重复不会造成问题。但是，如果 $|S(v)|$ 在频率大于 $1/2\Delta t$ 时不为零，$S(v)$ 的后继复本会重叠，如图 9-13 所示。$s(t)$ 的高频信号出现在低频处，这造成了混乱，即到底哪个频率对应于 v 处的信号。造成这种混乱

原因如图 9-14 所示，由实线表示的高频正弦信号在箭头表示的地方被等距地采样。信号在采样点的值和由虚线所示的更低频的信号吻合。更低频的信号便是一个混叠。

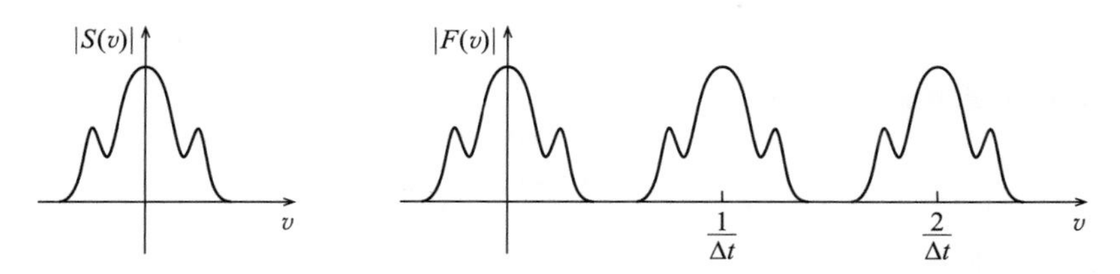

图 9-12　序列 $s(t)$的傅里叶变换是 $S(v)$(上图)。如果 $s(t)$以区间 Δt 取样，离散取样的函数傅里叶变换是 $F(v)$(下图)。傅里叶变换 $S(v)$以区间 $1/\Delta t$ 重复。在这个例子里，$S(v)$足够窄使得每个复本都不重叠

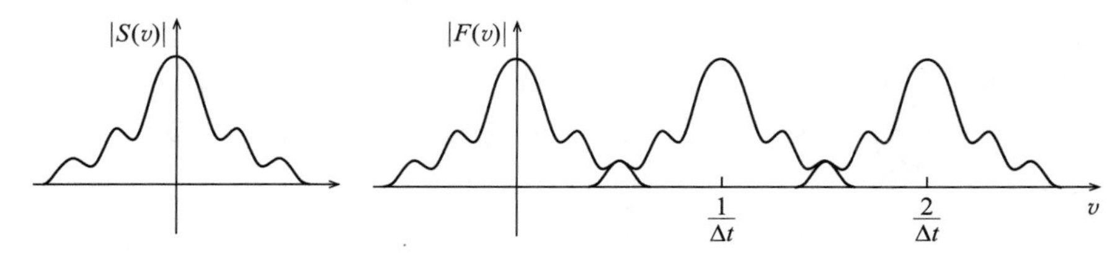

图 9-13　序列 $s(t)$的傅里叶变换是 $S(v)$(上图)。如果 $s(t)$以区间 Δt 取样，离散取样了的函数傅里叶变换是 $F(v)$(下图)。这个例子里，$S(v)$较宽且复本确实重叠，这造成混乱，即到底哪个频率对应于 v 处的信号

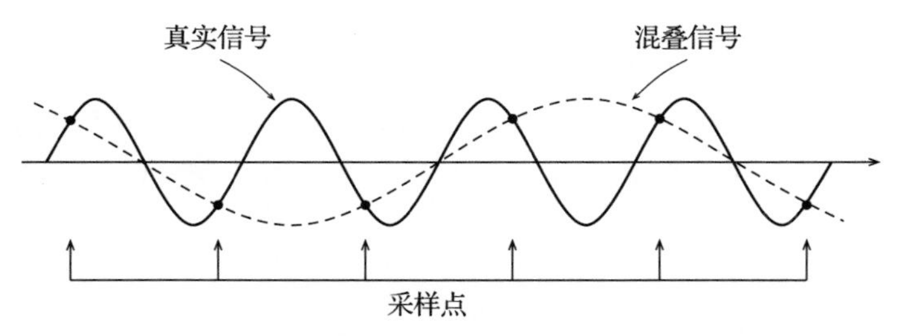

图 9-14　由实线表示的高频正弦信号在箭头表示的地方被等距地采样。信号在采样点的值和由虚线所示更低频的信号吻合。更低频的信号便是一个混叠

频率 $v_N = 1/2\Delta t$ 被称作奈奎斯特频率。如果一个正弦曲线有一个信号的频率在 $v_N < v < 1/\Delta t$ 中，这个信号也会出现在混叠频率 v_A 处，这里

$$v_A = v_N - (v - v_N) = 2v_N - v \tag{9-34}$$

为了避免这个现象，奈奎斯特频率必须大于信号中的最大频率，或者 $v_N > v_{\max}$。相同地，$1/\Delta t > 2v_{\max}$，这导出了采样定理：为了正确地测量一个信号，必须以高于信号中最高频率两倍的频率采样。

示例：本节开头关于余弦离散采样以及公式 9-25 的讨论，不是非常正确，因为它们没有包含混叠。我们现在改正这一缺陷。假设一个具有频率 v_0 的余弦曲线以间隔 Δt 在区间 $-N\Delta t/2 \leqslant t \leqslant N\Delta t/2$ 中被采样了 N 次。这个序列可以表示为

$$f(t) = s(t)r(t)d(t)$$

这里 $s(t)=\cos(2\pi v_0 t)$，$r(t)$是一个矩形函数

$$r(t)=\begin{cases}1, & |t|\leqslant N\Delta t/2 \\ 0, & |t|>N\Delta t/2\end{cases}$$

而 $d(t)$是狄拉克函数的序列

$$d(t)=\sum_{k=-\infty}^{\infty}\delta(t-n\Delta t)$$

$f(t)$的傅里叶变换是

$$F(v)=\{S(v)\otimes R(v)\}\otimes D(v)$$
$$=\left\{\frac{N\Delta t}{2}\frac{\sin(\pi[v-v_0]N\Delta t)}{\pi[v-v_0]N\Delta t}\right\}\otimes D(v)$$
$$F(v)=\frac{N\Delta t}{2}\frac{\sin(\pi[v-v_0-k/\Delta t]N\Delta t)}{\pi[v-v_0-k/\Delta t]N\Delta t}$$

这只是一个辛格函数在常规区间 $\Delta v=1/\Delta t$ 上的复制，它替代公式 9-4。

现在在频率点 $v=m/(N\Delta t)$采样 $F(v)$。想到 $F_m=F(v_m)$，我们发现

$$F_m=\sum_{k=-\infty}^{\infty}\frac{\Delta t}{2}\frac{\sin(\pi[m/(N\Delta t)-v_0-k/\Delta t]N\Delta t)}{\pi[m/(N\Delta t)-v_0-k/\Delta t]N\Delta t}$$

当 $k=0$ 时，这就是公式 9-25，离散取样的辛格函数。其他 k 的值在更高的频率复制这个辛格函数。

9.3.3　整合采样

在真实实验室环境中混叠多多少少得到了改善，因为原始信号通常不是瞬时的，而是一段时间的平均。假设采样的过程如图 9-15 所示，它整合采样区间内的所有信号而不是一个瞬时的信号。这样一个整合的采样实际上是一个矩形数据窗口的连续序列。

$$w(t)=r(t)\otimes\sum_{k=-\infty}^{\infty}\delta(t-k\Delta t) \tag{9-35}$$

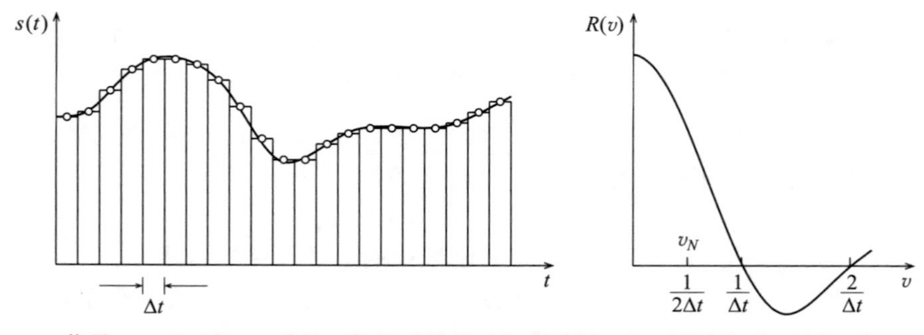

图 9-15　信号 $s(t)$以区间 Δt 采样，但是采样过程整合采样区间里所有的信号(左图)。这不是一个瞬时的采样。空心圆代表最终的采样。整合采样的结果是引入了一个广阔的辛格频谱窗口(右图)。频谱窗口抑制高频信号，这多多少少改善了混叠的影响

这里

$$r(t)=\begin{cases}1, & |t|\leqslant \Delta t/2 \\ 0, & |t|>\Delta t/2\end{cases} \tag{9-36}$$

频谱窗口是

$$W(v) = R(v)\sum_{k=-\infty}^{\infty}\delta\left(v-\frac{k}{\Delta t}\right) \tag{9-37}$$

这里 $R(v)$是 $r(t)$的傅里叶变换，也是那个广阔的辛格函数。

$$F(v) = \Delta t\,\frac{\sin\pi v\Delta t}{\pi v\Delta t} \tag{9-38}$$

图 9-15 展示了 $R(v)$的图。它在奈奎斯特频率缩小至 0.637，在 $v=2v_N$ 趋于 0，并且在那之后在 0 附近以一个随着频率增加而减少的振幅振荡。因此，高频信号的低频混叠有比原信号有更小的振幅。注意，混叠频率被抑制但是没有被除去，而且如果原始频率在 v_N 和 $2v_N$ 之间时它们甚至不会被很大地抑制。

9.4 噪声的影响

9.4.1 确定性的或随机性的过程

分辨两个产生序列的不同过程——确定性过程和随机性过程——是很有用的。*确定性过程*是指对于序列中每一个元素能可预测地给出唯一一个值。例如，一颗脉动星亮度的变化可以由一个确定性函数表示

$$B(t) = A_0 + A_1\sin(2\pi vt) \tag{9-39}$$

这里 v 是脉动频率，独立变量是时间 t，A_1 和 A_2 是常数。对于每个 t，B 只有唯一一个可能的值。

如果一个序列由一个随机过程产生，序列中每一个元素是某个概率分布产生的随机数。假设ϵ_i 是由高斯概率分布产生的偏差

$$f(\epsilon) = \frac{1}{\sqrt{2\pi}\sigma}\exp\left\{-\frac{1}{2}\frac{(\epsilon-\mu)^2}{\sigma^2}\right\} \tag{9-40}$$

虽然ϵ_i 会聚合在均值 μ 周围，它们精确的值在产生之前未知，由这些ϵ_i 按序排列产生的序列是一个随机序列。如果随机过程的性质不随时间改变，它称为一个*静态的随机过程*。有些最有意思的过程的性质的确随着时间改变。一个例子是由高斯概率分布产生随机数所组成的序列，它的平均值随时间改变：

$$f(\epsilon) = \frac{1}{\sqrt{2\pi}\sigma}\exp\left\{-\frac{1}{2}\frac{[\epsilon-\mu(t)]^2}{\sigma^2}\right\} \tag{9-41}$$

一个由这个分布采样组成的时间序列的值通常随着 $\mu(t)$的增减而增减。

序列常常同时有确定性和随机性的部分。假设人们在时间点 t_i 处测量一个脉动星的光曲线并且该测量有一个符合高斯分布的随机误差ϵ_i。序列如下

$$B(t_i) = A_0 + A_1\sin(2\pi vt_i) + \epsilon_i \tag{9-42}$$

脉动星的行为是确定性的，但是噪声是随机的。把确定性的部分和随机性的部分分开可能很困难。考虑一个由公式 9-41 产生的随机序列，这里均值是正弦曲线 $\mu(t)=A_0+A_1\sin(2\pi t/P+\phi)$

$$f(\epsilon) = \frac{1}{\sqrt{2\pi}\sigma}\exp\left\{-\frac{1}{2}\frac{[\epsilon-A_0-A_1\sin(2\pi vt)]^2}{\sigma^2}\right\} \tag{9-43}$$

这个时间序列是一个含噪声的正弦曲线，看上去和由公式 9-42 产生的含噪声的正弦曲线完全一样。理论上，例如，公式 9-42 中的噪声可以通过增加测量精度来减少。然而公式 9-43 的噪声是原生的，不能通过更精确的测量来去除。

9.4.2　白噪声的功率谱

到目前为止，我们处理了确定性信号的傅里叶变换和功率谱，并且主要的问题是数据窗口和离散采样所造成的。本节讨论的白噪声是最简单的但也是最重要的随机信号。假设一个信号以一致的区间离散采样，产生序列$\{s_k\}$，$k=-n$，…，$(n-1)$，为了方便起见，这里假设有偶数个数据点 $N=2n$。这里让 $s_k=\epsilon_k$，其中ϵ_k 从一个有如下性质的随机分布采样

$$\langle \epsilon_k \rangle = 0 \tag{9-44}$$

$$\langle \epsilon_j \epsilon_k \rangle = \sigma^2 \delta_{jk} \tag{9-45}$$

因此，样本均值为 0，它们线性无关，并且它们的方差为 σ^2。该序列的傅里叶变换为

$$A_m = \frac{1}{N}\sum_{k=-n}^{n-1} \epsilon_k \cos\left(\frac{2\pi mk}{N}\right) \tag{9-46}$$

$$B_m = \frac{1}{N}\sum_{k=-n}^{n-1} \epsilon_k \sin\left(\frac{2\pi mk}{N}\right) \tag{9-47}$$

A_m 和 B_m 的均值为

$$\langle A_m \rangle = \frac{1}{N}\sum_{k=-n}^{n-1} \langle \epsilon_k \rangle \cos\left(\frac{2\pi mk}{N}\right) = 0 \tag{9-48}$$

$$\langle B_m \rangle = \frac{1}{N}\sum_{k=-n}^{n-1} \langle \epsilon_k \rangle \sin\left(\frac{2\pi mk}{N}\right) = 0 \tag{9-49}$$

A_m^2 的均值是

$$\begin{aligned}
\langle A_m^2 \rangle &= \left\langle \left\{ \frac{1}{N}\sum_{k=-n}^{n-1} \epsilon_k \cos\left(\frac{2\pi mk}{N}\right) \right\} \left\{ \frac{1}{N}\sum_{j=-n}^{n-1} \epsilon_j \cos\left(\frac{2\pi mj}{N}\right) \right\} \right\rangle \\
&= \frac{1}{N^2}\sum_{k=-n}^{n-1}\sum_{j=-n}^{n-1} \langle \epsilon_k \epsilon_j \rangle \cos\left(\frac{2\pi mk}{N}\right)\cos\left(\frac{2\pi mj}{N}\right) \\
&= \frac{1}{N^2}\sum_{k=-n}^{n-1}\sum_{j=-n}^{n-1} \sigma^2 \delta_{jk} \cos\left(\frac{2\pi mk}{N}\right)\cos\left(\frac{2\pi mj}{N}\right) \\
&= \frac{\sigma^2}{N^2}\sum_{k=-n}^{n-1} \cos^2\left(\frac{2\pi mk}{N}\right) = \frac{\sigma^2}{N^2}\frac{N}{2} \\
&= \frac{\sigma^2}{2N}
\end{aligned} \tag{9-50}$$

这里倒数第二步使用了公式 8-120 的正交关系，同样地，我们也发现

$$\langle B_m^2 \rangle = \frac{\sigma^2}{2N} \tag{9-51}$$

这里功率谱定义为 $P_m=A_m^2+B_m^2$，平均功率变为

$$\langle P_m \rangle = \langle A_m^2 + B_m^2 \rangle = \frac{\sigma^2}{N} \tag{9-52}$$

平均功率谱和 m 无关，因而是平坦的。类似于光谱，原始的序列叫作白噪声。注意，这个结果隐性地依赖于噪声互不相关$\{\epsilon_j\ \epsilon_k\}=\delta_{jk}$ 这一假设。公式 9-52 与指出$\sum P_m=\sigma^2$（参见公式 8-138）的帕塞瓦尔定理很接近。帕塞瓦尔定理一直成立，但是公式 9-52 只在功率在所有频率上均匀分布时才成立，就如它是对于不相关的噪声一样。

我们还没明确指出ϵ_k所在的概率分布。首先注意到公式 9-48 和 9-49 是ϵ_k的线性组合。让我们假设ϵ_k符合高斯分布。人们可以证明符合高斯分布的随机变量的线性组合仍然符合高斯分布(参见附录 C 中的 C.4 节)。因此，A_m 和 B_m 也符合高斯分布。更近一步，从公式 9-48 到 9-51，我们有 $\sigma_{A_m}^2=\{A_m^2\}=\sigma^2/2N$ 及 $\sigma_{B_m}^2=\sigma^2/2N$，所以分布 A_m 和 B_m 有相同的方差。然而，这个陈述有一个更一般的合法性。中心极限定理保证当 N 很大的时候 A_m 和 B_m 趋向于高斯分布，一个对两者都一样的分布，无论它们原始的分布怎么样。唯一的要求是ϵ_k独立且不相关。

A_m 和 B_m 的联合概率分布已经是一个高斯分布(如果ϵ_k符合高斯分布)或者当 N 变大时趋于(如果它们本身不符合)一个高斯分布。它有一般的形式

$$f(A_m,B_m)dA_mdB_m \propto \exp\left[-\frac{A_m^2+B_m^2}{2c^2}\right]dA_mdB_m \tag{9-53}$$

这里还没有明确给出 c^2。现在转换变量(A_m，B_m)到($P_m^{1/2}$，θ)，这里

$$A_m = P_m^{1/2}\cos\theta \tag{9-54}$$

$$B_m = P_m^{1/2}\sin\theta \tag{9-55}$$

然后

$$dA_mdB_m = P_m^{1/2}d(P_m^{1/2})d\theta = \frac{1}{2}(P_m)d\theta \tag{9-56}$$

在对 θ 积分后，P_m 概率分布函数的形式为

$$f(P_m)d(P_m) \propto \exp\left[-\frac{P_m}{2c^2}\right]d(P_m) \tag{9-57}$$

我们发现这是一个有两个自由度的 χ^2 分布。由之前关于指数函数的工作我们知道，它的均值是$\langle P_m\rangle=2c^2$，并且归一化常数为 $1/2c^2$，所以我们得到

$$f(P_m) = \frac{1}{\langle P_m\rangle}\exp\left[-\frac{P_m}{\langle P_m\rangle}\right] \tag{9-58}$$

对于白噪声，$\langle P_m\rangle$与 m 无关，所以我们可以扔掉这一下标，并且该分布有一个简单的形式

$$f(P) = \frac{1}{\langle P\rangle}\exp\left[-\frac{P}{\langle P\rangle}\right] \tag{9-59}$$

这里，从公式 9-52 我们有

$$\langle P\rangle = \langle P_m\rangle = \sigma^2/N \tag{9-60}$$

人们有时候绘制振幅谱而不是功率谱。从公式 8-134 得，在频率 m 处的振幅为 $\alpha_m=(2P_m)^{1/2}$，因为 $dP_m/d\alpha_m=\alpha_m$，在振幅谱中噪声分布是

$$\begin{aligned} f_\alpha(\alpha_m) &= f(2P_m = \alpha_m^2)\frac{dP_m}{d\alpha_m} \\ &= \frac{2\alpha_m}{\langle\alpha_m^2\rangle}\exp\left[-\frac{\alpha_m^2}{\langle\alpha_m^2\rangle}\right] \end{aligned} \tag{9-61}$$

这里$\langle\alpha_m^2\rangle=\langle P_m\rangle$。

对数功率谱有时也很有用。令 $y_m=\ln(P_m/\langle P_m\rangle)$，那么

$$\frac{dP_m}{dy_m} = \langle P_m\rangle\exp[y_m] \tag{9-62}$$

并且对数功率谱的噪声分布为

$$f_y(y_m) = f(P_m = \langle P_m\rangle e^{y_m})\frac{dP_m}{dy_m} = \frac{1}{\langle P_m\rangle}\exp[-e^{y_m}]\langle P_m\rangle\exp[y_m]$$

$$= \exp[y_m - e^{y_m}] \tag{9-63}$$

如果噪声是白噪声，那么等式 9-61 和等式 9-63 中的下标 m 可以删除。功率谱的噪声分布、振幅谱和对数功率谱表示在图 9-16 中。

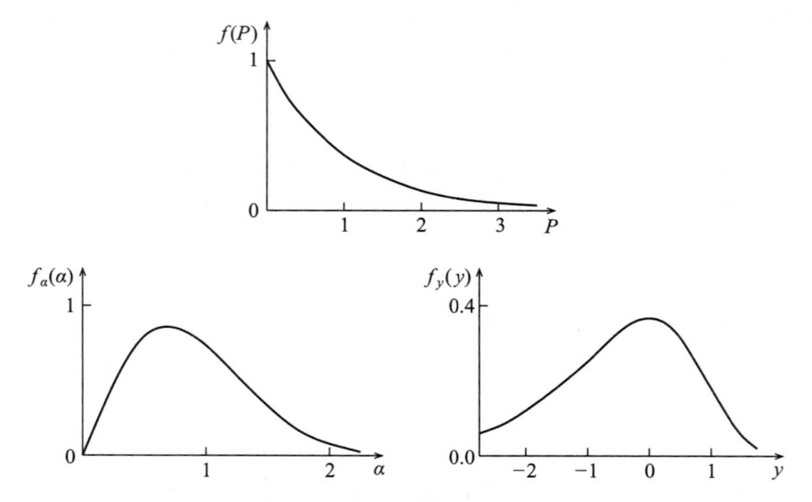

图 9-16　噪声的概率分布。上图为一个功率谱噪声的概率分布(公式 9-59)。左下为一个振幅谱噪声的概率分布($\alpha \propto p^{1/2}$，公式 9-61)，而右下为一个对数功率谱噪声的概率分布($y \propto \ln P$，公式 9-63)

9.4.3　噪声环境下的确定性信号

假设我们有一个序列 a_r 由一个确定性的信号 $s(t)$以区间 Δt 采样而得到的 N 个值 s_r 加上均值为 0、方差为 σ^2 的噪声ϵ_r 构成：

$$a_r = s_r + \epsilon_r \tag{9-64}$$

a_r 的离散傅里叶变换为

$$F_m = S_m + E_m \tag{9-65}$$

这里，S_m 只是 s_r 的傅里叶变换，而 E_m 是ϵ_r 的傅里叶变换。由公式 9-48 和 9-49，我们知道 E_m 的均值是$\langle E_m \rangle = 0$，并且因为ϵ_r 和 s_r 无关，平均功率谱是

$$\langle P_m \rangle = \langle |F_m|^2 \rangle = |S_m|^2 + \langle |E_m|^2 \rangle \tag{9-66}$$

或者，从公式 9-52 得，

$$\langle P_m \rangle = |S_m|^2 + \frac{\sigma^2}{N} \tag{9-67}$$

于是，白噪声的作用是以平均量 σ^2/N 增加 P_m。如果噪声的作用很大，它可能主导$\langle P_m \rangle$，并淹没信号。

如果信号是周期性的，噪声的作用可以通过增加 N 从而获取更多的数据改善。考虑一个特定的例子，一个正弦曲线在频率 v_0 处振幅为 α，并被添加了噪声。正弦曲线的傅里叶变换由离散采样的正弦函数给出，该函数以 v_0 为中心，振幅与 α 成比例，并独立于 N。正弦曲线的功率谱是辛格函数的平方，并且也是独立于 N 的。而噪声强度降低 N^{-1}。那么，随着 N 增加，周期性的信号保持同等强度，而噪声降低。更进一步，确定性的信号与噪声的功率比例随 N 线性增长，而不是通常的$\sqrt{N}$。这也是为什么功率谱在探测隐藏在

噪声中的周期性信号时那么有用。

假设一个序列的功率谱含有白噪声，且平均功率为$\langle P\rangle$并在频率 v_0 有一个高功率点 P_0，那么这个高点是由确定性的信号还是仅仅是噪声的随机扰动造成的呢？要回答这个问题，通常是计算这个高点由噪声造成的概率，有时也叫作“错警报概率”。对于单个特别给出的频率，错警报概率是

$$P(\text{false}) = \int_{P_0}^{\infty} \frac{1}{\langle P\rangle}\exp\left[-\frac{P}{\langle P\rangle}\right]dP = \exp\left[-\frac{P_0}{\langle P\rangle}\right] \tag{9-68}$$

如果已知信号会落在一个频率范围内，但是精确的频率未知，在这个频率范围内的任意或全部频率都可能产生高点。如果范围内有 M 个互相独立的频率，错警报概率为：

$$\begin{aligned} P(\text{false}) &= 1-\left(1-\exp\left[-\frac{P_0}{\langle P\rangle}\right]\right)^M \\ &\approx M\exp\left[-\frac{P_0}{\langle P\rangle}\right] \end{aligned} \tag{9-69}$$

如果信号可以有任意频率，那么 $M=N/2$，将可观地增大错警报概率。

功率谱的这些特性使它们对于检测周期性确定性信号非常有用，这对于检测和测量宽带随机信号是很有效的。我们在第 10 章里将看到功率在一个随机信号的功率谱里以 $N-1$ 减小，这里 N 是序列的长度。因为这和白噪声的相关性一致，信噪比不会随着序列长度的增加而变好。然而，功率谱中的独立频率的确随着序列的长度线性增长，所以处理随机信号一个通常的做法是平滑化功率谱，放弃频谱解析度来看出频谱的大致形状。假设平滑化以因子 k 减少功率谱中的独立频率。功率谱中的功率分布符合 χ^2 分布，这里 $\chi^2/2=P/\langle P\rangle$，自由度 $n=2k$：

$$f_n(P) = \frac{1}{\langle P\rangle}\frac{(P/\langle P\rangle)^{(n-2)/2}}{(n/2-1)!}\exp\left[-\frac{P}{\langle P\rangle}\right] \tag{9-70}$$

对于不平滑化，$k=1$ 且 $n=2$，公式 9-70 简化为公式 9-49。错警报概率的计算类似于公式 9-68 及 9-69。结果可以不直观地写成不完整的伽玛函数，但实际上，最好用数值处理或直接由表格提供它们。

最后的标注：选择公式(8-132)中功率的定义的原因是正弦曲线的功率能简单地关联到这一正弦曲线的振幅并且与序列的长度无关。这是一个处理周期性信号时很有用的归一化。其他的归一化也可能可行。功率经常定义为

$$P_m = N(A_m^2 + B_m^2) \tag{9-71}$$

这导致

$$\sum P_m = N\sigma^2 \tag{9-72}$$

及

$$\langle P_m\rangle = \sigma^2 \tag{9-73}$$

这一归一化可能对分析随机信号很有用。

9.4.4 非白、非高斯噪声

当噪声不相关(公式 9-45)时，噪声的功率谱是平坦的(公式 9-52)。因此，不相关的噪声是白噪声。但是自然界中遇到的很多噪声是相关的，这导致不平、非白功率谱。产生向低频隆起的功率谱的噪声常常称作*红噪声*，它最有意思的形式是

$$\langle P\rangle \propto \frac{1}{v},\quad \text{粉红噪声} \tag{9-74}$$

$$\langle P\rangle \propto \frac{1}{v^2},\quad \text{布朗噪声} \tag{9-75}$$

由于非白色噪声如此普遍，因此不加思索地为功率的分布采用公式9-59是危险的，因为$\langle P_m\rangle \neq \langle P\rangle$。人们可以通过允许$\langle P_m\rangle$随着频率改变而用非白频谱描述噪声，保留公式9-58中的下标m。比如，人们想知道一个在频率m_0，功率为P_0的波峰的错警报概率，可以测量频谱在m_0附近频率的平均功率，然后在公式9-68里用$\langle P_{m_0}\rangle$代替$\langle P\rangle$得到

$$P(\text{false}) = \exp\left[-\frac{P_0}{\langle P_{m_0}\rangle}\right] \tag{9-76}$$

原则上，不属于高斯分布的噪声会在功率谱中产生非指数分布的噪声，但实际操作中，公式9-76几乎总是一个很好的逼近。这部分归功于中心极限定理的支配效果，特别是对很长的序列。另外，对傅里叶变换的项取平方绝对值的过程也使功率谱趋于减少非高斯噪声的效果。假如，噪声非高斯的部分引入一个偶然的点，该点远离期望高斯分布的均值。在时间t_0的异常可以表示为$a_0\delta(t-t_0)$，这里a_0是异常的值。这个狄拉克函数的傅里叶变换是：

$$F(v) = a_0\exp[-i2\pi v t_0] \tag{9-77}$$

并且它的功率谱是

$$P(v) = F(v) * F(v) = a_0^2 \tag{9-78}$$

所以异常点的作用就是在所有频率统一增加平均功率。如果a_0^2不是太大，增加的功率将伪装成噪声符合高斯分布部分的增加了的方差。因此，功率谱很难探测或测量高斯噪声的小偏差。

公式9-78也表示差的数据点会在功率谱上造成灾难性的后果。一个值为a_0的坏数据点在功率谱上增加所有的频率a_0^2。如果a_0很大，功率的增加量将淹没频谱中所有有用的特征。相应地，应该找到并除去数据序列中的尖峰脉冲噪声，通常用序列中它们附近一些点的均值替代它们。

9.5　非一致间隔的序列

离散傅里叶变换明确地假设数据是等间隔的，并且隐含地假设所有数据点的权重相同。在实践中，这两个假设通常都不成立。处理非一致间隔数据的常用方法是，在数据点间插值而产生间隔一致的数据。这是处理序列中小间隔的好办法，但如果间隔很大，它会使功率谱产生严重的偏差。此外，大多数插值方法都会平滑数据，改变最终功率谱中噪声的特性。例如，线性插值是一个低通滤波器。处理非一致间隔数据的较好方法是计算最小二乘周期图。这一节，我们先讨论离散傅里叶变换和正弦、余弦最小二乘拟合之间的关系。然后我们介绍有相同权重数据但间隔不一致序列的最小二乘周期图，并导出Lomb-Scargle周期图。然后我们将这些结果扩展到数据权重不一样且间隔不一致的序列。

9.5.1　最小二乘周期图

离散傅里叶变换与正弦和余弦的最小二乘拟合关系密切。为了证明这一点，拟合函数

$$y = A_\omega\sin(\omega t) + B_\omega\cos(\omega t) \tag{9-79}$$

到一个有等权重数据点的序列(y_r, t_r)，$r=-n, \cdots, (n-1)$，这里$\langle y_r\rangle=0$。残差的平方和为

$$S=\sum_{r=-n}^{n=1}w_r[y_r-A_\omega\sin(\omega t_r)-B_\omega\cos(\omega t_r)]^2 \tag{9-80}$$

这里 w_r 是数据点 r 的权重。因为数据是等权重的

$$w_r=w=1/\sigma^2 \tag{9-81}$$

这里 σ^2 是数据的方差。用通常的方法最小化这个求和，令 S 关于 A_ω，B_ω 的导数为零：

$$\frac{\partial S}{\partial A_\omega}=0 \tag{9-82}$$

$$\frac{\partial S}{\partial B_\omega}=0 \tag{9-83}$$

由此得到正则方程

$$\hat{A}_\omega\sum\sin^2(\omega t_r)+\hat{B}_\omega\sum\sin(\omega t_r)\cos(\omega t_r)=\sum y_r\sin(\omega t_r) \tag{9-84}$$

$$\hat{A}_\omega\sum\sin(\omega t_r)\cos(\omega t_r)+\hat{B}_\omega\sum\cos^2(\omega t_r)=\sum y_r\cos(\omega t_r) \tag{9-85}$$

这里所有的求和都是从 $r=-n$ 到 $r=n-1$。因为我们假设数据等权重，权重取消了。可以很方便地把这些公式重写成矩阵形式：

$$\begin{pmatrix}\sum\sin^2(\omega t_r) & \sum\sin(\omega t_r)\cos(\omega t_r)\\ \sum\sin(\omega t_r)\cos(\omega t_r) & \sum\cos^2(\omega t_r)\end{pmatrix}\begin{pmatrix}\hat{A}_\omega\\ \hat{B}_\omega\end{pmatrix}=\begin{pmatrix}\sum y_r\sin(\omega t_r)\\ \sum y_r\cos(\omega t_r)\end{pmatrix} \tag{9-86}$$

现在令这些数据点在 $t_r=r\Delta t$ 上等间隔，并只计算在频率 $\omega=2\pi m/(N\Delta t)$ 上的拟合。正则方程变为

$$\begin{pmatrix}\sum\sin^2\left(\frac{2\pi mr}{N}\right) & \sum\sin\left(\frac{2\pi mr}{N}\right)\cos\left(\frac{2\pi mr}{N}\right)\\ \sum\sin\left(\frac{2\pi mr}{N}\right)\cos\left(\frac{2\pi mr}{N}\right) & \sum\cos^2\left(\frac{2\pi mr}{N}\right)\end{pmatrix}\begin{pmatrix}\hat{A}_m\\ \hat{B}_m\end{pmatrix}=\begin{pmatrix}\sum y_r\sin\left(\frac{2\pi mr}{N}\right)\\ \sum y_r\cos\left(\frac{2\pi mr}{N}\right)\end{pmatrix} \tag{9-87}$$

矩阵的各项满足正交关系(公式 8-118、8-119 及 8-120)，所以正则方程简化为

$$\begin{pmatrix}\frac{N}{2} & 0\\ 0 & \frac{N}{2}\end{pmatrix}\begin{pmatrix}\hat{A}_m\\ \hat{B}_m\end{pmatrix}=\begin{pmatrix}\sum y_r\sin\left(\frac{2\pi mr}{N}\right)\\ \sum y_r\cos\left(\frac{2\pi mr}{N}\right)\end{pmatrix} \tag{9-88}$$

通过观察，我们看到 $\hat{A}_m$ 和 $\hat{B}_m$ 的解是

$$\hat{A}_m=\frac{2}{N}\sum y_r\sin\left(\frac{2\pi mr}{N}\right) \tag{9-89}$$

$$\hat{B}_m=\frac{2}{N}\sum y_r\cos\left(\frac{2\pi mr}{N}\right) \tag{9-90}$$

除了因子 2，这些和公式 8-127 及 8-128 中离散傅里叶级数各项的系数完全一致。因子 2 也存在于离散傅里叶变换中，但是被放在了从傅里叶级数重构原序列的公式 8-126 中。因此对于数据等权重、间隔一致的序列，离散傅里叶变换和正弦曲线最小二乘拟合完全一样。

9.5.2 Lomb-Scargle 周期图

那些正交关系在数据非等距的时候不再成立，所以最小二乘拟合与傅里叶变换的联系不再明显；但是它们无论如何还是关联的。为了看到这一点，位移 t 的零点 τ。我们可以在不改变振幅 $(\hat{A}_\omega^2+\hat{B}_\omega^2)^{1/2}$ 的情况下做到这一点。正则公式变为

$$\begin{pmatrix} \sum \sin^2(\omega[t_r-\tau]) & \sum \sin(\omega[t_r-\tau])\cos(\omega[t_r-\tau]) \\ \sum \sin(\omega[t_r-\tau])\cos(\omega[t_r-\tau]) & \sum \cos^2(\omega[t_r-\tau]) \end{pmatrix} \begin{pmatrix} \hat{A}_\omega \\ \hat{B}_\omega \end{pmatrix} = \begin{pmatrix} \sum y_r \sin(\omega[t_r-\tau]) \\ \sum y_r \cos(\omega[t_r-\tau]) \end{pmatrix} \tag{9-91}$$

这里所有的求和都在 $2n$ 个数据点上。现在选择 τ 使得矩阵中的非对角元素消失。这总可以通过下式得到

$$0 = \sum \sin(\omega[t_r-\tau])\cos(\omega[t_r-\tau]) \tag{9-92}$$

展开正弦和余弦并合并同类项，我们发现

$$\begin{aligned} 0 &= \sum \{\sin(\omega t_r)\cos(\omega t_r)[\cos^2(\omega\tau)-\sin^2(\omega\tau)]-[\cos^2(\omega t_r)-\sin^2(\omega t_r)]\cos(\omega\tau)\sin(\omega\tau)\} \\ &= \frac{1}{2}\sum\{\cos(2\omega\tau)\sin(2\omega t_r-\sin(2\omega\tau)\cos(2\omega t_r))\} \end{aligned} \tag{9-93}$$

所以 τ 为

$$\tan(2\omega\tau) = \frac{\sum \sin(2\omega t_r)}{\sum \cos(2\omega t_r)} \tag{9-94}$$

因为 τ 是 ω 的函数，我们从现在开始记它为 τ_ω。由这个 τ_ω 的选择，正则方程变为

$$\begin{pmatrix} \sum \sin(\omega[t_r-\tau_\omega] & 0 \\ 0 & \sum \cos^2(\omega[t_r-\tau_\omega]) \end{pmatrix} \begin{pmatrix} \hat{A}_\omega \\ \hat{B}_\omega \end{pmatrix} = \begin{pmatrix} \sum y_r \sin(\omega[t_r-\tau_\omega]) \\ \sum y_r \cos(\omega[t_r-\tau_\omega]) \end{pmatrix} \tag{9-95}$$

$\hat{A}_\omega$ 和 $\hat{B}_\omega$ 的解为

$$\hat{A}_\omega = \frac{\sum y_r \sin(\omega[t_r-\tau_\omega])}{\sum \sin^2(\omega[t_r-\tau_\omega])} \tag{9-96}$$

$$\hat{B}_\omega = \frac{\sum y_r \sin(\omega[t_r-\tau_\omega])}{\sum \cos^2(\omega[t_r-\tau_\omega])} \tag{9-97}$$

协方差矩阵为

$$\boldsymbol{C} = \sigma^2 \boldsymbol{N}^{-1} = \sigma^2 \begin{pmatrix} \sum \sin^2(\omega[t_r-\tau_\omega] & 0 \\ 0 & \sum \cos^2(\omega[t_r-\tau_\omega]) \end{pmatrix}^{-1} \tag{9-98}$$

这里 σ^2 是单个数据点的方差(参见公式 5-69，$\boldsymbol{W}^{-1}=\sigma^2\boldsymbol{I}$，这里 $\boldsymbol{I}$ 是单位矩阵)，所以 $\hat{A}_\omega$ 和 $\hat{B}_\omega$ 的方差为

$$\sigma^2_{\hat{A}_\omega} = \sigma^2\left[\sum \sin^2(\omega[t_r-\tau_\omega]\right]^{-1} \tag{9-99}$$

$$\sigma^2_{\hat{B}_\omega} = \sigma^2\left[\sum \cos^2(\omega[t_r-\tau_\omega]\right]^{-1} \tag{9-100}$$

如果怀疑数据点的方差并未准确报告，人们必须用估计了的方差代替 σ^2

$$\hat{\sigma}^2 = \frac{1}{N-1}\sum(y_r-\langle y\rangle)^2 \tag{9-101}$$

这里 $N=2n$ 是数据点的个数。

此刻，计算功率谱是诱人的，$P_\omega=\hat{A}^2_\omega+\hat{B}^2_\omega$ 但是现在的功率谱噪声性质很差。虽然 $\hat{A}_\omega$ 和 $\hat{B}_\omega$ 还是符合高斯分布，但是它们的方差不一样，因为 $\Sigma\sin^2(\omega[t_r-\tau_\omega])$ 不等于

$\cos^2(\omega[t_r - \tau_\omega])$。如果方差不一样，等价于公式 9-53 的部分不再有效，噪声的频谱不再符合一个简单的分布。更糟的是，$\hat{A}_\omega$ 和 $\hat{B}_\omega$ 的方差是 ω 的函数，这意味着周期图中的每一个点都有不同的噪声分布。

功率谱中糟糕的噪声性质可以通过转换到 Lomb-Scargle 显著性 P_{LS} 来避免。如 Horne 和 Baliunas[1]，我们定义为

$$P_{LS} = \frac{1}{2}\frac{\hat{A}_\omega^2}{\sigma_{\hat{A}_\omega}^2} + \frac{1}{2}\frac{\hat{B}_\omega^2}{\sigma_{\hat{B}_\omega}^2} \tag{9-102}$$

这个量测量 $\hat{A}_\omega^2$ 和 $\hat{B}_\omega^2$ 大于它们方差的量。如果，$\hat{A}_\omega^2$ 和 $\hat{B}_\omega^2$ 都以因子 10 大于它们方差，我们会得到 $P_{LS}=10$，并且会认为信号在 ω 处非常显著。一个 P_{LS} 对于 ω 的解析图通常称作 Lomb-Scargle 周期图，以它的两个发明者 Lomb[2] 和 Scargle[3] 命名。从公式 9-96 到公式 9-100，P_{LS} 可以写为

$$P_{LS} = \frac{1}{2}\frac{\left\{\sum y_r \sin(\omega[t_r - \tau_\omega])\right\}^2}{\sigma^2 \sum \sin^2(\omega[t_r - \tau_\omega])} + \frac{1}{2}\frac{\left\{\sum y_r \cos(\omega[t_r - \tau_\omega])\right\}^2}{\sigma^2 \sum \cos^2(\omega[t_r - \tau_\omega])} \tag{9-103}$$

对于等间隔的数据，正交关系成立，这简化为 $P_{LS}=(N/4)(\hat{A}_\omega^2+\hat{B}_\omega^2)$，这也是标准傅里叶变换功率谱(公式 8-132)，除了一个常数因子。人们经常看到 P_{LS} 不带公式 9-103 中的 σ^2 因子，就像我们下面要展示的那样，σ^2 因子对于正则化频谱为 $\langle P_{LS}\rangle=1$(公式 9-111)及为了给频谱中的噪声一个正则化 χ^2 分布(公式 9-113)是必须的。

为了决定 Lomb-Scargle 周期图的噪声性质，令 $y_r=\epsilon_r$，这里 ϵ_r 是均值为 0 方差为 σ^2 的不相关噪声：

$$\langle \epsilon_r \rangle = 0 \tag{9-104}$$

$$\langle \epsilon_r \, \epsilon_q \rangle = \sigma^2 \delta_{rq} \tag{9-105}$$

明确一下，这个 σ^2 就是公式 9-81、9-99 及 9-100 中的 σ^2。为了方便起见，令 $P_{LS}=X_\omega^2+Y_\omega^2$，这里

$$X_\omega = \frac{1}{\sqrt{2}}\frac{\sum \epsilon_r \sin(\omega[t_r - \tau_\omega])}{\left\{\sigma^2 \sum \sin^2(\omega[t_r - \tau_\omega])\right\}^{1/2}} \tag{9-106}$$

$$Y_\omega = \frac{1}{\sqrt{2}}\frac{\sum \epsilon_r \cos(\omega[t_r - \tau_\omega])}{\left\{\sigma^2 \sum \cos^2(\omega[t_r - \tau_\omega])\right\}^{1/2}} \tag{9-107}$$

按照同样的逻辑推导公式 9-48 和 9-49，这些量的均值是

$$\langle X_\omega \rangle = \langle Y_\omega \rangle = 0 \tag{9-108}$$

X_ω 的方差是

$$\sigma_{X_\omega}^2 = \langle X_\omega^2 \rangle = \frac{1}{2}\frac{1}{\sigma^2 \sum \sin^2(\omega[t_r - \tau_\omega])}\left\langle \left\{\sum_r \epsilon_r \sin(\omega[t_r - \tau_\omega])\right\}\left\{\sum_q \epsilon_q \sin(\omega[t_q - \tau_\omega])\right\}\right\rangle$$

---

[1] J. H. Horne and S. L. Baliunas. 1986. "A Prescription for Period Analysis of Unevenly Sampled Time Series." *Astrophysical Journal* vol. 302, p. 757.

[2] N. R. Lomb. 1976. "Least-Squares Frequency Analysis of Unequally Spaced Data." *Astrophysics and Space Science*vol. 39, p. 447.

[3] J. D. Scargle. 1982. "Studies in Astronomical Time Series Analysis. Ⅱ—Statistical Aspects of Spectral Analysis of Unevenly Spaced Data."*Astrophysical Journal* vol. 263, p. 835.

$$=\frac{1}{2}\frac{1}{\sigma^2\sum\sin^2(\omega[t_r-\tau_\omega])}\sum_r\sum_q\langle\epsilon_q\ \epsilon_r\rangle\sin(\omega[t_r-\tau_\omega])\sin(\omega[t_q-\tau_\omega])$$

$$=\frac{1}{2}\frac{1}{\sigma^2\sum\sin^2(\omega[t_r-\tau_\omega])}\sum_r\sum_q\sigma^2\delta_{rq}\sin(\omega[t_r-\tau_\omega])\sin(\omega[t_q-\tau_\omega])$$

$$=\frac{1}{2}\frac{1}{\sum\sin^2(\omega[t_r-\tau_\omega])}\sum_r\sin^2(\omega[t_r-\tau_\omega])$$

$$=\frac{1}{2} \tag{9-109}$$

同样的，Y_ω 的方差是

$$\sigma_{Y_\omega}^2=\langle Y_\omega^2\rangle=\frac{1}{2} \tag{9-110}$$

结合公式9-109和9-110，我们得到

$$\langle P_{LS}\rangle=\langle X_\omega^2\rangle+\langle Y_\omega^2\rangle=1 \tag{9-111}$$

我们现在可以推导Lomb-Scargle周期图的误差分布了。背后的逻辑和推导通常的功率谱中的噪声（公式9-59）一样，所以我们会跳过绝大部分步骤。如果ϵ_r符合高斯分布，或者有足够多的ϵ_r使得中心极限定理可用，那么X_ω和Y_ω都符合高斯分布。因为它们的均值都为0，而它们的方差都为1/2，它们的联合分布为

$$f(X_\omega,Y_\omega)dX_\omega dY_\omega\propto\exp\left[-\frac{1}{2}\left(\frac{X_\omega^2}{1/2}\right)-\frac{1}{2}\left(\frac{Y_\omega^2}{1/2}\right)\right]dX_\omega dY_\omega \tag{9-112}$$

知道$P_{LS}=X_\omega^2+Y_\omega^2$，通过一个变量代换（$X_\omega$，$Y_\omega$）到（$P_m^{1/2}$，$\theta$），然后对于$\theta$积分得到

$$f(P_{LS})=\exp[-P_{LS}] \tag{9-113}$$

这已经正确地正则化了。

不像通常的功率谱，Lomb-Scargle周期图不是简单地与傅里叶各项的振幅相关。这是很大的让步，但是公式9-113为这一牺牲提供了正当性。周期图的噪声性质很简单，使得确定周期图中显著的波峰很简单。如果一个显著的周期被发现且这个信号是正弦曲线，它的振幅可以用公式9-96和9-97计算，或者，如果这个函数更复杂，人们可以用常规方法直接拟合这个函数到数据上。

人们通常将Lomb-Scargle周期图和错警报概率一起展示，对于标准的功率谱，一个Lomb-Scargle周期图频率$P_{LS}=P_0$的错警报概率为：

$$P(\text{false})=1-(1-\exp[-P_0])^M\approx M\exp[-P_0] \tag{9-114}$$

这里M是周期图中独立频率的个数。因为Lomb-Scargle的谱窗口通常很复杂（见下），M用什么值一点也不明显。Horne和Baliunas[㊀]建议如果序列中的点不太成群，人们可以使用$M\approx n$，但是如果数据点非常集群，M可以比n小很多，Cumming[㊁]建议M大致等于周期图中的波峰个数，或者如果有人检验一个限制的频率范围，那么用该范围中波峰的数目。

但是周全考虑，选取一个无懈可击的M的值很难甚至是不可能的，这常常迫使人们回过头去用蒙特卡罗方法确定错警报概率。有很多可能的蒙特卡罗计算方法。也许，最常

㊀ J. H. Horne and S. L. Baliunas. 1986. "A Prescription for Period Analysis of Unevenly Sampled Time Series." *Astrophysical Journal* vol. 302, p. 757.

㊁ A. Cumming. 2004. "Detectability of Extrasolar Planets in Radial Velocity Surveys." *Monthly Notices of the Royal Astronomical Society* vol. 354, p. 1165.

见的是 Fisher 随机化。从原始数据(y_r，t_r)开始，人们先构造一个虚拟的序列，不改变单个 y_r 和 t_r 的值，但是打乱 y_r 和 t_r 之间的顺序。因为 t_r 没有改变，虚拟序列的频谱窗口和原始的序列相同，又因为 y_r 没有改变，虚拟序列的方差 σ^2 也和原始序列相同。但是因为 y_r 被移到了不同的时间点，原始序列中所有信号的相关性都被摧毁了。人们对于大量这种虚拟序列计算 Lomb-Scargle 周期图，所有这些周期图的功率分布构成一个近似的 $f(P_{LS})$，由此我们可以导出错警报概率。Fisher 随机化是一个强大工具，但是不能盲目使用它。因为打乱 y_r 会摧毁原始数据序列中的相关性，Fisher 随机化将对非白噪声给出错误结果。

最后，不等间隔数据的主要问题是频谱窗口通常会有很多旁瓣和混叠。为了理解周期图，计算频谱窗口是很关键的。要计算频谱窗口：

1. 通过在与原序列 $s_r=\sin(2\pi v_0 t_r)$ 同样的时间点 t_r 采样一个纯正弦曲线，创建一个虚拟的序列(s_r，t_r)。

2. 计算这个虚拟序列的 Lomb-Scargle 周期图。

该周期图是一个离开 v_0 的频谱窗口。频谱窗口通常和原数据序列的周期图画在一起。

9.5.3　一般化的 Lomb-Scargle 周期图

公式 9-79～9-81 是普通 Lomb-Scargle 周期图的核心。它们明确地假设数据点有相同的权重，并隐性地假设数据有对所有频率都成立的单一均值。第一个假设对真实数据常常无法验证，而第二个假设当某个频率采样很差时也不成立(考虑一个正弦曲线只在 0 到 π 被采样)。Zechmeister 和 Kürster 开发的一般化 Lomb-Scargle 周期图弥补了普通 Lomb-Scargle 周期图的缺陷。[⊖]

假设我们有一个含有 $2n$ 个数据点的非等间隔、非等权重的序列 (y_r，t_r，σ_r)。我们希望拟合函数

$$y(t_r) = A_\omega \sin(\omega t_r) + B_\omega \cos(\omega t_r) + c_\omega \tag{9-115}$$

到数据以决定 A_ω 和 B_ω 的方差。最小二乘估计由求和的最小化给出

$$S = \sum_{r=1}^{2n} w_r [y_r - A_\omega \sin(\omega t_r) - B_\omega \cos(\omega t_r) - c_\omega]^2 \tag{9-116}$$

这里 $w_r=1/\sigma_r^2$. 令 S 关于 A_ω、B_ω 和 c_ω 的导数为零，导出正则方程：

$$\hat{A}_\omega \sum w_r \sin^2(\omega t_r) + \hat{B}_\omega \sum w_r \sin(\omega t_r)\cos(\omega t_r) + \hat{c}_\omega \sum w_r \sin(\omega t_r) = \sum w_r y_r \sin(\omega t_r) \tag{9-117}$$

$$\hat{A}_\omega \sum w_r \sin(\omega t_r)\cos(\omega t_r) + \hat{B}_\omega \sum w_r \cos^2(\omega t_r) + \hat{c}_\omega \sum w_r \cos(\omega t_r) = \sum w_r y_r \cos(\omega t_r) \tag{9-118}$$

$$\hat{A}_\omega \sum w_r \sin(\omega t_r) + \hat{B}_\omega \sum w_r \cos(\omega t_r) + \hat{c}_\omega \sum w_r = \sum w_r y_r \tag{9-119}$$

这里所有求和都是对 r 的。为了方便起见，我们用一个类似(但不完全一样)Zechmeister 和 Kürster 的符号

$$I = \sum w_r \qquad \overline{YY} = \sum w_r y_r^2$$

⊖ M. Zechmeister and M. Kürster. 2009. "The Generalised Lomb-Scargle Periodogram: A New Formalism for the Floating-Mean and Keplerian Periodograms." *Astronomy and Astrophysics* vol. 496, p. 577.

$$Y = \sum w_r y_r \qquad \overline{YS} = \sum w_r y_r \sin(\omega t_r)$$
$$S = \sum w_r \sin(\omega t_r) \qquad \overline{YC} = \sum w_r y_r \cos(\omega t_r)$$
$$C = \sum w_r \cos(\omega t_r) \qquad \overline{SS} = \sum w_r \sin^2(\omega t_r)$$
$$\overline{CC} = \sum w_r \cos^2(\omega t_r)$$
$$\overline{SC} = \sum w_r \sin(\omega t_r)\cos(\omega t_r) \tag{9-120}$$

Zechmeister 和 Kürster 假设权重被正规化到 $I=\sum w_r=1$。我们不做这样的假设。因此，我们推导的公式在许多项中会和他们的差一个 I 因子。

为了求解正则方程，先用公式 9-119 消去公式 9-117 和 9-118 中的 $\hat{c}_\omega$，我们得到

$$\hat{A}_\omega(\overline{SS}-S^2/I)+\hat{B}_\omega(\overline{SC}-SC/I)=\overline{YS}-YS/I \tag{9-121}$$

$$\hat{A}_\omega(\overline{SC}-SC/I)+\hat{B}_\omega(\overline{CC}-C^2/I)=\overline{YC}-YC/I \tag{9-122}$$

或者，矩阵形式，

$$\begin{pmatrix}\overline{SS}-S^2/I & \overline{SC}-SC/I\\ \overline{SC}-SC/I & \overline{CC}-C^2/I\end{pmatrix}\begin{pmatrix}\hat{A}_\omega\\ \hat{B}_\omega\end{pmatrix}=\begin{pmatrix}\overline{YS}-YS/I\\ \overline{YC}-YC/I\end{pmatrix} \tag{9-123}$$

在时间方向上选择一个零点的位移 τ_ω，使得矩阵中非对角元为 0。

$$0=\overline{SC}-\frac{SC}{I} \tag{9-124}$$

或者显式地写出

$$0=\sum w_r \sin(\omega[t_r-\tau_\omega])\cos(\omega[t_r-\tau_\omega]) - \frac{1}{\sum w_r}\left\{\sum w_r \sin(\omega[t_r-\tau_\omega])\right\}\left\{\sum w_r \cos(\omega[t_r-\tau_\omega])\right\} \tag{9-125}$$

在一些三角变换之后，我们得到

$$\tan(2\omega\tau_\omega)=\frac{\sum w_r \sin(2\omega t_r)-2[\sum w_r \sin(\omega t_r)][\sum w_r \cos(\omega t_r)]\sum/w_r}{\sum w_r \cos(2\omega t_r)-\{[\sum w_r \cos(\omega t_r)]^2-[\sum w_r \sin(\omega t_r)]^2\}/\sum w_r} \tag{9-126}$$

正则方程变为

$$\begin{pmatrix}\overline{CC}-C^2/I & 0\\ 0 & \overline{SS}-S^2/I\end{pmatrix}\begin{pmatrix}\hat{A}_\omega\\ \hat{B}_\omega\end{pmatrix}=\begin{pmatrix}\overline{YC}-YC/I\\ \overline{YS}-YS/I\end{pmatrix} \tag{9-127}$$

这里注意到所有时间都被位移了 τ_ω，所以 t_r 在所有地方都被替换为 $t_r-\tau_\omega$，正则方程的解现在可以通过观察下式获得：

$$\hat{A}_\omega=\frac{\overline{YC}-YC/I}{\overline{CC}-C^2/I} \tag{9-128}$$

$$\hat{B}_\omega=\frac{\overline{YS}-YS/I}{\overline{SS}-S^2/I} \tag{9-129}$$

一个加权最小二乘拟合的估计协方差矩阵是

$$\hat{\mathbf{C}}=\hat{\sigma}^2(\mathbf{N})^{-1}=\sigma^2\begin{pmatrix}\overline{CC}-C^2/I & 0\\ 0 & \overline{SS}-S^2/I\end{pmatrix}^{-1} \tag{9-130}$$

（参见 5.3 节和 5.5 节），这里 $\mathbf{N}$ 是正则矩阵。展望未来，我们注意到在 Lomb-Scargle 周

期图中计算错警报概率时，零假设为数据中没有任何信号。对于这个例子

$$\sigma^2 = \frac{1}{n-1}\sum w_r(y_r - \langle y\rangle)^2 \tag{9-131}$$

且

$$\langle y\rangle = \frac{\sum w_r y_r}{\sum w_r} \tag{9-132}$$

因为我们强制正则矩阵对角化，方差的表达式化简为

$$\sigma^2_{\hat{A}_\omega} = \frac{\sigma^2}{\overline{CC} - C^2/I} \tag{9-133}$$

$$\sigma^2_{\hat{B}_\omega} = \frac{\sigma^2}{\overline{SS} - S^2/I} \tag{9-134}$$

因为$\sigma^2_{\hat{A}_\omega} \neq \sigma^2_{\hat{B}_\omega}$，$\hat{A}^2_\omega + \hat{B}^2_\omega$有很差的噪声性质，并且是周期图的一个糟糕的选项。我们定义一般化的 Lomb-Scargle 周期图显著性为：

$$P_{\mathrm{GLS}} = \frac{1}{2}\frac{\hat{A}^2_\omega}{\sigma^2_{\hat{A}_\omega}} + \frac{1}{2}\frac{\hat{B}^2_\omega}{\sigma^2_{\hat{B}_\omega}} \tag{9-135}$$

$$= \frac{1}{2\sigma^2}\frac{(\overline{YC} - YC/I)^2}{\overline{CC} - C^2/I} + \frac{1}{2\sigma^2}\frac{(\overline{YS} - YS/I)^2}{\overline{SS} - S^2/I} \tag{9-136}$$

一般化的 Lomb-Scargle 周期图是P_{GLS}对于频率或周期的绘图。

为了研究P_{GLS}的噪声性质，令$y_r = \epsilon_r$，这里ϵ_r是不相关的噪声，并且均值为0，方差是σ_r^2：

$$\langle \epsilon_r \rangle = 0 \tag{9-137}$$

$$\langle \epsilon_r\ \epsilon_q \rangle = \sigma_r^2 \delta_{rq} \tag{9-138}$$

用与推导公式9-48～9-51相似的逻辑，（或者等价的公式9-108～9-110），人们可以展示$\langle \hat{A}_\omega \rangle = \langle \hat{B}_\omega \rangle = 0$，并且

$$\langle \hat{A}^2_\omega \rangle = \sigma^2_{\hat{A}_\omega} \tag{9-139}$$

$$\langle \hat{B}^2_\omega \rangle = \sigma^2_{\hat{B}_\omega} \tag{9-140}$$

于是

$$\frac{\langle \hat{A}^2_\omega \rangle}{\sigma^2_{\hat{A}_\omega}} = \frac{\langle \hat{B}^2_\omega \rangle}{\sigma^2_{\hat{B}_\omega}} = 1 \tag{9-141}$$

更进一步，P_{GLS}的均值为

$$\langle P_{\mathrm{GLS}} \rangle = \frac{1}{2}\frac{\langle \hat{A}^2_\omega \rangle}{\sigma^2_{\hat{A}_\omega}} + \frac{1}{2}\frac{\langle \hat{B}^2_\omega \rangle}{\sigma^2_{\hat{B}_\omega}} = 1 \tag{9-142}$$

为了推导P_{GLS}的概率分布，我们再次唤起推导公式9-59和9-113所用的逻辑。如果y_r符合高斯分布，或者如果有足够多的y_r使得中心极限定理可用，那么P_{GLS}是有自由度为2的χ^2分布。噪声在周期图中的分布为

$$f(P_{\mathrm{GLS}}) = \frac{1}{\langle P_{\mathrm{GLS}} \rangle}\exp\left[-\frac{P_{\mathrm{GLS}}}{\langle P_{\mathrm{GLS}} \rangle}\right] = \exp[-P_{\mathrm{GLS}}] \tag{9-143}$$

得到错警报$P_{\mathrm{GLS}} > P_0$的概率为

$$P(\text{false}) = 1 - (1 - \exp[-P_0])^M \approx M \exp[-P_0] \qquad (9\text{-}144)$$

这里 M 是周期图中独立频率的个数。对于普通 Lomb-Scargle 周期图，M 的值是病态的。推荐读者自己扩展 9.5.2 节最后关于 M 和普通 Lomb-Scargle 周期图频谱窗口的讨论，因为那些讨论可以同样地作用在一般化的 Lomb-Scargle 周期图。

9.6　有变化周期的信号：$O-C$ 图

直接以傅里叶分析为基础的技术都有基本的假设，即序列由带有常数周期、振幅和相位的正弦和余弦函数组成。然而自然界很少或者从来没有这么完美的现象。对于甚至非常简单的变周期函数的傅里叶变换都真的难以构造。考虑一个定义在时间 t_0 和 t_1 之间的余弦函数，让它的角频率在 t_0 处为 ω_0，令它的频率随着时间以 $\dot{\omega}_0 = d\omega/dt\,|\,t_0$线性变化，所以

$$f(t) = \cos(\omega_0[t - t_0] + \dot{\omega}_0[t - t_0]^2/2), \quad t_0 \leqslant t \leqslant t_1 \qquad (9\text{-}145)$$

$f(t)$的傅里叶变换是一个辛格函数的卷积，一个在 ω_0 处的狄拉克函数，而 $\cos(\dot{\omega}_0 t^2/2)$的傅里叶变换，从标准的傅里叶表中得到 $\cos(\omega^2/2\dot{\omega}_0 - \pi/4)$㊀。最终的傅里叶变换及它相应的功率谱可能很复杂，有很多几乎相等的波峰。图 9-17 展示了由公式 9-145 产生的一个典型序列的功率谱。人们很可能错误地解读功率谱，认为这个序列由 5 个正弦曲线叠加产生而不是唯一一个变周期的正弦曲线构成。

$O-C$(“Observed minus Calculated”)图是一个研究变周期现象的有效工具。假设一个时间序列里重复产生的事件可以被单独地分辨，并且它们发生的时间可以测量。比较好的例子是食变双星日食的时间或者变脉动星的最大亮度产生的时间。进一步假设每一个事件都能以一个整数 E 为序号表示它在序列里的顺序，让 $O(E)$为时间 E 发生时被观测到的时间。现在假设有一个模型可以计算事件的期望发生时间 $C(E)$。量 $O(E)-C(E)$测量观测到的时间和它们期望时间的差。$O-C$ 图是 $O-C$ 关于 E 或时间的绘图。

如果周期变化不是很快，$O-C$ 图常常能给出一个更直观的序列性质的外观。为了看到这一点，回到公式 9-145，让事件为余弦曲线的最大值，然后比较最大值的时间 $O(E)$和一个由有常数周期的余弦曲线模型预测的时间：

$$C(E) = t_0 + P_0 E \qquad (9\text{-}146)$$

图 9-18 展示了功率谱按如图 9-17 中计算后序列的 $O-C$ 图。观测到时间以二次远离期望的时间。为了验证为什么这是真实的，注意观测的余弦曲线波峰在下列时间产生

$$2\pi E = \omega_0(t - t_0) + \dot{\omega}_0(t - t_0)^2/2 \qquad (9\text{-}147)$$

注意到 $\omega = 2\pi/P$ 且 $\dot{\omega} = -2\pi\dot{P}/P^2$，这是

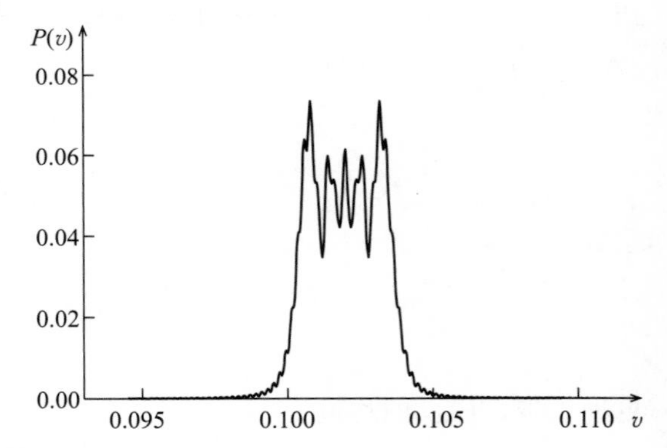

图 9-17　一个周期随时间线性增加(公式 9-145)的余弦曲线的功率谱。最初的周期是 10 秒，Δt 是 5000 秒，而 $\dot{P}=8\times10^{-5}$。这一余弦比一个有常数周期的余弦在这一段序列里少 10 个周期

㊀ 等式 9-145 的傅里叶变换可以通过把函数扩展到复数域来完成。

$$E = \frac{1}{P_0}(t - t_0) - \frac{1}{2}\frac{\dot{P}_0}{P_0^2}(t - t_0)^2 \tag{9-148}$$

解出 t 并将它关于 t_0 展开成级数，我们发现

$$O(E) = t = t_0 + P_0 E + \frac{1}{2}P_0 \dot{P}_0 E^2 + \cdots \tag{9-149}$$

减去 $C(E)$ 得到

$$O - C = \frac{1}{2}P_0 \dot{P}_0 E^2 + \cdots \tag{9-150}$$

这正是期望中的二次相关。

$O-C$ 图中最常见用来比较的模型是低阶多项式。人们通常直接将 $C(E)$ 关于 E 展开，得到

$$C(E) = t_0 + \left.\frac{dt}{dE}\right|_{t_0} E + \frac{1}{2}\left.\frac{d^2 t}{dE^2}\right|_{t_0} E^2 + \frac{1}{6}\left.\frac{d^3 t}{dE^3}\right|_{t_0} E^3 + \cdots \tag{9-151}$$

注意到

$$\frac{dt}{dE} = \text{每个周期的时间} = P \tag{9-152}$$

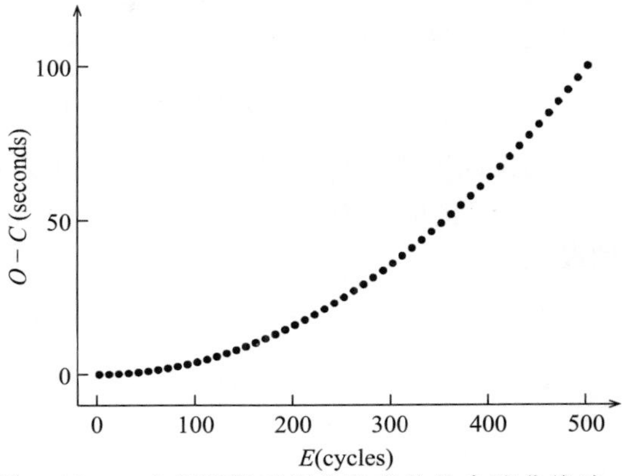

图 9-18　一个周期随时间线性变化的余弦曲线波峰的 $O-C$ 图。初始的周期为 10 秒。Δt 是 5000 秒，而 $\dot{P} = 8 \times 10^{-5}$。这一余弦比一个有常数周期的余弦在这一段序列里少 10 个周期。这是用来计算图 9-17 中功率谱的相同序列

及

$$\frac{d^2 t}{dE^2} = \frac{dP}{dE} = \frac{dt}{dE}\frac{dP}{dt} = P\dot{P} \tag{9-153}$$

我们得到

$$C(E) + t_0 + P_0 E + \frac{1}{2}P_0 \dot{P}_0 E^2 + \frac{1}{6}[P_0 \dot{P}_0^2 + P_0^2 \ddot{P}]E^3 + \cdots \tag{9-154}$$

如果需要，公式 9-154 可以扩展到更高阶。

虽然我们可以直接拟合一个模型到事件观测到的时间，但是通常拟合 $O-C$ 图中的残差更为方便。假如，计算的事件时间来自一个二次模型(公式 9-154 截去二次项后面的部分)。如果模型和观测吻合，对于所有 E，$O-C=0$；但是如果模型并不完美，$O-C$ 会在 $O-C$ 图中上下漂移，正如它在图 9-18 中那样。为了修正模型的参数，拟合二次方程

$$O - C = a + bE + cE^2 \tag{9-155}$$

到漂移的 $O-C$ 值，可能用 χ^2 最小化。修正了的二次模型为

$$C = t_0' + P_0' E + \frac{1}{2}P_0' \dot{P}_0' E^2 \tag{9-156}$$

这里

$$t_0' = t_0 + a \tag{9-157}$$

$$P_0' = P_0 + b \tag{9-158}$$

$$\dot{P}_0' = \frac{P_0 \dot{P}_0 + 2c}{P_0 + b} \tag{9-159}$$

有一个特别的例子值得一提。对于某些现象，$O-C$ 残差自身可能有周期性。考虑事件的时间如下

$$O(E) = t_0 + P_0 E + f(\Pi, E) \tag{9-160}$$

这里 $f(\Pi, E)$是一个周期为 Π 的周期函数。例如，如果有人观测一颗在另一颗恒星轨道中的变脉动星，这可能发生。脉动星离地球的距离在它沿着轨道运行的过程中减小而增大，造成观测到的脉动时间晚于或早于光通过增加或减少的距离的时间。如果轨道是圆形的并且最大的延迟为 A，对应轨道相位为 ϕ_0，观测到脉动的时间发生在

$$O(E) = t_0 + P_0 E + A\cos\left(2\pi \frac{P_0}{\Pi} E - \phi_0\right) \tag{9.161}$$

如果计算的时间为 $C = t_0 + P_0 E$，那么 $O-C$ 以正弦形式在 0 点上下振动。图 9-19 展示了 $O-C$ 图的一个特别的例子。图中简单地解读了一个频率按正弦形式建模的单一正弦曲线。

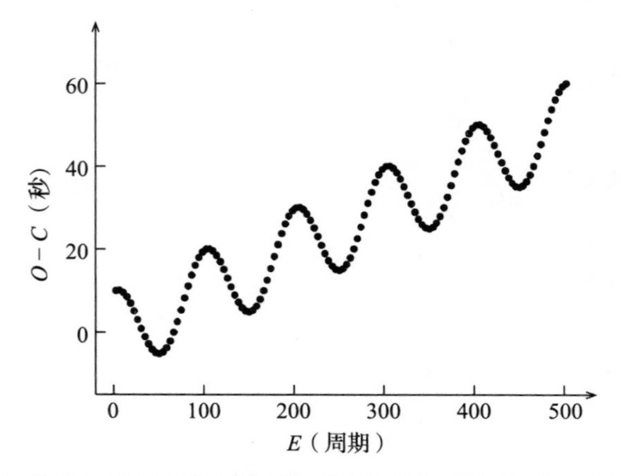

图 9-19　一个波峰随着时间正弦变化的余弦曲线(公式 9-161 的 $O-C$ 图)。$O-C$ 图中的斜率总体不为 0，因为计算 C 用的相关周期非常短。叠加在总体斜率上的正弦有周期 $\Pi = 100p$ 以及 10 秒的振幅

第 10 章

序列分析：卷积和协方差

功率谱和周期图是用来分析周期性确定信号或者周期变化缓慢的信号的非常有效的工具。如果信号不是周期性的，如果它的周期变化非常快，或者它是一个随机信号，卷积方程、协方差函数及相关的工具更加有用。10.1 节会介绍脉冲响应方程和频率响应方程来作为理解卷积的另一种方式。10.2 节会讨论反卷积和被噪声及拖尾降级的序列重建。大部分的章节致力于 Wiener 反卷积和 Richardson-Lucy 算法，这些都是很多图像重构技术的基础。10.3 节讨论自协方差函数，特别是随机过程的自协方差函数，对准周期性震荡进行了长时间的分析。10.4 节专门介绍互协方差函数及其在寻找隐藏在噪声中的微弱非周期性信号的应用。

10.1 卷积回顾

第 9 章中，卷积用来分析频谱泄漏以及功率谱和周期图中的混叠：数据窗口和序列的乘积变成了它们的傅里叶变换之间的卷积。在本章中，我们将检验函数卷积对数据序列的直接影响。脉冲响应函数和频率响应函数更适合于理解直接卷积而不是数据窗口和频谱窗口。

10.1.1 脉冲响应函数

我们先来看看 8.6.1 节中的一个例子。定义 $f(x)$为 δ 函数

$$f(t) = a_1\delta(t - t_1) \tag{10-1}$$

$h(t)$为指数函数

$$h(t) = \begin{cases} 0, & t < 0 \\ \exp[-t], & t \geqslant 0 \end{cases} \tag{10-2}$$

它们的卷积为

$$\begin{aligned} g(\tau) &= \int_{-\infty}^{\infty} f(t)h(\tau - t)dt = \int_{-\infty}^{\infty} a_1\delta(t - t_1)h(\tau - t)dt \\ &= \begin{cases} 0, & \tau < t_1 \\ a_1 \exp[-(\tau - t_1)], & \tau \geqslant t_1 \end{cases} \end{aligned} \tag{10-3}$$

这就是 $h(t)$乘以 a_1，在时间上翻译成为 δ 函数的位置。如果 $f(t)$是 n 个 δ 函数的求和，

$$f(t) = \sum_{j=1}^{n} a_j\delta(t - t_j) \tag{10-4}$$

它对于 $h(t)$的卷积为

$$g(\tau) = \sum_{j=1}^{n} a_j\delta(t - t_j) \otimes h(t) = \sum_{j=1}^{n} a_j[\delta(t - t_j) \otimes h(t)] = \sum_{i=1}^{n} a_jh(\tau - t_j) \tag{10-5}$$

因此 $g(\tau)$是许多指数的求和，每一个在 δ 函数的位置上重复。图 10-1 展示了一个例子，其中三个 δ 函数在一个指数函数上做卷积。我们可以认为 δ 函数是生成指数。

这导致了另一种不同的方式来解释卷积。考虑一个被不同等式来描述的物理系统。例如，一个物体，它的速度 v 被一个和它的速度成正比的阻尼力所减缓，这可以通过一个微分方程来描述

$$\frac{dv}{dt} + \alpha v = 0 \tag{10-6}$$

其中 α 是阻尼系数。这个微分方程的解是

$$v(t) = v_0 \exp[-\alpha t] \tag{10-7}$$

我们把这认为是一个指数比例下降的速度。这个系统对于任意一个驱动力 $f(t)$的响应是由非均匀微分方程给出的

$$\frac{dv}{dt} + \alpha v = f(t) \tag{10-8}$$

假设一个物体的初始速度是零，但是忽然在时间 $t=0$ 增加一个单位。定义 $h(t)$为所得到的速度。通过用 h 替换公式 10-8 中的 v 且用 δ 函数 $\delta(t)$替换 $f(t)$，可以得到 $h(t)$的另一个微分方程

$$\frac{dh}{dt} + \alpha h = \delta(t) \tag{10-9}$$

在这个例子中，通过检查，我们可以写下 $h(t)$：

$$h(t) = \begin{cases} 0, & t < 0 \\ \exp[-\alpha t], & t \geqslant 0 \end{cases} \tag{10-10}$$

如果需要，公式 10-9 可以通过对 $h(t)$使用格林函数来求解(见附录 G)。

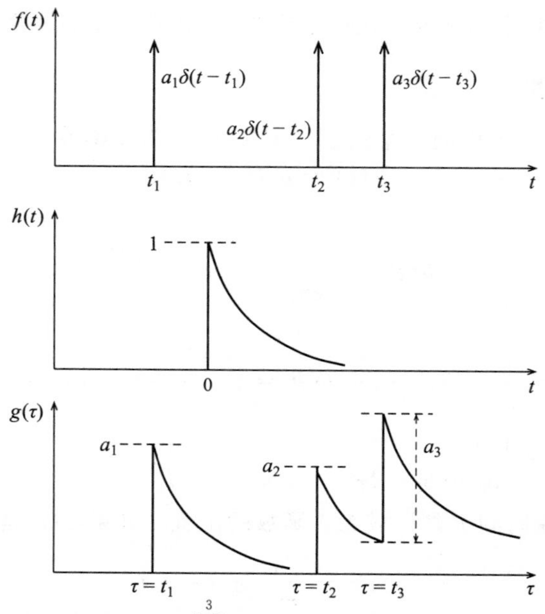

图 10-1　(上图)三个 δ 函数 $f(t) = \sum_{j=1}^{3} a_j \delta(t - t_j)$ 的求和。(中图)一个指数函数 $h(t) = \exp[-t], t \geqslant 0$。(下图)两个函数的卷积，$g(\tau) = f(t) \otimes g(t)$。它是三个重复指数的求和，每个是一个 δ 函数

一旦知道 $h(t)$，系统对于任意一个函数 $f(t)$ 的响应都可以被卷积给定

$$v(t) = \int h(t-u) f(u) du \tag{10-11}$$

为了确定 $v(t)$ 是否确实满足原始的微分方程，考虑

$$\begin{aligned}\frac{dv}{dt} + bv &= \frac{d}{dt}\left[\int h(t-u) f(u) du\right] + b\left[\int h(t-u) f(u) du\right] \\ &= \int\left[\frac{dh(t-u)}{dt} + bh(t-u)\right] f(u) du = \int \delta(t-u) f(u) du \\ &= f(t)\end{aligned} \tag{10-12}$$

这个 δ 函数是对系统的一个冲击，所以 $h(t)$ 也被称为脉冲响应函数。它是脉冲时间 t 后的脉冲残余。乘积 $h(t-u)f(u)$ 是扰动 $f(t)$ 在时间 t 之后 $t-u$ 的残余效应。卷积是对以前所有扰动在时间 t 的残余求和。

我们现在可以重新考虑本节开头的例子了。等式 10-9 的解是 $h(t)=\exp[-\alpha t]$，在阻尼系数 $\alpha=1$ 情况下这和等式 10-2 的解是一样的。因此等式 10-2 是一个速度被摩擦减缓的物体的脉冲响应函数。等式 10-4 是一个扰动函数，是对速度的一系列剧烈扰动；等式 10-5 是该物体的最终速度。

类似的结果适用于任何不均匀的线性普通微分方程。这个一般不均匀线性微分方程可以写为

$$z_n(t)\frac{d^n g}{dt^n} + z_{n-1}(t)\frac{d^{n-1} g}{dt^{n-1}} + \cdots + z_1(t)\frac{dg}{dt} + z_0(t) g = f(t) \tag{10-13}$$

这里 $z_j(t)$ 是 t 的函数。等式左边被认为是一个复杂系统的描述，右边 $f(t)$ 是一个系统的驱动力。原则上，我们可以通过用 $\delta(t)$ 替代 $f(t)$ 来求解脉冲响应函数 $h(t)$ 的微分方程。系统对于驱动力的响应是由卷积给定的

$$g(t) = h(t) \otimes f(t) \tag{10-14}$$

通常我们可以通过以下设定来对脉冲响应函数进行标准化

$$\int h(t) dt = 1 \tag{10-15}$$

如果 $h(t)$ 是归一化的，那么

$$\int g(\tau) d\tau = \int_\tau \int_t h(\tau - t) f(t) dt d\tau = \int_t f(t)\left[\int_\tau h(\tau - t) d\tau\right] dt = \int f(t) dt \tag{10-16}$$

这表明脉冲响应函数保存通量(见下面的例子)。

为什么要使用脉冲响应函数呢？因为微分方程是系统的模型，脉冲响应函数也是一个系统模型。在很多情况下，脉冲响应函数是已知或者很容易测量的，但是相应的微分方程并不是。即使微分方程是已知的，那么通过对卷积积分来计算响应也比求解一个非均匀的微分方程更简单。这个属性使得脉冲响应函数十分有趣和有用。

在下面的两个例子中，脉冲响应函数是可以被直接测量的，并且它提供了一种自然的方式来理解实验数据的性质。我们没有必要知道脉冲响应函数对应的微分方程。第一个例子还展示了一种一维序列扩展到二维图像的方式。

示例：星星都很遥远，几乎没有例外。它们是光线的点源。然而，通过望远镜上的相机获得的星星的图像总是被扩大了。这些图像被望远镜和相机上的光学仪器抹去了，如果这个望远镜在地球上，它们还会在通过地球的大气层时被抹去。

单个星星的未失真图像可以由一个二维的 delta 函数 $a_1\delta(x-x_1,y-y_1)=a_1\delta(x-x_1)\delta(x-x_2)$表示，其中 a_1 是这个星星光线的通量，(x_1,y_1)是星星图像的位置。一个包括 n 个星星的图像能够被 n 个 delta 函数的求和表示

$$f(x,y)=\sum_{j=1}^{n}a_j\delta(x-x_j,y-y_j)$$

这个理想图像的拖尾通常是由点扩散函数 $p(x,y)$来表示的，这样，测量函数 $I(x,y)$是理想图像点扩散函数的卷积

$$I(x,\ y)=\int_u\int_v\left\{\sum_{j=1}^{n}a_j\delta(u-x_j,\ v-y_j)\right\}p(x-u,\ y-v)dudv$$

$$=\sum_{j=1}^{n}a_jp(x-x_j,\ y-y_j)$$

望远镜/相机/大气层的二维的脉冲响应函数 $h(\sigma,\tau)$是一个在原点的 delta 函数的响应

$$h(\sigma,\ \tau)=\int_u\int_v\delta(u,v)p(\sigma-u,\ \tau-v)dudv=p(\sigma,\ \tau)$$

我们现在认为点扩散函数和脉冲响应函数是一样的。

这也提出了一种经验性决定脉冲响应函数的方法：从那些被很好地分离开的星星观测图中进行加权平均。一旦脉冲响应函数已知，这个系统对任何图像(不只是星星)的响应可以通过对脉冲函数与图像进行卷积来计算。

示例：描述一个星光线的最重要的方法之一是通过它的光谱，其中一个版本是将光的强度图作为波长的函数。测量出来的光谱 $I(\lambda)$和真正的光谱 $I_0(\lambda)$是不一样的，因为光谱仪的分辨率有限且光谱仪有光学缺陷。光谱仪的效用可以用仪器轮廓 $p(\lambda)$和真正光谱的卷积来描述，

$$I(\lambda)=\int_{\infty}^{\infty}I_0(u)p(\lambda-u)du$$

假设将波长 λ_0 的单色光(比如激光)照射到光谱仪中。这个单色光的光谱可以用一个 delta 函数 $\delta(\lambda-\lambda_0)$来表示。这将被光谱仪降级为

$$I(\lambda)=\int_{\infty}^{\infty}\delta(u-\lambda_0)p(\lambda-u)du=p(\lambda-\lambda_0)$$

我们把这个认为是 λ_0 的脉冲响应函数。因此，光谱图的仪器轮廓和它的脉冲响应函数是一样的。

10.1.2　频率响应函数

假设脉冲响应函数 $h(t)$描述的系统受到正弦驱动力

$$f(t)=\sin(2\pi vt)\tag{10-17}$$

从等式 10-14 得，系统的响应为

$$g(t)=h(t)\otimes f(t)=\int_{-\infty}^{\infty}h(u)\ \sin[2\pi v(t-u)]du\tag{10-18}$$

把正弦函数展开，我们得到

$$g(t)=\int_{-\infty}^{\infty}h(u)[\sin(2\pi vt)\cos(2\pi vu)-\cos(2\pi vt)\sin(2\pi vu)]du$$
$$=A(v)\sin(2\pi vt)+B(v)\cos(2\pi vt) \tag{10-19}$$

其中

$$A(v)=\int_{-\infty}^{\infty}h(u)\cos(2\pi vu)du \tag{10-20}$$

$$B(v)=\int_{-\infty}^{\infty}h(u)\sin(2\pi vu)du \tag{10-21}$$

把 $g(t)$放到以下形式中会更加明显

$$g(t)=Z(v)\ \sin[2\pi vt+\phi(v)] \tag{10-22}$$

其中

$$Z(v)=[A^2(v)+B^2(v)]^{1/2} \tag{10-23}$$

$$\tan[\phi(v)]=\frac{B(v)}{A(v)} \tag{10-24}$$

因此，系统对于正弦驱动函数的响应是频率和驱动频率相等的正弦曲线。响应的幅度是 $Z(v)$，这个响应的相位位移是 $\phi(v)$。方程 $Z(v)$被称为增益，$\phi(v)$被称为相移。

把驱动力写为复杂的形式往往会更方便：

$$f(t)=\exp[i2\pi vt] \tag{10-25}$$

然后响应是

$$g(t)=\int_{-\infty}^{\infty}h(u)\exp[i2\pi v(t-u)]du$$
$$=\exp[i2\pi vt]\int_{-\infty}^{\infty}h(u)\exp[-i2\pi vu]du \tag{10-26}$$

这也可以写为

$$g(t)=H(v)\exp[i2\pi vt] \tag{10-27}$$

其中 $H(v)$被称为频率响应函数，定义为

$$H(v)=\int_{-\infty}^{\infty}h(u)\exp[-i2\pi vu]du \tag{10-28}$$

频率响应函数是脉冲响应函数的傅里叶变换。频率响应函数与增益和相移的关系是

$$H(v)=Z(v)\exp[i\phi(v)] \tag{10-29}$$

其中

$$Z(v)=[H(v)H*(v)]^{1/2} \tag{10-30}$$

$$\tan[\phi(v)]=\frac{\sin[\phi(v)]}{\cos[\phi(v)]}=\frac{\operatorname{Im}[H(v)]}{\operatorname{Re}[H(v)]} \tag{10-31}$$

下面的例子展示了频率响应函数如何生成不是从脉冲响应系统中立刻显现的系统行为的信息。

示例：让系统脉冲响应函数是一个衰减时间为 T 的指数函数：

$$h(t)=\begin{cases}0, & t<0\\ \frac{1}{T}\exp[-t/T], & t\geqslant 0\end{cases} \tag{10-32}$$

对应的频率响应函数为

$$H(v)=\int_{-\infty}^{\infty}h(u)\exp[-i2\pi vu]du=\int_{0}^{\infty}\frac{1}{T}\exp[-u/T]\exp[-i2\pi vu]du$$

为了估算这个积分，把变量变为 $\zeta=u/T$。然后

$$H(v)=\int_{0}^{\infty}\exp[-\zeta]\exp[-i2\pi vT\zeta]d\zeta=\int_{0}^{\infty}\exp[-(1+i2\pi vT)\zeta]d\zeta$$

$$=\frac{1}{1+i2\pi vT}=\frac{1-i2\pi vT}{1+(2\pi vT)^2} \tag{10-33}$$

从等式 10-30 得，增益为

$$Z(v)=\frac{1}{[1+(2\pi vT)^2]^{1/2}} \tag{10-34}$$

从等式 10-31 得，相移为

$$\tan[\phi(v)]=-2\pi vT \tag{10-35}$$

图 10-2 展示了 $h(t)$、$Z(v)$和 $\phi(v)$的图。在低驱动频率下，增益接近于 1，相移接近于 0，所以系统遵循驱动力。但是随着频率增加，系统的响应幅度减小且相位滞后。

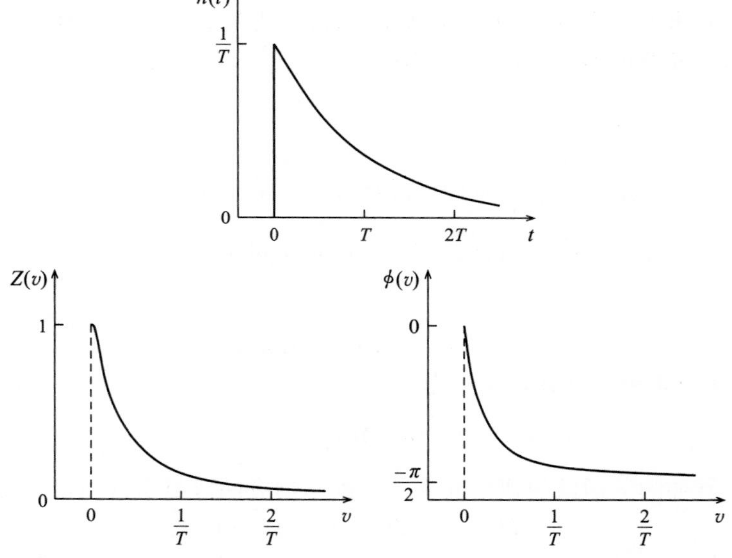

图 10-2　(上图)指数脉冲响应函数 $h(t)=(1/T)\exp[-t/T]$。图中显示了系统对应于频率 v 的正弦驱动力的增益 $Z(v)$(左下图)和相移 $\phi(v)$(右下图)(等式 10-34 和等式 10-35)

假设脉冲响应函数 $h(t)$对应的系统在受到任意一个驱动力 $f(t)$的情况下，产生的响应为 $g(t)=h(t)\otimes f(t)$。根据卷积定理，响应的傅里叶变换是

$$G(v)=H(v)F(v) \tag{10-36}$$

其中 $F(v)$是输入函数[⊖]的傅里叶变换。$G(v)$的傅里叶逆变换会回到原始的响应，所以

⊖　这里值得提示并且与等式 10-39 相关：不要把频率响应函数和一个非常相近的称为传递函数 $H(s)$的函数相混淆。传递函数一般定义为 $H(s)=G(s)/F(s)$，这里 $G(s)$和 $F(s)$分别是 $g(t)$和 $f(t)$的拉普拉斯变换(不是傅里叶变换)。

$$g(t)=\int_{-\infty}^{\infty}G(v)\exp[+i2\pi vt]dv=\int_{-\infty}^{\infty}H(v)F(v)\exp[+i2\pi vt]dv \quad (10\text{-}37)$$

因此，一个系统对于任意输入的响应可以通过频率响应函数来计算，但需要通过两个傅里叶变换，第一个是从 $f(t)$中导出 $F(v)$，第二个是从 $G(v)$中导出 $g(t)$。

示例：图 10-3 的上图展示了一个被以下方程描述的序列

$$f(t)=\sin(2\pi v_0 t)+\sin(4\pi v_0 t)$$

其中 $v_0=0.001$。我们希望用以下指数脉冲响应函数来对 $f(t)$进行卷积计算，

$$h(t)=4v_0\exp[-4v_0 T]$$

注意 $h(t)$和等式 10-32 中 $T=1/4v_0$ 的 $h(t)$是一样的。通过使用对应于 $h(t)$的增益和相移函数，我们可以极大地加速对 $h(t)$的卷积。等式 10-34 变为

$$Z(v)=\frac{1}{[1+(\pi/2)^2(v/v_0)^2]^{1/2}}$$

并且构成 $f(t)$的两个正弦曲线的增益为 0.537 和 0.303。等式 10-35 变为

$$\tan[\phi(v)]=-\frac{\pi}{2}\frac{v}{v_0}$$

同时，相移为−1.00 和−1.26。因此卷积函数为

$$g(t)=0.537\sin(2\pi v_0 t-1.00)+0.303\sin(4\pi v_0 t-1.26) \quad (10\text{-}38)$$

在图 10-3 的下图中绘制出了等式 10-38。

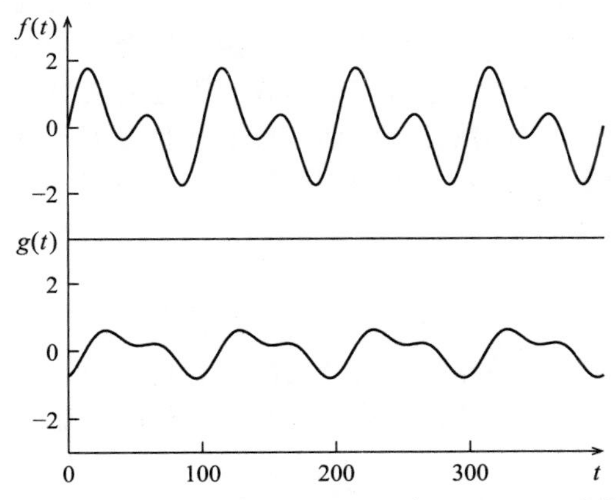

图 10-3　(上图)函数 $f(t)=\sin(2\pi v_0 t)+\sin(4\pi v_0 t)$在 $v_0=0.01$ 时的图。(下图)$g(t)=f(t)\otimes h(t)$的图，其中 $h(t)$是指数脉冲响应函数，$h(t)=4v_0\exp[-4v_0 t/T]$。这个图不是直接通过数字卷积画出的，而是通过绘制 $g(t)$的函数形式(等式 10-38)，这是由两个组成 $f(t)$的正弦曲线的增益和相移决定的

两个正弦曲线的振幅和相位发生了变化，并且改变的量不同。这导致序列的形状被卷积大大地改变了。

等式 10-36 和等式 10-37 提供了另外一种测量脉冲响应函数的方法。假设一个系统的脉冲和频率响应函数是未知的。它们能够通过已知的驱动系统的驱动力方程 $f(t)$来测量，并且测量响应为 $g(t)$。计算一个已知驱动力的傅里叶变换和测量到的响应来得到 $F(v)$和 $G(v)$。从等式 10-37 得，频率响应函数是

$$H(v)=\frac{G(v)}{F(v)}=\frac{F^*(v)G(v)}{|F(v)|^2} \tag{10-39}$$

通过频率响应函数的傅里叶逆变换得到的脉冲响应函数是

$$h(t)=\int_{-\infty}^{\infty}H(v)\exp[+i2\pi vt]dv=\int_{-\infty}^{\infty}\frac{F^*(v)G(v)}{|F(v)|^2}\exp[+i2\pi vt]dv \tag{10-40}$$

在实验室中，通过一个恒定幅度 $f(t)=\sin(2\pi vt)$的正弦曲线驱动系统，通过扫描正弦曲线的频率，并测量每个频率下的增益 $Z(v)$和相移 $\phi(v)$，这是很容易完成的。那么 $F(v)=$常数，并且脉冲响应函数通过以下公式计算得出

$$h(t)=\int_{\infty}^{\infty}G(v)\exp[+i2\pi vt]dv=\int_{\infty}^{\infty}Z(v)\exp[i\phi(v)]\exp[+i2\pi vt]dv \tag{10-41}$$

如果必要的话，$h(t)$可以被归一化。

10.2 反卷积和数据重建

10.2.1 噪声在反卷积中的效用

假设通过对一个已知的脉冲响应函数 $h(t)$与一个输入序列 $f(t)$进行卷积产生出的序列 $g(t)$进行测量：

$$g(t)=h(t)\otimes f(t) \tag{10-42}$$

有时候，我们想通过对 $g(t)$进行反卷积来得到原始的输入序列。星云图就是一个例子。云图像在经过地球大气层的时候衰减，然后被望远镜和摄像机捕捉到。这种衰减可以描述为原始图像和模拟大气层及光学仪器影响的点扩散函数的卷积。我们也许想要对测量到的图像进行反卷积，来得到原始云图，这也许能够找到附近的成对星。

表面上看，如果脉冲响应函数已知的话，反卷积似乎是一个很直接的过程。假设 g_j、h_j 和 f_j 都是离散的等间距的序列。测量的序列 g_j 是一个未知输入序列 f_j 和脉冲响应函数 h_j 的卷积(见等式 8-140)：

$$g_j=\sum_{k=1}^{n}h_{j+1-k}f_k,\ j=1,\cdots,m \tag{10-43}$$

这里 n 是原始序列的长度，m 是测量序列的长度，并且我们假设 h_j 在 $j=-n$ 到 $j=n$ 之间是已知的。我们假设从头到尾脉冲响应函数都是归一化的，那么

$$\sum_j h_j=1 \tag{10-44}$$

等式 10-43 可以写成矩阵等式(见等式 8-142)

$$\boldsymbol{g}=\mathfrak{H}\boldsymbol{f} \tag{10-45}$$

其中向量和矩阵的元素是

$$(\boldsymbol{g})_j=g_j \tag{10-46}$$

$$(\boldsymbol{f})_j=f_j \tag{10-47}$$

$$(\mathfrak{H})_{jk}=\mathfrak{h}_{jk}=h_{j+1-k} \tag{10-48}$$

注意，矩阵$\mathfrak{H}$的行等于 h_j 反转并位移和 k 行相等的量。如果 $n=m$，且如果该矩阵是非奇异的，那么原始序列可以通过对矩阵求逆，然后把这个逆乘以 $\boldsymbol{g}$ 来获得：

$$\mathfrak{H}^{-1}\boldsymbol{g}=\mathfrak{H}^{-1}\mathfrak{H}\boldsymbol{f}=\boldsymbol{f} \tag{10-49}$$

或者 $g(t)$可以在傅里叶空间反卷积。等式 10-42 的傅里叶变换是

$$G(v) = H(v)F(v) \tag{10-50}$$

其中 $G(v)$、$H(v)$和 $F(v)$分别是 $g(t)$、$h(t)$和 $f(t)$的傅里叶变换。注意 $H(v)$是频率响应函数(见等式 10-28)。为了获得 $F(v)$，将 $G(v)$除以频率响应函数：

$$F(v) = \frac{G(v)}{H(v)} = \frac{H^*(v)G(v)}{|H(v)|^2} = \frac{H^*(v)G(v)}{Z(v)^2} \tag{10-51}$$

其中 $Z(v)$是增益(见等式 10-23 和 10-32)。原始序列能够通过对 $F(v)$做傅里叶逆变换来重建：

$$f(t) = \int_{\infty}^{\infty} F(v)\exp[i2\pi vt]dv = \int_{\infty}^{\infty} \frac{H^*(v)G(v)}{Z(v)^2}\exp[i2\pi vt]dv \tag{10-52}$$

如果$\mathfrak{H}$是奇异的，等式 10-49 不能成立，同时，如果 $Z(v)$在任意 v 等于 0 等式 10-52 也不会成立。一个更严肃的问题是测量到的序列几乎都是被噪声所污染的，所以等式 10-42 并不是如何产生 $g(t)$的一个精确描述。如果噪声是可以相加的，正确的公式是

$$g(t) = h(t) \otimes f(t) + \epsilon(t) \tag{10-53}$$

其中 $\epsilon(t)$是噪声。等式 10-51 必须被替换为

$$\frac{G(v)}{H(v)} = \frac{G(v)+E(v)}{H(v)} = F(v) + \frac{H^*(v)E(v)}{Z(v)^2} \tag{10-54}$$

这里 $E(v)$是 $\epsilon(t)$的傅里叶变换。因此一个简单的反卷积会放大噪声 $H^* v/Z(v)^2 \approx 1/Z(v)$倍。下面的例子展示了噪声可以被放大。

示例：让我们回到图 10-3 中的例子。图 10-3 的上图展示了函数 $f(t)=\sin(2\pi v_0 t)+\sin(4\pi v_0 t)$，其中 $v_0=0.01$。同时，下图展示了卷积 $g(t)=h(t)\otimes f(t)$，这里脉冲响应函数为 $h(t)=4v_0\exp[-4v_0 t/T]$。我们试图通过 $g(t)$来两次重建 $f(t)$。第一次 $g(t)$没有噪声，第二次添加一个很小的噪声到 $g(t)$上。

无噪声反卷积：图 10-4 展示了使用傅里叶变换方法对 $g(t)$进行反卷积的结果。卷积函数 $g(t)$(等式 10-38)在左上图中再次被生成。它的傅里叶变换 $G(v)$通过等式 8-127 和等式 8-128 被计算出来。左下方的序列是通过下面的公式计算 $F(v)$而构建出来的

$$F(v) = G(v)/H(v) = G(v)(1+i2\pi vT) = G(v)\left(1+i\frac{\pi}{2}\frac{v}{v_0}\right) \tag{10-55}$$

(见等式 10-33)，然后计算 $F(v)$的傅里叶逆变换来得到 $f(t)$(等式 8-126)。原始的函数几乎能够被完美地重建。

噪声存在时的反卷积：图 10-4 的右上图加入了无关联白噪声，重新画了 $g(t)$。这个噪声是均值为 0、标准差 $\sigma=0.01$ 的高斯分布。噪声的幅度太小，以至于在图中很难看出来。下图展示了噪声反卷积，这和无噪声反卷积是一样的。原始序列能够在平均意义上被正确重建，但是噪声被大大扩大了。

在这个例子中白噪声被放大的原因是无关联噪声的平均功率谱是平坦的，一直延伸到 Nyquist 频率。傅里叶变换反卷积乘以傅里叶变量$[1+i(\pi/2)(v/v_0)]$。在这个例子中，Nyquist 频率是 $50v_0$，所以 $G(v)$的高频部分——这完全归因于噪声而不是信号——被放大了高达$\sim 25\pi$，这是一个很大的量。

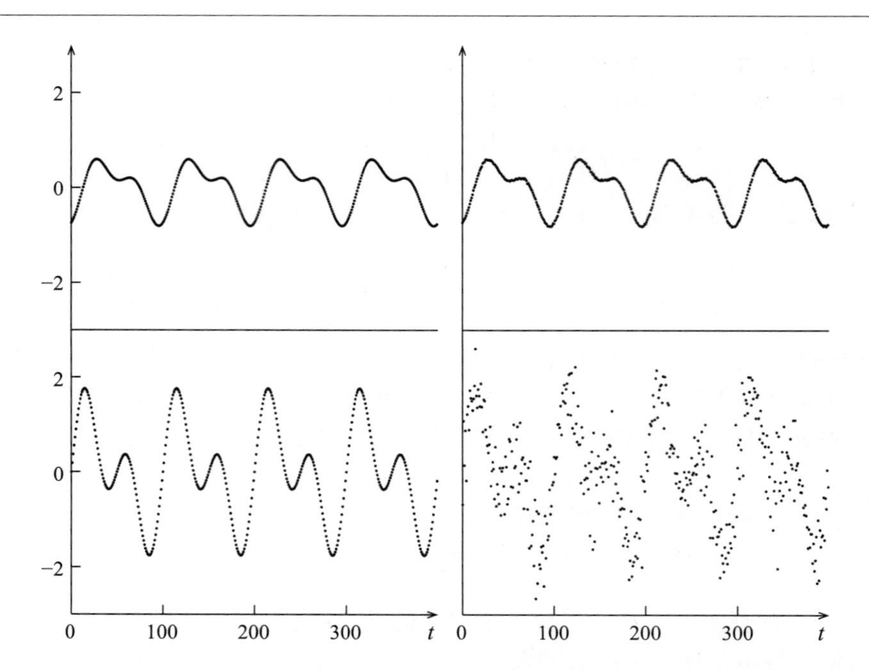

图 10-4　傅里叶变换反卷积中噪声的作用。无噪声序列的反卷积(左图)。左上图展示了 $g(t)=f(t)\otimes h(t)$，其中 $f(t)$是两个正弦曲线的求和，并且 $h(t)=4v_0\exp[-4v_0/T]$(等式10-38)。在左下图中，通过傅里叶反卷积(等式10-55)，原始序列被成功重建。噪声序列的反卷积见右图。右上图再一次展示了卷积序列，但是现在加入了无关联白噪声。噪声的幅度太小了，使得图中几乎看不到白噪声。右下图展示了反卷积序列。虽然原始序列在平均意义上被正确重建，但是噪声被大大扩大了

噪声放大在任何反卷积方法中都会引起问题，并不只是傅里叶反卷积。大部分的卷积是对原始序列做平滑处理。如果噪声是在观察序列中就被引入的，逆矩阵反卷积(等式10-49)会“不平滑化”由噪声引起的突然点对点的变换，就好像它们是真实的变化，这会放大反卷积序列中的变化幅度。

如果噪声和原始序列的先验知识是可用的，那么噪声在反卷积中的作用是可以得到改善的。一种方法是限制最大似然或者最小化 χ^2 解。假设有 m 个点的测量序列 g_j 被具有方差 σ_j^2 的无关联高斯噪声污染。把重建后的图像记为 $\hat{f}_k$，允许 $\hat{f}_k$ 和原始序列 f_k 在噪声的连续数量上不同。如果 f_k 被等式10-43中的 $\hat{f}_k$ 替代，那么 χ^2 统计量为

$$\chi^2=\sum_{j=1}^{m}\frac{(g_j-\sum_{k=1}^{n}h_{j+1-k}\hat{f}_k)^2}{\sigma_j^2}\tag{10-56}$$

我们可以调整 $\hat{f}_k$ 来最小化χ^2。这是基本的最小线性二乘法拟合。然而，$\hat{f}_k$ 和 f_k 有一样多的值，等式10-56只加了一个限制。初始矩阵反卷积或者傅里叶变换反卷积很可能会产生不太令人满意的重建序列伪像。这个伪像能够通过添加额外的约束来改善，通常需要很多的额外约束。例如，我们可以试图限制重建序列点到点变化的大小。我们认为惩罚非常复杂，它经常导致我们没有足够好的动机去添加额外的约束。

最大似然是一种被看好的方法，因为它可以作为最大熵和贝叶斯图像重建的基础。但

是反卷积和图像重建技术经常使用的是维纳（Weiner）反卷积或者 Richardson-Lucy 算法，部分原因是它们很容易实施。

10.2.2 维纳反卷积

假设一个测量到的函数 $g(t)$是一个未知函数 $f(t)$与一个已知的脉冲函数 $h(t)$的卷积再加上噪声$\epsilon(t)$：

$$g(t) = f(t) \otimes h(t) + \epsilon(t) \tag{10-57}$$

这个等式的傅里叶变换是

$$G(v) = F(v)H(v) + E(v) \tag{10-58}$$

其中 $G(v)$、$F(v)$、$H(v)$和 $E(v)$分别是 $g(t)$、$f(t)$、$h(t)$和$\epsilon(t)$的傅里叶变换。维纳反卷积构建了一个函数 $W(v)$，使得 $W(v)$和 $G(v)$的乘积是 $F(v)$的一个良好近似，即使在噪声存在时。该近似的傅里叶逆变换是对 $f(t)$的理想近似。

把近似傅里叶变换记为 $\hat{F}(v)$，使得

$$\hat{F}(v) = W(v)G(v) \tag{10-59}$$

我们希望找到一个 $W(v)$使得 $\hat{F}(v)$和 $F(v)$之间的差别最小。我们避免使用$[F(v)-\hat{F}(v)]^2$来测量差别，因为这个量非常复杂，我们用绝对值的平方来替代：$\Delta(v)=|F(v)-\hat{F}(v)|^2$。因为是噪声引起的不同，它的性质只能够被平均数来指定，我们把 $\hat{F}(v)$和 $F(v)$的不同写成平均数的形式：

$$\langle \Delta(v) \rangle = \langle |F(v) - \hat{F}(v)|^2 \rangle \tag{10-60}$$

这个问题变为：找到一个复杂函数 $W(v)$来最小化$\langle \Delta(v) \rangle$。把 $\Delta(v)$用等式 10-58 和等式 10-59 展开，我们得到

$$\begin{aligned}
\Delta(v) &= |F(v) - W(v)F(v)H(v) - W(v)E(v)|^2 \\
&= |[1 - W(v)H(v)]F(v) - W(v)E(v)|^2 \\
&= [1 - W(v)H(v)]^* [1 - W(v)H(v)]F^*(v)F(v) \\
&\quad - [1 - W(v)H(v)]^* F^*(v)W(v)E(v) \\
&\quad - [1 - W(v)H(v)]F(v)W^*(v)E^*(v) \\
&\quad + W^*(v)E^*(v)W(v)E(v)
\end{aligned} \tag{10-61}$$

注意，$f^*(v)F(v)$和 $E^*(v)E(v)$分别是信号和噪声的功率谱。定义

$$S(v) = F^*(v)F(v) \tag{10-62}$$

$$N(v) = E^*(v)E(v) \tag{10-63}$$

如果噪声和信号是不相关的，那么

$$\langle F^*(v)E(v) \rangle = \langle F(v)E^*(v) \rangle = 0 \tag{10-64}$$

等式 10-61 的平均值变为

$$\langle \Delta(v) \rangle = [1 - W(v)H(v)]^* [1 - W(v)H(v)]S(v) + W^*(v)W(v)N(v) \tag{10-65}$$

通过把$\langle \Delta(v) \rangle$对于 $W(v)$的方程求导设置为 0，我们可以最小化平均差：

$$\frac{\partial \langle \Delta(v) \rangle}{\partial W(v)} = -2[1 + W^*(v)H^*(v)]H(v)S(v) + 2W^*(v)N(v) = 0 \tag{10-66}$$

从中我们得到

$$W(v) = \frac{H^*(v)S(v)}{N(v) + |H(v)|^2 S(v)} = \frac{1}{H(v)} \frac{|H(v)|^2}{|H(v)|^2 + N(v)/S(v)} \tag{10-67}$$

这就是维纳反卷积滤波器。实际上，当平均噪声比信号大的时候，它衰减了频率中的傅里叶分量。为了使用维纳反卷积，我们必须知道关于信号和噪声功率谱的先验知识。

在下面的扩展例子中，维纳反卷积成功地把一个噪声序列进行了反卷积。

示例：让我们把维纳反卷积用到图 10-4 中的例子里，这个例子中，简单傅里叶反卷积的结果很差。

回顾：原始序列 $f(t)$是两个正弦曲线的和

$$f(t) = \sin(2\pi v_0 t) + \sin(4\pi v_0 t)$$

这里 $v_0 = 0.01$。用一个指数脉冲响应函数来进行卷积

$$h(t) = 4v_0 \exp[-4v_0 t], t \geqslant 0$$

然后添加了噪声$\epsilon(t)$

$$g(t) = f(t) \otimes h(t) + \epsilon(t)$$

这里$\epsilon(t)$是一个具有均值为 0、标准差为 $\sigma=0.01$ 的高斯分布的无关联噪声。图 10-4 画出了 $g(t)$在添加噪声前后的图。首先，我们通过计算下面的公式来重建原始序列

$$F(v) = G(v)/H(v)$$

其中 $F(v)$、$G(v)$和 $H(v)$分别是 $f(t)$、$g(t)$和 $h(t)$的傅里叶变换，并且

$$H(v) = \frac{1}{1 + i(\pi/2)(v/v_0)}$$

但噪声存在的时候，如图 10-4 右下图所示，重建的序列并不是令人满意的，因为噪声被放大了很多。

现在我们考虑维纳反卷积。一个常用的确定序列中噪声和信号的方法是检验序列的功率谱。$g(t)$的功率谱展示在图 10-5 的上方。注意信号集中出现在低频中，出现在高频中的噪声是白色的(可以帮助序列重构)，我们设噪声功率为

$$N(v) = \text{常数} \approx 2.5 \times 10^{-7}$$

在现实世界的例子中，我们不知道信号是否只是两个频率的结合，我们希望允许信号发生在宽谱低频带的任何地方。因此，我们使用高斯分布信号功率：

$$S(v) \propto A_G \exp\left[-\frac{1}{2}\frac{v^2}{\sigma_G^2}\right]$$

其中为了使 $S(v)$能够概括包括功率的可能频率带，强度 A_G 设定为 5，σ_G 设为 0.01。图 10-5 展示了 $S(v)$和 $N(v)$叠加在 $g(t)$功率谱上的图。根据 $G(v)$、$S(v)$和 $N(v)$，我们重建 $F(v)$

$$F(v) = W(v)G(v)$$

这里 $W(v)$是由等式 10-67 给定的。$F(v)$的傅里叶逆变换产生重构的 $f(t)$。重构序列展示在图 10-5 下方。

重构信号和原始信号足够接近以至于它们的区别不显著，噪声的放大得到了改善。这个结果比起简单的傅里叶变换反卷积更令人满意。$g(t)$的几个性质有助于这个好的结果：信号被限制在一个狭窄的频率带，噪声有相对较低的幅度和比信号更宽的频率带。不幸的是，真实的数据总是缺乏这些性质中的一个或者多个，所以维纳反卷积对实际数据产生的效果往往不如这个例子展示的那样好

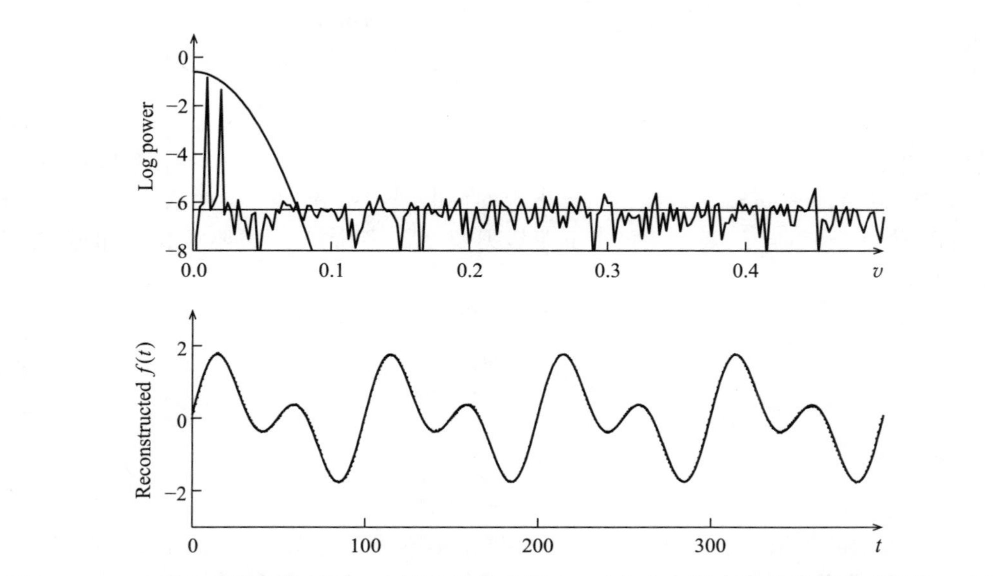

图 10-5　一个维纳反卷积的例子。上图展示的是图 10-4 右上方噪声序列的对数功率谱。水平直线是噪声引入的平均功率。(这条线的位置看起来很奇怪，因为它的垂直刻度是对数(功率))。反向抛物线是维纳反卷积滤波器的高斯“信号”。下图展示的是使用维纳反卷积得到的重构序列。它应该和图 10-4 中的右下图进行比较。实线是原始的、无噪声序列

10.2.3　Richardson-Lucy 算法

Richardson-Lucy 算法避免了使用傅里叶变换。假设原始序列 f_j 通过与一个脉冲响应函数 h_j 进行卷积然后添加噪声 ϵ_j 后降级成为观测序列 g_j：

$$g_j = \sum_k h_{j+1-k} f_k + \epsilon_j = \sum_k \mathfrak{h}_{jk} f_k + \epsilon_j \tag{10-68}$$

其中 $\mathfrak{H}_{ik} = h_{j+1-k}$。我们寻找这样一个线性运算 Q_{kj}，当它作用于 g_j 时，产生一个 f_j 的近似 $\hat{f}_j$：

$$\hat{f}_k = \sum_j Q_{kj} g_j \tag{10-69}$$

在没有噪声的情况下，我们可以得到 Q_{kj} 的精确解，因为这个等式只是等式 10-49 的一个伪装，所以 Q_{kj} 和矩阵 $\mathfrak{H}^{-1}$ 是一样的。

当噪声存在的情况下，$\mathfrak{H}^{-1}$ 并不是 Q_{kj} 的一个好选择，因为它可以极大地扩大噪声。Richardson 和 Lucy 通过考虑贝叶斯定理得到了 Q_{kj} 的一个更好选择。假设我们把 f_j 和 g_j 认为是概率分布中抽取的随机偏差。分布的贝叶斯定理可以写为

$$P_1(f_k \mid g_j) = \frac{L(g_j \mid f_k) P_0(f_k)}{\sum_k L(g_j \mid f_k) P_0(f_k)} \tag{10-70}$$

其中 P_0 和 P_1 分别是先验和后验概率分布，并且 L 是似然函数(见 7.1 节)。比较等式 10-70 的分子和等式 10-68 表明(通过推论)，我们应该采取

$$Q_{kj} = \frac{\mathfrak{h}_{jk} f_k}{\sum_k \mathfrak{h}_{jk} f_k} \tag{10-71}$$

在没有噪声的情况下，这是 Q_{kj} 的精确解，因为

$$\sum_j Q_{kj} g_j = \sum_j Q_{kj}\left[\sum_k \mathfrak{h}_{jk} f_k\right] = \sum_j \frac{\mathfrak{h}_{jk} f_k}{\sum_k \mathfrak{h}_{jk} f_k}\left[\sum_k \mathfrak{h}_{jk} f_k\right] = \sum_j \mathfrak{h}_{jk} f_k = f_k \tag{10-72}$$

其中最后一步成立的原因是 h_j 是归一化的(等式10-44)。但是等式10-71不是 Q_{kj} 的一个有用表达式。它有两个问题，第一，当噪声存在的时候，等式10-72中的第一个等号不再成立，所以 $\sum_j Q_{kj} g_j \neq f_k$；第二，我们正在努力解 f_k，但是表达式要求我们知道 f_k 然后才能计算 Q_{jk}。

Richardson-Lucy算法通过迭代的方法来替换等式10-71中的 Q_{kj}

$$Q_{kj}^{(r)} = \frac{\mathfrak{h}_{jk}\hat{f}_k^{(r)}}{\sum_k \mathfrak{h}_{jk}\hat{f}_k^{(r)}} \tag{10-73}$$

和

$$\hat{f}_k^{(r+1)} = \sum_j Q_{kj}^{(r)} g_j \tag{10-74}$$

其中上标(r)表示的是第 r 次迭代。在一次迭代结尾生成的近似序列被用来计算下一次迭代的 Q_{kj}。如果需要，等式10-73和等式10-74可以被结合起来

$$\hat{f}_k^{(r+1)} = \hat{f}_k^{(r)}\frac{\sum_j \mathfrak{h}_{jk} g_j}{\sum_k \mathfrak{h}_{jk}\hat{f}_k^{(r)}} \tag{10-75}$$

Richardson-Lucy算法对于迭代的初始点是不敏感的，所以我们通常选择 $\hat{f}_k^{(0)}=1$，或者等价地，$Q_{kj}^{(0)}=\mathfrak{h}_{jk}$。

这个算法收敛很慢，需要数十次甚至上百次的迭代。众所周知，在大部分情况它是收敛的，并且收敛到 $\mathfrak{H}^{-1}\boldsymbol{g}$ 也就是说，它就像在无噪声的信号下对 g_j 反卷积。这不是我们想要的结果！太长的迭代必须在它收敛到极限值前被终止，避免不必要的噪声扩大。

那什么时候停止迭代呢？这没有统一的答案。有的用户可能在重建的序列(或者图像)“看起来不错”的情况下停止。有的人也许会在重建序列从一次迭代到下一次迭代的变化减缓的时候停止。其理由是当算法试图重构序列中由噪声引起的快速点对点变动时，变化会减慢。Lucy自己建议一直迭代，直到等式10-56中的 χ^2 减小到

$$\chi^2 = \sum_{k=1}^{m}\frac{\left(g_k - \sum_{j=1}^{n} h_{k+1-j}\hat{f}_j\right)^2}{\sigma_k^2} \approx m \tag{10-76}$$

其中 σ_k^2 是由噪声引起的 g_k 的方差。如果噪声满足泊松分布，就像如果信号被检测到光子，那么应该设置 $\sigma_k^2=\hat{f}_j$。

10.3　自协方差函数

10.3.1　自协方差函数的基本性质

自协方差函数：自协方差函数用于测量一个序列和在稍后时间的同一个序列之间的相似性。如果 $f(t)$ 是一个连续的序列，它在 t 的均值为 $\mu(t)$，那么 $f(t)$ 的自协方差为

$$\gamma_{ff}(\tau) = \langle[f(t)-\mu(t)][f(t+\tau)-\mu(t+\tau)]\rangle \tag{10-77}$$

实际上，$f(t)$ 被复制，并且被移动一个被称为滞后的量 τ。它们的局部平均值被减去之后，

这个函数和它移动后的副本相乘。自协方差是该乘积的平均值。插入下标 ff 来区分自协方差函数和 10.4 节将讨论的交叉协方差函数。自协方差函数在 $\tau=0$ 时是对称的。为了看到这一点，我们从下面的公式开始

$$\gamma_{ff}(-\tau) = \langle [f(t) - \mu(t)][f(t-\tau) - \mu(t-\tau)] \rangle \tag{10-78}$$

把变量改为 $\zeta=t-\tau$，得到

$$\gamma_{ff}(-\tau) = \langle [f(\zeta+\tau) - \mu(\zeta+\tau)][f(\zeta) - \mu(t+\zeta)] \rangle = \gamma_{ff}(\tau) \tag{10-79}$$

因此，通常只对正滞后计算自协方差函数。

如果平均值是对时间独立的，那么自协方差函数可以简化为

$$\gamma_{ff}(\tau) = \langle [f(t) - \mu][f(t+\tau) - \mu] \rangle = \langle f(t)f(t+\tau) \rangle - \mu^2 \tag{10-80}$$

零滞后的自协方差函数等于 $f(t)$的协方差。无论平均值是否对时间独立，这都是正确的。但是如果 μ 是常数，这显然是正确的，因为

$$\gamma_{ff}(0) = \langle [f(t) - \mu]^2 \rangle \equiv \sigma_f^2 \tag{10-81}$$

从现在开始，我们假设已经从 $f(t)$中减去了 μ。自协方差函数可以采用简化形式

$$\gamma_{ff}(\tau) = \langle f(t)f(t+\tau) \rangle \tag{10-82}$$

这个假设简化了函数的外观，几乎没有任何一般性的损失。

平均值的计算依赖于上下文。如果 $f(t)$值反定义在 $0 \leqslant t \leqslant T$ 之间，或者只是长度为 T 的测量序列，自协方差函数通常写为

$$\gamma_{ff}(\tau) = \frac{1}{T}\int_0^{T-\tau} f(t)f(t+\tau)dt, \ 0 \leqslant \tau < T \tag{10-83}$$

这有时也被称为*样本自协方差函数*。无限长的序列通常可以通过计算多个有限长度 T 的序列的自协方差函数，然后让 $T\to\infty$来得到。有的作者在等式 10-83 中使用因子 $1/(T-\tau)$来替代 $1/T$。这两种方法并没有哪一种有显著的优势：大的滞后 $1/(T-\tau)$会产生自协方差函数的无偏但是有噪声的估计，同时 $1/T$ 会产生一个有偏但是噪声比较小的估计。如果 f_j 是含有 n 个元素的均匀区间为 Δt 的离散序列，它的自协方差函数通常取为

$$\gamma_{ff}(\tau_k) = \frac{1}{n}\sum_{j=1}^{n-k} f_j f_{j+k} \tag{10-84}$$

其中 $\tau_k=k\Delta t$。同样，有的作者用因子 $1/(n-k)$代替 $1/n$。

如果 $f(t)$是周期为 P 的周期性序列，

$$f(t+mP) = f(t) \tag{10-85}$$

其中 m 是一个整数，那么 $f(t)$的自协方差函数也是 P 周期性的，因为

$$\begin{aligned}\gamma_{ff}(\tau+mP) &= \langle f(t)f(t+\tau+mP) \rangle = \langle f(t)f(t+\tau) \rangle \\ &= \gamma_{ff}(\tau)\end{aligned} \tag{10-86}$$

这使等式 10-83 能够写为

$$\gamma_{ff}(\tau) = \frac{1}{P}\int_{t_0}^{t_0+P} f(t)f(t+\tau)dt \tag{10-87}$$

其中 t_0 是积分的任意初始点。

等式 10-83 让自协方差函数看起来像是一个序列对它自己的卷积，但是自协方差和卷积之间有两个重要的区别。首先，当对两个函数进行卷积时，时间对于其中一个函数是逆转的。当计算自协方差函数的时候，没有时间逆转。其次，自协方差函数是滞后乘积的平均值，但卷积不涉及平均值。平均值使得自协方差函数非常适用于噪声序列和噪声驱动过程的讨论。

下面的例子计算了一个矩形函数的自协方差函数，然后周期为 P 的方波。

示例：宽度为 T 的矩形函数是

$$f(t)=\begin{cases}1, & 0\leqslant t\leqslant T\\ 0, & \text{其他情况}\end{cases}$$

从等式 10-83 得，正滞后的自协方差函数为

$$\gamma_{ff}(\tau\geqslant 0)=\frac{1}{T}\int_{t=0}^{T-\tau}dt=1-\tau/T,\ 0\geqslant\tau/T\geqslant 1$$

因为自协方差函数在零点是对称的，完整的自协方差函数是

$$\gamma_{ff}(\tau)=\begin{cases}1-|\tau|/T, & |\tau|/T\leqslant 1\\ 0, & \text{其他情况}\end{cases}$$

图 10-6 右上图展示了一个三角函数。

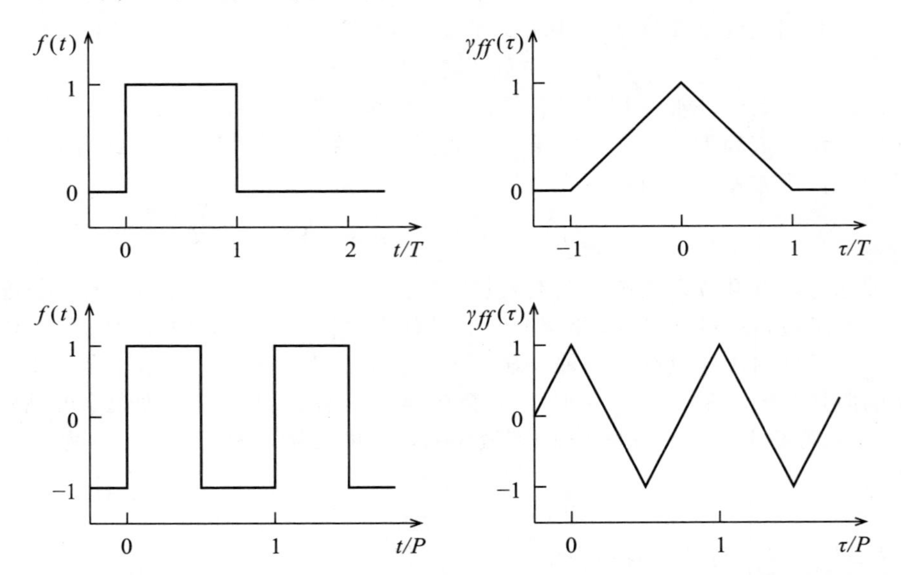

图 10-6　一个宽度为 T 的矩形(左上图)和它的自协方差函数(右上图)。一个周期为 P 的方波(左下图)和它的自协方差函数(右下图)

方波能够表示为

$$f(t)=\text{sgn}[\sin(2\pi t/P)]$$

其中如果 $z=0$ 则 $\text{sgn}(z)$ 等于 0，否则为 $z/|z|$。通过检验，自协方差函数在 $\tau=0$ 时为 1，在 $\tau=P/2$ 时为 -1。从这个矩形函数的例子我们能够推断出，自协方差在这两个值之间是线性变换的，并且周期性为 P。因此不需要明确地求解出等式 10-87，我们就能够写下完整的自协方差函数：

$$\gamma_{ff}(\tau+mP)=\gamma_{ff}(\tau)=\begin{cases}1-4\tau/P, & 0\leqslant\tau\leqslant P/2\\ -1+4\tau/P, & P/2<\tau\leqslant P\end{cases}$$

其中 m 是一个整数。图 10-6 右下图展示了自协方差函数。

在下面的例子中，我们计算一个无穷长度的正弦曲线的自协方差函数。

示例：让序列为正弦曲线 $f(t)=\sin(2\pi vt+\phi)$。这个正弦曲线的自协方差函数能够通过等式 10-87 直接计算得出，因为正弦曲线是周期性的。为了清楚地解释，我们从等式 10-83 开始计算自协方差。一开始，我们把积分限制在有限区间 $0\leqslant t\leqslant T-\tau$，但是之后我们允许 T 变大。正弦曲线的自协方差函数为

$$\begin{aligned}\gamma_{ff}(\tau)&=\frac{1}{T}\int_0^{T-\tau}\sin(2\pi vt+\phi)\sin(2\pi v[t+\tau]+\phi)dt\\&=\frac{1}{T}\int_0^{T-\tau}\sin(2\pi vt+\phi)\\&\qquad[\sin(2\pi vt+\phi)\cos(2\pi v\tau)+\cos(2\pi vt+\phi)\sin(2\pi v\tau)]dt\\&=\frac{\cos(2\pi v\tau)}{T}\int_0^{T-\tau}\sin^2(2\pi vt+\phi)dt\\&\quad+\frac{\sin(2\pi v\tau)}{T}\int_0^{T-\tau}\sin(2\pi vt+\phi)\cos(2\pi vt+\phi)dt\end{aligned}$$

积分第二项在 -1 和 1 之间来回摆动，所以当 T 变大的时候，第二项趋近于 0。自协方差函数变为

$$\gamma_{ff}(\tau)=\frac{\cos(2\pi v\tau)}{T}\int_0^{T-\tau}\sin^2(2\pi vt+\phi)dt$$

使用三角半角公式，这可以写为

$$\gamma_{ff}(\tau)=\frac{\cos(2\pi v\tau)}{T}\int_0^{T-\tau}\frac{1}{2}[1-\cos(4\pi vt+2\phi)]dt$$

同理，$\cos(4\pi vt+2\phi)$ 在 -1 和 1 之间摆动，当 T 变大的时候，它的积分趋于 0。自协方差函数变为

$$\gamma_{ff}(\tau)=\frac{\cos(2\pi v\tau)}{T}\int_0^{T-\tau}\frac{1}{2}dt=\cos(2\pi v\tau)\left(\frac{T-\tau}{2T}\right)$$

在极限 $T\to\infty$ 中，我们得到

$$\gamma_{ff}(\tau)=\frac{1}{2}\cos(2\pi v\tau)$$

因此带有频率 v 的正弦曲线的自协方差函数是一个有着同样频率在 1/2 和 $-1/2$ 之间来回摆动的余弦曲线。

注意，自协方差函数和原始序列的相位是独立的。这是一个更一般化结果的具体例子：当计算自协方差函数的时候，相位信息是丢失的。

自相关函数：自相关函数定义为

$$\rho_{ff}(\tau)=\frac{\gamma_{ff}(\tau)}{\gamma_{ff}(0)}=\frac{\gamma_{ff}(\tau)}{\sigma_f^2}\tag{10-88}$$

这和自协方差函数是相同的，除了它被归一化为 $\rho_{ff}(0)=1$。自相关函数的绝对值总是小于等于 1。要了解这一点，考虑

$$|\rho_{ff}(\tau)|^2=\left|\frac{\gamma_{ff}(\tau)}{\gamma_{ff}(0)}\right|^2=\frac{1}{\gamma_{ff}^2(0)}|\gamma_{ff}(\tau)|^2\tag{10-89}$$

柯西-施瓦茨不等式的一个版本是 $|\langle xy\rangle|^2\leqslant\langle x^2\rangle\langle y^2\rangle$。等式 10-89 中明确地写出了 $\gamma_{ff}(\tau)$，使用柯西-施瓦茨不等式得到

$$
\begin{aligned}
|\rho_{ff}(\tau)|^2 &= \frac{1}{\gamma_{ff}^2(0)}|\langle f(t)f(t+\tau)\rangle|^2 \\
&\leqslant \frac{1}{\gamma_{ff}^2(0)}\langle f^2(t)\rangle\langle f^2(t+\tau)\rangle \\
&\leqslant \frac{1}{\gamma_{ff}^2(0)}\gamma_{ff}(0)\gamma_{ff}(0) \\
&\leqslant 1
\end{aligned} \tag{10-90}
$$

如果任意一个周期 P 满足 $f(t+P)=\pm f(t)$，那么等号是成立的，因为

$$
\rho_{ff}(\tau=P) = \frac{\langle f(t)f(t+P)\rangle}{\gamma_{ff}(0)} = \pm\frac{\langle f(t)f(t)\rangle}{\gamma_{ff}(0)} = \pm\frac{\gamma_{ff}(0)}{\gamma_{ff}(0)} = \pm 1 \tag{10-91}
$$

10.3.2　与功率谱的关系

在本节中，我们会展示功率谱是样本自协方差函数的傅里叶变换。尽管和卷积定理密切相关，这个结果的推导会更加复杂，因为积分的极限有限；但是这个结果是值得我们付出额外努力的。

让 $f(t)$是一个连续函数，为了方便，将其定义在 $-T/2$ 和 $T/2$ 之间，而不是 0 和 T 之间。对于这些极限，样本自协方差函数必须被写为

$$
\gamma_{ff}(\tau) = \begin{cases} \dfrac{1}{T}\displaystyle\int_{-T/2}^{T/2-\tau} f(t)f(t+\tau)dt, & 0 \leqslant \tau \leqslant T \\ \dfrac{1}{T}\displaystyle\int_{-T/2-\tau}^{T/2} f(t)f(t+\tau)dt, & -T \leqslant \tau < 0 \end{cases} \tag{10-92}
$$

(和等式 10-83 比较)，这里我们明确地允许负滞后。如果 $F(v_n)$是 $f(t)$的傅里叶变换，那么 $f(t)$的功率谱为

$$
P(v_n) = F(v_n)F^*(v_n) \tag{10-93}
$$

其中 $v_n=n/T$，并且 n 是一个正整数。使用等式 8-57 可以明确地写出傅里叶变换，我们得到

$$
\begin{aligned}
P(v_n) &= \left[\frac{2\sqrt{\pi}}{T}\int_{-T/2}^{T/2} f(t)\exp[-i2\pi v_n t]dt\right]\left[\frac{2\sqrt{\pi}}{T}\int_{-T/2}^{T/2} f(t)\exp[+i2\pi v_n t]dt\right] \\
&= \frac{4\pi}{T^2}\int_{-T/2}^{T/2}\int_{-T/2}^{T/2} f(t)f(t')\exp[-i2\pi v_n(t-t')dtdt'
\end{aligned} \tag{10-94}
$$

注意，复共轭会变换第二个积分中指数的符号。

现在对变量进行一个变换

$$
\tau = t - t' \tag{10-95}
$$

$$
v = t' \tag{10-96}
$$

变换的雅可比行列式是

$$
\left|\frac{\partial(t, t')}{\partial(\tau, v)}\right| = \begin{vmatrix} 1 & 1 \\ 0 & 1 \end{vmatrix} = 1 \tag{10-97}
$$

图 10-7 中展示了(τ, v)平面中的积分极限。因为 v 上的极限是 τ 的函数，这个积分必须被分成两部分，一是 τ 小于 0 的部分，另一个是 τ 大于 0 的部分。等式 10-94 可以变为

$$
\begin{aligned}
P(v_n) = &\frac{4\pi}{T^2}\int_{\tau=0}^{T}\int_{v=-T/2}^{T/2-\tau} f(v+\tau)f(v)\exp[-i2\pi v_n\tau]d\tau dv \\
&+ \frac{4\pi}{T^2}\int_{\tau=-T}^{0}\int_{v=-T/2-\tau}^{T/2} f(v+\tau)f(v)\exp[-i2\pi v_n\tau]d\tau dv
\end{aligned}
$$

$$= \frac{4\pi}{T^2}\int_{\tau=0}^{T}\left[\frac{1}{T}\int_{v=-T/2}^{T/2-\tau} f(v+\tau)f(v)dv\right]\exp[-i2\pi v_n\tau]d\tau$$
$$+\frac{4\pi}{T}\int_{\tau=-T}^{0}\left[\frac{1}{T}\int_{v=-T/2-\tau}^{T/2} f(v+\tau)f(v)dv\right]\exp[-i2\pi v_n\tau]d\tau \quad (10\text{-}98)$$

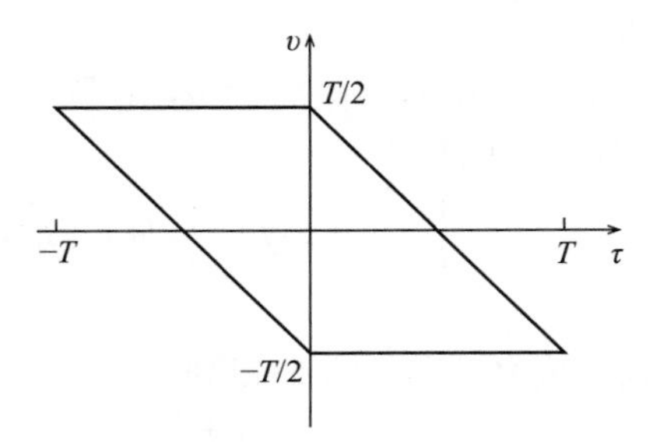

图 10-7 等式 10-94 的积分上下界从(t，t')平面转化为(τ，v)平面。因为关于 v 的上下界是关于 τ 的方程，把它分为两部分会更加容易，一个是 τ 小于 0，另一个是 τ 大于 0

方括号里的积分是等式 10-92 中自协方差函数的两部分，第一部分是 $\tau \geqslant 0$，第二部分是 $\tau<0$。因此等式 10-98 是

$$P(v_n)=\frac{4\pi}{T}\int_{\tau=0}^{T}\gamma_{ff}(\tau)\exp[-i2\pi v_n\tau]d\tau+\frac{4\pi}{T}\int_{\tau=-T}^{0}\gamma_{ff}(\tau)\exp[-i2\pi v_n\tau]d\tau$$
$$=\frac{4\pi}{T}\int_{-T}^{T}\gamma_{ff}(\tau)\exp[-i2\pi v_n\tau]d\tau \quad (10\text{-}99)$$

这是理想的结果：功率谱是自协方差函数的傅里叶变换。注意积分是从 $-T$ 到 T 之间的。额外因子 4π 可以追溯到把对称性加入到正向反向傅里叶级数(等式 8-56 和等式 8-57)的归一常数的决定。

事实上，自协方差函数和功率谱之间的关系是均匀简单的，因为自协方差函数是真实和对称的。利用对称性，我们能够把等式 10-99 写为

$$P(v_n)=\frac{4\pi}{T}\int_{-T}^{T}\gamma_{ff}(\tau)\exp[-i2\pi v_n\tau]d\tau$$
$$=\frac{4\pi}{T}\int_{0}^{T}\gamma_{ff}(\tau)\exp[-i2\pi v_n\tau]d\tau+\frac{4\pi}{T}\int_{0}^{T}\gamma_{ff}(-\tau)\exp[+i2\pi v_n\tau]d\tau$$
$$=\frac{4\pi}{T}\int_{0}^{T}\gamma_{ff}(\tau)(\exp[-i2\pi v_n\tau]+\exp[+i2\pi v_n\tau]d\tau$$
$$=\frac{8\pi}{T}\int_{0}^{T}\gamma_{ff}(\tau)\cos(2\pi v_n\tau)d\tau \quad (10\text{-}100)$$

像等式 10-100 中的积分称为*余弦变换*。因此，功率谱是自协方差函数的余弦变换。

自协方差函数可以通过功率谱来重构。从等式 8-56，我们得到

$$\gamma_{ff}(\tau)=\frac{1}{1\sqrt{\pi}}\sum_{n=-\infty}^{\infty}P(v_n)\exp[i2\pi v_n\tau] \quad (10\text{-}101)$$

因为 $P(v_n)$是对称的，这可以写为

$$\gamma_{ff}(\tau)=\frac{1}{\sqrt{\pi}}\sum_{n=0}^{\infty}P(v_n)\cos(2\pi v_n\tau) \quad (10\text{-}102)$$

首先计算自协方差函数，然后使用余弦变换而不是从完全傅里叶变换计算出功率谱，这有时是计算功率谱更有效的方式。快速傅里叶变换算法的发明和快速计算机的发展使得这种

间接方法的优点是没有实际意义的，至少对于等距离序列而言。

10.3.3 随机过程的应用

自协方差和自相关函数在评估随机过程的性质时是特别有用的。在本节中，我们会推导一些重要过程的自协方差函数。

可加噪声：假设噪声$\epsilon(t)$有平均值0，$\langle\epsilon(t)\rangle=0$，该噪声被加到一个序列$g(t)$，得到$f(t)=g(t)+\epsilon(t)$。$f(t)$的自协方差函数为

$$\gamma_{ff}(\tau)=\langle f(t)f(t+\tau)\rangle=\frac{1}{T}\int_0^{T-\tau}[g(t)+\epsilon(t)][g(t+\tau)+(t+\tau)]dt \tag{10-103}$$

把积分扩展开，对自协方差函数取平均值，我们得到

$$\begin{aligned}\langle\gamma_{ff}(\tau)\rangle=&\frac{1}{T}\int_0^{T-\tau}g(t)g(t+\tau)dt+\frac{1}{T}\int_0^{T-\tau}g(t)\langle\epsilon(t+\tau)\rangle dt\\&+\frac{1}{T}\int_0^{T-\tau}\langle\epsilon(t)\rangle g(t+\tau)dt+\frac{1}{T}\left(\int_0^{T-\tau}\epsilon(t)\,\epsilon(t+\tau)dt\right)\end{aligned} \tag{10-104}$$

因为$\langle\epsilon(t)\rangle=0$，这变为

$$\langle\gamma_{ff}(\tau)\rangle=\gamma_{gg}(\tau)+\langle\gamma_{\epsilon\epsilon}(\tau)\rangle \tag{10-105}$$

其中$\langle\gamma_{\epsilon\epsilon}(\tau)\rangle$是噪声的自协方差函数的平均数。因此，从均值的角度考虑，噪声的自协方差函数可以被添加到无噪声序列的自协方差函数中。

白噪声：假设一个离散序列的元素在间隔Δt之间均匀分布的，且由无关联的噪声ϵ_j组成，并且有着均值0：

$$\langle\epsilon_j\rangle=0 \tag{10-106}$$

$$\langle\epsilon_j\,\epsilon_k\rangle=\sigma_\epsilon^2\,\delta_{jk} \tag{10-107}$$

从对功率谱的讨论(9.4.2节)，我们知道有着这些性质的噪声会产生一个平坦的功率谱。因此称为“白噪声”。

序列的自协方差函数为

$$\gamma_{\epsilon\epsilon}(\tau_k)=\frac{1}{n}\sum_{j=1}^{n-k}\epsilon_j\,\epsilon_{j+k} \tag{10-108}$$

其中$\tau_k=k\Delta t$。平均值是

$$\langle\gamma_{\epsilon\epsilon}(\tau_k)\rangle=\frac{1}{n}\sum_{j=1}^{n-k}\langle\epsilon_j\,\epsilon_{j+k}\rangle=\frac{1}{n}\sum_{j=1}^{n-k}\sigma_\epsilon^2\,\delta_{j,\,j+k} \tag{10-109}$$

如果$k\neq0$，那么$\delta_{j,j+k}=0$且求和为0。如果$k=0$，那么$\delta_{j,j+k}=1$且均值自协方差函数为

$$\langle\gamma_{\epsilon\epsilon}(\tau_k)\rangle=\frac{1}{n}\sum_{j=1}^{n}\sigma_\epsilon^2=\sigma_\epsilon^2 \tag{10-110}$$

这些性质能够被合并在一个等式中：

$$\langle\gamma_{\epsilon\epsilon}(\tau_k)\rangle=\sigma_\epsilon^2\,\delta_{0k} \tag{10-111}$$

因此，平均而言，无关联噪声的自协方差函数处为0，但在$\tau=0$处，它为σ_ϵ^2。

我们可以把这个结果和之前的任意一个可相加噪声的结果结合：如果一个离散序列f_j是序列g_j和白噪声ϵ_j的求和，f_j的平均自协方差函数是

$$\langle\gamma_{ff}(\tau_k)\rangle=\gamma_{gg}(\tau_k)+\sigma_\epsilon^2\,\delta_{0k} \tag{10-112}$$

白噪声在平均自协方差函数中的唯一作用是在零滞后处加了一个尖峰。

等式10-111和10.112只在均值下成立。在测量自协方差函数时有大量的离散点。对

于大的 n 值来说，中心极限定理是成立的，$\gamma_{\epsilon\epsilon}(\tau_k)$的离散点接近于方差为 σ_ϵ^2/n 的高斯分布。在自协方差函数中，因子 σ_ϵ^2 被除去了，并且噪声接近于 $1/n$ 的方差。

散点噪声：同样地，让 f_j 成为一个元素在间隔 Δt 均匀分布的离散序列，但是在这个例子中我们让序列带有随机振幅的散点组成的。散点和白噪声之间的不同是白噪声是散点在时间上的延续。散点的形状是由 h_k 给定的，这里我们用符号 h 是因为散点轮廓本身是一种脉冲响应函数。如果一个新的散点被添加到序列的每一个位置 j 上，且如果散点的振幅是随机数ϵ_j，序列可以通过卷积得到

$$f_j = \sum_{\zeta=1}^{n} \epsilon_\zeta h_{j+1-\zeta} \tag{10-113}$$

如果ϵ_j 无关联且均值为 0(等式 10-106 和等式 10-107)，f_j 的自协方差函数为

$$\gamma_{ff}(\tau_k) = \frac{1}{n}\sum_{j=1}^{n-k} f_j f_{j+k} = \frac{1}{n}\sum_{j=1}^{n-k}\Big[\sum_{\zeta=1}^{n}\epsilon_\zeta h_{j+1-\zeta}\Big]\Big[\sum_{\zeta=1}^{n}\epsilon_\zeta h_{j+1+k-\xi}\Big] \tag{10-114}$$

重新排列求和，并取平均值，我们得到

$$\begin{aligned}\langle\gamma_{ff}(\tau_k)\rangle &= \frac{1}{n}\sum_{j=1}^{n-k}\sum_{\zeta=1}^{n}\sum_{\xi=1}^{n} h_{j+1+k-\xi}h_{j+1-\zeta}\langle\epsilon_\zeta\ \epsilon_\xi\rangle \\ &= \frac{1}{n}\sum_{j=1}^{n-k}\sum_{\zeta=1}^{n} h_{j+1+k-\zeta}h_{j+1-\zeta}\sigma_\epsilon^2 \\ &= \sigma_\epsilon^2\sum_{\zeta=1}^{n}\Big[\frac{1}{n}\sum_{j=1}^{n-k} h_{j+1+k-\zeta}h_{j+1-\zeta}\Big]\end{aligned} \tag{10-115}$$

其中倒数第二步使用了等式 10-107。方括号里的项是 h_j 的自协方差函数，

$$\frac{1}{n}\sum_{j=1}^{n-k} h_{j+1+k-\zeta}\, h_{j+1-\zeta} = \gamma_{hh}(\tau_k) \tag{10-116}$$

所以我们得到

$$\langle\gamma_{ff}(\tau_k)\rangle = \sigma_\epsilon^2\sum_{\zeta=1}^{n}\gamma_{hh}(\tau_k) = n\sigma_\epsilon^2\ \gamma_{hh}(\tau_k) \tag{10-117}$$

这是值得注意的。给定足够的数据，即使散点有很多重叠，我们也可以提取出散点的自协方差函数。虽然等式 10-117 的推导假定在序列的每一个点开始一个新的散点，但这个假设并不是必须的。ϵ_j 的任意一个选择都可以被设为 0，唯一的变化就是将等式 10-117 中的等号变为比例：$\langle\gamma_{ff}(\tau_k)\rangle\propto\gamma_{hh}(\tau_k)$。自协方差函数根本没有改变。

下面的例子展示了自相关函数能够成为识别散点噪声并测量其性质的一种有效工具。

示例：让我们计算一个由随机散粒组成的序列的自协方差函数。散点的轮廓是 $h_j=0$，除了

$$h_1 = 1$$
$$h_{10} = -1$$
$$h_{12} = 1$$

散点轮廓展示在图 10-8 的左上方。h_j 的自协方差函数展示在图 10-8 的左下方。

为了构建序列 f_j，首先要创建一个由高斯分布抽取的 n 个无相关随机偏差ϵ_j 组成的序列。这些偏差有均值 0 和方差 σ_ϵ^2。然后在 f_j 的每一个位置 j 插入一个新的振幅为ϵ_j 的新散点。完成之后，增加一个常数，使得$\langle f_j\rangle=1.0$。因此，f_j 是ϵ_j 和 h_j 的卷积加上下面的常数：

$$f_j = \sum_{k=1}^{n} \epsilon_k h_{j+1-k} + 1.0$$

在这个例子中，$\sigma_\epsilon = 0.01$ 并且 $n = 10\,000$。f_j 的一部分展示在图 10-8 的右上方。底层的脉冲轮廓是肉眼看不到的。

f_j 的自相关函数展示在图 10-8 的右下方。它和 h_j 的自相关函数很相近。这个自相关函数的噪声的标准偏差是 $n^{-1/2} = 0.01$。

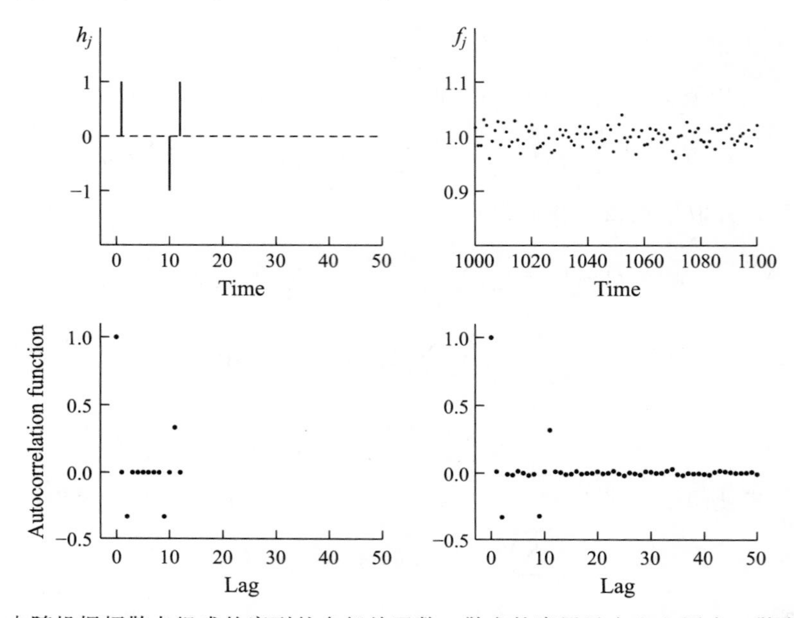

图 10-8　由随机振幅散点组成的序列的自相关函数。散点轮廓展示在左上图中，散点轮廓的自相关函数展示在左下方。右上方展示的序列是由一系列散点组成的。这些散点的振幅 ϵ_j 是从 $\sigma_\epsilon^2 = 10^{-4}$ 的高斯分布中抽取的随机偏差。f_i 的自相关函数展示在右下图。即使这些散点不能从序列中被分出来，序列的自相关函数还是能够检索到散点的自相关函数

准周期振荡：准周期振荡并没有唯一的定义，但是最有用的定义之一就是它的行为能够被一个由噪声驱动的阻尼简谐波振荡器来描述。这个振荡器是周期性的，但是噪声能够改变振荡器的振幅和相位，所以它最终会失去原始状态的记忆，不再是严格周期性的。许多物理系统都满足这种描述。在乐器中，人们也许会想到通过乐器的空气流的随机压力变换驱动的小号或者管风琴。天文学的例子是一个星星的脉动是被星星对流层的随机湍流驱动的。

因为驱动性阻尼简谐振荡器在力学教材中被广泛讨论，并被大部分读者所熟知，我们不会进行详尽的推导，也几乎不会引用它们的性质。驱动性阻尼简谐振荡器的微分方程可以写为

$$m\frac{d^2 f}{dt^2} + b\frac{df}{dt} + kf = \epsilon(t) \tag{10-118}$$

如果一个物理模型是弹簧上的物体，那么 f 是这个物体的位置，m 是它的质量，k 是弹簧系数，$b(df/dt)$ 是依赖于速度的阻尼，并且 $\epsilon(t)$ 是驱动力。如果没有驱动力，$\epsilon(t)=0$，均

匀微分方程的解是

$$f(t)=A\exp[-\alpha t]\sin(\omega_1 t+\phi) \tag{10-119}$$

其中 $\omega_0=\sqrt{k/m}$ 是无阻振荡器的角频率，$\alpha=b/2m$ 是阻尼系数，$\omega_1^2=\omega_0^2-\alpha^2$；同时 A 和 ϕ 是初始条件设定的积分常数。因为我们对准周期振荡感兴趣，所以我们假设系统是欠阻尼的：$\omega_1^2>0$。

系统的频率响应函数可以通过设定 $\epsilon(t)=\exp[i\omega t]$ 来得出，它满足

$$H(\omega)=\frac{1/m}{\omega_0^2-\omega^2+2i\alpha\omega} \tag{10-120}$$

对应的增益和相移是

$$Z(\omega)=\frac{1/m}{[(\omega_0^2-\omega^2)^2+4\alpha^2\omega^2]^{1/2}} \tag{10-121}$$

$$\tan[\phi(\omega)]=\frac{2\alpha\omega}{\omega_0^2-\omega^2} \tag{10-122}$$

最大增益和最大相移发生在 $\omega=\omega_0$，所以 ω_0 经常被称为谐振频率。共振的强度可以通过 Q－因子来表示，定义为 $Q=\omega_0/\Delta\omega$，其中 $\Delta\omega$ 是 $Z(\omega)^2$ 的半峰全宽。

序列准周期振荡的性质可以且有时是从序列的功率谱确定的。一种方法是用 $Z(\omega)^2$ 来拟合功率谱，这时拟合以 ω_0 和 α 为参数。然而，这个方法不是很令人满意，因为准周期振荡器的功率谱是嘈杂的，噪声并不会随着序列长度的增加而减小(见图 10-9)。

准周期振荡器的性质也可以通过序列的自协方差函数提取出来。为了展示这一点，我们需要一个阻尼简谐振荡器的脉冲响应函数和这个脉冲响应函数的自协方差函数。脉冲响应函数可以通过计算频率响应函数的傅里叶变换或者计算原始微分方程(见附录 G 中格林函数的推导)的格林函数来获得。脉冲响应函数是

$$h(t)=\begin{cases}\dfrac{1}{\omega_1}\exp[-\alpha t]\sin(\omega_1 t), & t\geqslant 0\\ 0, & t<0\end{cases} \tag{10-123}$$

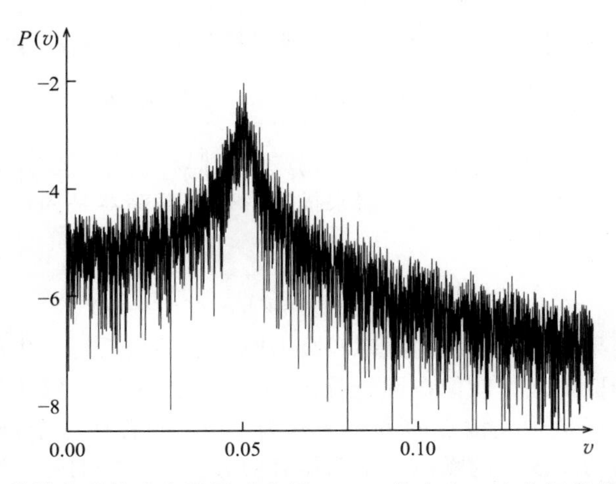

图 10-9　准周期振荡器序列的功率谱展示在图 10-10 的上方。这个振荡器的频率为 0.05 赫兹，阻尼常数是 0.01 每秒

如果 $T\gg\tau$，脉冲响应函数的自协方差为

$$\gamma_{hh}(\tau)=\frac{1}{T}\int_{0}^{T}h(t)h(t+\tau)dt$$

$$=\frac{1}{\omega_1^2 T}\int_{0}^{T}\exp[-\alpha t]\sin(\omega_1 t)\exp[-\alpha(t+\tau)]\sin(\omega_1[t+\tau])dt \quad (10\text{-}124)$$

如果 $2\alpha T\gg 1$，通过很多的代数运算（通过代入一个复杂的平面，这能够被大大简化），我们得到

$$\gamma_{hh}(\tau)=\frac{1}{2\omega_1^2 T}\exp[-\alpha\tau]\{\omega_1\cos(\omega_1\tau)\alpha\sin(\omega_1\tau)\} \quad (10\text{-}125)$$

或者

$$\gamma_{hh}(\tau)\propto\exp[-\alpha\tau]\cos(\omega_1\tau+\phi) \quad (10\text{-}126)$$

其中 $\tan(\phi)=-\alpha/\omega_1$。在很多真实的物理系统中，$\alpha/\omega_1\ll 1$，所以 ϕ 只在很少的几个角度不同于0。总之，通过脉冲响应函数的自协方差函数，我们能够得到一个驱动性阻尼简谐振荡器的性质：自协方差函数的频率和阻尼与底层振荡器的频率和阻尼相同。

我们现在准备计算噪声驱动振荡器的协方差函数。该振荡器对于驱动力的响应是 $h(t)$ 对 $\epsilon(t)$ 的卷积：

$$f(t)=h(t)\otimes\epsilon(t)=\int_{u=-\infty}^{\infty}h(u)\,\epsilon(t-u)du \quad (10\text{-}127)$$

当 $T\gg\tau$ 时，$f(t)$ 的自协方差函数是

$$\gamma_{ff}(\tau)=\frac{1}{T}\int_{t=0}^{T}f(t)f(t+\tau)dt$$

$$=\frac{1}{T}\int_{t}\left[\int_{u}h(u)\,\epsilon(t-u)du\right]\left[\int_{v}h(v)\,\epsilon(t+\tau-v)dv\right]dt \quad (10\text{-}128)$$

我们假设驱动力是均值为零、方差为 σ_ϵ^2 的无关联噪声，因此

$$\langle\epsilon(t_1)\,\epsilon(t_2)\rangle=\sigma^2\delta(t_2-t_1) \quad (10\text{-}129)$$

$f(t)$ 的自协方差函数的平均值变为

$$\langle\gamma_{ff}(\tau)\rangle=\frac{1}{T}\int_{t}\int_{u}\int_{v}h(u)h(v)\langle\epsilon(t-u)\,\epsilon(t+\tau-v)\rangle dvdudt \quad (10\text{-}130)$$

噪声项的平均值等于零，除非 $t-u=t+\tau-v$ 或者等价的 $v=u+\tau$，因此等式10-130变为

$$\langle\gamma_{ff}(\tau)\rangle=\frac{1}{T}\int_{t}\int_{u}\int_{v}h(u)h(v)\sigma_\epsilon^2\,\delta(v-u-\tau)dvdudt$$

$$=\frac{\sigma_\epsilon^2}{T}\int_{t}\int_{u}h(u)h(u+\tau)dudt=\frac{\sigma_\epsilon^2}{T}\int_{t}\gamma_{hh}(\tau)dt=\gamma_{hh}(\tau)\frac{\sigma_\epsilon^2}{T}\int_{t}dt$$

$$=\sigma_\epsilon^2\,\gamma_{hh}(\tau) \quad (10\text{-}131)$$

并且

$$\langle\gamma_{ff}(\tau)\rangle\propto\exp[-\alpha\tau]\cos(\omega_1\tau+\phi) \quad (10\text{-}132)$$

这是一个有价值的结果。底层系统的频率和衰退时间能够从系统产生的准周期振荡器序列的自协方差函数中抽取出来。就像在围绕等式10-112的讨论中叙述的那样，一个测量序列计算出的自协方差函数中，散点的方差下降为 $1/n$，或者在这个例子中为 $1/T$。因此，不同于准周期振荡器功率谱中的噪声，振荡器自协方差函数中的噪声随着测量序列长度的增加而减小。

在下面的例子中，我们生成了一个准周期振荡器序列，然后计算序列的功率谱和自协方差函数。

示例：频率为 ω_0、阻尼系数为 α 的离散采样的准周期振荡器序列能够通过下面的递推关系得到

$$x_j = a_1 x_{j-1} + a_2 x_{j-2} + \epsilon_j \tag{10-133}$$

其中

$$a_2 = -\exp[-2\alpha] \tag{10-134}$$

$$a_1 = -\left(\frac{4a_2}{1-a_2}\right)\cos\omega_0 \tag{10-135}$$

并且ϵ_j是均值为零的无关联高斯随机偏差。递推关系能够被看作等价于阻尼驱动谐波振荡器的微分方程(等式 10-118)，或者作为一个对这个等式做数值计算的方法(差的方法!)。这个等式也可以被看作是二阶自回归过程。虽然超过了本书的范围，但是自回归模型也非常适用于描述随机过程。附录 H 中讨论了二阶自回归过程以及等式 10-134和等式 10-135 推导。

序列的一部分展示在图 10-10 的上方。振荡器的频率是 $v_0=\omega_0/2\pi=0.05$ 每秒，阻尼系数是 $\alpha=0.01$ 每秒。整个序列是 20，000 秒长。

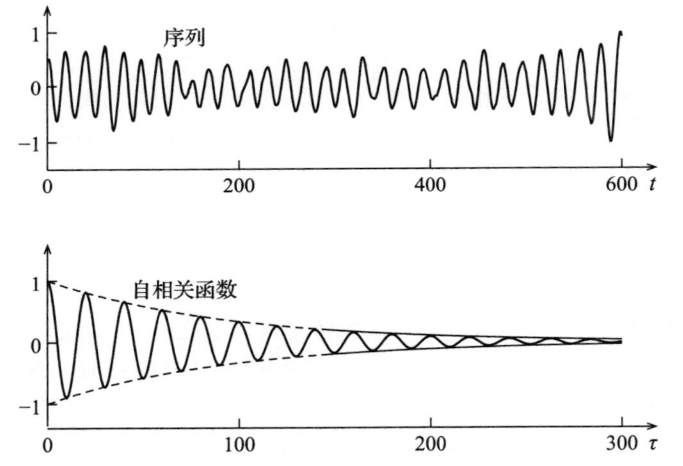

图 10-10　上图展示的是使用递推关系 10.133 生成的准周期振荡器序列的一部分。该振荡器的频率是 0.05 赫兹，阻尼系数是 0.01 每秒。整个序列全长 20 000 秒。下图展示的是序列的自相关函数，虚线是预期 $\exp[-0.01t]$的阻尼

序列的功率谱展示在图 10-9 中。尽管这个功率谱符合增益函数的平方，它只在平均意义下成立。即使振荡器的序列很长，功率谱是嘈杂的。(因为序列是离散的，增益方程事实上是等式 H.20，不是等式 10-121，但是这两个在谐振频率附近几乎是相同的。)

序列的自相关函数展示在图 10-10 的下方。自相关函数和等式 10-132 的指数阻尼正弦曲线一致。在这个例子中，$\tan(\phi)=\frac{-\alpha}{\omega_1}=0.2$，所以 $\phi=11°$，并且相移是不能被直接观测到的。和功率谱相反，长序列把自协方差函数中的标准偏差降低到小于 1%。

10.4　互协方差函数

10.4.1　互协方差函数的基本性质

让 $f(t)$和 $g(t)$为连续序列。在滞后 τ 处的互协方差函数定义为

$$\gamma_{fg}(\tau)=\langle[f(t)-\mu_f(t)][g(t+\tau)-\mu_g(t+\tau)]\rangle \tag{10-136}$$

其中 $\mu_f(t)$和 $\mu_g(t)$是两个序列的局部平均值。如果 $f(t)=g(t)$，那么互协方差函数简化为

$$\gamma_{fg}(\tau)=\langle[f(t)-\mu_f(t)][f(t+\tau)-\mu_f(t+\tau)]\rangle=\gamma_{ff}(\tau) \tag{10-137}$$

因此自协方差函数是互协方差函数的一个特别的例子(见等式 10-77)。和协方差函数相同，假设已经从序列中去除了平均值，那么互协方差函数变为

$$\gamma_{fg}(\tau)=\langle f(t)g(t+\tau)\rangle \tag{10-138}$$

协方差函数的计算是一个线性运算。设 $f(t)$等于两个其他函数的线性组合

$$f(t)=a_1f_1(t)+a_2f_2(t) \tag{10-139}$$

因为取平均是一个线性运算，互协方差变为

$$\begin{aligned}\gamma_{fg}(\tau)&=\langle[a_1f_1(t)+a_2f_2(t)]g(t+\tau)\rangle\\&=\langle a_1f_1(t)g(t+\tau)\rangle+\langle a_2f_2(t)g(t+\tau)\rangle\\&=a_1\gamma_{f1g}(\tau)+a_2\,\gamma_{f2g}(\tau)\end{aligned} \tag{10-140}$$

因此，互协方差函数和单独的互相关函数的线性组合是一样的。我们也可以用函数的线性组合来替代 $g(t)$，这也会得到同样的结果，所以互协方差方程是双线性的。

与协方差函数不同，互协方差函数在 $\tau=0$ 不是对称的。在 $-\tau$ 点计算 $\gamma_{fg}(\tau)$：

$$\gamma_{fg}(-\tau)=\langle f(t)g(t-\tau)\rangle \tag{10-141}$$

然后把变量变为 $\zeta=-t$ 得到

$$\gamma_{fg}(-\tau)=\langle f(-\zeta)g(-\zeta-\tau)\rangle \tag{10-142}$$

这就是等式 10-138 中 t 和 τ 在 f 和 g 中的符号反转，这在 $\tau=0$ 附近产生了一个镜像，而不是等式。因此，通常 $\gamma_{fg}(-\tau)\neq\gamma_{fg}(\tau)$。所以展示 $\gamma_{fg}(\tau)$的图画必须同时包括 τ 的正值和负值。不过互协方差函数也有一个对称性。把等式 10-136 中的变量变为 $\zeta=t+\tau$。那么

$$\begin{aligned}\gamma_{fg}(\tau)&=\langle f(t)g(t+\tau)\rangle=\langle f(\zeta-\tau)g(\zeta)\rangle\\&=\gamma_{gf}(-\tau)\end{aligned} \tag{10-143}$$

等号在 $f(t)$和 $g(t)$的角色互换并且 τ 变为 $-\tau$ 的情况下成立。改变 τ 的符号会反映 $\gamma_{fg}(\tau)$关于 $\tau=0$ 的变换，但是交换 $f(t)$和 $g(t)$的角色也反映 $\gamma_{fg}(\tau)$在原点的变换。运用两种运送能够得到初始的互协方差函数。图 10-11 展示了把两种运算同时作用到互协方差函数的效果。因为对称性，不论 $\gamma_{fg}(\tau)$或者 $\gamma_{gf}(\tau)$在 τ 的正值或负值的图画都能够给出自协方差函数的完整信息。我们不需要把两个图同时画出来。

平均值的计算方式依赖于 $f(t)$和 $g(t)$的性质。如果它们都是定义在 $0\leqslant t\leqslant T$，那么样本的互协方差函数通常为

$$\gamma_{fg}(\tau)=\begin{cases}\dfrac{1}{T}\displaystyle\int_0^{T-\tau}f(t)g(t+\tau)dt, & 0\leqslant\tau\leqslant T\\[2ex]\dfrac{1}{T}\displaystyle\int_{-\tau}^{T}f(t)g(t+\tau)dt, & -T\leqslant\tau<0\end{cases} \tag{10-144}$$

就像自协方差函数一样，有的作者使用因子 $1/(T-|\tau|)$来代替 $1/T$。如果 f_j 和 g_j 是离散序列，每一个都有 n 个处于均匀区间 Δt 的元素，那么样本互协方差函数为

$$\gamma_{fg}(\tau_k)=\begin{cases}\dfrac{1}{n}\sum\limits_{j=1}^{n-k}f_j g_{j+k}, & 0\leqslant k\leqslant(n-1)\\ \dfrac{1}{n}\sum\limits_{j=1-k}^{n}f_j g_{j+k}, & -(n-1)\leqslant k\leqslant -1\end{cases}\tag{10-145}$$

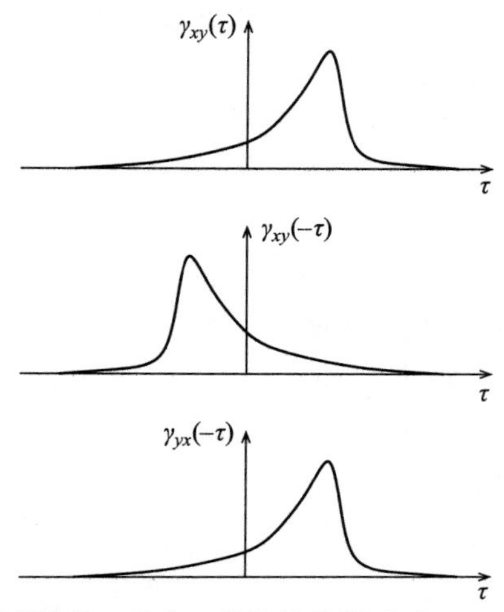

图 10-11　互协方差函数的对称性。改变 τ 的符号能够反映 $\gamma_{xy}(\tau)$ 关于 $\tau=0$ 的变换（上图）。反转 $x(t)$ 和 $y(t)$ 的角色也能够反映 $\gamma_{xy}(\tau)$ 关于原点的变换（中图）。运用两种运算能够得到初始 $\gamma_{xy}(\tau)$（下图）

其中 $\tau_k=k\Delta t$。同样，有的作者用因子 $1/(n-|k|)$ 来代替 $1/n$。

等式 10-144 和等式 10-145 的不优雅来源于边缘效应。当序列被移动的时候，它们相互落在对方的尾部，这需要特殊处理。但实际上，一个序列通常比另一个序列更长。例如，人们可能寻找的是一个被掩盖在序列 g 中的短脉冲序列 f，这里 g 的长度远大于 f。

如果这样的话，我们可以忽视边缘效应，等式会变得简单很多。等式 10-144 简化为

$$\gamma_{fg}(\tau)=\frac{1}{T}\int_0^T f(t)g(t+\tau)dt\tag{10-146}$$

其中 $f(t)$ 长度为 T，等式 10-145 变为

$$\gamma_{fg}(\tau_k)=\frac{1}{n}\sum_{j=1}^{n}f_j g_{j+k}\tag{10-147}$$

这里 f_j 有 n 个元素。

互协方差函数定义为

$$\rho_{fg}(\tau)=\frac{\gamma_{fg}(\tau)}{\sqrt{\gamma_{ff}(0)\gamma_{gg}(0)}}=\frac{\gamma_{fg}(\tau)}{\sigma_f\sigma_g}\tag{10-148}$$

这里最后一步使用了等式 10-81。因为除了归一化常数以外，互相关函数和自协方差函数是一致的，互相关函数也有着同样的对称性：

$$\rho_{fg}(\tau)=\rho_{gf}(-\tau)\tag{10-149}$$

这能够表示为

$$|\rho_{fg}(\tau)|\leqslant 1\tag{10-150}$$

其中只有当 $f(t)$ 和 $g(t)$ 在位移一个量 τ 之后完全相同的情况下，$|\rho_{fg}(\tau)|=1$。这两个陈

述的证明和对于$\rho_{ff}(\tau)$的相似陈述的证明是几乎一样的(见等式10-90和10-91)，我们在这里就省略了。

10.4.2 与χ^2和互谱的关系

和χ^2的关系：通过比较互协方差函数和χ^2，我们能够得到互协方差函数更深层的意义。假设f_j和g_j是元素分布在常数区间Δt的离散序列，同时假设f_j有n个元素，且g_j远远长于f_j。让它们的元素的值是方差$\sigma_{fj}^2=\langle f_j^2\rangle$和$\sigma_{gj}^2=\langle g_j^2\rangle$随机分布的。如果序列$g_j$关于序列$f_j$被移动了$\tau_k=k\Delta t$，两个序列在位置$j$之间的区别为

$$\epsilon_j(\tau_k)=f_j-g_{j+k} \tag{10-151}$$

区别的方差为

$$\sigma_j^2=\sigma_{f_j}^2+\sigma_{g_{j+k}}^2 \tag{10-152}$$

我们用χ^2来衡量f_j和g_{j+k}之间匹配程度，这里

$$\chi^2(\tau_k)=\sum_j\frac{\epsilon_j^2}{\sigma_j^2}=\sum_{j=1}^n\frac{(f_j-g_{j+k})^2}{\sigma_j^2}=\sum_{j=1}^n\frac{f_j^2+g_{j+k}^2}{\sigma_j^2}-2\sum_{j=1}^n\frac{f_jg_{j+k}}{\sigma_j^2} \tag{10-153}$$

我们明确认识到χ^2对于转移的依赖性。

现在让我们假设方差是对于j独立的，那么

$$\sigma_{fj}^2=\langle f_j^2\rangle=\sigma_f^2 \tag{10-154}$$

$$\sigma_{gj}^2=\langle g_j^2\rangle=\sigma_g^2 \tag{10-155}$$

等式10-153变为

$$\chi^2(\tau_k)=\frac{1}{\sigma_f^2+\sigma_g^2}\sum_{j=1}^n(f_j^2+g_{j+k}^2)-\frac{2}{\sigma_f^2+\sigma_g^2}\sum_{j=1}^n f_jg_{j+k} \tag{10-156}$$

等式右边第二项与等式10-147中的$\gamma_{fg}(\tau_k)$成比例。对于大的n值，等式右边第一项趋近于

$$\frac{1}{\sigma_f^2+\sigma_g^2}\sum_{j=1}^n(f_j^2+g_{j+k}^2)=\frac{1}{\sigma_f^2+\sigma_g^2}n(\sigma_f^2+\sigma_g^2)=n \tag{10-157}$$

因此我们得到

$$\chi^2(\tau_k)=n-\frac{2n}{\sigma_f^2+\sigma_j^2}\gamma_{fg}(\tau_k) \tag{10-158}$$

这个结果并不是非常明显的。互协方差函数是基于两个序列的乘积，但是χ^2是基于两个序列的差异。但对于等权重数据(或者等价地，未加权数据)的长序列来说，它们之间具有一对一的线性对应。最大化$\gamma_{fg}(\tau_k)$的滞后和最小化$\chi^2(\tau_k)$的滞后是一样的。

互协方差函数的标准定义对两个序列中的所有数据点给出了相等的权重。当考虑数据点有不相等权重的序列时，这不能够给出有效结果。等式10-153提出了一种对互协方差函数的修改方法，使其允许不相等权重。如果加权互协方差函数定义为

$$\gamma'_{fg}(\tau_k)=\frac{1}{n}\sum_{j=1}^{n-k}\frac{f_jg_{j+k}}{\sigma_{f_j}^2+\sigma_{g_{j+k}}^2} \tag{10-159}$$

至少平均而言，我们保留了和$\chi^2(\tau_k)$的一对一线性对应。即使这个互协方差函数加权版本的意义和标准版本的意义是不同的。这种差异类似于Lomb-Scargle周期图与标准功率谱含义之间的差异：$\gamma'_{fg}(\tau_k)$是对在滞后τ_k相关的显著性的测量，而不是它的强度。

和互谱的关系：如果$f(t)$和$g(t)$是定义在$-T/2$和$T/2$之间的连续方程，同时$F(v_n)$和$G(v_n)$是它们的傅里叶变换，那么它们的互谱是

$$C_{FG}(v_n) = F^*(v_n)G(v_n) \tag{10-160}$$

其中 $v_n=n/T$，并且 n 是一个正整数。如果使用交叉幅度和相位谱，我们可以把这个相当不清楚的数量表示清楚。记住任何复数 z 可以被写为 $z=\rho\exp[i\phi]$，我们重写傅里叶变换

$$F(v_n) = \rho_F(v_n)\exp[i\phi_F(v_n)] \tag{10-161}$$

$$G(v_n) = \rho_G(v_n)\exp[i\phi_G(v_n)] \tag{10-162}$$

$$C_{FG}(v_n) = \rho_{FG}(v_n)\exp[i\phi_{FG}(v_n)] \tag{10-163}$$

因此等式 10-160 可以写为

$$\begin{aligned}\rho_{FG}(v_n)\exp[i\phi_{FG}(v_n)] &= \{\rho_F(v_n)\exp[-i\phi_F(v_n)]\}\{\rho_G(v_n)\exp[i\phi_G(v_n)]\}\\ &= \rho_F(v_n)\rho_G(v_n)\exp[i\{\phi_G(v_n)-\phi_F(v_n)\}]\end{aligned} \tag{10-164}$$

交叉幅度谱定义为

$$\rho_{FG}(v_n) = \rho_F(v_n)\rho_G(v_n) \tag{10-165}$$

相位谱为

$$\phi_{FG}(v_n) = \phi_G(v_n) - \phi_F(v_n) \tag{10-166}$$

如果 $f(t)$和 $g(t)$的傅里叶部分振幅在 v_n 点都很大，那么交互振幅在频率 v_n 也很大。相位谱给出了滞后 v_n 的相位。

在 10.3.2 节中，我们展示了自协方差函数的傅里叶变换产生一个序列的功率谱。这里我们表明一个互协方差函数的傅里叶变换会产生一个交互谱。我们会用 10.3.2 节中使用的方式来处理。首先，因为 $f(t)$和 $g(t)$都被定义在 $-T/2$ 和 $T/2$ 之间，而不是 0 到 T 之间，关于互协方差函数的等式 10-144 一定能够写为

$$\gamma_{fg}(\tau) = \begin{cases}\dfrac{1}{T}\displaystyle\int_{-T/2}^{T/2-\tau} f(t)g(t+\tau)dt, & 0\leqslant\tau\leqslant T\\ \dfrac{1}{T}\displaystyle\int_{-T/2-\tau}^{T/2} f(t)g(t+\tau)dt, & -T\leqslant\tau<0\end{cases} \tag{10-167}$$

使用等式 8-57 来清楚地写出傅里叶变换，等式 10-160 变为

$$\begin{aligned}C_{FG}(v_n) &= \left[\frac{2\sqrt{\pi}}{T}\int_{-T/2}^{T/2} f(t)\exp[+i2\pi v_n t]dt\right]\left[\frac{2\sqrt{\pi}}{T}\int_{-T/2}^{T/2} g(t)\exp[-i2\pi v_n t]dt\right],\\ &= \frac{4\pi}{T^2}\int_{-T/2}^{T/2}\int_{-T/2}^{T/2} f(t)g(t')\exp[-i2\pi v_n(t'-t)]dtdt'\end{aligned} \tag{10-168}$$

现在把变量变为 $\tau=t'-t$ 和 $v=t$。积分关于 τ 和 v 的上下界表示在图 10-7 中。因为对 v 的界是关于 τ 的函数，这个积分必须分成两部分，一部是关于 τ 小于 0，另一部分是关于 τ 大于 0。等式 10-168 变为

$$\begin{aligned}C_{FG}(v_n) &= \frac{4\pi}{T^2}\int_{\tau=0}^{T}\int_{v=-T/2}^{T/2-\tau} f(v)g(v+\tau)\exp[-i2\pi v_n\tau]d\tau dv\\ &\quad+\frac{4\pi}{T^2}\int_{\tau=-T}^{0}\int_{v=-T/2-\tau}^{T/2} f(v)g(v+\tau)\exp[-i2\pi v_n\tau]d\tau dv\\ &= \frac{4\pi}{T}\int_{\tau=0}^{T}\left[\frac{1}{T}\int_{v=-T/2}^{T/2-\tau} f(v)g(v+\tau)dv\right]\exp[-i2\pi v_n\tau]d\tau\\ &\quad+\frac{4\pi}{T}\int_{\tau=-T}^{0}\left[\frac{1}{T}\int_{v=-T/2-\tau}^{T/2} f(v)g(v+\tau)dv\right]\exp[-i2\pi v_n\tau]d\tau\end{aligned} \tag{10-169}$$

方括号里面的积分是互协方差方程 $\gamma_{fg}(\tau)$。第一项是关于 $\tau\geqslant0$，第二项是关于 $\tau\leqslant0$。因此等式 10-169 变为

$$C_{FG}(v_n)=\frac{4\pi}{T}\int_{\tau=0}^{T}\gamma_{fg}(\tau)\ \exp[-i2\pi v_n\tau]d\tau+\frac{4\pi}{T}\int_{\tau=-T}^{0}\gamma_{fg}(\tau)\exp[-i2\pi v_n\tau]d\tau$$
$$=\frac{4\pi}{T}\int_{-T}^{T}\gamma_{fg}(\tau)\exp[-i2\pi v_n\tau]d\tau \qquad (10\text{-}170)$$

因此，交互谱是互协方差方程的傅里叶变换。不能将等式10-170转换为我们之前对自协方差函数做的余弦变换，因为互协方差函数没有自协方差函数的对称性质。

10.4.3 噪声中脉冲信号的检测

互协方差函数广泛应用于掩盖在噪声中脉冲信号的检测。我们考虑两个例子。第一个例子，脉冲轮廓是事先已知的，我们需要确定噪声序列中脉冲发生的位置。这个例子可以对应到很多雷达信号的情况。第二个例子，脉冲的性质是未知的。这个例子对应到很多天文应用，特别是类星体和X—射线双子星中心黑洞周围的气体回波映射。

示例：图10-12左上图展示了一个(已知的)由一条5个周期的正弦曲线组成的脉冲 $f(t)$，每个周期为10秒。左下图表示了脉冲和它本身的交叉协方差。右上图展示了一个包括两个脉冲的序列 $g(t)$，一个在150秒，另一个在650秒。无关联的高斯噪声被添加到 $g(t)$ 中，这让脉冲不能被肉眼观测到，尽管这么做的好处是事后的，我们可以注意到 $g(t)$ 在脉冲的位置有散点增加。右下图是交互协方差 $\gamma_{fg}(\tau)$。两个脉冲在互协方差函数中能够被清晰地显示。

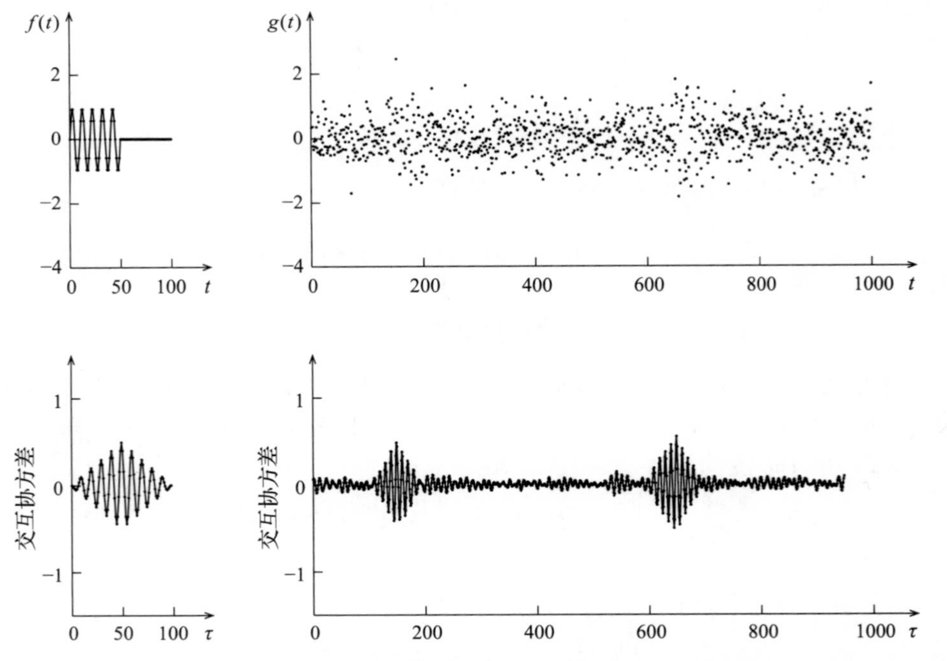

图10-12　当脉冲形状已知的情况下，噪声中脉冲信号的检测。左上图展示了一条5个周期的正弦曲线组成的脉冲 $f(t)$。左下图展示了脉冲和它本身的交互协方差。右上图展示了一个包括两个脉冲的序列 $g(t)$。噪声会让脉冲更加难以分辨。右下图是交互协方差 $\gamma_{fg}(\tau)=\langle f(t)g(t+\tau)\rangle$。两个脉冲都能够清晰显示

示例：图 10-13 的上图展示了包括不规则间隔的一系列脉冲序列的开始部分。每一个脉冲是一个周期为 8 秒的正弦曲线的一个周期，在这个序列中有 16 个脉冲。足够的无关联高斯噪声被添加到序列中来隐藏单独的脉冲。中间的图展示了序列 $g(t)$，它包含和 $f(t)$一样但是延迟了 130 秒的一系列脉冲。$g(t)$中的脉冲也掩盖在了噪声中，是不可见的。下图展示了两个序列之间的互协方差 $\gamma_{fg}(\tau)$。互协方差函数明确地提出了两个序列脉冲之间的 130 秒延迟。这绝对是本书中最有趣的例子之一。不需要任何关于延迟信号的信息，我们可以提取出有效信息——两个序列之间的延迟时间。

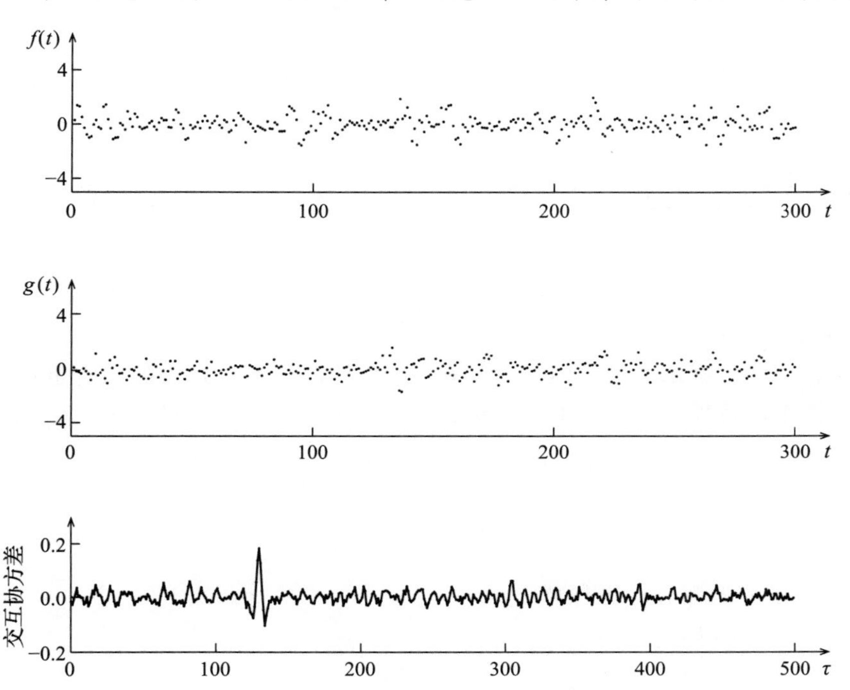

图 10-13 当回波脉冲的轮廓未知时，回波延迟的测量。序列 $f(t)$包括一系列不规则区间的脉冲，其中加入了无关联高斯噪声(上图)。序列 $g(t)$是 $f(t)$的嘈杂“回波”，它包括相同系列加入了噪声的延迟脉冲(中图)。这个互协方差函数明确提出了 130 秒的延迟，即使脉冲的形状是未知的，并且脉冲不能在两个序列中被区分出来(下图)

附录 A

一些有用定积分

A.1 $\sin(x)/x$ 的积分

积分

$$I=\int_0^\infty \frac{\sin(x)}{x}dx \tag{A-1}$$

可以通过对积分画轮廓来得出，但是因为在 $x=0$ 点奇点不是真实的，它也可以通过更多别的基本方法来进行评估—再加上一点小技巧。引入一个虚拟变量 a

$$I(a)=\int_0^\infty \exp[-ax]\frac{\sin x}{x}dx \tag{A-2}$$

使得

$$I=I(0) \tag{A-3}$$

现在对 $I(a)$关于 a 做微分，再积分：

$$\begin{aligned}\frac{dI(a)}{da}&=-\int_0^\infty \exp[-ax]\sin(x)dx\\&=-\frac{1}{2i}\int_0^\infty \exp[-ax]\{\exp[ix]-\exp[-ix]\}dx\\&=-\frac{1}{a^2+1}\end{aligned} \tag{A-4}$$

$$\begin{aligned}I(a)&=-\int\frac{1}{a^2+1}da\\&=-\tan^{-1}a+c\end{aligned} \tag{A-5}$$

通过等式 A-2，$I(\infty)=0$，积分常数 c 必须等于 $\pi/2$。等式 A-5 变为

$$I(a)=\frac{\pi}{2}-\tan^{-1}a \tag{A-6}$$

因此

$$\int_0^\infty \frac{\sin(x)}{x}dx=I(0)=\frac{\pi}{2} \tag{A-7}$$

A.2 $x^n\exp[-ax^2]$的积分

我们首先推导 $\exp[ax^2]$的定积分，然后给出两个关于高阶矩的不同推导，一个基于

递归关系，另一个基于矩母函数。

$\exp[-ax^2]$的积分：定积分

$$I = \int_{-\infty}^{\infty} \exp[-x^2]dx \tag{A-8}$$

可以通过计算 I^2 而不是 I 来获得，

$$I^2 = \left\{\int_{-\infty}^{\infty} \exp[-x^2]dx\right\}\left\{\int_{-\infty}^{\infty} \exp[-y^2]dy\right\} = \int_{-\infty}^{\infty}\int_{-\infty}^{\infty} \exp[-(x^2+y^2)]dxdy \tag{A-9}$$

转换到极坐标：

$$x = r\cos\theta \tag{A-10}$$

$$y = r\sin\theta \tag{A-11}$$

然后等式 A-9 变为

$$I^2 = \int_{\theta=0}^{2\pi}\int_{r=0}^{\infty} \exp[-r^2]rdrd\theta = 2\pi\int_{r=0}^{\infty} \exp[-r^2]rdr \tag{A-12}$$

进行第二次坐标转换 $z=r^2$ 之后，等式 A-12 变为

$$I^2 = \pi\int_{z=0}^{\infty} \exp[-z]dz = \pi \tag{A-13}$$

因此 $I^2=\pi$，并且

$$\int_{-\infty}^{\infty} \exp[-x^2]dx = \sqrt{\pi} \tag{A-14}$$

设 $x=\sqrt{a}z$，我们也能得到

$$\int_{-\infty}^{\infty} \exp[-az^2]dz = \sqrt{\frac{\pi}{a}} \tag{A-15}$$

$x^n\exp[-ax^2]$的积分：现在让方程 $I(n)$定义为

$$I(n) = \int_{-\infty}^{\infty} x^n\exp[-ax^2]dx \tag{A-16}$$

首先注意 $I(n)$对 x 的导数是 0，因为再对 x 做积分之后，没有依赖于 x 的剩余部分。我们得到

$$\begin{aligned}0 = \frac{\partial I(n)}{\partial x} &= \int_{-\infty}^{\infty} nx^{n-1}\exp[-ax^2]dx - 2a\int_{-\infty}^{\infty} x^{n+1}\exp[-ax^2]dx \\ &= nI(n-1) - 2aI(n+1)\end{aligned} \tag{A-17}$$

或者，重新排列，

$$I(n+1) = \frac{n}{2a}I(n-1) \tag{A-18}$$

等式 A-15 是 $I(0)=\sqrt{\pi/a}$，并且通过检验得到 $I(1)=0$，所以通过等式 A-18 递归得到 $I(n)$对于所有其他 n 的值。例如，

$$\int_{-\infty}^{\infty} x^2\exp[-ax^2]dx = I(2) = \frac{1}{2a}I(0) = \frac{1}{2a}\sqrt{\frac{\pi}{a}} \tag{A-19}$$

另一个计算积分的方法是使用高斯概率分布函数的矩母函数。标准高斯的矩母函数为（等式 2-58）：

$$M(\zeta) = \exp\left[\frac{1}{2}\sigma^2\zeta^2\right] \tag{A-20}$$

如果我们设 $\sigma^2=1/2a$ 并且用 $\sqrt{a/\pi}$ 归一化，方程 $\exp[-ax^2]$ 变为一个标准的高斯。用泰勒级数展开 $M(\zeta)$：

$$M(\zeta)=1+\frac{1}{1!}\left(\frac{1}{2}\sigma^2\zeta^2\right)+\frac{1}{2!}\left(\frac{1}{2}\sigma^2\zeta^2\right)^2+\frac{1}{3!}\left(\frac{1}{2}\sigma^2\zeta^2\right)^3+\cdots$$

$$=1+\frac{\sigma^2}{1!2^1}\zeta^2+\frac{\sigma^4}{2!2^2}\zeta^4+\frac{\sigma^6}{3!2^3}\zeta^6+\cdots \tag{A-21}$$

通过矩母函数得到 m 阶矩：

$$M_m=\left.\frac{\partial^m M(\zeta)}{\partial\zeta^m}\right|_{\zeta=0} \tag{A-22}$$

例如，$M6$ 为

$$M_6=\left.\frac{\partial^6 M(\zeta)}{\partial\zeta^6}\right|_{\zeta=0}=\frac{\sigma^6}{3!2^3}\frac{\partial^6\zeta^6}{\partial\zeta^6}=\frac{6!}{3!}\frac{\sigma^6}{2^3} \tag{A-23}$$

因此 m 阶矩为

$$M_m=\frac{m!}{(m/2)!}\frac{\sigma^m}{2^{m/2}} \tag{A-24}$$

其中 m 是一个正的偶整数。因此我们得到

$$\int_{-\infty}^{\infty}x^m\exp[-ax^2]dx=\frac{m!}{2^m(m/2)!}\frac{1}{a^{m/2}}\sqrt{\frac{\pi}{a}} \tag{A-25}$$

A.3　整数和半整数的 Γ 函数

Γ 函数定义为

$$\Gamma(x)=\int_0^{\infty}\exp[-t]t^{x-1}dt \tag{A-26}$$

等式 A-26 可以通过分部积分得到

$$\Gamma(x)=(x-1)\int_0^{\infty}\exp[-t]t^{x-2}dt-[\exp[-t]t^{x-1}|_{-\infty}^{\infty}$$

$$=(x-1)\Gamma(x-1) \tag{A-27}$$

如果 x 是一个整数或者半整数，那么 Γ 方程会变为一个阶乘：

$$\Gamma(n)=(n-1)! \tag{A-28}$$

为了完善这个阶乘，最终需要一个明确的对于 0！或者(1/2)！的表达式。0！的计算非常显然：

$$0!=\Gamma(1)=\int_0^{\infty}\exp[-t]dt=1 \tag{A-29}$$

通过以下公式计算(1/2)！

$$\left(\frac{1}{2}\right)!=\Gamma\left(\frac{3}{2}\right)=\int_0^{\infty}\exp[-t]t^{1/2}dt \tag{A-30}$$

对变量进行变换，设 $z^2=t$，等式 A-30 变为

$$\left(\frac{1}{2}\right)!=2\int_0^{\infty}\exp[-z^2]z^2dz=\int_{-\infty}^{\infty}\exp[-z^2]z^2dz$$

$$=\frac{1}{2}\sqrt{\pi} \tag{A-31}$$

其中最后一步用到了等式 A-19。

A.4 贝塔函数

贝塔函数定义为

$$B(m,n) = \int_0^1 x^{m-1}(1-x)^{n-1}dx \tag{A-32}$$

关于贝塔函数，有两个非常有用的替代形式。第一通过设 $x=\sin^2\theta$ 得到。因为 $dx=2\sin\theta\cos\theta\, d\theta$，贝塔函数变为

$$B(m,n) = \int_0^{\pi/2}(\sin^2\theta)^{m-1}(1-\sin^2\theta)^{n-1}2\sin\theta\,\sin\theta\, d\theta$$

$$= 2\int_0^{\pi/2}\sin^{2m-1}\theta\,\cos^{2n-1}\theta d\theta \tag{A-33}$$

第二个是设定 $x=(1+y)^{-1}$。其中 $dx=-(1+y)^{-2}dy$，我们得到

$$B(m,n) = -\int_\infty^0 (1+y)^{-(m-1)}\left(\frac{y}{1+y}\right)^{n-1}(1+y)^{-2}dy$$

$$= \int_0^\infty y^{n-1}(1+y)^{-(m+n)}dy \tag{A-34}$$

为了评估等式 A-32 中的积分，我们首先计算两个 Γ 函数的乘积：

$$\Gamma(m)\Gamma(n) = \left(\int_0^\infty \exp[-x]x^{n-1}dx\right)\left(\int_0^\infty \exp[-y]y^{m-1}dy\right) \tag{A-35}$$

替换 $x=u^2$ 和 $y=v^2$，并且合并项，我们得到

$$\Gamma(m)\Gamma(n) = 4\int_0^\infty\int_0^\infty \exp[-(u^2+v^2)]u^{2m-1}v^{2n-1}dudv \tag{A-36}$$

变换到极坐标 $u=r\cos\theta$ 和 $v=r\sin\theta$，我们得到

$$\Gamma(m)\Gamma(n) = 4\int_{r=0}^\infty\int_{\theta=0}^{\pi/2}\exp[-r^2]r^{(2m+2n-2)}\cos^{2m-1}\theta\,\sin^{2n-1}\theta r dr d\theta \tag{A-37}$$

并且现在我们设定 $t=r^2$，我们得到

$$\Gamma(m)\Gamma(n) = \left[\int_t^\infty = 0\exp[-t]t^{(m+n-1)}dt\right]\left[2\int_{\theta=0}^{\pi/2}\cos^{2m-1}\theta\,\sin^{2n-1}\theta r dr d\theta\right] \tag{A-38}$$

等式第一项是一个 Γ 函数，通过等式 A-33，第二项是一个贝塔函数，所以我们得到

$$\Gamma(m)\Gamma(n) = \Gamma(m+n)B(m,n) \tag{A-39}$$

重新排列等式，我们得到想要的结果

$$B(m,n) = \frac{\Gamma(m)\Gamma(n)}{\Gamma(m+n)} \tag{A-40}$$

如果 m 和 n 是整数，那么

$$B(m,n) = \frac{(m-1)!\,(n-1)!}{(m+n-1)!} \tag{A-41}$$

附录 B

拉格朗日乘数法

假设我们想要找到一个 n 维变量函数 $f(x_1, x_2, \cdots, x_n)$ 的最小值或者最大值。f 的微分为

$$df = \sum_{i=1}^{n} \frac{\partial f}{\partial x_i} dx_i = \Delta f \cdot d\boldsymbol{x} \tag{B-1}$$

其中∇f 是 f 的梯度，$d\boldsymbol{x}$ 是微分向量(dx_1，dx_2，…，dx_n)。在 f 的极值点，f 对于 x_i 的任意一个小变换保持不变，或者等价地，对于任意 $d\boldsymbol{x}$ 有 $df=0$。因为 $d\boldsymbol{x}$ 在任何大小和方向都是任意的，df 只有当所有梯度的分量都为 0 时才为 0：

$$\Delta f = 0 \tag{B-2}$$

或者，等价地

$$\frac{\partial f}{\partial x_i} = 0, \ i = 1, \cdots, n \tag{B-3}$$

这是 f 极值的标准等式。

假设现在 x_i 不能独立地变化，但是受限于 m 个以下形式的约束：

$$g_j(x_1, x_2, \cdots, x_n) = 常数, \ j = 1, \cdots, m \tag{B-4}$$

x_i 的微小变化必须满足 m 个等式

$$\sum_{i=1}^{n} \frac{\partial g_j}{\partial x_i} dx_i = 0 \tag{B-5}$$

dx_i 不再是独立变化的，所以等式 B-1 中 f 的导数不需要为 0，等式 B-3 不再成立。

解决这个问题的直接方法就是使用 m 个约束条件来消除 f 中 x_j 的 m，然后设对 f 关于剩下的 x_i 求导为 0。拉格朗日乘数法提供了另一种解决这个问题的方法，如果直接方法很麻烦或者无效的话。首先注意 g_j 是一组 x_i 的 n 维空间的曲面集合，曲面的法线由梯度 ∇g_j 给定。同样地，∇f 是常数 f 的曲面法线。图 B-1 展示了一个二维几何。如果只有一个约束等式 g_1，f 的约束最小值发生在它的一个轮廓点接触到 g_1 曲面并且和 g_1 相切时。在这个意义上，∇f 和∇g_1 是平行的，或者$\nabla f=\lambda_1 \nabla g_1$。如果有两个约束等式，$f$ 的约束最小值发生在它的一个轮廓刚接触到 g_1 和 g_2 的交集处。g_1 和 g_2 交集的法线是每一个单独曲面法线的任意线性组合，$\lambda_1 \nabla g_1 + \lambda_2 \nabla g_2$，所以$\nabla f=\lambda_1 \nabla g_1 + \lambda_2 \nabla g_2$。一般化 m 个约束等式，我们得到

$$\nabla f + \sum_{j=1}^{m} \lambda_j \nabla g_j = 0 \tag{B-6}$$

$$\frac{\partial f}{\partial x_i} + \sum_{j=1}^{m} \lambda_j \frac{\partial g_j}{\partial x_i} = 0 \tag{B-7}$$

这 n 个等式加上 m 个约束等式对 n 个 x_i 的值和 m 个 λ_j 的值给出了 $n+m$ 个等式。找到约束最小值位置的过程是：

1. 求解 x_i 的 n 个等式 B-7。x_i 用 λ_j 的项表示，这还不是已知的：$x_i=x_i(\lambda_1,\lambda_2,\cdots,\lambda_m)$。
2. 将这些 x_i 的表达式代入 m 个约束等式 B-4，解出 λ_j 的 m 个值的方程。
3. 现在这些 λ_j 是已知的，把它们带回等式 $x_i=x_i(\lambda_1,\lambda_2,\cdots,\lambda_m)$ 中。结果就是 f 极值处的 x_i 的值。

拉格朗日乘数法有时也用生成函数 F 的项表示，生成函数为

$$F=f+\sum_j \lambda_j g_j \tag{B-8}$$

设 F 的导数等于 0，我们得到

$$\frac{\partial F}{\partial xi}=0=\frac{\partial f}{\partial x_i}+\sum_{j=1}^{m}\lambda_j\frac{\partial g_j}{\partial x_i} \tag{B-9}$$

$$\frac{\partial F}{\partial \lambda_j}=0=g_j \tag{B-10}$$

这分别和等式 B-7、B-4 是一样的。而生成函数明显更智能，是有用的助记符，它没有计算，也几乎没有概念上的优势。

示例：限制到约束条件 $y=ax$，或者等价地，$g=y-ax=0$，最小化 $f=(x-x_0)^2+(y-y_0)^2$。人们可以把 g 看作是一条跨越了 f 的线。问题是如何在 f 达到最小值的地方找到 g 的点。

必要的导数是：

$$\frac{\partial f}{\partial x}=2(x-x_0),\quad \frac{\partial g}{\partial x}=-a$$

$$\frac{\partial f}{\partial y}=2(y-x_0),\quad \frac{\partial g}{\partial y}=1$$

等式 B-7 变为

$$2(x-x_0)-a\lambda=0$$

$$2(y-y_0)+\lambda=0$$

它们的解为

$$x=x_0+\frac{a}{2}\lambda$$

$$y=y_0-\frac{1}{2}\lambda$$

把这些解放到约束等式中，我们得到

$$y_0-\frac{1}{2}\lambda=a\left[x_0+\frac{a}{2}\lambda\right]$$

所以 λ 是

$$\lambda=\frac{2(y_0-ax_0)}{a^2+1}$$

在 f 最小时，x 和 y 的值是

$$x=x_0+\frac{a}{2}\frac{2(y_0-ax_0)}{a^2+1}=\frac{x_0+ay_0}{a^2+1}$$

$$y = y_0 - \frac{1}{2}\frac{2(y_0 - ax_0)}{a^2+1} = a\frac{x_0 + ay_0}{a^2+1}$$

在这个简单的例子中，我们当然能够通过将 $y=ax$ 代入到 f 中找到同样的解，其中

$$f = (x - x_0)^2 + (ax - y_0)^2$$

同时，约束最小值是

$$0 = \frac{df}{dx} = 2(x - x_0) + 2a(ax - y_0)$$

这里

$$x = \frac{x_0 + ay_0}{a^2+1}$$

如前所述，这个约束方程为

$$y = ax = a\frac{x_0 + ay_0}{a^2+1}$$

附录 C

高斯概率分布的附加性质

C.1 高斯分布的其他推导

在 2.4 节中，高斯概率分布函数作为中心极限定理的最终结果被推导出来。还能通过其他很多种方式推导它。这里展示当 μ 变很大时它是泊松分布的极限，以及当样本数足够大使得拉普拉斯近似(见 7.3.2 节)有效时它是二项分布的极限。Herschel 的有趣推导也在这里给出。

C.1.1 作为泊松分布极限的高斯分布

泊松分布为

$$P(k)=\frac{\mu^{k}}{k!}\exp[-\mu] \tag{C-1}$$

其中 k 是一个整数，并且同时 $\langle k\rangle=\mu$ 且 $\sigma 2=\mu$(等式 2-29 和 2-31)。通过对泊松分布在 μ 变得足够大时取极限，我们能够推导出高斯分布。定义 $\epsilon=k-\mu$，然后

$$\begin{aligned}P(\epsilon)&=\frac{\mu^{\mu+\epsilon}}{(\mu+\epsilon)!}\exp[-\mu]\\&=\frac{\mu^{\mu}\exp[-\mu]}{\mu!}\left\{\frac{\mu}{\mu+1}\times\frac{\mu}{\mu+2}\times\cdots\times\frac{\mu}{\mu+\epsilon}\right\}\end{aligned} \tag{C-2}$$

使用 Sterling 公式，我们能够计算 $\mu!$：

$$n!=(2\pi n)^{1/2}n^{n}\exp[-n],\quad \text{其中}\quad n\gg 1 \tag{C-3}$$

然后当 μ 变得比较大的时候，等式 C-2 的第一项变为

$$\lim_{\mu\gg 1}\frac{\mu^{\mu}\exp[-\mu]}{\mu!}=\frac{\mu^{\mu}\exp[-\mu]}{(2\pi\mu)^{1/2}\mu^{\mu}\exp[-\mu]}=\frac{1}{(2\pi\mu)^{1/2}} \tag{C-4}$$

为了计算等式 C-2 中的级数，使用

$$\left\{\frac{\mu}{\mu+1}\times\frac{\mu}{\mu+2}\times\cdots\times\frac{\mu}{\mu+\epsilon}\right\}=\exp\left[-\ln\left\{\frac{\mu+1}{\mu}\times\frac{\mu+2}{\mu}\times\cdots\times\frac{\mu+\epsilon}{\mu}\right\}\right] \tag{C-5}$$

对于第一级，对数可以展开为

$$\ln\left\{\frac{\mu+x}{\mu}\right\}=\ln\left\{1+\frac{x}{\mu}\right\}=\frac{x}{\mu}+\cdots \tag{C-6}$$

那么级数变为

$$\left\{\frac{\mu}{\mu+1}\times\frac{\mu}{\mu+2}\times\cdots\times\frac{\mu}{\mu+\epsilon}\right\}=\exp\left[-\frac{1}{\mu}(1+2+\cdots+\epsilon)\right] \tag{C-7}$$

最后，当ϵ变得足够大的时候，求和变为

$$1+2+\cdots+\epsilon=\frac{\epsilon(\epsilon+1)}{2}\approx\frac{1}{2}\epsilon^2 \tag{C-8}$$

我们得到高斯分布

$$P(\epsilon)=\frac{1}{(2\pi\mu)^{1/2}}\exp\left[-\frac{\epsilon^2}{2\mu}\right] \tag{C-9}$$

记住 $\mu=\sigma^2$，我们把高斯分布写为标准形式：

$$P(\epsilon)=\frac{1}{(2\pi\sigma^2)^{1/2}}\exp\left[-\frac{\epsilon^2}{2\sigma^2}\right] \tag{C-10}$$

C.1.2　作为二项分布极限的高斯分布

二项分布为(见 2.2 节)

$$P(k)=\frac{n!}{k!(n-k)!}p^kq^{n-k}=\binom{n}{k}p^kq^{n-k} \tag{C-11}$$

其中 k 和 n 是整数，并且 $q=1-p$。k 的平均值和方差为$\langle k\rangle=np$ 和 $\sigma^2=npq$。在 2.3 节中，我们从二项分布得到泊松分布。因为我们刚刚从泊松分布推导出了高斯分布，我们已经从二项分布推导出了高斯分布。高斯分布也可以从二项分布中直接推导出来，尽管有一些笨拙。这里我们给出推导。

假设 k 和 np 足够大，使得 $p(k)$在 k 上是连续的，并且考虑一个二项分布在最大值附近的区域——实际上是它对数最大值的附近：

$$\left.\frac{\partial \ln P(k)}{\partial k}\right|_{k_{\max}}=0 \tag{C-12}$$

把 $\text{In}P(k)$关于它的最大值展开，设 $k=k_{\max}+\epsilon$，我们得到

$$\begin{aligned}\ln P(\epsilon)&=\ln P(k_{\max})+\left.\frac{\partial \ln P(k)}{\partial k}\right|_{k_{\max}}\epsilon+\frac{1}{2}\left.\frac{\partial^2\ln P(k)}{\partial k^2}\right|_{k_{\max}}\epsilon+\cdots\\&=\ln P(k_{\max})+\frac{1}{2}\left.\frac{\partial^2\ln P(k)}{\partial k^2}\right|_{k_{\max}}\epsilon+\cdots\end{aligned} \tag{C-13}$$

把等式 C-13 指数化，并且保留低阶项，我们得到

$$\begin{aligned}P(\epsilon)&=\exp\left[\ln P(k_{\max})+\frac{1}{2}\left.\frac{\partial^2\ln P(k)}{\partial k^2}\right|_{k_{\max}}\epsilon^2\right]\\&=P(k_{\max})\exp\left[-\frac{1}{2}\left|\frac{\partial^2\ln P(k)}{\partial k^2}\right|_{k_{\max}}\epsilon^2\right]\end{aligned} \tag{C-14}$$

这里利用了二阶导一定是负的事实，因为我们在 $p(k)$的最大值展开。等式 C-14 是二项分布的拉普拉斯近似。

现在我们需要明确地计算 $p(k)$的导数。从等式 C-11，我们得到

$$\ln P(\epsilon)=\ln n!-\ln k!-\ln(n-k)!+k\ln p+(n-k)\ln q \tag{C-15}$$

对于大的 n、k 和 $n-k$，对数几乎是连续的，所以我们得到如下例子

$$\begin{aligned}\frac{\partial \ln k!}{\partial k}&\approx\frac{\ln(k+\Delta k)!-\ln k!}{\Delta k}=\frac{\ln(k+1)!-\ln k!}{1}=\ln\left(\frac{(k+1)!}{k!}\right)\\&\approx\ln k\end{aligned} \tag{C-16}$$

等式 C-15 变为

$$\frac{\partial \ln P(\epsilon)}{\partial k}=-\ln k+\ln(n-k)+\ln p-\ln q=\ln\left[\frac{(n-k)}{k}\frac{p}{q}\right] \tag{C-17}$$

通过设等式 C-17 等于 0，现在能够找到 $k_{\max}$：

$$\ln\left[\frac{(n-k_{\max})}{k_{\max}}\frac{p}{q}\right]=0 \tag{C-18}$$

或者

$$\frac{(n-k_{\max})}{k_{\max}}\frac{p}{q}=1 \tag{C-19}$$

注意 $q=1-p$，然后解 $k_{\max}$，我们得到

$$(n-k_{\max})p=(1-p)k_{\max} \tag{C-20}$$

$$k_{\max}=np \tag{C-21}$$

对等式 C-17 求导两次，得到

$$\frac{\partial^2 \ln P(\epsilon)}{\partial k^2}=-\frac{1}{k}-\frac{1}{n-k}=-\frac{n}{k(n-k)} \tag{C-22}$$

计算二阶导在 $k=k_{\max}=np$ 的值，我们得到

$$\left.\frac{\partial^2 \ln P(\epsilon)}{\partial k^2}\right|_{k_{\max}}=-\frac{n}{np(n-np)}=-\frac{1}{np(1-p)}=-\frac{1}{npq} \tag{C-23}$$

把这个结果插入等式 C-14，我们得到

$$P(\epsilon)=P(k_{\max})\exp\left[-\frac{1}{2}\frac{\epsilon^2}{npq}\right] \tag{C-24}$$

记住 $\sigma^2=npq$，我们得到(不标准的)高斯分布

$$P(\epsilon)=P(k_{\max})\exp\left[-\frac{1}{2}\frac{\epsilon^2}{\sigma^2}\right] \tag{C-25}$$

C.1.3 高斯分布的 Herschel 推导

正态分布的最有意思的推导之一来自于 John F. W. Herschel，他对天文学的贡献比他对数学的贡献更有名。

考虑图 C-1 中测量一个星星位置所涉及的误差。假设 x 和 y 中的误差是独立的，那么误差的分布可以写为

$$f_1(x)f_2(y)dxdy \tag{C-26}$$

那就是说，这个分布是可以被分开的，同时假设位置的误差在角度上是独立的，那么分布函数必须只能是 r 的函数，这里 r 是到分布中心的距离

$$g(r)dxdy \tag{C-27}$$

设分布 C-26 和 C-27 是相等的，我们得到

$$g(r)=f_1(x)f_2(y) \tag{C-28}$$

因为 $g(r)$ 是独立于 θ 的，把等式 C-28 对 θ 求导，得到

$$\frac{\partial g(r)}{\partial\theta}=f_1(x)\frac{\partial f_2(y)}{\partial\theta}+f_2(y)\frac{\partial f_1(x)}{\partial\theta}=0 \tag{C-29}$$

为了计算这些导数，我们变换到(r,θ)坐标，其中

$$x=r\cos\theta \tag{C-30}$$

$$y=r\sin\theta \tag{C-31}$$

并且得到

$$\frac{\partial f_1(x)}{\partial\theta}=\frac{\partial f_1(x)}{\partial x}\frac{\partial x}{\partial\theta}=-y\frac{\partial f_1(x)}{\partial x} \tag{C-32}$$

$$\frac{\partial f_2(y)}{\partial \theta}=\frac{\partial f_2(y)}{\partial y}\frac{\partial y}{\partial \theta}=x\frac{\partial f_2(y)}{\partial y} \tag{C-33}$$

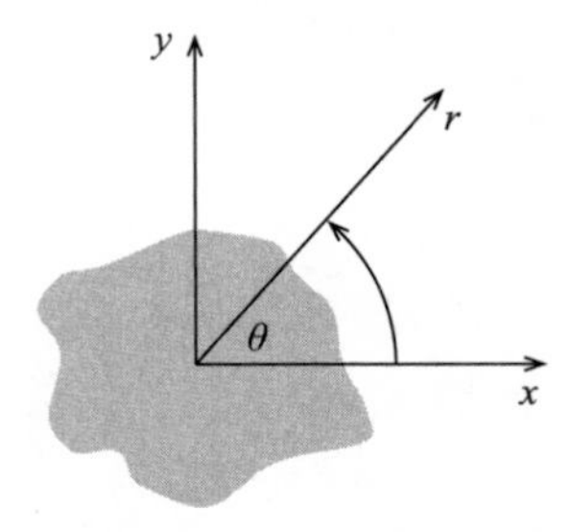

图 C-1 正态分布的 Herschel 推导的几何图

把这些结果代入到等式 C-29，我们得到

$$0=xf_1(x)\frac{\partial f_2(y)}{\partial y}-yf_2(y)\frac{\partial f(_1x)}{\partial x} \tag{C-34}$$

或者，重新排序，

$$\frac{1}{xf_1(x)}\frac{\partial f_1(x)}{\partial x}=K=\frac{1}{yf_2(y)}\frac{\partial f_2(y)}{\partial y} \tag{C-35}$$

其中 K 是一个常数，因为 x 和 y 彼此变化独立。等式的 x 部分的结果是

$$\frac{df_1(x)}{f_1(x)}=Kxdx$$

$$\ln f_1(x)=\frac{1}{2}Kx^2+C \tag{C-36}$$

$$f_1(x)\propto \exp\left[\frac{1}{2}Kx^2\right]$$

因为 $f_1(x)$必须是可以被归一化的，K 必须是负的。因此我们设 $K=-1/\sigma^2$，其中 σ^2 是一个正的常数，把 $f_1(x)$写为

$$f_1(x)=\exp\left[-\frac{1}{2}\frac{x^2}{\sigma^2}\right] \tag{C-37}$$

同样的方式，我们得到

$$f_2(y)\propto \exp\left[-\frac{1}{2}\frac{y^2}{\sigma^2}\right] \tag{C-38}$$

所以我们得到了想要的结果。从物理上看，这个推导意味着任何对一个圆柱形的对称的二维高斯的切割都能够产生相同的方程，除归一化因子之外，高斯是唯一一个使其成立的方程。横截面总是有着相同方差的高斯。

C.2 高斯概率分布的乘积

C.2.1 两个高斯概率分布的乘积

让两个高斯概率分布为

$$f_1(x)=\frac{1}{\sqrt{2\pi}\sigma_1}\exp\left[-\frac{1}{2}\frac{(x-\mu_1)^2}{\sigma_1^2}\right] \tag{C-39}$$

$$f_2(x)=\frac{1}{\sqrt{2\pi}\sigma_2}\exp\left[-\frac{1}{2}\frac{(x-\mu_2)^2}{\sigma_2^2}\right] \tag{C-40}$$

其中所有的符号都是它们平常的含义。高斯的乘积为

$$f(x) = f_1(x)f_2(x) = \frac{1}{2\pi\sigma_1\sigma_2}\exp\left[-\frac{1}{2}\frac{(x-\mu_1)^2}{\sigma_1^2}-\frac{1}{2}\frac{(x-\mu_2)^2}{\sigma_1^2}\right] \tag{C-41}$$

设 $w_1=1/\sigma_1^2$ 且 $w_2=1/\sigma_2^2$，扩展 $f(x)$的指数

$$\begin{aligned} e(x) &= -\frac{1}{2}\frac{(x-\mu_1)^2}{\sigma_1^2}-\frac{1}{2}\frac{(x-\mu_2)^2}{\sigma_1^2} \\ &= -\frac{1}{2}[w_1x^2-2w_1x\mu_1+w_1\mu_1^2+w_2x^2-2w_2x\mu_2+w_2\mu_2^2] \\ &= -\frac{w_1+w_2}{2}\left[x^2-2\frac{w_1\mu_1+w_2\mu_2}{w_1+w_2}x+\frac{w_1\mu_1^2+w_2\mu_2^2}{w_1+w_2}\right] \end{aligned} \tag{C-42}$$

完成这个平方：

$$\begin{aligned} e(x) &= -\frac{w_1+w_2}{2}\left[x^2-2\frac{w_1\mu_1+w_2\mu_2}{w_1+w_2}x+\left(\frac{w_1\mu_1+w_2\mu_2}{w_1+w_2}\right)^2 \right. \\ &\qquad \left. -\left(\frac{w_1\mu_1+w_2\mu_2}{w_1+w_2}\right)^2+\frac{w_1\mu_1^2+w_2\mu_2^2}{w_1+w_2}\right] \\ &= -\frac{w_1+w_2}{2}\left(x-\frac{w_1\mu_1+w_2\mu_2}{w_1+w_2}\right)^2+\text{constant} \end{aligned} \tag{C-43}$$

现在设

$$\sigma^2=\frac{1}{w_1+w_2}=\frac{\sigma_1^2\sigma_2^2}{\sigma_1^2+\sigma_2^2} \tag{C-44}$$

$$\mu=\frac{w_1\mu_1+w_2\mu_2}{w_1+w_2}=\frac{\sigma_2^2\mu_1+\sigma_1^2\mu_2}{\sigma_1^2+\sigma_2^2} \tag{C-45}$$

指数变为

$$e(x) = -\frac{1}{2}\frac{(x-\mu)^2}{\sigma^2}+c \tag{C-46}$$

并且两个高斯的乘积变为

$$f(x) \propto \exp\left[-\frac{1}{2}\frac{(x-\mu)^2}{\sigma^2}\right] \tag{C-47}$$

其中常数被吸收到等比例常数中。从 2.4 节可知，通过检验，我们可以写出归一化常数，得到

$$f(x) = \frac{1}{\sqrt{2\pi\sigma}}\exp\left[-\frac{1}{2}\frac{(x-\mu)^2}{\sigma^2}\right] \tag{C-48}$$

其中 μ 和 σ^2 是通过等式 C-44 和 C-45 得到的。因此，两个高斯的乘积是另一个高斯。

C. 2. 2 *n* 个高斯的乘积

现在，让我们考虑三个高斯的乘积

$$f(x) = f_1(x)f_2(x)f_3(x) \tag{C-49}$$

其中 $f_1(x)$和 $f_2(x)$是等式 C-39 和 C-40 给出的，并且 $f_3(x)$写为

$$f_3(x) = \frac{1}{\sqrt{2\pi}\sigma_3}\exp\left[-\frac{1}{2}\frac{(x-\mu_3)^2}{\sigma_3^2}\right] \tag{C-50}$$

我们刚刚展示了 $f_1(x)$和 $f_2(x)$的乘积是一个高斯。重写等式 C-48

$$y(x)=\frac{1}{\sqrt{2\pi}\sigma_y}\exp\left[-\frac{1}{2}\frac{(x-\mu_y)^2}{\sigma_y^2}\right] \tag{C-51}$$

其中

$$\sigma_y^2=\frac{1}{w_1+w_2} \tag{C-52}$$

$$\mu_y=\frac{w_1\mu_1+w_2\mu_2}{w_1+w_2} \tag{C-53}$$

我们得到

$$f(x)=y(x)f_3(x) \tag{C-54}$$

因此 $f(x)$是两个高斯的乘积，必然也是一个高斯。我们把它写为

$$f(x)=\frac{1}{\sqrt{2\pi}\sigma}\exp\left[-\frac{1}{2}\frac{(x-\mu)^2}{\sigma^2}\right] \tag{C-55}$$

现在其中的量为

$$\sigma^2=\frac{1}{w_y+w_3} \tag{C-56}$$

$$\mu=\frac{w_y\mu_y+w_3\mu_3}{w_y+w_3} \tag{C-57}$$

并且 $w_y=1/\sigma_y^2=w_1+w_2$。展开 σ^2 和 μ，我们得到

$$\sigma^2=\frac{1}{w_1+w_2+w_3} \tag{C-58}$$

$$\mu=\frac{w_y\mu_y+w_3\mu_3}{w_y+w_3}=\frac{w_1\mu_1+w_2\mu_2+w_3\mu_3}{w_1+w_2+w_3} \tag{C-59}$$

通过递推，我们现在不需要更多的努力就可以写出 n 个高斯的乘积：

$$\prod_{i=1}^{n}\frac{1}{\sqrt{2\pi}\sigma_i}\exp\left[-\frac{1}{2}\frac{(x-\mu_i)^2}{\sigma_i^2}\right]=\frac{1}{\sqrt{2\pi}\sigma}\exp\left[-\frac{1}{2}\frac{(x-\mu)^2}{\sigma^2}\right] \tag{C-60}$$

其中

$$\sigma^2=\frac{1}{\sum_{i=1}^{n}w_i} \tag{C-61}$$

$$\mu=\frac{\sum_{i=1}^{n}w_i\mu_i}{\sum_{i=1}^{n}w_i} \tag{C-62}$$

并且 $\omega_i=1/\sigma_i^2$。因此 n 个高斯的乘积也是高斯，平均值和方差由等式 C-61 和 C-62 给出。

C.3 高斯概率分布的卷积

我们希望卷积两个标准高斯概率分布，

$$f_1(t)=\frac{1}{\sqrt{2\pi}\sigma_1}\exp\left[-\frac{1}{2}\frac{t^2}{\sigma_1^2}\right] \tag{C-63}$$

$$f_2(t)=\frac{1}{\sqrt{2\pi}\sigma_2}\exp\left[-\frac{1}{2}\frac{t^2}{\sigma_2^2}\right] \tag{C-64}$$

它们的卷积为

$$y(\tau) = \int_{-\infty}^{\infty} f_1(t) f_2(\tau - t) dt = \frac{1}{2\pi\sigma_1\sigma_2}\int_{-\infty}^{\infty} \exp\left[-\frac{1}{2}\frac{t^2}{\sigma_1^2}\right]\exp\left[-\frac{1}{2}\frac{(\tau-t)^2}{\sigma_2^2}\right]dt \tag{C-65}$$

为了方便起见，设 $w_1 = 1/\sigma_1^2$ 且 $w_2 = 1/\sigma_2^2$，然后展开指数项得到

$$\begin{aligned} y(\tau) &= \frac{1}{2\pi\sigma_1\sigma_2}\int_{-\infty}^{\infty} \exp\left[-\frac{1}{2}(w_1 t^2 + w_2\tau^2 - 2w_2\tau t + w_2 t^2)\right]dt \\ &= \frac{1}{2\pi\sigma_1\sigma_2}\int_{-\infty}^{\infty} \exp\left[-\frac{w_1+w_2}{2}\left(t^2 - 2\frac{w_2}{w_1+w_2}\tau t + \frac{w_2}{w_1+w_2}\tau^2\right)\right]dt \end{aligned} \tag{C-66}$$

现在完成这个平方，得到

$$\begin{aligned} y(\tau) = \frac{1}{2\pi\sigma_1\sigma_2}\int_{-\infty}^{\infty} \exp\Bigg[-\frac{w_1+w_2}{2}\Bigg(t^2 - 2\frac{w_2}{w_1+w_2}\tau t + \frac{w_2^2}{(w_1+w_2)^2}\tau^2 \\ - \frac{w_2^2}{(w_1+w_2)^2}\tau^2 + \frac{w_2}{w_1+w_2}\tau^2\Bigg)\Bigg]dt \end{aligned} \tag{C-67}$$

注意

$$-\frac{w_1+w_2}{2}\left(-\frac{w_2^2}{(w_1+w_2)^2}\tau^2 + \frac{w_2}{w_1+w_2}\tau^2\right) = -\frac{1}{2}\frac{w_1 w_2}{w_1+w_2}\tau^2 = -\frac{1}{2}\frac{\tau^2}{\sigma_1^2+\sigma_2^2} \tag{C-68}$$

所以卷积变为

$$y(\tau) = \frac{1}{2\pi\sigma_1\sigma_2}\exp\left[-\frac{1}{2}\frac{\tau^2}{\sigma_1^2+\sigma_2^2}\right]\int_{-\infty}^{\infty}\exp\left[-\frac{w_1+w_2}{2}\left(t - \frac{w_2}{w_1+w_2}\tau\right)^2\right]dt \tag{C-69}$$

我们现在认识到这个积分是一个不标准的高斯，方差为

$$\sigma^2 = \frac{1}{w_1+w_2} = \frac{\sigma_1^2\sigma_2^2}{\sigma_1^2+\sigma_2^2} \tag{C-70}$$

使用等式 A-15，通过检验我们得到这个积分为

$$\int_{-\infty}^{\infty}\exp\left[-\frac{w_1+w_2}{2}\left(t - \frac{w_2}{w_1+w_2}\tau\right)^2\right]dt = \sqrt{2\pi}\frac{\sigma_1\sigma_2}{\sqrt{\sigma_1^2+\sigma_2^2}} \tag{C-71}$$

卷积变为

$$\begin{aligned} y(\tau) &= \frac{1}{2\pi\sigma_1\sigma_2}\sqrt{2\pi}\frac{\sigma_1\sigma_2}{\sqrt{\sigma_1^2+\sigma_2^2}}\exp\left[-\frac{1}{2}\frac{\tau^2}{\sigma_1^2+\sigma_2^2}\right] \\ &= \frac{1}{\sqrt{2\pi}(\sigma_1^2+\sigma_2^2)^{1/2}}\exp\left[-\frac{1}{2}\frac{\tau^2}{\sigma_1^2+\sigma_2^2}\right] \end{aligned} \tag{C-72}$$

这是一个有着方差 $\sigma_1^2+\sigma_2^2$ 的标准高斯分布。因此两个高斯的卷积是一个方差等于这两个原始高斯的方差和的高斯。

C.4　高斯分布的随机变量和的概率分布

让 z 为 n 个独立随机变量 x_i，$i=1$，…，n 的和：

$$z = \sum_{i=1}^{n} x_i \tag{C-73}$$

其中 x_i 来自高斯分布 $f_i(x_i)$，它的平均值都是 0，方差为 σ_i^2。为了找到 z 的概率分布，我

们首先推导 $n=2$ 时的分布，然后扩展到任意 n。因为这些变量是独立的，x_1 和 x_2 的联合分布为

$$f(x_1,x_2)dx_1dx_2 = f_1(x_1)f_2(x_2)dx_1dx_2 \tag{C-74}$$

设 $z=x_1+x_2$，然后从(x_1, x_2)到(x_1, z)变换变量，结果为

$$f(x_1, z)dx_1dz = f_1(x_1)f_2(z-x_1)dx_1dz \tag{C-75}$$

为了找到 $f(z)$，对 x_1 积分：

$$f(z)dz = \left[\int f_1(x_1)f_2(z-x_1)dx_1\right]dz \tag{C-76}$$

因此我们得到

$$f(z) = \int f_1(x_1)f_2(z-x_1)dx_1 \tag{C-77}$$

这是 $f_1(x_1)$对 $f_2(x_2)$的卷积，所以我们使用 C.3 节的结果通过检验写下答案

$$f(z) = \frac{1}{\sqrt{2\pi}(\sigma_1^2+\sigma_2^2)^{1/2}}\exp\left[-\frac{1}{2}\frac{z^2}{\sigma_1^2+\sigma_2^2}\right] \tag{C-78}$$

推广到 n 个变量，我们得到

$$f(z) = \frac{1}{\sqrt{2\pi}\sigma}\exp\left[-\frac{1}{2}\frac{z^2}{\sigma^2}\right] \tag{C-79}$$

其中

$$\sigma^2 = \sum_{i=1}^{n}\sigma_i^2 \tag{C-80}$$

附录 D

n 维球体

我们两次计算积分

$$I=\int_{-\infty}^{\infty}\cdots\int_{-\infty}^{\infty}\exp[-(x_1^2+x_2^2\cdots x_n^2)]dx_1dx_2\cdots dx_n \tag{D-1}$$

比较两次结果得到 n 维球体的体积和表面积。

积分 $D.1$ 可以重写为

$$I=\left\{\int_{-\infty}^{\infty}\exp[-x^2]dx\right\}^n \tag{D-2}$$

其中通过等式 A-15 得到

$$I=(\sqrt{\pi})^n=\pi^{n/2} \tag{D-3}$$

n 维球体的体积必须和 r^n 成比例，其中 r 是半径。因此一个厚度为 dr 的球壳的体积一定是

$$dV_n=S_nr^{n-1}dr \tag{D-4}$$

其中 S_n 是一个依赖于 n 的常数。例如，$S_2=2\pi$ 和 $S_3=4\pi$。在它已经对 $n-1$ 个角度积分之后，积分 $D.1$ 可以写为

$$I=\int_0^{\infty}\exp[-r^2]S_nr^{n-1}dr \tag{D-5}$$

改变变量为 $t=r^2$，积分变为

$$I=\frac{1}{2}S_n\int_0^{\infty}\exp[-t]t^{(n/2-1)}dt \tag{D-6}$$

这个积分是 Γ 方程(见附录 A 中的 A.3 节)，所以等式 D-6 变为

$$I=\frac{1}{2}S_n\Gamma\left(\frac{n}{2}\right)=\frac{1}{2}S_n\left(\frac{n}{2}-1\right)! \tag{D-7}$$

因为 D-3 和 D-7 的两个结果是一样的，我们得到

$$\frac{1}{2}S_n\left(\frac{n}{2}-1\right)!=\pi^{n/2} \tag{D-8}$$

$$S_n=\frac{2\pi^{n/2}}{(n/2-1)!} \tag{D-9}$$

因此体积元素为

$$dV_n=\frac{2\pi^{n/2}}{(n/2-1)!}r^{n-1}dr \tag{D-10}$$

并且 n 维球体的体积为

$$V_n = \frac{S_n}{n} r^n = \frac{2\pi^{n/2}}{n(n/2-1)!} r^n \tag{D-11}$$

因为体积元素也为 $dV_n = A_n dr$，其中 A_n 为球体的表面积，n 维球体的表面积为

$$A_n = \frac{2\pi^{n/2}}{(n/2-1)!} r^{n-1} \tag{D-12}$$

对于一个三维球体，等式 D-11 和 D-12 简化为相似的公式

$$V_3 = \frac{2\pi^{3/2}}{3(3/2-1)!} r^3 = \frac{4\pi}{3} r^3 \tag{D-13}$$

$$A_3 = \frac{2\pi^{3/2}}{(3/2-1)!} r^2 = 4\pi r^2 \tag{D-14}$$

对于一个四维球体，它们简化后相似度变低

$$V_4 = \frac{2\pi^{4/2}}{4(4/2-1)!} r^4 = \frac{1}{2}\pi^2 r^4 \tag{D-15}$$

$$A_4 = \frac{2\pi^{4/2}}{(4/2-1)!} r^4 = 2\pi^2 r^3 \tag{D-16}$$

附录 E

线性代数和矩阵回顾

E.1 向量、基向量和点积

术语“向量”最初是指具有长度和方向的几何对象——一个箭头。向量变得很重要，部分原因是传统物理学的许多量可以用箭头来描述：速度、加速度、力、电和磁场。但人们很快就意识到其他不太明显的事物也可以用向量来描述：线性方程、多项式、图片和令人惊奇的量子力学中的波函数。传统物理学的三维向量变成相对论中的四维和量子力学中的无穷维。向量的概念必须被一般化到包括这些其他类型的向量。满足以下规则的任何量 $\boldsymbol{a}$ 就称为向量。

向量可以被加在一起。如果 $\boldsymbol{a}$、$\boldsymbol{b}$ 和 $\boldsymbol{c}$ 是向量，则 $\boldsymbol{a}$ 与 $\boldsymbol{b}$ 的和用下式表示

$$\boldsymbol{c}=\boldsymbol{a}+\boldsymbol{b} \tag{E-1}$$

向量的加法是可交换的和可结合的：

$$\boldsymbol{a}+\boldsymbol{b}=\boldsymbol{b}+\boldsymbol{a} \tag{E-2}$$

$$\boldsymbol{a}+(\boldsymbol{b}+\boldsymbol{c})=(\boldsymbol{a}+\boldsymbol{b})+\boldsymbol{c} \tag{E-3}$$

对于每一个向量 $\boldsymbol{a}$，都有一个负向量 $\boldsymbol{b}$，记为

$$\boldsymbol{b}=-\boldsymbol{a} \tag{E-4}$$

并且两个向量的减法由 $\boldsymbol{a}-\boldsymbol{b}=\boldsymbol{a}+(-\boldsymbol{b})$定义。一个零向量被定义为

$$\boldsymbol{a}=\boldsymbol{z}+\boldsymbol{a} \tag{E-5}$$

向量 $\boldsymbol{a}$ 可以乘以一个标量 λ 得到一个新的向量 $\boldsymbol{b}$：

$$\boldsymbol{b}=\lambda\boldsymbol{a} \tag{E-6}$$

乘以 $\lambda=1$ 的向量返回相同的向量

$$\boldsymbol{a}=1\boldsymbol{a} \tag{E-7}$$

标量乘法是可分配和可结合的：

$$\lambda(\boldsymbol{a}+\boldsymbol{b})=\lambda\boldsymbol{a}+\lambda\boldsymbol{b} \tag{E-8}$$

$$(\lambda_1+\lambda_2)\boldsymbol{a}=\lambda_1\boldsymbol{a}+\lambda_2\boldsymbol{a} \tag{E-9}$$

$$\lambda_1(\lambda_2\boldsymbol{a})=(\lambda_1\lambda_2)\boldsymbol{a} \tag{E-10}$$

可以由这些操作创建的向量集合称为向量空间。

箭头不是用于表示 n 维向量空间中向量的有用方式。在本书中，向量 $\boldsymbol{a}$ 由一竖列的数字 a_i 来表示：

$$\begin{pmatrix} a_1 \\ a_2 \\ \vdots \\ a_m \end{pmatrix}$$

a_i 称为向量的元素。从逻辑上讲，应使用一个特殊符号来描述向量与其表示之间的关系，或许如下

$$\boldsymbol{a} \Rightarrow \begin{pmatrix} a_1 \\ a_2 \\ \vdots \\ a_m \end{pmatrix}$$

因为 a_i 的值在不同的坐标系中是不同的，但一旦选定一组基向量，a_i 和它们表示的向量之间就存在唯一的一一对应的关系。因此，我们可以不混淆地表示这种关系

$$\boldsymbol{a} = \begin{pmatrix} a_1 \\ a_2 \\ \vdots \\ a_m \end{pmatrix} \tag{E-11}$$

尽管我们应该记住，这实际上是一种表示，而不是等式。在这个表示中，向量的加法是

$$\begin{pmatrix} c_1 \\ c_2 \\ \vdots \\ c_m \end{pmatrix} = \begin{pmatrix} a_1 \\ a_2 \\ \vdots \\ a_m \end{pmatrix} + \begin{pmatrix} b_1 \\ b_2 \\ \vdots \\ b_m \end{pmatrix} = \begin{pmatrix} a_1 + b_1 \\ a_1 + b_2 \\ \vdots \\ a_m + b_m \end{pmatrix} \tag{E-12}$$

负向量和零向量是

$$-\boldsymbol{a} = \begin{pmatrix} -a_1 \\ -a_2 \\ \vdots \\ -a_m \end{pmatrix} \text{ 且 } \boldsymbol{z} = \begin{pmatrix} 0 \\ 0 \\ \vdots \\ 0 \end{pmatrix} \tag{E-13}$$

最后，标量和向量的乘积是

$$\lambda\boldsymbol{a} = \begin{pmatrix} \lambda a_1 \\ \lambda a_2 \\ \vdots \\ \lambda a_m \end{pmatrix} \tag{E-14}$$

一个向量可以是其他向量 $\boldsymbol{b}_i$ 的线性组合：

$$\boldsymbol{a} = a_1\boldsymbol{b}_1 + a_2\boldsymbol{b}_2 + a_3\boldsymbol{b}_3 + \cdots \tag{E-15}$$

其中 a_i 是标量。能构造向量空间中所有其他向量的向量的最小数量 n 是这个向量空间的维数。任何一组这样的 n 个向量称为向量空间的基。我们用 e_i 来表示基的成员。任何向量 a 都可以由 e_i 的线性组合构建：

$$\boldsymbol{a} = a_1\boldsymbol{e}_1 + a_2\boldsymbol{e}_2 + \cdots + a_n\boldsymbol{e}_n = \sum_{i=1}^{n} a_i\boldsymbol{e}_i \tag{E-16}$$

向量中的元素

$$\boldsymbol{a} = \begin{pmatrix} a_1 \\ a_2 \\ \vdots \\ a_n \end{pmatrix} \tag{E-17}$$

是等式 E-16 中的系数。等式 E-17 和 E-16 定义了一个向量及其表示之间的关系。

两个向量的内积或点积由 $\boldsymbol{a} \cdot \boldsymbol{b}$ 表示。如果 $\boldsymbol{a} \cdot \boldsymbol{b}=0$，那么这两个向量被称作相互正交。向量 a 与它自己的点积的平方根叫作向量的模：

$$|\boldsymbol{a}| = (\boldsymbol{a} \cdot \boldsymbol{a})^{1/2} \tag{E-18}$$

其基向量

$$\boldsymbol{e}_i \cdot \boldsymbol{e}_j = \delta_{ij} \tag{E-19}$$

其中 δ_{ij} 是克罗内克 delta 函数，构成一组标准正交基。作为一个例子，三维笛卡尔坐标系中的单位向量 $\boldsymbol{i}$、$\boldsymbol{j}$、$\boldsymbol{k}$ 是一组标准正交基，因为它们被定义为 1 个单位的长度并且分别沿着 x、y 和 z 轴对齐，因此彼此正交。在笛卡尔坐标系中的任何向量可以写成

$$\boldsymbol{a} = a_x\boldsymbol{i} + a_y\boldsymbol{j} + a_z\boldsymbol{k} \quad \text{或} \quad \boldsymbol{a} = \begin{pmatrix} a_x \\ a_y \\ a_z \end{pmatrix} \tag{E-20}$$

标准正交基组是有用的，因为任何一个向量和基向量 $\boldsymbol{e}_k$ 的点积是

$$\boldsymbol{a} \cdot \boldsymbol{e}_k = \left(\sum_{i=1}^{n} a_i\boldsymbol{e}_i\right) \cdot \boldsymbol{e}_k = \sum_{i=1}^{n} a_i\boldsymbol{e}_i \cdot \boldsymbol{e}_k = \sum_{i=1}^{n} a_i\delta_{ik} = a_k \tag{E-21}$$

且两个向量的点积就是

$$\boldsymbol{a} \cdot \boldsymbol{b} = \left(\sum_{i=1}^{n} a_i\boldsymbol{e}_i\right) \cdot \left(\sum_{k=1}^{n} b_k\boldsymbol{e}_k\right) = \sum_{i=1}^{n}\sum_{k=1}^{n} a_i b_k \boldsymbol{e}_i \cdot \boldsymbol{e}_k = \sum_{i=1}^{n}\sum_{k=1}^{n} a_i b_k \delta_{ik} = \sum_{i=1}^{n} a_i b_i \tag{E-22}$$

一个向量和它自身的点积就变成

$$\boldsymbol{a} \cdot \boldsymbol{a} = \sum_{i=1}^{n} a_i^2 \tag{E-23}$$

这是毕达哥拉斯定理的 n 维等价表示，所以模 $|\boldsymbol{a}| = (\boldsymbol{a} \cdot \boldsymbol{a})^{1/2}$ 是向量的长度。对于非标准正交的基，点积的计算要复杂得多。

E.2　线性算子和矩阵

可以在向量上操作来产生另一个向量。算子对于向量就相当于标量的函数。如果符号 $\boldsymbol{A}$ 表示一个算子，则 $\boldsymbol{A}$ 在向量 $\boldsymbol{a}$ 上运算产生向量 $\boldsymbol{b}$ 的操作可以由以下等式表示

$$\boldsymbol{b} = \boldsymbol{A}\boldsymbol{a} \tag{E-24}$$

线性代数就是考虑这些算子中被称为线性算子的子集，它有以下特性

$$\boldsymbol{A}(\lambda_1\boldsymbol{a} + \lambda_2\boldsymbol{b}) = \lambda_1\boldsymbol{A}\boldsymbol{a} + \lambda_2\boldsymbol{A}\boldsymbol{b} \tag{E-25}$$

其中 λ_1 和 λ_2 是任何标量。除非另外明确说明，否则我们从现在开始讨论的算子都是线性算子。

假设已经选择了一组基向量 $\boldsymbol{e}_i$。对任何基向量的运算的结果是另一个向量，并且这个向量一定可以表示成基向量的线性组合。因此，

$$\boldsymbol{A}\boldsymbol{e}_j = \sum_{i=1}^{n} A_{ij}\boldsymbol{e}_i \tag{E-26}$$

其中 A_{ij} 是双下标的，因为 $\boldsymbol{A}$ 在每个 e_j 上的运算都会产生一个不同的向量。A_{ij} 这个量被称为 $\boldsymbol{A}$ 的分量。这些分量明确地依赖于基向量且对于不同的基向量组有不同的值。利用等式 E-16、E-25 和 E-26，我们可以把等式 E-24 写成

$$\sum_{i=1}^{n} b_i\boldsymbol{e}_i = \boldsymbol{A}\sum_{j=1}^{n} a_j\boldsymbol{e}_j = \sum_{j=1}^{n} a_j\boldsymbol{A}\boldsymbol{e}_j = \sum_{j=1}^{n} a_j\left(\sum_{i=1}^{n} A_{ij}\boldsymbol{e}_i\right) = \sum_{i=1}^{n}\left(\sum_{j=1}^{n} A_{ij}a_j\right)\boldsymbol{e}_i \tag{E-27}$$

因此，向量 $\boldsymbol{b}$ 中的元素由下式给出

$$b_i = \sum_{j=1}^{n} A_{ij}a_j \tag{E-28}$$

可以将量 A_{ij} 写成一个称为*矩阵*的矩形阵列：

$$\begin{pmatrix} A_{11} & A_{12} & \cdots & A_{1n} \\ A_{21} & A_{22} & \cdots & A_{2n} \\ \vdots & \vdots & & \vdots \\ A_{m1} & A_{m2} & \cdots & A_{mn} \end{pmatrix} \tag{E-29}$$

并且这个矩阵是算子 $\boldsymbol{A}$ 的一个表示。具有相同行数和列数的矩阵叫作*方矩阵*。前一节中向量与其表示之间的区分关系同样适用于算子和矩阵，一旦选择好了一组基向量，这里也有一个线性算子和矩阵之间唯一的一对一关系。对于向量，我们可以放心地写

$$\boldsymbol{A} = \begin{pmatrix} A_{11} & A_{12} & \cdots & A_{1n} \\ A_{21} & A_{22} & \cdots & A_{2n} \\ \vdots & \vdots & & \vdots \\ A_{m1} & A_{m2} & \cdots & A_{mn} \end{pmatrix} \tag{E-30}$$

A_{ij} 被称为*矩阵的元素*。我们也可以用符号 $(\boldsymbol{A})_{ij}$ 来表示矩阵的元素，$(\boldsymbol{a})_i$ 表示向量元素，或者甚至 $(\boldsymbol{a}_j)_i$ 来表示向量 j 的元素 i。等式 E-24 可以写成

$$\begin{pmatrix} b_1 \\ b_2 \\ \vdots \\ b_n \end{pmatrix} = \begin{pmatrix} A_{11} & A_{12} & \cdots & A_{1n} \\ A_{21} & A_{22} & \cdots & A_{2n} \\ \vdots & \vdots & & \vdots \\ A_{m1} & A_{m2} & \cdots & A_{mn} \end{pmatrix}\begin{pmatrix} a_1 \\ a_2 \\ \vdots \\ a_n \end{pmatrix} \tag{E-31}$$

这个等式的含义由等式 E-28 给出。为了明确说明，比如说，b_2 的值由下式给出

$$b_2 = A_{21}a_1 + A_{22}a_2 + \cdots + A_{2n}a_n \tag{E-32}$$

线性算子和矩阵之间的联系非常紧密，使得线性算子的代数经常被称为*矩阵代数*。

E.3 矩阵代数

矩阵代数的规则直接来自于线性算子的定义。两个矩阵 $\boldsymbol{A}$ 和 $\boldsymbol{B}$ 可以加起来得到第三个矩阵 $\boldsymbol{C}$，但是它们的和在这三个矩阵有且只有相同数量的行和列时才有意义。这个求和被表示为

$$\boldsymbol{C} = \boldsymbol{A} + \boldsymbol{B} \tag{E-33}$$

并且 $\boldsymbol{C}$ 的元素由以下给出

$$C_{ij} = A_{ij} + B_{ij} \tag{E-34}$$

对于每一个矩阵 $\boldsymbol{A}$，都有一个负数矩阵，表示为

$$\boldsymbol{B} = -\boldsymbol{A} \tag{E-35}$$

其元素由 $B_{ij}=-A_{ij}$ 给出。两个矩阵的减法由 $\boldsymbol{C}-\boldsymbol{D}=\boldsymbol{C}+(-\boldsymbol{D})$ 定义。矩阵 $\boldsymbol{A}$ 可以乘以标量 λ 得到矩阵 $\boldsymbol{C}$，

$$\boldsymbol{C} = \lambda\boldsymbol{A} \tag{E-36}$$

其元素为 $C_{ij}=\lambda A_{ij}$；并且有一个零矩阵 $\boldsymbol{Z}$，其元素 $Z_{ij}=0$。这些性质意味着矩阵满足等式 E-2 至 E-10，这些是向量的定义属性。因此矩阵也是向量。可以把普通的向量想象成一个有单列量 c_j 的矩阵：

$$\boldsymbol{c} = \begin{pmatrix} c_1 \\ c_2 \\ \vdots \\ c_m \end{pmatrix} \tag{E-37}$$

也可以有一个向量是一行量 r_j：

$$\boldsymbol{r} = (r_1 \quad r_2 \quad \cdots \quad r_n) \tag{E-38}$$

并且这可以被认为是具有单行的矩阵。必要时，可以通过将这两类向量称为“行向量”和“列向量”来区分它们。

矩阵的乘法被定义为两个线性算子的连续操作。假设一个线性算子 $\boldsymbol{B}$ 在一个向量 $\boldsymbol{a}$ 上面运算来产生另一个向量 $\boldsymbol{b}$：

$$\boldsymbol{b} = \boldsymbol{B}\boldsymbol{a} \tag{E-39}$$

现在使用第二个线性算子 $\boldsymbol{A}$ 对 $\boldsymbol{b}$ 进行运算，得到向量 c：

$$\boldsymbol{c} = \boldsymbol{A}\boldsymbol{b} = \boldsymbol{A}(\boldsymbol{B}\boldsymbol{a}) \tag{E-40}$$

这就等价于

$$\boldsymbol{c} = \boldsymbol{C}\boldsymbol{a} = (\boldsymbol{A}\boldsymbol{B})\boldsymbol{a} \tag{E-41}$$

其中 $\boldsymbol{C}$ 是能产生与先后连续操作(先 $\boldsymbol{B}$ 后 $\boldsymbol{A}$)相同结果的单个算子，由以下式子表示：

$$\boldsymbol{C} = \boldsymbol{A}\boldsymbol{B} \tag{E-42}$$

根据等式 E-28，$\boldsymbol{C}$ 的元素由下式给出

$$c_i = \sum_k A_{ik} b_k = \sum_k A_{ik}\Big[\sum_j B_{kj} a_j\Big] = \sum_j \Big[\sum_k A_{ik} B_{kj}\Big] a_j = \sum_j C_{ij} a_j \tag{E-43}$$

所以 $\boldsymbol{C}$ 的元素是

$$C_{ij} = \sum_k A_{ik} B_{kj} \tag{E-44}$$

以这种方式组合两个矩阵来创造第三个矩阵被称为矩阵乘法。注意 $\boldsymbol{A}$ 中的列数必须等于 $\boldsymbol{B}$ 中的行数。例如，

$$\begin{aligned}\begin{pmatrix} C_{11} & C_{12} \\ C_{21} & C_{22} \end{pmatrix} &= \begin{pmatrix} A_{11} & A_{12} & A_{13} \\ A_{21} & A_{22} & A_{23} \end{pmatrix} = \begin{pmatrix} B_{11} & B_{12} \\ B_{21} & B_{22} \\ B_{31} & B_{32} \end{pmatrix} \\ &= \begin{pmatrix} A_{11}B_{11}+A_{12}B_{21}+A_{13}B_{31} & A_{11}B_{12}+A_{12}B_{22}+A_{13}B_{31} \\ A_{21}B_{11}+A_{22}B_{21}+A_{23}B_{31} & A_{21}B_{12}+A_{22}B_{22}+A_{23}B_{32} \end{pmatrix}\end{aligned} \tag{E-45}$$

或

$$\begin{pmatrix} C_{11} & C_{12} & C_{13} \\ C_{21} & C_{22} & C_{23} \end{pmatrix} = \begin{pmatrix} A_{11} \\ A_{21} \end{pmatrix}(B_{11} \quad B_{12} \quad B_{13})$$

$$= \begin{pmatrix} A_{11}B_{11} & A_{11}B_{12} & A_{11}B_{13} \\ A_{21}B_{11} & A_{21}B_{12} & A_{21}B_{13} \end{pmatrix} \tag{E-46}$$

矩阵乘法是在加法上进行结合和分配的，但不是交换的：

$$\boldsymbol{A}(\boldsymbol{BC}) = (\boldsymbol{AB})\boldsymbol{C} \tag{E-47}$$

$$\boldsymbol{C}(\boldsymbol{A}+\boldsymbol{B}) = \boldsymbol{CA}+\boldsymbol{CB} \tag{E-48}$$

$$(\boldsymbol{A}+\boldsymbol{B})\boldsymbol{C} = \boldsymbol{AC}+\boldsymbol{BC} \tag{E-49}$$

$$\boldsymbol{AB} \neq \boldsymbol{BA} \tag{E-50}$$

为了看到矩阵乘法是不可交换的，注意

$$\begin{pmatrix} A_{11} \\ A_{21} \end{pmatrix} (B_{11} \quad B_{12} \quad B_{13}) \neq (B_{11} \quad B_{12} \quad B_{13}) \begin{pmatrix} A_{11} \\ A_{21} \end{pmatrix} \tag{E-51}$$

这个等式的右边甚至没有定义。

现在应该明显的是，行和列向量实际上是不同种类的对象。对于标准正交基组，点积是行向量乘以列向量的矩阵乘法：行向量对列向量进行操作以生成标量。那么一个行向量就是一个算子，有时候被称为*线性泛函*，它属于一个不同的向量空间，即对偶空间，也就是列向量构成的向量空间。向量空间和它的对偶空间之间的区别不是本书要讨论的主要问题，但是它在曲线坐标系统和类似于广义相对论的主题中变得至关重要。

n 阶的单位矩阵 $\boldsymbol{I}$ 被定义为这样的矩阵

$$\boldsymbol{IA} = \boldsymbol{AI} = \boldsymbol{A} \tag{E-52}$$

其中 $\boldsymbol{A}$ 是具有 n 行和 n 列的任意方形矩阵。单位矩阵是以下对角矩阵

$$\boldsymbol{I} = \begin{pmatrix} 1 & 0 & \cdots & 0 \\ 0 & 1 & \cdots & 0 \\ \vdots & \vdots & & \vdots \\ 0 & 0 & \cdots & 1 \end{pmatrix} \tag{E-53}$$

也有 n 行和 n 列。单位矩阵的元素可以被紧凑地写成

$$I_{ij} = \delta_{ij}, \quad i, j = 1, \cdots, n \tag{E-54}$$

其中 δ_{ij} 是克罗内克 delta。单位矩阵可以乘以非方形矩阵，只要这个矩阵有 n 行且被 $\boldsymbol{I}$ 左乘，或者有 n 列且被 $\boldsymbol{I}$ 右乘。因此，如果 a 是一个列向量，则操作

$$\boldsymbol{Ia} = \boldsymbol{a} \tag{E-55}$$

是可行的，但只有在 $\boldsymbol{a}$ 有 n 个元素且 $\boldsymbol{I}$ 是 n 阶。

E.4 矩阵转置

$\boldsymbol{A}$ 的转置表示为 $\boldsymbol{A}^{\mathrm{T}}$，是通过交换 $\boldsymbol{A}$ 的行和列产生的矩阵。$\boldsymbol{A}^{\mathrm{T}}$ 的元素由下式给出

$$(\boldsymbol{A}^{\mathrm{T}})_{ij} = (\boldsymbol{A})_{ji} \tag{E-56}$$

如果 $\boldsymbol{C}$ 是两个矩阵的和

$$\boldsymbol{C} = \boldsymbol{A} + \boldsymbol{B} \tag{E-57}$$

则 $\boldsymbol{C}$ 的转置是它们的转置的和

$$\boldsymbol{C}^{\mathrm{T}} = \boldsymbol{A}^{\mathrm{T}} + \boldsymbol{B}^{\mathrm{T}} \tag{E-58}$$

乘积的转置要稍微复杂一些。让 $\boldsymbol{C}$ 是矩阵 $\boldsymbol{A}$ 和 $\boldsymbol{B}$ 的乘积：

$$\boldsymbol{C} = \boldsymbol{AB} \tag{E-59}$$

用矩阵元素的另一种符号重写等式 E-44，我们有

$$(\boldsymbol{C})_{ij} = \sum_k (\boldsymbol{A})_{ik} (\boldsymbol{B})_{kj} \tag{E-60}$$

$\boldsymbol{C}$ 的转置的元素是

$$(\boldsymbol{C}^{\mathrm{T}})_{ij} = (\boldsymbol{C})_{ji} = \sum_k (\boldsymbol{A})_{jk} (\boldsymbol{B})_{ki} = \sum_k (\boldsymbol{A}^{\mathrm{T}})_{kj} (\boldsymbol{B}^{\mathrm{T}})_{ik} = \sum_k (\boldsymbol{B}^{\mathrm{T}})_{ik} (\boldsymbol{A}^{\mathrm{T}})_{kj} \tag{E-61}$$

因此

$$\boldsymbol{C}^{\mathrm{T}} = \boldsymbol{B}^{\mathrm{T}} \boldsymbol{A}^{\mathrm{T}} \tag{E-62}$$

这个结果可以推广到多个矩阵的乘积。如果

$$\boldsymbol{D} = \boldsymbol{ABC} \tag{E-63}$$

则

$$\boldsymbol{D}^{\mathrm{T}} = \boldsymbol{C}^{\mathrm{T}} \boldsymbol{B}^{\mathrm{T}} \boldsymbol{A}^{\mathrm{T}} \tag{E-64}$$

转置矩阵提供了另一种思考点积的方法。从等式 E-22 可知，在标准正交基组上展开的两个列向量的点积是

$$\boldsymbol{a} \cdot \boldsymbol{b} = \begin{pmatrix} a_1 \\ a_2 \\ \vdots \\ a_n \end{pmatrix} \cdot \begin{pmatrix} b_1 \\ b_2 \\ \vdots \\ b_n \end{pmatrix} = \sum_{i=1}^{n} a_i b_i \tag{E-65}$$

利用转置，这可以被写成矩阵乘法

$$\boldsymbol{a} \cdot \boldsymbol{b} = \boldsymbol{a}^{\mathrm{T}} \boldsymbol{b} = \boldsymbol{b}^{\mathrm{T}} \boldsymbol{a} \tag{E-66}$$

则点积就成了矩阵乘法的特例。但是，要记住行向量和列向量不是真的一回事；一个向量的转置实际上是一个算子。

如果一个矩阵是方形的且 $A_{ij}=A_{ji}$，那这个矩阵是对称的。如果 $A_{ij}=-A_{ji}$ 且 $A_{ii}=0$，则它是反对称的。以下是对称和反对称的例子：

$$\begin{pmatrix} A_{11} & A_{12} & A_{13} \\ A_{12} & A_{22} & A_{23} \\ A_{13} & A_{23} & A_{33} \end{pmatrix}, \quad \begin{pmatrix} 0 & A_{12} & A_{13} \\ -A_{12} & 0 & A_{23} \\ -A_{13} & -A_{23} & 0 \end{pmatrix}$$

可以使用转置矩阵紧凑地写下对称和反对称矩阵的定义。如果 $\mathbf{A}=\mathbf{A}^{\mathrm{T}}$，矩阵是对称的，如果 $\mathbf{A}=-\mathbf{A}^{\mathrm{T}}$，则矩阵是反对称的。每一个方形矩阵都可以被分解成一个对称矩阵和反对称矩阵的和。对称的分量等于$(\mathbf{A}+\mathbf{A}^{\mathrm{T}})/2$，反对称的分量等于$(\mathbf{A}-\mathbf{A}^{\mathrm{T}})/2$。

E.5 矩阵函数

如果一个矩阵是方形矩阵，则它可以自乘。如果 $\boldsymbol{A}$ 是方形矩阵，它的 n 阶幂就是矩阵乘以它自己 n 次

$$\boldsymbol{A}^n = \boldsymbol{AA} \cdots \boldsymbol{A}, \ n \text{ times} \tag{E-67}$$

另外，因为

$$\boldsymbol{A}^0 \boldsymbol{A}^n = \boldsymbol{A}^n \boldsymbol{A}^0 = \boldsymbol{A}^n \tag{E-68}$$

我们有

$$\boldsymbol{A}^0 = \boldsymbol{I} \tag{E-69}$$

可以通过下式来构造 $\boldsymbol{A}$ 的多项式函数

$$f(\mathbf{A}) = \sum_{n=0}^{\infty} a_n \mathbf{A}^n \tag{E-70}$$

$\boldsymbol{A}$ 的其他基本函数可以通过扩展以普通标量为变量的这些函数为泰勒级数来构造，然后用 $\boldsymbol{A}$ 替换标量变量。例如，

$$\cos(\boldsymbol{A})=\boldsymbol{I}-\frac{1}{2!}\boldsymbol{A}^2+\frac{1}{4!}\boldsymbol{A}^4-\cdots \tag{E-71}$$

$$\sin(\boldsymbol{A})=\boldsymbol{A}-\frac{1}{3!}\boldsymbol{A}^3+\cdots \tag{E-72}$$

$$\exp[\boldsymbol{A}]=\boldsymbol{I}+\boldsymbol{A}+\frac{1}{2!}\boldsymbol{A}^2+\cdots \tag{E-73}$$

那么

$$\exp[i\boldsymbol{A}]=\cos(\boldsymbol{A})+i\sin(\boldsymbol{A}) \tag{E-74}$$

在这里 $i=\sqrt{-1}$。

E.6 行列式

矩阵的行列式是一个独特的标量，可以从矩阵元素中计算出来。只对方矩阵有意义，一个 $n\times n$ 矩阵 $\boldsymbol{A}$ 的行列式可以表示成

$$|\boldsymbol{A}|=\begin{vmatrix} A_{11} & A_{12} & \cdots & A_{1n} \\ A_{21} & A_{22} & \cdots & A_{2n} \\ \vdots & \vdots & & \vdots \\ A_{n1} & A_{n2} & \cdots & A_{nn} \end{vmatrix} \tag{E-75}$$

有多种方法可以定义行列式，在这里以代数余子式的方式来定义是方便的。矩阵 A 中元素 A_{ij} 的子式 $|M_{ij}|$ 是通过从矩阵中删除第 i 行和第 j 列产生的 $(n-1)\times(n-1)$ 矩阵的行列式。例如，让 A 是一个 4×4 的矩阵。它的行列式是

$$|\boldsymbol{A}|=\begin{vmatrix} A_{11} & A_{12} & A_{13} & A_{14} \\ A_{21} & A_{22} & A_{23} & A_{24} \\ A_{31} & A_{32} & A_{33} & A_{34} \\ A_{41} & A_{42} & A_{43} & A_{44} \end{vmatrix} \tag{E-76}$$

和它的 $|M_{23}|$ 子式是

$$|M_{23}|=\begin{vmatrix} A_{11} & A_{12} & A_{14} \\ A_{31} & A_{32} & A_{34} \\ A_{41} & A_{42} & A_{44} \end{vmatrix} \tag{E-77}$$

元素 A_{ij} 的代数余子式 $|C_{ij}|$ 是其子式乘以 $(-1)^{i+j}$：

$$|C_{ij}|=(-1)^{i+j}|M_{ij}| \tag{E-78}$$

因此，对于前面的例子，

$$|C_{23}|=(-1)^{2+3}|M_{23}|=-\begin{vmatrix} A_{11} & A_{12} & A_{14} \\ A_{31} & A_{32} & A_{34} \\ A_{41} & A_{42} & A_{44} \end{vmatrix} \tag{E-79}$$

$n\times n$ 的矩阵 $\boldsymbol{A}$ 的行列式是通过代数余子式的拉普拉斯展开来定义的

$$|\boldsymbol{A}|=\sum_{k=1}^{n}A_{ki}|C_{ki}| \tag{E-80}$$

这个求和可以在任何 i 上进行。这可以理解为递归关系。$n\times n$ 的矩阵的行列式首先简化为 $(n-1)\times(n-1)$ 矩阵(代数余子式)的行列式。然后 $(n-1)\times(n-1)$ 矩阵的行列式可以根据 $(n-2)\times(n-2)$ 矩阵的行列式的求和来计算，以此类推，直到 2×2 矩阵的行列式的总和，其行列式由以下给出，例如，

$$\begin{vmatrix} A_{11} & A_{12} \\ A_{21} & A_{22} \end{vmatrix} = A_{11}A_{22} - A_{12}A_{21} \tag{E-81}$$

如果矩阵的行列式等于 0，则这个矩阵被称为奇异矩阵。

以下给出一些行列式的有用性质，无须证明。

- 矩阵的行列式等于其转置的行列式

$$|\boldsymbol{A}^{\mathrm{T}}| = |\boldsymbol{A}| \tag{E-82}$$

等式 E-80 因此可以被替换为

$$|\boldsymbol{A}| = \sum_{k=1}^{n} A_{jk}\,|C_{jk}| \tag{E-83}$$

其中求和可以在任何 j 上执行。

- 如果当 $j<i$ 时，$A_{ij}=0$，则矩阵被称为上三角矩阵，如果当 $j>i$ 时，$A_{ij}=0$，则矩阵被称为下三角矩阵。如果当 $j\neq i$ 时，$A_{ij}=0$，则矩阵被称为对角矩阵。以下是上三角、下三角和对角的 3×3 矩阵：

$$\begin{pmatrix} A_{11} & A_{12} & A_{13} \\ 0 & A_{22} & A_{23} \\ 0 & 0 & A_{33} \end{pmatrix}, \begin{pmatrix} A_{11} & 0 & 0 \\ A_{21} & A_{22} & 0 \\ A_{31} & A_{32} & A_{33} \end{pmatrix}, \begin{pmatrix} A_{11} & 0 & 0 \\ 0 & A_{22} & 0 \\ 0 & 0 & A_{33} \end{pmatrix} \tag{E-84}$$

  如果一个矩阵是对角或者三角矩阵，它的行列式就是其对角元素的乘积：

$$|\boldsymbol{A}| = \prod A_{ii} \tag{E-84}$$

- 两个矩阵乘积的行列式是它们各自行列式的乘积：

$$|\boldsymbol{AB}| = |\boldsymbol{A}|\,|\boldsymbol{B}| \tag{E-85}$$

  以下行列式的性质可以从等式 E-85 很容易地推导出来。

- 如果矩阵的某个行或者列中所有元素都有一个公因子 λ，则这个因子可以从这些元素中划分出来，那么它的行列式就等于剩下矩阵的行列式乘以 λ。
- 如果矩阵的某个行或者列中的所有元素都是 0，则这个矩阵的行列式就等于 0。
- 如果互换一个矩阵中的两行或者两列，则矩阵的行列式的大小不变，但是符号改变。
- 矩阵的一行的常数倍可以被添加到其另一行而不改变行列式。这一惊人的性质提供了一个简单的方式来用数值计算矩阵的行列式。只需要加上或者减去多行的倍数就可以将矩阵变成三角矩阵。那么行列式就是这个三角矩阵的对角元素的乘积。
- 如果矩阵的两行或者两列是相同的，那么矩阵的行列式等于 0。

行列式的拉普拉斯展开式(等式 E-80)是类似于 $A_{ki}\,|C_{ki}|$ 的项的总和。有人可能会认为 $A_{ki}\,|C_{ki}|$ 这样的项的总和是毫无意义的，除非 $j=i$。令人惊讶的是，这也许不是事实。要了解这一点，我们通过将第 i 列中的所有元素替换成第 j 列中的元素构建一个新的矩阵 $\boldsymbol{A}'$，使得 $(\boldsymbol{A}')_{ki}=A_{kj}$。矩阵 $\boldsymbol{A}'$ 的第 i 列元素的代数余子式保持与矩阵 $\boldsymbol{A}$ 的第 i 列元素的代数余子式相同：$|(C')_{ki}|=|C_{ki}|$。因为 $\boldsymbol{A}'$ 中的两列是一样的，它的行列式等于 0，所以

$$0 = |\boldsymbol{A}'| = \sum_{k=1}^{n}(\boldsymbol{A}')_{ki}\,|(\boldsymbol{C}')_{ki}|. = \sum_{k=1}^{n}A_{kj}\,|\boldsymbol{C}_{ki}|, \quad i \neq j \tag{E-86}$$

可以使用克罗内克 delta 函数将等式 E-80 和 E-86 组合成一个单一的等式：

$$|\boldsymbol{A}| = \sum_{k=1}^{n}A_{kj}\,|C_{ki}|\delta_{ij} \tag{E-87}$$

虽然拉普拉斯展开对行列式分析很有用，但是如果矩阵很大的话，用展开来计算行列式的实际数值是一种可怕的方法，因为运算的次数是成 $n!$ 增长的。计算行列式的方法中，有的运算次数是成 n^3 增长的，如简单的高斯消元法。计算行列式的计算机程序被广泛使用。当矩阵的大小增加时，像舍入误差、内存大小和计算时间这样的问题就变得非常重要，因此在依赖于这些计算机程序之前，在已知行列式的矩阵上测试程序是明智的。

E.7 矩阵的逆

虽然矩阵可以相乘，但是不能相除。矩阵除法等价于运算的“撤销”。让矩阵 $\boldsymbol{A}$ 作用在向量 $\boldsymbol{a}$ 上得到向量 $\boldsymbol{b}$：

$$\boldsymbol{b} = \boldsymbol{A}\boldsymbol{a} \tag{E-88}$$

能解除该操作并返回原始向量的矩阵被称为 $\boldsymbol{A}$ 的逆矩阵。它用 A^{-1} 表示且具有性质

$$\boldsymbol{A}^{-1}\boldsymbol{b} = \boldsymbol{A}^{-1}\boldsymbol{A}\boldsymbol{a} = \boldsymbol{I}\boldsymbol{a} = \boldsymbol{a} \tag{E-89}$$

同样，从向量的左边撤销操作，$\boldsymbol{b}=\boldsymbol{a}\boldsymbol{A}$，得到结果

$$\boldsymbol{b}\boldsymbol{A}^{-1} = \boldsymbol{a}\boldsymbol{A}\boldsymbol{A}^{-1} = \boldsymbol{a}\boldsymbol{I} = \boldsymbol{a} \tag{E-90}$$

并且这两个等式一起给出逆矩阵的定义

$$\boldsymbol{A}^{-1}\boldsymbol{A} = \boldsymbol{A}\boldsymbol{A}^{-1} = \boldsymbol{I} \tag{E-91}$$

矩阵的逆是唯一的。$\boldsymbol{A}$ 的逆矩阵的分量可以用 $\boldsymbol{A}$ 的行列式和它的代数余子式来写成

$$(\boldsymbol{A}^{-1})_{ij} = \frac{(|C_{ij}|)^{\boldsymbol{T}}}{|\boldsymbol{A}|} = \frac{|C_{ji}|}{|\boldsymbol{A}|} \tag{E-92}$$

这个表达式可以通过考虑以下来验证

$$(\boldsymbol{A}\boldsymbol{A}^{-1})_{ij} = \sum_{k}(\boldsymbol{A}^{-1})_{ik}(\boldsymbol{A})_{kj} = \sum_{k}\frac{|C_{ki}|}{|\boldsymbol{A}|}(\boldsymbol{A})_{kj} = \frac{|\boldsymbol{A}|}{|\boldsymbol{A}|}\delta_{ij} = \delta_{ij} \tag{E-93}$$

其中倒数第二步使用了等式 E-87。等式 E-92 展示了如果 $|\boldsymbol{A}|=0$，则矩阵不可逆。逆矩阵的其他一些性质是

$$(\boldsymbol{A}^{-1})^{-1} = \boldsymbol{A} \tag{E-94}$$

$$(\boldsymbol{A}\boldsymbol{B})^{-1} = \boldsymbol{B}^{-1}\boldsymbol{A}^{-1} \tag{E-95}$$

$$(\boldsymbol{A}^{\mathrm{T}})^{-1} = (\boldsymbol{A}^{-1})^{\boldsymbol{T}} \tag{E-96}$$

有些矩阵很容易求逆。一个具有分量 A_{ii} 的对角矩阵的逆具有分量 $(\boldsymbol{A}^{-1})_{ii}=1/Aii$：

$$\boldsymbol{A} = \begin{pmatrix} A_{11} & 0 & 0 & 0 \\ 0 & A_{22} & 0 & 0 \\ 0 & 0 & A_{33} & 0 \\ 0 & 0 & 0 & \ddots \end{pmatrix} \Rightarrow \boldsymbol{A}^{-1} = \begin{pmatrix} 1/A_{11} & 0 & 0 & 0 \\ 0 & 1/A_{22} & 0 & 0 \\ 0 & 0 & 1/A_{33} & 0 \\ 0 & 0 & 0 & \ddots \end{pmatrix} \tag{E-97}$$

三角矩阵几乎一样容易求逆。总的来说，计算除非常小的矩阵之外的任何矩阵的逆矩阵都很麻烦，且一般都是用数值计算的。用于计算逆的计算机程序是广泛使用的并且通常基于

高斯约旦消元法、LU 分解或者奇异值分解。[⊖] 至于行列式、舍入误差、内存大小和计算时间则是大型矩阵的问题。通常明智的做法是检查程序是否给出准确结果，即通过将逆矩阵乘以原始矩阵来验证结果是否为单位矩阵。

E.8 联立线性方程组的解

矩阵最常见的用途之一就是求解联立线性方程系统。假设有一组联立线性方程

$$\begin{aligned} A_{11}x_1 + A_{12}x_2 + \cdots + A_{1n}x_n &= b_1 \\ A_{21}x_1 + A_{22}x_2 + \cdots + A_{2n}x_n &= b_2 \\ &\vdots \\ A_{m1}x_1 + A_{m2}x_2 + \cdots + A_{mn}x_n &= b_m \end{aligned} \tag{E-98}$$

其中 A_{ij} 和 b_i 的值是给定的，我们想要求解 x_i。等式 E-98 相当于矩阵方程

$$\begin{pmatrix} A_{11} & A_{12} & \cdots & A_{1n} \\ A_{21} & A_{22} & \cdots & A_{2n} \\ \vdots & \vdots & & \vdots \\ A_{m1} & A_{m2} & \cdots & A_{mn} \end{pmatrix} \begin{pmatrix} x_1 \\ x_2 \\ \vdots \\ x_m \end{pmatrix} = \begin{pmatrix} b_1 \\ b_2 \\ \vdots \\ b_m \end{pmatrix} \tag{E-99}$$

或者

$$\mathbf{A}\mathbf{x} = \mathbf{b} \tag{E-100}$$

为了求解 $\mathbf{x}$，先计算 $\mathbf{A}$ 的逆，然后乘在方程的两边就得到

$$\mathbf{x} = \mathbf{A}^{-1}\mathbf{b} \tag{E-101}$$

当且仅当 $\mathbf{A}^{-1}$ 存在时，也就是当且仅当 $\mathbf{A}$ 是非奇异的，存在一个唯一的解。

E.9 基的变换

改变向量空间的基向量通常是有用的。假设一个向量已经根据基向量 $\mathbf{e}_i$ 展开

$$\mathbf{a} = \sum_{i=1}^{n} a_i \mathbf{e}_i \tag{E-102}$$

我们希望改变成一组新的基向量 $\mathbf{e}_i{}'$：

$$\mathbf{a} = \sum_{i=1}^{n} a'_i \mathbf{e}'_i \tag{E-103}$$

这个新的基向量必须是旧的基向量的线性组合：

$$\mathbf{e}'_j = \sum_{i=1}^{n} S_{ij} \mathbf{e}_i \tag{E-104}$$

其中 S_{ij} 是双下标的，因为每一个 $\mathbf{e}_i{}'$ 是 $\mathbf{e}_j$ 的不同线性组合。我们有

$$\mathbf{a} = \sum_{j=1}^{n} a'_j \mathbf{e}'_j = \sum_{j=1}^{n} a'_j \left(\sum_{i=1}^{n} S_{ij} \mathbf{e}_i \right) = \sum_{i=1}^{n} \left(\sum_{j=1}^{n} S_{ij} a'_j \right) \mathbf{e}_i = \sum_{i=1}^{n} a_i \mathbf{e}_i \tag{E-105}$$

其中

$$a_i = \sum_{j=1}^{n} S_{ij} a'_j \tag{E-106}$$

⊖ 参见，例如，Press 等人(2007)。

注意，元素 a_i 与基向量的变换方式相反。如果这个向量本身保持不变的话，这必须是对的。等式 E-106 是一个矩阵方程

$$\boldsymbol{a} = \boldsymbol{S}\boldsymbol{a}' \tag{E-107}$$

其中矩阵 $\boldsymbol{S}$ 的元素是 S_{ij}。因为 $\boldsymbol{e}_i'$是一组基，所以有可能把每一个 $\boldsymbol{e}_i$ 展开成它们的组合并且把 a 返回到以 e_i 为基。因此 $\boldsymbol{S}$ 的逆一定存在，且

$$\boldsymbol{a}' = \boldsymbol{S}^{-1}\boldsymbol{a} \tag{E-108}$$

假设任意一个矩阵方程

$$\boldsymbol{b} = \boldsymbol{A}\boldsymbol{a} \tag{E-109}$$

中的矩阵和向量已经根据基向量 $\boldsymbol{e}_i$ 展开。我们想要方程在改变基到 $\boldsymbol{e}_i'$之后还具有相同的形式和意义：

$$\boldsymbol{b}' = \boldsymbol{A}'\boldsymbol{a}' \tag{E-110}$$

把等式 E-109 乘以 $\boldsymbol{S}^{-1}$

$$\boldsymbol{S}^{-1}\boldsymbol{b} = \boldsymbol{S}^{-1}\boldsymbol{A}\boldsymbol{a} \tag{E-111}$$

现在等式 E-111 的 $\boldsymbol{A}$ 和 $\boldsymbol{a}$ 之间插入 $\boldsymbol{I}=\boldsymbol{S}\boldsymbol{S}^{-1}$：

$$\boldsymbol{S}^{-1}b = \boldsymbol{S}^{-1}\boldsymbol{A}\boldsymbol{S}\boldsymbol{S}^{-1}\boldsymbol{a} \tag{E-112}$$

认识到 $\boldsymbol{b}'=\boldsymbol{S}^{-1}\boldsymbol{b}$ 且 $\boldsymbol{a}'=\boldsymbol{S}^{-1}\boldsymbol{a}$，我们可以通过设定以下式子来实线我们的目标

$$\boldsymbol{A}' = \boldsymbol{S}^{-1}\boldsymbol{A}\boldsymbol{S} \tag{E-113}$$

像等式 E-113 那样的变换被称为*相似变换*。注意该单位矩阵对于所有的向量的基具有相同的形式，因为

$$\boldsymbol{I}' = \boldsymbol{S}^{-1}\boldsymbol{I}\boldsymbol{S} = \boldsymbol{S}^{-1}\boldsymbol{S} = \boldsymbol{I} \tag{E-114}$$

E.10 特征值和特征向量

如果 $\boldsymbol{A}$ 是 $n \times n$ 方阵，则至少有一个非零向量 $\boldsymbol{x}$ 和标量 λ 使得

$$\boldsymbol{A}\boldsymbol{x} = \lambda\boldsymbol{x} \tag{E-115}$$

满足方程 E-115 的向量称为 $\boldsymbol{A}$ 的*特征向量*，其相对应的 λ 称为*特征值*。等式 E-115 可以转换为

$$(\boldsymbol{A} - \lambda\boldsymbol{I})\boldsymbol{x} = 0 \tag{E-116}$$

其中 $\boldsymbol{I}$ 是单位矩阵。设 $\boldsymbol{B}=\boldsymbol{A}-\lambda\boldsymbol{I}$，使等式 E-116 变成 $\boldsymbol{B}\boldsymbol{x}=0$。当 λ 是一个特征值且 $\boldsymbol{x}$ 是一个特征向量时，矩阵 $\boldsymbol{B}$ 不能有逆，因为没有这样的矩阵 $\boldsymbol{B}^{-1}$ 使得 $\boldsymbol{B}^{-1}\boldsymbol{B}\boldsymbol{x}=\boldsymbol{B}^{-10}$ 来获得向量 $\boldsymbol{x}$。这个逆矩阵不存在。因此，当 λ 是一个特征值时，$\boldsymbol{B}$ 的行列式必须是 0，或者等价地，

$$|\boldsymbol{A} - \lambda\boldsymbol{I}| = 0 \tag{E-117}$$

等式 E-117 产生一个次数为 n 的 λ 的多项式，称为 $\boldsymbol{A}$ 的*特征方程*。这个多项式的 n 个根(有些可能是重复的)是 $\boldsymbol{A}$ 的特征值。

特征值的值独立于一组基于 A 展开的基向量。要了解这点，通过相似变换将 $\boldsymbol{A}$ 转换为 $\boldsymbol{A}'$：

$$\boldsymbol{A}' = \boldsymbol{S}^{-1}\boldsymbol{A}\boldsymbol{S} \tag{E-118}$$

$\boldsymbol{A}'$的特征值由下式给出

$$|\boldsymbol{A}' - \lambda\boldsymbol{I}| = |\boldsymbol{S}^{-1}\boldsymbol{A}\boldsymbol{S} - \lambda\boldsymbol{I}| \tag{E-119}$$

因为 $\boldsymbol{I}=\boldsymbol{S}^{-1}\boldsymbol{I}\boldsymbol{S}$，这个等式变成

$$
\begin{aligned}
|\boldsymbol{A}'-\lambda\boldsymbol{I}| &= |S^{-1}\boldsymbol{AS}-\lambda\boldsymbol{S}^{-1}\boldsymbol{IS}| \\
&= |\boldsymbol{S}^{-1}(\boldsymbol{A}-\lambda\boldsymbol{I})\boldsymbol{S}| = |\boldsymbol{S}^{-1}|\,|\boldsymbol{S}|\,|\boldsymbol{A}-\lambda\boldsymbol{I}| \\
&= |\boldsymbol{A}-\lambda\boldsymbol{I}|
\end{aligned}
\tag{E-120}
$$

因此这个特征值方程和得到的特征值对于所有的基组都是相同的。

如果一个矩阵是对称的并且它的元素是实数(不是复数)，那么矩阵的特征值和特征向量有两个重要的特性。首先，对应于两个不同特征值的特征向量是相互正交的。取任何两个不同的特征向量 $\boldsymbol{x}_i$ 和 $\boldsymbol{x}_j$，形成乘积 $\boldsymbol{x}_i{}^{\mathrm{T}}\boldsymbol{A}\boldsymbol{x}_j$ 和 $\boldsymbol{x}_j{}^{\mathrm{T}}\boldsymbol{A}\boldsymbol{x}_i$。因为它们是特征向量，所以乘积是

$$\boldsymbol{x}_i{}^{\mathrm{T}}\boldsymbol{A}\boldsymbol{x}_j = \lambda_j\boldsymbol{x}_i{}^{\mathrm{T}}\boldsymbol{x}_j \tag{E-121}$$

$$\boldsymbol{x}_j{}^{\mathrm{T}}\boldsymbol{A}\boldsymbol{x}_i = \lambda_i\boldsymbol{x}_j{}^{\mathrm{T}}\boldsymbol{x}_i \tag{E-122}$$

根据等式 E-66，$\boldsymbol{x}_i{}^{\mathrm{T}}\boldsymbol{x}_j$ 是两个向量的点积。等式 E-122 的转置是

$$\boldsymbol{x}_i{}^{\mathrm{T}}\boldsymbol{A}\boldsymbol{x}_j = \lambda_i\boldsymbol{x}_i{}^{\mathrm{T}}\boldsymbol{x}_j \tag{E-123}$$

其中我们明确假设 $\boldsymbol{A}^{\mathrm{T}}=\boldsymbol{A}$。现在从等式 E-121 中减去等式 E-123 得到

$$(\lambda_j-\lambda_i)\boldsymbol{x}_i{}^{\mathrm{T}}\boldsymbol{x}_j = 0 \tag{E-124}$$

如果两个特征值不同，则 $\lambda_j-\lambda_i\neq0$，且等式 E-124 可以满足的唯一方式是 $x_i{}^{\mathrm{T}}x_j=0$，这意味着相应的特征向量是正交的。如果 λ_i 是特征方程的重根，重复 m 次，则可以使用例如 Gram-Schmidt 正交化过程[⊖]来构造 m 个带有特征值 λi 的相互正交的特征向量。

如果特征向量满足等式 E-116，则特征向量的任意倍数也满足这个等式。因此特征向量在相差一个乘法倍数的意义下是固定的。这就允许特征向量通过添加附加要求被标准化：

$$\boldsymbol{x}^{\mathrm{T}}\boldsymbol{x} = 1 \tag{E-125}$$

这些标准化的特征向量形成了 $\boldsymbol{A}$ 所在的向量空间的一组标准正交基。

其次，实对称矩阵的特征值是实数。要了解这一点，重写等式 E-115，现在明确允许 λ 和 $\boldsymbol{x}$ 的元素 x_i 是复数：

$$\boldsymbol{A}\boldsymbol{x} = \lambda\boldsymbol{x} \tag{E-126}$$

这个等式对于 λ 和 $\boldsymbol{x}$ 的复共轭也成立：

$$\boldsymbol{A}\boldsymbol{x}^{*} = \lambda^{*}\boldsymbol{x}^{*} \tag{E-127}$$

其中 λ^* 是 λ 的复共轭，$\boldsymbol{x}^*$ 表示的向量的每个元素是 $\boldsymbol{x}_i{}^*$。现在将等式 E-126 的左边乘上 $(\boldsymbol{x}^*)^{\mathrm{T}}$，等式 E-127 的左边乘上 $\boldsymbol{x}^{\mathrm{T}}$，然后两个等式相减得到

$$(\boldsymbol{x}^{*})^{\mathrm{T}}\boldsymbol{A}\boldsymbol{x}-\boldsymbol{x}^{\mathrm{T}}\boldsymbol{A}\boldsymbol{x}^{*} = \lambda(\boldsymbol{x}^{*})^{\mathrm{T}}\boldsymbol{x}-\lambda^{*}\boldsymbol{x}^{\mathrm{T}}\boldsymbol{x}^{*} \tag{E-128}$$

左边的两项彼此相等，因为

$$(\boldsymbol{x}^{*})^{T}\boldsymbol{A}\boldsymbol{x} = \sum_i\sum_j x_i^{*}A_{ij}x_j = \sum_i\sum_j x_i^{*}A_{ji}x_j = \sum_i\sum_j x_jA_{ji}x_i^{*} = \boldsymbol{x}^{\mathrm{T}}\boldsymbol{A}\boldsymbol{x}^{*} \tag{E-129}$$

其中第二步明确地使用了 $\boldsymbol{A}$ 的对称性。通过类似的逻辑，$(\boldsymbol{x}^*)^{\mathrm{T}}\boldsymbol{x}=x^{\mathrm{T}}\boldsymbol{x}^*$，所以等式 E-128 变成

$$0 = (\lambda-\lambda^{*})(\boldsymbol{x}^{*})^{\mathrm{T}}\boldsymbol{x} \tag{E-130}$$

除了特殊情况 $x=0$，

⊖ W. Cheney and D. R. Kincaid. 2010. *Linera Alegebra: heory and Applications*, second edition. Subury, MA: Jonesand Bartlett Publishers.

$$(\boldsymbol{x}^*)^{\mathrm{T}}\boldsymbol{x} = \sum_i x_i^* x_i > 0 \tag{E-131}$$

因此

$$\lambda - \lambda * = 0 \tag{E-132}$$

这只有在 λ 是实数的情况下才是真实的。这个结果是非凡的，因为多项式的根一般可以是复数。

作为一个简单的例子，设 $\boldsymbol{A}$ 是对称矩阵

$$A = \begin{pmatrix} 3 & -1 \\ -1 & 3 \end{pmatrix} \tag{E-133}$$

等式 E-117 变成

$$0 = |\boldsymbol{A} - \lambda \boldsymbol{I}| = \begin{vmatrix} (3-\lambda) & -1 \\ -1 & (3-\lambda) \end{vmatrix} = (3-\lambda)^2 - 1 \tag{E-134}$$

因此特征值是 $\lambda_1 = 2$ 和 $\lambda_2 = 4$。对应于 λ_1 的特征向量由下式给出

$$\begin{pmatrix} 3 & -1 \\ -1 & 3 \end{pmatrix}\begin{bmatrix} x_1 \\ x_2 \end{bmatrix} = 2\begin{bmatrix} x_1 \\ x_2 \end{bmatrix} \tag{E-135}$$

其产生 $3x_1 - x_2 = 2x_1$，或者 $x_2 = x_1$。对于特征向量 $\lambda_2 = 4$，我们得到 $x_2 = -x_1$。因此标准化的特征向量是

$$\boldsymbol{x}_1 = \begin{bmatrix} \sqrt{2}/2 \\ \sqrt{2}/2 \end{bmatrix} \quad \text{and} \quad \boldsymbol{x}_2 = \begin{bmatrix} \sqrt{2}/2 \\ \sqrt{2}/2 \end{bmatrix} \tag{E-136}$$

这些特征向量的各种点积是 $\boldsymbol{x_i}^{\mathrm{T}}\boldsymbol{x_j} = \delta_{ij}$，所以它们形成一组二维向量空间的标准正交基向量。

正交矩阵是方阵，其逆等于其转置矩阵：

$$\boldsymbol{A}^{\mathrm{T}} = A^{-1} \tag{E-137}$$

或者等价地，

$$\boldsymbol{A}^{\mathrm{T}}\boldsymbol{A} = \boldsymbol{I} \tag{E-138}$$

由于转置矩阵的行列式等于矩阵本身的行列式，我们有

$$1 = |\boldsymbol{I}| = |\boldsymbol{A}^{\mathrm{T}}||\boldsymbol{A}| = |\boldsymbol{A}||\boldsymbol{A}| = |\boldsymbol{A}|^2 \tag{E-139}$$

因此 $|\boldsymbol{A}| = \pm 1$。正交矩阵通常有简单的几何解释。对于 2×2 正交矩阵，可能的正交矩阵及其解释是

$$\underset{\text{单位矩阵}}{\begin{pmatrix} 1 & 0 \\ 0 & 1 \end{pmatrix}} \qquad \underset{\text{轴交换}}{\begin{pmatrix} 0 & 1 \\ 1 & 0 \end{pmatrix}} \qquad \underset{\text{旋转}}{\begin{pmatrix} \cos\theta & \sin\theta \\ -\sin\theta & \cos\theta \end{pmatrix}} \qquad \underset{\text{反射}}{\begin{pmatrix} \cos\theta & \sin\theta \\ \sin\theta & -\cos\theta \end{pmatrix}} \tag{E-140}$$

假设 $\boldsymbol{A}$ 是一个正交矩阵，像其他任何矩阵一样，它的特征值和特征向量满足方程

$$\boldsymbol{A}\boldsymbol{x} = \lambda \boldsymbol{x} \tag{E-141}$$

这个等式在左侧乘以 $\boldsymbol{A}^{\mathrm{T}}$ 得到

$$\boldsymbol{A}^{\mathrm{T}}\boldsymbol{A}\boldsymbol{x} = \lambda \boldsymbol{A}^{\mathrm{T}}\boldsymbol{x} \tag{E-142}$$

因为矩阵是正交的，所有这个方程的左边是 $\boldsymbol{A}^{\mathrm{T}}\boldsymbol{A}\boldsymbol{x} = \boldsymbol{I}\boldsymbol{x}$，而右边是 $\lambda\boldsymbol{A}^{\mathrm{T}}\boldsymbol{x} = \lambda\boldsymbol{A}\boldsymbol{x}$，所以等式 E-142 变成

$$\boldsymbol{x} = \lambda \boldsymbol{A}\boldsymbol{x} = \lambda^2 \boldsymbol{x} \tag{E-143}$$

因此 $\lambda_2 = 1$ 且 $\lambda = \pm 1$。这个结果的几何解释就是 E-140 中列出来的操作不会改变向量的长度。

E.11 矩阵对角化

假设矩阵 $\boldsymbol{A}$ 在一组标准正交基向量 $\boldsymbol{e}_i$ 上展开，并且矩阵的特征值和特征向量分别是 λ_i 和 $\boldsymbol{x}_i$。$\boldsymbol{x}_i$ 可以用作一组新的基向量。矩阵 $\boldsymbol{A}$ 通过相似变换转换到新的基上面

$$\boldsymbol{A}' = \boldsymbol{S}^{-1}\boldsymbol{A}\boldsymbol{S} \tag{E-144}$$

从 E-9 节的描述来看，相似变换的矩阵 $\boldsymbol{S}$ 的元素由下式给出

$$\boldsymbol{x}_j = \sum_{i=1}^{n} S_{ij}\boldsymbol{e}_i \tag{E-145}$$

在这种情况下，$\boldsymbol{S}$ 的分量就仅仅是特征向量的分量，每个特征向量对应一列：

$$\boldsymbol{S} = \begin{bmatrix} (\boldsymbol{x}_1)_1 & (\boldsymbol{x}_2)_1 & \cdots & (\boldsymbol{x}_n)_1 \\ (\boldsymbol{x}_1)_2 & (\boldsymbol{x}_2)_2 & \cdots & (\boldsymbol{x}_n)_2 \\ \vdots & \vdots & & \vdots \\ (\boldsymbol{x}_1)_n & (\boldsymbol{x}_2)_n & \cdots & (\boldsymbol{x}_n)_n \end{bmatrix} \tag{E-146}$$

或

$$(\boldsymbol{S})_{ij} = (\boldsymbol{x}_j)_i \tag{E-147}$$

注意等式两边的下标反转。如果特征向量已经被标准化，则 $\boldsymbol{S}$ 的逆的计算就是显而易见的，因为 $\boldsymbol{S}^{-1}=\boldsymbol{S}^{\mathrm{T}}$。为了了解这一点，计算 $\boldsymbol{S}^{\mathrm{T}}\boldsymbol{S}$ 的各个元素：

$$(\boldsymbol{S}^{\mathrm{T}}\boldsymbol{S})_{ij} = \sum_{k=1}^{n}(\boldsymbol{S}^{\mathrm{T}})_{ik}(\boldsymbol{S})_{kj}\sum_{k=1}^{n}(\boldsymbol{x}_i)_k(\boldsymbol{x}_j)_k = \boldsymbol{x}_i \cdot \boldsymbol{x}_j = \delta_{ij} \tag{E-148}$$

因此 $\boldsymbol{S}^{\mathrm{T}}\boldsymbol{S}=\boldsymbol{I}$，且用于变换的相似矩阵是正交矩阵。

现在考虑转换后的矩阵的分量，它们是

$$\begin{aligned}(\boldsymbol{A}')_{ij} &= (\boldsymbol{S}^{-1}\boldsymbol{A}\boldsymbol{S})_{ij} \\ &= \sum_{k=1}^{n}(\boldsymbol{S}^{-1})_{ik}\Big(\sum_{r=1}^{n}A_{kr}(\boldsymbol{S})_{rj}\Big) = \sum_{k=1}^{n}(\boldsymbol{S}^{-1})_{ik}\Big(\sum_{r=1}^{n}A_{kr}(\boldsymbol{x}_j)_r\Big) \\ &= \sum_{k=1}^{n}(\boldsymbol{S}^{-1})_{ik}\lambda_j(\boldsymbol{x}_j)_k = \sum_{k=1}^{n}\lambda_j(\boldsymbol{S}^{-1})_{ik}(\boldsymbol{S})_{kj} \\ &= \lambda_j\delta_{ij}\end{aligned} \tag{E-149}$$

因此，变换后的矩阵具有这种形式

$$\boldsymbol{A}' = \begin{bmatrix} \lambda_1 & 0 & \cdots & 0 \\ 0 & \lambda_2 & \cdots & 0 \\ \vdots & \vdots & & \vdots \\ 0 & 0 & \cdots & \lambda_n \end{bmatrix} \tag{E-150}$$

这个矩阵是对角的，且对角元素是其特征值。特征值的顺序是任意的，是从特征向量的顺序选择而来的。因此所有实对称矩阵都可以通过相似变换转换为对角矩阵。在几何上，这意味着所有实对称矩阵仅仅是改变向量在相应的 $\boldsymbol{x}_i$ 方向上的数量为 λ_i 的长度(或符号)。

E.12 复元素的向量和矩阵

至此，我们一直假定所有向量和矩阵的元素都是实数。这是恰当的，因为数据分析的

所有向量和矩阵都是实数。对于大多数讨论来说，扩展到复向量和矩阵是简单的。最重要的例外是对特征值和特征向量的讨论。对称实矩阵的角色被哈米特矩阵(Hermitian matrix)代替。哈米特矩阵是一个矩阵等于其转置的复共轭的矩阵：

$$\boldsymbol{H}^{\dagger} \equiv (\boldsymbol{H}^{\mathrm{T}})^{*} = \boldsymbol{H} \tag{E-151}$$

哈米特矩阵的特征值是实数。正交矩阵扮演的角色由酉矩阵(unitary matrix)胜任。酉矩阵是一个满足

$$\boldsymbol{H}^{-1} = \boldsymbol{H}^{\dagger} \tag{E-152}$$

的矩阵或者等价地，$\boldsymbol{H}^{\dagger}\boldsymbol{H}=\boldsymbol{I}$。尽管与数据分析关系不大，但是复向量和矩阵在其他学科中发挥主要的作用，特别是量子力学。

附录 F

当 n 值变大时 $[1+f(x)/n]^n$ 的极限

我们希望找到 $[1+f(x)/n]^n$ 在 n 变大时的极限。设

$$y=\left[1+\frac{f(x)}{n}\right]^n \tag{F-1}$$

求导

$$dy=n\left[1+\frac{f(x)}{n}\right]^{n-1}\frac{1}{n}d\{f(x)\} \tag{F-2}$$

等式两边都除以 y 得到

$$\frac{dy}{y}=\left[1+\frac{f(x)}{n}\right]^{-1}d\{f(x)\} \tag{F-3}$$

在 $n\to\infty$ 时，这等式变成

$$\frac{dy}{y}=d\{f(x)\} \tag{F-4}$$

对等式 F-4 积分立即得到

$$\ln y=f(x)+\text{constant} \tag{F-5}$$

或

$$y=\exp[f(x)] \tag{F-6}$$

此处积分常数已被设为 0 来得到等式 F-1。一些值得注意的应用是

$$\lim_{n\to\infty}\left[1+\frac{1}{n}\right]^n=e \tag{F-7}$$

$$\lim_{n\to\infty}\left[1-\frac{x}{n}\right]^n=\exp[-x] \tag{F-8}$$

$$\lim_{n\to\infty}\left[1-\frac{ax^2}{n}\right]^n=\exp[-ax^2] \tag{F-9}$$

附录 G

脉冲响应函数的格林函数解

假设一个系统用常积分方程描述

$$z_n(t)\frac{d^n g}{dt^n}+z_{n-1}(t)\frac{d^{n-1}g}{dt^{n-1}}+\cdots+z_1(t)\frac{dg}{dt}+z_0(t)g=0 \tag{G-1}$$

其中 $z_j(t)$是 t 的连续函数。微分方程中的每一项必须是有限的，如果它们的和为 0 的话。我们将假设解 $g(t)$是已知的，记住 $g(t)$有 n 个由边界条件决定的积分常数。这个系统的格林函数 $G(t, t_0)$是以下非齐次微分方程的解

$$z_n(t)\frac{d^n G}{dt^n}+z_{n-1}(t)\frac{d^{n-1}G}{dt^{n-1}}+\cdots+z_1(t)\frac{dG}{dt}+z_0(t)G=\delta(t-t_0) \tag{G-2}$$

其中 $\delta(t-t_0)$是位于 $t=t_0$ 的狄拉克脉冲函数。

G.1 一般格林函数

我们希望求解方程 G-2 来得到 $G(t, t_0)$。对于 $t\neq t_0$，该脉冲函数等于 0 且等式 G-2 简化为等式 G-1。因此，对于 $t\neq t_0$，我们一定有 $G(t, t_0)=g(t)$。$G(t, t_0)$中的积分常数可以在 t_0 处突然改变，是因为 $G(t, t_0)$或它的导数必须对应于这个脉冲函数。我们会把对脉冲函数的响应吸收到最高阶导数里去，并试图使 $G(t, t_0)$及其导数连续。但是我们会发现 $n-1$ 阶导数一定在 t_0 处不连续。这个道理可以追溯到由这个微分方程描述的系统的物理特性。如果该系统是一个简谐振子，例如，一个突然的脉冲会引起加速度的大幅瞬间跳跃、速度的不连续变化，但是位移没有不连续性。

我们继续将微分方程在一个无穷小的区间从 $t_0-\epsilon$到 $t_0+\epsilon$上进行积分：

$$\int_{t_0-\epsilon}^{t_0+\epsilon} z_n(t)\frac{d^n G}{dt^n}dt+\int_{t_0-\epsilon}^{t_0+\epsilon}\left[z_{n-1}(t)\frac{d^{n-1}G}{dt^{n-1}}+\cdots+z_1(t)\frac{dG}{dt}+z_0(t)G\right]dt=\int_{t_0-\epsilon}^{t_0+\epsilon}\delta(t)dt \tag{G-3}$$

脉冲函数的积分等于 0。方括号内的所有项都是有限的，所以当 ϵ 趋于 0 时，方括号内的项的积分趋于 0。因此，等式 G-3 简化为

$$\int_{t_0-\epsilon}^{t_0+\epsilon} z_n(t)\frac{d^n G}{dt^n}dt=1 \tag{G-4}$$

分部积分：

$$\int_{t_0-\epsilon}^{t_0+\epsilon} z_n(t)\frac{d^n G}{dt^n}dt=\left[z_n(t)\frac{d^{n-1}G}{dt^{n-1}}\right]_{t_0-\epsilon}^{t_0+\epsilon}-\int_{t_0-\epsilon}^{t_0+\epsilon}\frac{dz_n(t)}{dt}\frac{d^{n-1}G}{dt^{n-1}}dt \tag{G-5}$$

因为右边的被积函数是有限的，所以它的积分在ϵ趋于 0 的时候也趋于 0。所以等式 G-3 进一步简化为

$$z_n(t_0+\epsilon)\left.\frac{d^{n-1}G}{dt^{n-1}}\right|_{t_0+\epsilon}-z_n(t_0-\epsilon)\left.\frac{d^{n-1}G}{dt^{n-1}}\right|_{t_0-\epsilon}=1 \tag{G-6}$$

或者，因为我们已经要求 $z_n(t)$是连续的

$$\left.\frac{d^{n-1}G}{dt^{n-1}}\right|_{t_0+\epsilon}-\left.\frac{d^{n-1}G}{dt^{n-1}}\right|_{t_0-\epsilon}=\frac{1}{z_n(t_0)} \tag{G-7}$$

我们现在还必须指定这条件只适用于 $z_n(t_0)\neq 0$。让ϵ趋于 0，等式 G-7 规定了 $n-1$ 阶导数在 $t=t_0$ 时有一个不连续跳跃。

总之，格林函数 $G(t, t_0)=g(t)$，但是积分常数在 t_0 处改变。t_0 之前和之后的常数之间的关系由 n 个边界条件完全确定：

- $G(t, t_0)$及其直到 $n-2$ 阶的所有函数在 t_0 处都是连续的。
- $n-1$ 阶导数的边界条件由等式 G-7 给出。

G.2 脉冲响应函数的应用

脉冲响应函数 $h(t)$是一个最初静止的系统对 $t=0$ 有一个突然脉冲的反应。我们认识到脉冲函数就是格林函数当 $t_0=0$ 的情况。因此 $h(t)=G(t,0)=g(t)$以及以下额外的条件：

- 对于 $t<0$，$h(t)$和它的导数都等于 0
- 对于 $t\geqslant 0$，

$$h(0)=0 \tag{G-8}$$

$$\left.\frac{d^k h}{dt^k}\right|_{t=0}=0,\ k<n-1 \tag{G-9}$$

$$\left.\frac{d^{n-1}h}{dt^{n-1}}\right|_{t=0}=\frac{1}{z_n(0)} \tag{G-10}$$

G.2.1 阻尼谐振子

阻尼谐振子的微分方程为

$$\frac{d^2 g}{dt^2}+2\alpha\frac{dg}{dt}+\omega_0^2 g=0 \tag{G-11}$$

其解为

$$g(t)=A\exp[-\alpha t]\sin(\omega_1 t+\phi) \tag{G-12}$$

且 $\omega_1^2=\omega_0^2-\alpha^2$。那么脉冲响应函数就是

$$h(t)=\begin{cases}0, & t<0\\ A\exp[-\alpha t]\sin(\omega_1 t+\phi), & t\geqslant 0\end{cases} \tag{G-13}$$

这些常数由边界条件决定：

$$h(0)=A\sin(\phi)=0 \tag{G-14}$$

$$\left.\frac{dh}{dt}\right|_{t=0}=-A\alpha\ \sin(\phi)+A\omega_1\cos(\phi)=1 \tag{G-15}$$

这组方程的解是 $\phi=0$ 和 $A=1/\omega_1$，因此脉冲响应函数是

$$h(t)=\begin{cases}0, & t<0\\ \dfrac{1}{\omega_1}\exp[-\alpha t]\ \sin(\omega_1 t), & t\geqslant 0\end{cases} \tag{G-16}$$

有时它可以被写得更紧凑，但是透明度更低，如

$$h(t)=H(t)\ \frac{1}{\omega_1}\exp[-\alpha t]\sin(\omega_1 t) \tag{G-17}$$

其中 $H(t)$是海维赛德函数。

G.2.2　被阻尼减慢的物体

速度被阻尼力减慢的程度跟速度成正比的物体的微分方程是

$$\frac{dv}{dt}+\alpha v=0 \tag{G-18}$$

其中 α 是阻尼常数。脉冲响应函数是以下微分方程的解

$$\frac{dh}{dt}+\alpha h=\delta(t) \tag{G-19}$$

当 $t\neq 0$ 时，会有

$$h(t)=A\exp[-\alpha t] \tag{G-20}$$

对于 $t<0$，我们强制 $h(t)=0$，且对于 $t\geqslant 0$，使用边界条件来确定 A。在这种情况下，等式 G-9 和 G-10 中导数的含义可能有些混淆，所以最好从等式 G-3 重新开始。在 $t_0=0$ 时，等式变成

$$\int_{-\epsilon}^{\epsilon}\frac{dh}{dt}dt+\int_{-\epsilon}^{\epsilon}\alpha h dt=\int_{-\epsilon}^{\epsilon}\delta(t)dt \tag{G-21}$$

遵循从等式 G-3 到等式 G-7 的相同逻辑，我们发现

$$h(\epsilon)-h(-\epsilon)=1 \tag{G-22}$$

因此 h 在 $t=0$ 时从 0 跳到 1。脉冲响应函数现在已完全确定：

$$h(t)=\begin{cases}0, & t<0\\ \exp[-\alpha t], & t\geqslant 0\end{cases} \tag{G-23}$$

附录 H

二阶自回归过程

二阶自回归过程是一个由迭代关系产生的离散序列 y_r

$$y_r = a_1 y_{r-1} + a_2 y_{r-2} + \epsilon_r \tag{H-1}$$

其中 a_1 和 a_2 是常数，ϵ_r 是不相关的零均值随机噪声。它是由噪声驱动的阻尼简谐振子的离散等价物。为了看到这一点，从驱动阻尼振子的微分方程开始(见等式 10-118)

$$m\frac{d^2 y}{dt^2} + b\frac{dy}{dt} + ky = \epsilon(t) \tag{H-2}$$

代入

$$\frac{dy}{dt} \approx y_r - \frac{y_{r-1}}{\Delta t} \tag{H-3}$$

$$\frac{d^2 y}{dt^2} \approx \frac{y_r - 2y_{r-1} + y_{r-2}}{\Delta t^2} \tag{H-4}$$

且设置 $\Delta t = t_r - t_{r-1} = 1$，我们很快就得到递归关系。

H.1 齐次递归关系的解

由于齐次递归关系是一个阻尼简单谐振子的离散等价形式，我们要寻找以下形式的解

$$y_r = A\exp[\alpha r\Delta t]\exp[i\omega_1 r\Delta t] = A\exp[\alpha r]\exp[i\omega_1 r] \tag{H-5}$$

其中 ω_1 是振荡频率，α 是阻尼系数。把这个试验解代入齐次递归关系中，我们有

$$A\exp[\alpha r]\exp[i\omega_1 r] = a_1 A\exp[\alpha(r-1)]\exp[i\omega_1(r-1)] + a_2 A\exp[\alpha(r-2)]\exp[i\omega_1(r-2)]$$

$$1 = a_1\exp[-\alpha]\exp[-i\omega_1] + a_2\exp[-2\alpha]\exp[-i2\omega_1] \tag{H-6}$$

等式 H-6 的实部和虚部确定了以下联立方程：

$$0 = a_1\exp[-\alpha]\sin(\omega_1) + a_2\exp[-2\alpha]\sin(2\omega_1) \tag{H-7}$$

$$1 = a_1\exp[-\alpha]\cos(\omega_1) + a_2\exp[-2\alpha]\cos(2\omega_1) \tag{H-8}$$

在一些无趣的代数计算之后，这两个方程产生了(a_1, a_2)和(α, ω_1)之间的关系：

$$a_1 = 2\exp[\alpha]\cos(\omega_1) \tag{H-9}$$

$$a_2 = -\exp[2\alpha] \tag{H-10}$$

$$\alpha = \frac{1}{2}\ln(-a_2) \tag{H-11}$$

$$\cos^2(\omega_1) = -\frac{a_1^2}{4a_2} \tag{H-12}$$

一个稳定的欠阻尼振子的条件是 $\alpha<0$ 且 $0<\cos^2(\omega_1)\leqslant 1$ ，它导出以下约束

$$-1<a_2<0 \tag{H-13}$$

$$a_1^2<-4a_2 \tag{H-14}$$

H.2 频率响应和增益函数

频率响应函数是通过用正弦曲线推导递归关系找到的。离散采样的正弦驱动力可以写成复数形式

$$f_r=\exp[i\omega r\Delta t]=\exp[i\omega r] \tag{H-15}$$

其中 ω 是正弦曲线的频率。将等式 H-1 右边的 ϵ_r 替换为 f_r，并寻找以下形式的解

$$y_r=H(\omega)\exp[i\omega r] \tag{H-16}$$

其中 $H(\omega)$是频率响应函数。我们有

$$H(\omega)\exp[i\omega r]=a_1H(\omega)\exp[i\omega(r-1)]+a_2H(\omega)\exp[i\omega(r-2)]+\exp[i\omega r] \tag{H-17}$$

或

$$H(\omega)=a_1H(\omega)\exp[-i\omega]+a_2H(\omega)\exp[-2i\omega]+1 \tag{H-18}$$

因此频率响应函数是

$$H(\omega)=\frac{1}{1-a_1\exp[-i\omega]-a_2\exp[-2i\omega]} \tag{H-19}$$

增益函数是

$$\begin{aligned}Z(\omega)&=|H(\omega)|=[H^*(\omega)H(\omega)]^{1/2}\\&=\{1+a_1^2+a_2^2-a_1(\exp[-i\omega]+\exp[i\omega])-a_2(\exp[-i2\omega]+\exp[i2\omega])\\&\quad+a_1a_2(\exp[-i\omega]+\exp[i\omega])\}^{-1/2}\\&=\{1+a_1^2+a_2^2-2a_1\cos(\omega)-2a_2\cos(2\omega)+2a_1a_2\cos(\omega)\}^{-1/2}\\&=\{1+a_1^2+a_2^2+[2a_1a_2-2a_1]\cos(\omega)-2a_2\cos(2\omega)\}^{-1/2}\end{aligned} \tag{H-20}$$

等式 H-19 和 H-20 应该与等式 10-120 和 10-121 进行比较，后者是连续驱动阻尼谐振子的频率响应函数和增益函数。如果需要，可以计算相移(见等式 10-31)

$$\tan[\phi(\omega)]=\frac{\mathrm{Im}[H(\omega)]}{\mathrm{Re}[H(\omega)]} \tag{H-21}$$

H.3 谐振频率

谐振频率是增益最大时的频率，其发生在

$$\frac{d}{d\omega}Z(\omega)=0 \tag{H-22}$$

或

$$\begin{aligned}\frac{d}{d\omega}\{1+a_1^2+a_2^2+[2a_1a_2-2a_1]\cos(\omega)-2a_2\cos(2\omega)\}&=0\\-[2a_1a_2-2a_1]\sin(\omega)+4a_2\sin(2\omega)&=0\\-[2a_1a_2-2a_1]\sin(\omega)+8a_2\sin(\omega)\cos(\omega)&=0\end{aligned} \tag{H-23}$$

称谐振频率为 ω_0，我们发现

$$\cos(\omega_0) = \frac{a_1(a_2 - 1)}{4a_2} \tag{H-24}$$

根据等式 H-9 和 H-10 得，ω_0 和 ω_1 的关系是

$$\cos(\omega_0) = \frac{1}{2}(\exp[\alpha] + \exp[-\alpha])\cos(\omega_1) \tag{H-25}$$

H.4 平均自协方差函数

一个长度为 n 的序列 y_r 的平均自协方差函数是

$$\langle \gamma_{yy}(k) \rangle = \frac{1}{n}\sum_{r=1}^{n-k} \langle y_r y_{r+k} \rangle \tag{H-26}$$

如果 $n \gg k$，并且如果 y_r 是通过二阶自回归过程产生的，那么

$$\begin{aligned}\langle \gamma_{yy}(k) \rangle &= \frac{1}{n}\sum_{r=1}^{n} \langle y_r(a_1 y_{r+k-1} + a_2 y_{r+k-2} + \epsilon_{r+k}) \rangle \\ &= a_1\left(\frac{1}{n}\sum_{r=1}^{n} \langle y_r y_{r+k-1} \rangle\right) + a_2\left(\frac{1}{n}\sum_{r=1}^{n} \langle y_r y_{r+k-2} \rangle\right) + \frac{1}{n}\sum_{j=1}^{n} \langle y_r\ \epsilon_{r+k} \rangle \end{aligned} \tag{H-27}$$

这个等式右边的第一项是 $\langle \gamma_{yy}(k-1) \rangle$，第二项是 $\langle \gamma_{yy}(k-2) \rangle$。如果 $k \geqslant 1$，右边第三项是 0，因为 ϵ_{r+k} 是晚于 y_r 产生的并且独立和不相关于 y_r。对于 $k=0$，第三项变成

$$\frac{1}{n}\sum_{r=1}^{n} \langle y_r\ \epsilon_r \rangle = \frac{1}{n}\sum_{r=1}^{n} \langle a_1 y_{r-1}\ \epsilon_r + a_2 y_{r-2}\ \epsilon_r + \epsilon_r^2 \rangle \tag{H-28}$$

再一次，ϵ_r 是晚于 y_{r-1} 和 y_{r-2} 产生的，因此它是独立的且与 y_{r-1} 和 y_{r-2} 不相关。因为 $< \epsilon_r > = 0$，第三项变成

$$\frac{1}{n}\sum_{r=1}^{n} \langle y_r\ \epsilon_r \rangle = \frac{1}{n}\sum_{r=1}^{n} \langle \epsilon_r^2 \rangle = \sigma_\epsilon^2 \tag{H-29}$$

因此我们有

$$\langle \gamma_{yy}(k) \rangle = a_1 \langle \gamma_{yy}(k-1) \rangle + a_2 \langle \gamma_{yy}(k-2) \rangle + \delta_{k0}\sigma_\epsilon^2 \tag{H-30}$$

这可以理解为自协方差函数的递推关系。该序列是由 $k=0$ 处的幅度为 σ_ϵ^2 的单个脉冲驱动的。对于 $k=1$ 及以后，这个递归关系和原始的自回归过程的递归关系的齐次形式是相同的。因此我们通过检查可以写下平均自协方差函数：

$$\langle \gamma_{yy}(k) \rangle \propto \exp[\alpha k]\exp[i\omega_1 k] \tag{H-31}$$

其中 α 和 ω_1 分别由等式 H-11 和 H-12 给出。

推荐阅读

统计学习导论——基于R应用

作者：加雷斯·詹姆斯 等 ISBN：978-7-111-49771-4 定价：79.00元

应用预测建模

作者：马克斯·库恩 等 ISBN：978-7-111-53342-9 定价：99.00元

实时分析：流数据的分析与可视化技术

作者：拜伦·埃利斯 ISBN：978-7-111-53216-3 定价：79.00元

数据挖掘与商务分析：R语言

作者：约翰尼斯·莱道尔特 ISBN：978-7-111-54940-6 定价：69.00元

R语言市场研究分析

作者：克里斯·查普曼 等 ISBN：978-7-111-54990-1 定价：89.00元

高级R语言编程指南

作者：哈德利·威克汉姆 ISBN：978-7-111-54067-0 定价：79.00元

推荐阅读

大数据原理：复杂信息的准备、共享和分析

作者：Jules J. Berman　译者：邢春晓 等　ISBN：978-7-111-57216-9　定价：79.00元

大数据分析原理与实践

作者：王宏志　ISBN：978-7-111-56943-5　定价：79.00元

数据虚拟化：商务智能系统的数据架构与管理

作者：Rick F. van der Lans　译者：王志海 等　ISBN：978-7-111-57612-9　定价：69.00元

大数据导论

作者：Thomas Erl 等　译者：彭智勇 等　ISBN：978-7-111-56577-2　定价：49.00元